普通高等教育"十三五"规划教材　精品课程教材

DONGWU
SHENGWUXUE
YEWAI SHIXI

动物生物学野外实习

路纪琪　主编

郑州大学出版社
郑州

图书在版编目(CIP)数据

动物生物学野外实习/路纪琪主编. —郑州:郑州大学出版社,2018.3

ISBN 978-7-5645-5147-6

Ⅰ.①动… Ⅱ.①路… Ⅲ.①动物学-实习-高等学校-教材 Ⅳ.①Q95-45

中国版本图书馆 CIP 数据核字(2018)第 011319 号

郑州大学出版社出版发行
郑州市大学路 40 号　　　　　　　　　邮政编码:450052
出版人:张功员　　　　　　　　　　　发行部电话:0371-66966070
全国新华书店经销
河南龙华印务有限公司印制
开本:787 mm×1 092 mm　1/16
印张:18
字数:426 千字
版次:2018 年 3 月第 1 版　　　　　　印次:2018 年 3 月第 1 次印刷

书号:ISBN 978-7-5645-5147-6　　　　　定价:45.00 元

本书如有印装质量问题,由本社负责调换

《动物生物学野外实习》编写人员

主　编　路纪琪

编　委　(以姓氏笔画为序)

　　　　牛　瑶　田军东　张书杰

　　　　赵林萍　赵海鹏　路纪琪

内容提要

本书是为适应高等院校动物生物学教学改革与探索、满足动物生物学野外实习需要而编著的。根据内陆地区动物生物学野外实习的特点,详细介绍了野外实习中不同类群动物的野外调查、研究、观察、标本采集与制作方法,野外实习的准备、实习总结撰写、注意事项等,旨在使实习指导教师和实习学生从总体上把握野外实习。书中还给出了一些常见动物类群和种类的检索表或插图。在附录中介绍了野外观鸟、红外相机技术及其应用、野生动物保护的相关法律法规等资料,可供读者在实际工作中参阅、使用。

本书可作为高等院校生物科学专业、生物技术专业等相关专业的大学生进行动物生物学野外实习的指导教材,也可供野生动物保护、管理和研究人员、动物学、生态学专业研究生和中学生物学教师等相关人员参阅。

作者简介

路纪琪,博士,教授,博士生导师;郑州大学生物多样性与生态学研究所所长;享受国务院政府特殊津贴专家、"新世纪百千万人才工程"国家级人选、河南省学术技术带头人、河南省创新型科技团队负责人、郑州市科技领军人才。

从事动物学、动物生物学教学工作30多年,研究兴趣为动物生态和生物多样性科学,先后承担国家973计划课题、国家自然科学基金项目、郑州市领军人才项目等研究课题;迄今已发表学术论文100余篇、著作8部;培养博士、硕士研究生30余人。主持建立河南省创新型科技团队、河南省高校省级重点实验室培育基地等研究平台。获得河南省师德先进个人、河南省教育奖章、河南省优秀共产党员、河南省优秀博士学位论文指导教师等荣誉。

学术任职有世界自然保护联盟(IUCN)物种生存委员会(SSC)委员、中国灵长类学会副理事长、中国生态学学会动物生态专业委员会副主任委员、中国兽类学会常务理事、中国动物行为学会理事、河南省生态学学会常务理事;国际灵长类学会终身会员;河南省省级自然保护区评审委员会委员、《兽类学报》编委等;曾任中国动物学会理事、河南省动物学会秘书长。

前 言

动物生物学是一门研究动物形态、结构与功能、分类、生理、生态、进化等基本生命活动规律的学科,其主要内容涉及由低等到高等的各个门及纲的动物在形态、结构、功能、生理、行为等方面的特点,以及动物的多样性、动物与环境的相互适应等诸多领域。由于课程的重要性和基础性,国内众多高校的生物学系(目前多已更名为生命科学学院)自建系以来,就开设有《普通动物学》或《动物学》课程。并且,一般都将课程分为《无脊椎动物学》和《脊椎动物学》两部分来讲授。这种状况一直持续至 20 世纪 90 年代初。俟后,为适应高等教育、教学改革、课程设置、培养计划修订等的需要,国内部分高校对《普通动物学》的课程内容进行了调整,并使之以《动物生物学》的名目出现。但是,"千举万变,其道一也"(荀子·儒效),或言之,万变不离其宗。无论课程的名称如何变化,形态、结构、分类、进化都始终是动物学的核心和主线,一以贯之。

动物生物学野外实习是《动物生物学》课程体系中非常重要的组成部分。对指导教师来说,是课堂教学、科学研究工作的延续。对学生而言,则是一种全新的学习方式。野外实习是理论联系实际的重要环节,也是培养学生对动物学、生态学研究的兴趣,对动物生物学研究基本方法、一些基本的动物学知识的了解和科学思维能力、团队合作精神的重要课堂。但是,迄今为止,国内有关动物生物学野外实习的教材和指导书尚不多见。为使动物生物学野外实习从一开始就纳入科学、规范的发展轨道,特组织有关专家编著了这本《动物生物学野外实习》,作为动物生物学野外实习的指导教材。

考虑到与传统的无脊椎动物学和脊椎动物学野外实习的内在联系、内陆地区动物区系与动物地理分布特征等因素,本书的内容安排以无脊椎动物部分为主,同时兼顾脊椎动物部分,以保持动物类群的完整性,便于相关人员进行动物野外调查或专项研究时参考。在各个类群,以动物的栖息环境与生物学习性、主要实习内容和标本制作技术等内容为主线展开系统介绍。全书的主要内容包括 6 部分。书中既有对不同类群动物基础知识的介绍,又在相关部分介绍了一些研究的新进展,使本书的结构和体系更加清晰,实用性更强。

参与本书编著的作者均长期在综合性大学或师范大学工作,从事普通动物学、动物生物学、生态学的教学和科学研究,并具有指导学生进行动物学和动物生物学野外实习的切身体会和丰富经历。因此,作者以往工作中的经验和教训均于有关章节中体现,以期能为动物生物学野外实习提供切合实际的指导;同时为动物学或生态学野外工作者、中小学师生、野生动物保护与管理等相关人员提供有价值的参考。敬请广大读者在使用过程中将书中的错漏和不妥之处反馈给作者,以便我们进行及时的补充和修订。

全书由路纪琪(郑州大学)、田军东(郑州大学)、赵林萍(郑州大学)、张书杰(郑州大学)、牛瑶(河南师范大学)、赵海鹏(河南大学)等编著,由路纪琪统稿。

  本书与《动物生物学》《动物生物学实验》共同构成系列教材,既相互独立,又有必然的内在联系,在内容安排上,各有其侧重点,又相互补充。建议在使用过程中,对3本书同时参阅,以便从总体上把握动物生物学的全貌。

  本书引用了一些参考文献中的文字和插图,专此致谢。

  本书得以编著完成并付梓出版,仰赖郑州大学出版社、郑州大学生命科学学院、郑州大学教务处、郑州大学生物多样性与生态学研究所等单位的协助和支持。谨此一并表示诚挚谢意。

2017年10月

目 录

第一章 概述 ·· 1
    第一节 野外实习的目的与意义 ··· 1
    第二节 野外实习的主要内容 ·· 1
    第三节 野外实习的准备 ··· 4
    第四节 野外实习的纪律和注意事项 ··· 14

第二章 无脊椎动物实习 ··· 16
    第一节 节肢动物 ··· 16
    第二节 软体动物 ··· 66
    第三节 其他无脊椎动物 ··· 76

第三章 脊椎动物实习 ·· 89
    第一节 哺乳动物 ··· 89
    第二节 鸟类 ··· 123
    第三节 爬行动物 ··· 147
    第四节 两栖动物 ··· 165
    第五节 鱼类 ··· 178

第四章 动物标本制作 ·· 190
    第一节 节肢动物 ··· 190
    第二节 其他无脊椎动物 ··· 201
    第三节 脊椎动物 ··· 204

第五章 野外实习的总结 ·· 227
    第一节 野外实习总结的类型与要求 ··· 227
    第二节 野外实习总结的撰写 ··· 228

附录1 野外观鸟活动 ·· 231
附录2 红外相机及其应用 ·· 235
附录3 河南境内主要实习地点简介 ·· 239
附录4 中华人民共和国野生动物保护法 ······································· 244
附录5 国家重点保护野生动物名录 ·· 252
附录6 河南省实施《中华人民共和国野生动物保护法》办法 ············· 267

参考文献 ··· 273
后记 ··· 275

第一章 概 述

动物生物学野外实习是高等院校动物生物学课程体系中重要的实践性教学环节,也是动物生物学教育、教学改革的重要切入点。野外实习旨在培养学生观察、发现、分析、解决问题的能力,提升其对动物生物学的学习兴趣和热情,培养其基本的科学素养,为今后从事动物生物学相关领域的教学、研究工作奠定基础。

第一节 野外实习的目的与意义

通过动物生物学野外实习,旨在将动物学理论知识与实际更好地结合起来,运用现代动物学、基础生态学、生物多样性科学等学科的理论和技术手段,使学生更充分地了解自然,认识生物多样性,掌握动物生物学基本的野外调查与研究工作方法。野外实习是一门最能体现和培养学生基本科研工作能力、野外生存能力、团队合作精神、吃苦耐劳精神、热爱自然和保护自然的意识、锻炼和提高大学生综合素质的实践性课程。

总体来说,动物生物学野外实习的主要目的与意义可从以下几个方面来理解。

其一,复习、巩固和验证所学的动物生物学基本理论和基本知识,同时进一步扩大学生的动物生物学知识面,促进学生对生物学理论知识的全面和深刻理解。

其二,激发学生对自然界生物结构、生命现象进行探索的兴趣和思维的自觉性。用辩证唯物主义观点,观察、分析丰富多彩的动物世界,了解动物的形态、习性及种类,了解生物多样性,激发学生的学习积极性。

其三,理论联系实际,增加学生对宏观生物学的感性认识,强化生物学基础课教学,通过自主性学习和研究性学习,培养学生的独立工作能力和创新意识。

其四,使学生贴近自然、感受自然,在实践中增强保护自然、保护野生动物的自觉意识,培养学生热爱祖国、珍惜资源、保护环境的良好素质与情感。

其五,建立和增强学生的集体观念,弘扬分工合作的良好作风,促进学生之间、师生之间的沟通和相互了解。

其六,培养学生不怕困难、吃苦耐劳的探索精神和坚强意志,训练并使其掌握动物生物学野外调查研究的基本方法。

第二节 野外实习的主要内容

动物生物学野外实习是以理论为指导、以实践活动为主的教学过程,由一系列相对独立又紧密联系的实习内容所组成。

一、动物生境的调查

在动物生物学、生态学等相关课程中,经常会遇到栖息环境、栖息地或生境等概念或术语。那么,什么是环境?从生态学角度来说,环境是指某一特定生物体或生物群体以外的空间及直接、间接影响该生物或生物群体生存的一切事物的总和。环境总是针对某一特定主体或中心而言的,离开了这个主体或中心,就无所谓环境。因此,环境只具有相对的意义。

生境(habitat)一词最早由 Grinnell 于 1917 年提出,其定义为:生物出现的环境空间和范围,一般指生物居住的地方或生物生活的生态地理环境。Ables 等(1980)认为,野生动物的生境是指能为特定种的野生动物提供生活必需条件的空间单位。与英文中的 niche(生态位,生物在多维生态环境空间的位置)、site(位点,森林生境或立地条件)的含义有所区别。Habitat 一词也有不同的中文译法,如栖息地(生态学)、生长地(植物学)、生境(动物学)、生活环境(动物学)、生态环境(环境科学)等。我们认为,采用生境一词较为合适。

野生动物总是以特定的方式生活于某一生境之中,同时动物的各种行为、种群动态及群落结构等均与其生境密切相关。所以,生境也是生物个体、种群或群落的组成成分,是动物可在其中完成生命过程的空间。一个特定物种的生境是指被该物种或其种群所占有的资源,如食物、隐蔽物、水、环境条件、温度、降雨量、捕食者及竞争者等,以及使这个物种能够存活和繁殖的空间。因此,要了解某一特定物种或种群为什么生存于某一地区的某种(些)环境,就必须研究物种与生境之间的生态关系和进化历史,了解区域气候变化的历史以及人类活动所引起的土地利用格局的改变等。要研究一个地区野生动物种群的变动趋势,还要联系到当地生境的质量和数量的变动。野生动物总是不断地适应其生境。在不同的地质年代里,外界压力导致物种的进化及新物种的产生。通过自然选择,野生动物在形态、生理、行为等方面产生了适应于周围环境的变化。动物的适应性使其在某一特定的生境或在一个有限的生境范围内生存和繁殖,而在其他环境中其适应性反而降低。有些野生动物种类的特化程度高,对食物和隐蔽条件有特殊的要求,对环境变化极为敏感。由于高度特化,它们已无法调节自己以适应生境的改变。因此,大多数稀有的、濒危的或已灭绝的野生动物种类几乎都是特化种,难以适应由于人类干扰所造成的生境退化。

热带森林群落的季节性变化不明显,动物在自然条件下的食物、水分供应充足,隐蔽条件较好。因此,热带森林群落中的物种组成最为丰富。栖息于热带森林群落中的动物也对生境产生了特异性的适应,当人类活动使其生境发生改变时,这些动物很可能走向灭绝。在冰川时期,受冰川影响较小的亚热带常绿阔叶林成为许多动物的避难所,并保存了一些古老的种类,如大熊猫、金丝猴和扬子鳄等,因而动物种类比较丰富。亚热带地区因受季风的影响,四季变化较热带地区明显,使动物群落的季相变化比热带森林显著,有些动物具有冬眠现象,群落中物种的优势现象明显,动物在各种生境间有频繁的昼夜和季节性迁移。此外,在不同季节,动物对生境有不同的要求。例如,在春、秋两季,有大量旅鸟过境和候鸟迁来越冬,对生境的要求比较复杂,数量也表现出周期性的变动。在温带落叶阔叶林区,冬夏温差大,动物的生活节律有明显的季节变化,夏季因大批鸟类迁来和旅鸟过境,物种的多样性与生物量均达到全年的峰值;冬季的低温与食物短缺使许多动物作长距离迁移,留下来的物种不仅可积累脂肪以增强抵抗力,部分物种还有储藏食物的习性,这些行为都与特定的生境条件相关联。在寒温带针叶林区,低温和降雪是动物生存的主要限制因素之一,动物形成了对积雪和漫长而寒冷的冬季的特殊适应。在温带草原地区,食物种类单调,景观开阔,缺乏隐蔽条件,啮齿动物发展了洞穴生活的能力,同时有储存食物的习性;而有蹄类动物则营集群生活,且均具有迅速奔跑能力和敏锐的视觉与听觉,这些都有利于其躲避食肉动物的捕食。这些地区在夏、秋两季食物丰富、气候适宜,是草原动物繁殖或育肥的良好季节,早春干旱、冬季寒冷,故大多数鸟类南迁。在干旱荒漠地区,植被稀疏,动物种类贫乏,数量少,少数昆虫及鸟类、啮齿动物和蜥蜴等爬行类占优势。栖息于干旱荒漠生境中的物种,对高温干旱和开阔景观表现出适应性,如它们多在夜间活动以避开高温、防止体内水分丢失,有些种类则有夏眠的习性等。

对实习地区不同类群的现生动物栖息环境、种类的调查与分析,以了解动物与栖息环境之间的相互关系,探索环境因素对动物地理分布、行为、生物学习性的影响,是动物生物学野外实习的重要内容。

二、动物的生物学习性观察

在自然界,各种动物与其栖息环境中的其他生物、非生物因子形成了千丝万缕的复杂联系。在其生境中,动物完成觅食、隐蔽、繁殖、个体发育等一系列生命活动,并在此过程中表现其生物学、生态学习性和行为特征,如活动规律、觅食时间、食性食量、隐蔽场所、鸣叫特征、个体之间的通信与联系、反捕食策略、迁徙、运动、种群动态等。

在野外实习期间,可根据实习地区的地貌、植被、水文等环境特点,选择不同的生境,对不同类群动物的个体或群体的生物学、生态学、行为等进行观察与研究,而这些也正是动物生物学研究的主要内容。借此可补充和完善对当地野生动物资源本底的了解,为当地的自然资源保护、生物多样性保护提供科学依据。

三、标本制作技术学习

动物是生物多样性的重要成员之一,而动物标本则是生物标本的重要组成部分。生物标本不仅是生物分类学研究的样品标示,也是一个国家、一个地区生物物种多样性的具体体现。同时,标本也是整个生物学研究的基础材料,在科学研究中具有不可替代的作用。人类社会的发展和经济活动深度和广度的不断拓展对野生动物的生存造成了严重威胁,并导致大量物种灭绝。因此,将物种以标本的形式保存下来,对当代人和我们的后代研究生物发展的历史和进化具有极为重要的意义。通过对标本的系统研究,可探明珍稀和濒危生物的历史和现状,为制定物种多样性和濒危物种保护策略提供科学依据。此外,生物标本还具有生物物种基因库的功能,保藏一个物种的整体或部分标本,就意味着保存了一个物种的基因和相关的遗传多样性。

在生物多样性科学知识的宣传和普及方面,生物标本也具有不可替代的重要作用。我国地域辽阔,野生生物资源极为丰富,但珍稀濒危野生动植物物种所遭受的破坏和外流现象也极为严重。受人类日益增长的经济活动的影响,自然界的许多动物离人类愈来愈远,甚至彻底消失。造成这种现象固然有多方面的原因,而人类对生物多样性保护和生物资源的重要性、可持续利用的认识不足或者视而不见,不能不说是一个根本因素。生物标本不仅为我们,也为我们的子孙后代提供了认识生物、探究自然的珍贵材料和重要基础。随着人类对生物学、生态学知识的不断了解和积累,必将逐渐唤醒人类保护自然、保护人类赖以生存的环境的意识。

在对动物生境调查、生物学习性、行为等观察的基础上,适当采集一些动物,并学习、掌握动物标本的制作技术与方法,为今后从事相关工作奠定基础。

第三节 野外实习的准备

"凡事预则立,不预则废。"要成功地组织并实施一次动物生物学野外实习,使学生学有所获、取得较好的实习效果,并避免仓促出行、忙而生乱、乱中出错,在实习的筹备阶段,就必须投入大量的时间和精力,周密策划、全盘考虑、统筹安排,做好实习前和实习中的各项工作的预案,尽量做到方案落实、心中有数、有序推进、善始善终。野外实习的准备工作可以从下述几个方面来考虑。

一、实习地点的选择

生物科学、生物技术等相关专业的大学生在掌握了一定的动物生物学基础知识之后,很有必要离开课堂、进入自然界,通过直接的观察、调查、研究,了解动物在自然条件下的地理分布、活动规律、行为特征、生态学习性等,而野外实习正好提供了这样一个理想的平台。

以往的经验表明,实习地点的选择对实习的成败与效果优劣至关重要。目前,许多自然保护区、森林公园、风景名胜区和国有林场等都希望大专院校生物学相关专业的师生去实习或参观,以协助其进行生物多样性资源本底调查,提升其管理水平、整体实力和知名度。同时,这些单位也具备基本的实习接待能力。但是,作为动物生物学野外实习的组织者和实施者,应该总体把握、多方权衡、慎重选择。为此,提出如下建议,供野外实习地点的考察与选择时参考。

第一,实习地点应具有生态系统、生境和景观的多样性和代表性。动物的种类繁多,经过长期的进化与适应,不同类群的动物与其栖息环境形成了相互适应和相对稳定的关系。就是说,在不同的环境中,栖息着不同类群的动物。因此,生境的多样性和复杂性在一定程度上表明了动物的多样性和丰富度。

第二,应选择便于对学生进行管理的实习地点。近年来,随着高等教育的快速发展,大部分高校的招生规模扩大,与过去相比,参加野外实习的学生人数有了较大幅度的增长。这一事实无疑给野外实习期间的学生管理工作增加了难度。因此,应尽量避免选择社会流动人员多、成分复杂的风景名胜区、森林公园作为实习地点。从另一方面来说,这些地方的自然景观已受到人类活动的干扰甚至破坏,动物种类趋于单调,在脊椎动物方面尤其如此。

第三,应考虑学校与实习地点之间的距离和交通条件。在选择实习地点时,在能够满足野外实习基本要求的同等条件下,应首选与学校距离适中、交通便利的地点,宁近勿远。这样不仅可免于旅途劳顿,同时也有利于实习队伍的快速集散和对突发情况的应急处置。尚未开发、交通不便的地区也不宜作为实习地点。必要时,可设几个备选地点,综合考虑,多方权衡,择优选择。

第四,实习地点初步确定之后,应组织专人特别是拟参加实习的专业教师进行踏查。在踏查过程中,应注意收集当地的自然地理、地形地貌、植被类型、气象水文、气候、物候、动植物研究文献等基础资料,旨在对野外实习的时间、进度等进行总体安排,并有针对性地做好准备工作。

第五,在条件成熟时,可考虑建立野外实习基地。经过多年野外实习的积累之后,学校、院系等层面与实习地的合作关系得以不断加强,带队教师对当地的环境特征、生物多样性、动物的类群与分布等有了较为全面的了解。经过双方友好协商和认可,可以建立相对稳定的野外实习基地。实习基地应建立在双方合作、互利共赢的基础上。一方面,实习教师和研究人员可对实习地的动物进行长期、系统的观察与研究,从而为当地的生物多样性保护和社会经济发展服务;另一方面,实习地(一般为自然保护区或国有林场)管理部门可通过对实习条件的改善和建设,吸引更多的研究者、专业人员进行科学研究,提升实习地的动物学、生态学、生物多样性科学研究水平和整体实力,增加当地社会经济发展的科技含量。

二、实习计划的编制

在野外实习开始之前,实习队应根据教学计划、学生的专业特点和培养要求,并结合实习地点的实际情况和踏查结果,编制出切实可行的实习计划。一般来说,实习计划应从下述几个方面来考虑。

其一,实习队的组成人员、负责人、学生分组情况。应做到分工明确、责任到人。如果条件允许,可安排一名教师专司学生的组织与管理工作。

其二,实习时间、主要实习内容与要求、进度安排。实习内容应根据实习时间、地区、环境特点等实际情况来安排,尽量做到既合理有序,又灵活可调。

其三,实习纪律和注意事项。在实习过程中,学生应听从指挥、统一行动、互相帮助、团队协作,不能进行与实习无关的活动或擅自离开实习地。对实习纪律和注意事项应提出明确规定,以便执行和监督。实习是一项集体活动,建议实行半军事化管理。

其四,考核方式。在野外实习结束之后,实习队应根据每个学生在实习中的表现,包括实习态度、笔试、实习业绩或实际动手能力、实习纪律等,进行综合考核,并给出公正合理的成绩。

三、实习的业务准备

动物生物学野外实习的目的之一,就是使学生在野外的自然条件下观察动物的形态、生态、行为、栖息环境、分布特点等,了解动物与其栖息环境之间的相互关系,从而牢固掌握所学过的理论知识。因此,业务准备是野外实习中非常重要的环节之一。

(一) 采集工具

对动物生物学研究者、特别是从事系统分类和进化生物学研究的学者和专业人员来说,标本就是研究的直接对象或材料,故而作为标本原材料的动物的采集和获取至关重要。广义的标本不仅是指动物的整体或部分的组织、器官和系统(如骨骼、羽、毛发、皮张等),而且包括与动物生命活动密切相关的实物材料,如巢穴、巢材、食物、粪便、足迹、鸣叫声、行为的影像资料等。在野外实习和专业研究时,必须采集一定数量的标本。

"工欲善其事,必先利其器。"为了能在野外实习中采集到所需的动物的整体或附属材料,必须根据实习内容和实习地区、季节、环境、动物区系特征等实际情况,准备好相应的动物采集工具。

1. 捕虫网

捕虫网主要用于采集飞行类昆虫,由网袋、网圈和网柄组成。根据采集对象的不同,可分为气网、扫网和水网等类型。

(1) 气网　用于捕捉飞行中的或停落在物体上的昆虫。网袋的材质为尼龙纱或纱布,透气而轻便。网呈圆锥形,直径约 30 cm,网深 80~100 cm,网口处用铁丝或铅丝制成圆形,以使网口张开,亦有折叠者。网柄长约 150 cm,由竹、木或金属制成,档次较高者为折叠式。目前市售的气网有多种型号可供选择。

(2) 扫网　用于捕捉栖息于或隐藏于草丛、矮灌丛的昆虫。网袋用棉布或麻布做成,网柄较短,便于把握。有些网底为开口式,使用时以绳子扎紧。

(3) 水网　用于采集水生昆虫。网袋用尼龙丝或细金属丝制成,有时可在网底附加一个标本聚集装置,适于采集小型种类。

2. 采集伞

对于一些不善飞翔或有假死习性的昆虫,可用采集伞来捕捉。采集伞的形状与普通的雨伞相似,在伞柄中央有一可弯曲的枢纽。伞体应用色浅而结实的材质制成,以衬托出落入伞中的动物,便于观察和采集。

3. 毒瓶

毒瓶是用来快速处死活体动物(主要是昆虫类)的工具。一般来说,采集到的昆虫应尽快处死,以免其在容器中因碰撞而损毁身体结构,影响后续的标本制作、展示和研究等。常用的毒瓶以氰化物为药剂。制作毒瓶时,需选一容积约 500 mL、完好无损、配有可密闭瓶盖(塞)的广口玻璃瓶或塑料瓶,在瓶底放入约 10 g 氰化钾(或氰化钠)粉末,然后于其上平铺一层厚约 2 cm 的锯末并压紧,最后在锯末上浇灌一层石膏糊(用熟石膏粉加清水调制而成,勿使过稀),置安全通风处阴干后,可在石膏层上覆一层滤纸,以保持瓶内清洁,盖好瓶盖备用。需要特别注意的是,应在瓶体显著位置,醒目地标注"毒瓶""剧毒""小心"等警示字样。

氰化物毒瓶杀虫速度快,效果好,但氰化钾(或氰化钠)及其气体均有剧毒,在毒瓶的制作和使用过程中,必须规范操作、全面防保护、严格管理。在工作结束后,要及时用清水洗手。毒瓶一旦不慎破损,应即停使用,并将毒瓶残体做深埋处理。

除氰化物之外,还可用其他一些试剂或药物如三氯甲烷(氯仿)、乙醚、杀虫剂、灭鼠剂等制作简易毒瓶,这类毒瓶制作较为方便,且相对安全。制作时在瓶底放入一层脱脂棉或海绵,在外出或使用前加入适量上述试剂或药物,并覆盖一层滤纸即可。每次使用1~2 d后,应及时补充药品以保障毒杀效果。

4. 诱虫灯

诱虫灯的原理是利用昆虫的趋光性来诱捕昆虫,主要用于采集那些对灯光有特殊趋性的昆虫。诱虫灯可用普通灯泡、应急灯、射灯等改装而成:在灯的下方安装一个金属漏斗,漏斗下接一毒瓶即可;也可在灯泡前方挂一大块白布,待昆虫停落于白布上时即可采集(图1-1)。由于许多昆虫对黑光灯很敏感,故可利用黑光灯进行选择性捕捉。

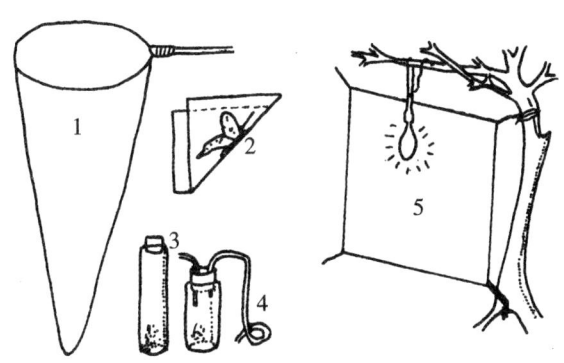

图1-1 采集昆虫的常用工具
1.捕虫网;2.三角纸袋;3.毒瓶;4.吸管;5.诱虫灯及白布

5. 吸虫管

吸虫管可用于采集生活于树皮缝隙、墙缝、地面等处、身体微小而脆弱或特别活跃的小型昆虫。将软木塞钻穿2个孔,通入两根细玻璃管,其中一根的外端接上胶皮管,内端包一层纱布;另一根弯成直角,然后将带有玻璃管的软木塞置于大小合适的玻璃瓶口处。使用时,将近弯曲的玻璃管对准要采集的动物,将带胶皮管的一端含在口中(或接一洗耳球)用力一吸,动物即可被吸入瓶中(图1-1)。吸气管下管口处需蒙以纱布,以免昆虫被吸入采集者口中或洗耳球内。然后将所采集到的小虫放入毒瓶。采集蚊类、蠓类、蚜虫、蓟马和寄生蜂等一些小型昆虫时,均可使用吸虫管。

6. 三角纸袋与标本盒

三角纸袋又称昆虫包,主要用来包装和暂存鳞翅目昆虫。纸袋轻巧,不致损伤虫体,且携带、使用方便。外出采集前,应提前制备一定数量、大小不等的三角纸袋,以备不时之需。一般选用半透明纸作为三角纸袋的材料。三角纸袋的大小可根据昆虫的大小决定。制作时,将纸裁切成长宽比为3∶2的长方形纸块,经数次折叠即成(图1-2)。使用时依虫体大小分别包装、存放,每袋可装一只或几只同种个体。

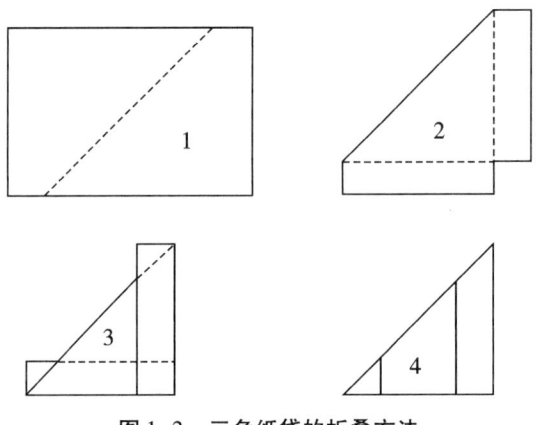

图 1-2 三角纸袋的折叠方法

在野外条件下,如果采集到的动物较多,可将动物分别包入三角纸袋,编号记录后,暂时叠放于标本盒中,以便保存和携带。待回到驻地或学校后,再行制作标本。标本盒一般为木质,有各种型号。外出采集时,应以结实、便携者为首选。

7. 广口瓶和指形管

在野外采集时,广口瓶和指形管可用来暂时存放小型的水生或陆生动物标本。为便于携带,也可用塑料瓶、塑料管、离心管等代替,但须有可密封的瓶塞或瓶盖。

8. 采集袋

在进行野外调查或开展相关研究时,采集袋用来存放采集工具和标本。采集袋不拘形式,也可根据需要自行设计,但应有利于携带毒瓶、标本盒、三角纸袋、镊子、小铲等采集工具。采集袋的材质应以结实、耐磨、防水为佳。

9. 拖网

拖网用来捕捞鱼类、水生两栖动物和爬行动物,多用尼龙网制成。在内陆地区的动物生物学实习中一般较少使用。如有需要,可用简易捕鱼网替代。

10. 布袋

布袋(长约 30 cm,宽约 20 cm)可用于暂时存放两栖动物、爬行动物、啮齿动物、鸟类等标本。一般用透气性较好的棉布做成双层,放入活体动物或标本后,应将袋口扎紧,以防止动物逃逸。

11. 夹具

在野外实习中,往往需要捕捉一些小型哺乳动物,特别是啮齿动物,因而要用到捕鼠夹、踩夹等夹具。捕鼠夹有多种型号和规格,可根据拟实习地区啮齿动物和兽类的区系特征,选择使用。

12. 活捕笼(箱、筒)

这类工具可用来活捕一些啮齿动物、食虫类或小型食肉兽类。为捕捉鼩鼱、鼹鼠等食虫哺乳动物,还可准备一些用马口铁制作的捕捉筒。规格一般为口径 120 mm,长约 600 mm,筒底密封,筒外可配置一个手提环,便于操作。

(二)采集记录

在野外实习中,对所观察的动物及其采集地点、数量、活动规律、行为特征、海拔、地理坐标、生境、温度、湿度、天气等信息,都应及时地做好记录,以备后续的研究鉴定、分类和标本保存。没有记录的标本,其科学研究价值将大打折扣甚至毫无意义。常见的记录方式包括以下几种类型。

1. 标签

标签一般为纸质,预先印制好需要填写和记录的项目。

对无脊椎动物特别是昆虫来说,标签可分为采集标签和鉴定标签两种类型。采集标签的规格为长 28~30 mm,宽 13~15 mm;鉴定标签的规格为长 45~50 mm,宽 30~35 mm(图1-3)。

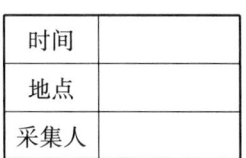

图1-3 动物标签
左:采集标签　右:鉴定标签

对脊椎动物特别是鸟类和哺乳动物而言,多采用纸质标签,规格为长 60 mm,宽 20 mm。鸟类和哺乳动物采集标签正面的记录内容相同,反面记录的项目略有差异(图1-3);供鉴定所用的标签,正面只印学校(单位)名称、动物的学名、中文名,反面用以记录各项量度、采集地点、时间、采集人等信息。

对软体动物、鱼类、两栖动物、爬行动物等需要浸泡保存的标本,一般用小竹片或塑料片制成标签,用碳素墨水笔或铅笔书写各项记录内容。

2. 三角纸卡

三角纸卡用来制作不易针插、体型微小的昆虫标本。一般用道林纸制作,呈等腰三角形,规格为高 10 mm,底宽 5 mm。

3. 采集记录表

在野外实习中,记录表(或印制成记录本)用于随时记载各类动物数量、分布、生境特点、活动规律、繁殖、鸣叫、行为、天气状况等。由于自然界动物及其生境的多样性,不同类群的动物的记录内容也不尽相同。记录表应分类、编码并装订成册,以备核查和研究。记录表应大小适中,便于携带和使用。脊椎动物中鱼类、两栖(爬行)动物和鸟类的野外调查记录表样式分别如表1-1,表1-2,表1-3所示。制作其他类群动物的记录表时可参考既有样式,也可基于模式表格,根据不同的调查和研究目的,酌情增删部分项目。

4. 调查表

在野外实习、野外调查和专项研究工作中,还可能用到多种类型的调查表格,如昆虫的生活史、各种动物的数量统计、食性调查分析、动物的形态测量等。调查者或研究者可根据需要,自行设计制作,此处不再赘述。

表 1-1 鱼类采集记录表样

郑州大学鱼类采集记录表

采集号		种名	
采集尾数		地方名	
采集时间		采集地点	
水温		捕捞工具	
体色记录			
访问记录(栖息水层、水域状况、产卵时间、食性等)			
备注			

采集人 ＿＿＿＿＿＿

表 1-2 两栖(爬行)动物采集记录表样

郑州大学两栖(爬行)动物采集记录表

采集号		种名	
采集时间		性别	
采集地点		海拔	
水温及 pH 值		水域类型	
气温		湿度	
形态特征及生活习性			
附记			

采集人 ＿＿＿＿＿＿

表 1-3 鸟类采集记录表样

郑州大学鸟类采集记录表

采集号			种名		
采集时间			地方名		
海拔			性别		
采集地点					
量度	体重	g	体长		mm
	翼长	mm	尾长		mm
	喙长	mm	跗跖长		mm
数量					
生境					
繁殖情况					
其他					

采集人 _____

(三) 常用仪器及设备

1. 显微镜

用于观察微小动物的形态特征、身体结构、活动与行为特征。

2. 体视显微镜

用于微小动物形态观察、动物细微结构的解剖观察和某些动物食性的观察与分析。

3. 放大镜

用于微小动物形态、动物细微结构等的观察。

4. 望远镜

在野外实习时,望远镜是观察动物特别是鸟类形态特征、栖息环境、生态习性、行为等的主要设备之一。目前,市场上已有多种型号、规格、性能的望远镜可供选择。从生物多样性保护的角度来说,提倡多使用此类设备进行野外观察或调查。

5. 影像设备

在野外实习和野外研究工作中,有关动物数量、觅食、交配、鸣叫、行为等的影像、录音等是非常重要的第一手资料,具有无可替代的作用和价值。随着信息科学和技术的飞速发展,照相机、录像机、录音机的质量和功能已相当完善,特别是近年来得到广泛应用的红外触发自动照相机/摄像机、数码照相机(长焦距)、数码摄像机等设备,在野外实习时,都可广泛采用。

6. 其他

在野外实习中,还有许多经常用到的仪器或设备,如指南针、海拔仪、测高器、温度计、电子天平、对讲机、计数器、便携式 GPS(全球定位系统)、红外相机等。随着科学技术的不断进步,未来可能还有更多的设备被应用于野生动物调查与研究。如果条件允许,这些装备应尽量配置并携带,以获得更多的基础资料和研究数据。

(四)常用器械和材料

1. 常用器械

在野外实习时,必须配备一些常用的器械和工具。主要包括:解剖器械(解剖刀、解剖剪、解剖针、各种型号的镊子、骨剪)、解剖盘、注射器、注射针头、量筒、广口瓶、标本瓶(缸、桶)、卷尺、水桶、虎钳、手电筒、应急灯等。

2. 常用材料

在野外采集和处理标本的过程中,需要用到一些消耗材料,如铅丝(各种型号)、竹签、脱脂棉、纱布、胶布、塑料布、线绳、针线、石蕊试纸、肥皂(洗衣粉)、各种标签、记录表(本)、旧报纸、胶水、铅笔、毛笔、记号笔等。

(五)常用化学药品与防腐剂

在野外实习期间,需要对各种动物标本进行防腐处理,以利于长期保存、观察和研究。为此,须准备一些化学药品。这些化学药品可单独使用,也可基于动物类群,配制成不同用途的防腐剂。

1. 常用化学药品

(1)福尔马林　福尔马林(甲醛溶液)是较为常用的标本固定保存液。福尔马林具有强烈而快速的杀菌能力,防腐性强,效果好,价格也较为便宜。但经其固定的标本或材料略有膨胀,浓度过大时易使机体组织变硬,故有时可与酒精、醋酸、甘油等混合使用,以扬长避短、相互补充。市售的甲醛溶液中一般含甲醛37%~40%,配制固定保存液时可将其当作100%的原液,配成浓度为5%~10%的溶液即可。

(2)酒精　即乙醇。商品酒精有各种浓度,用作固定液时浓度以75%~80%为宜。用酒精浸制的标本清洁明亮,对于附肢较长的昆虫标本,用酒精浸泡可保持附肢完整而不脱落,但缺点是内部组织容易变脆,且酒精易挥发,因而用量大,花费较高。

(3)三氧化二砷　又名亚砷酸(As_2O_3),俗称砒霜。三氧化二砷为白色无味粉末,性剧毒,有很强的杀菌、防蛀作用。一般不单独使用,常与其他药品混合,配制成各种类型的防腐剂。

(4)樟脑(丸)　为白色透明结晶,呈粉末状或制成丸状,有特殊香味。樟脑(丸)有驱虫、防蛀作用,并可抑制动物身体所产生的腥气和臭味。

(5)硫酸铝钾　即十二水合硫酸铝钾[$KAl(SO_4)_2 \cdot 12H_2O$],俗称明矾,为无色透明晶体。可溶于水,有酸味。硫酸铝钾有硝皮、防腐及吸收皮肤水分的作用。野外采集到兽类但不能立即制作标本时,可用硫酸铝钾固定其皮张,待返回室内后,再行制作。商品硫酸铝钾为块状,使用时应研磨成粉末,越细越好。

(6) 苯酚　即石炭酸(C_6H_5OH),为无色结晶,在空气中可被氧化而变成粉红色,有特殊气味。苯酚可溶于酒精、三氯甲烷、乙醚、甘油等,因而常与之配成防腐液。

(7) 丙三醇　即甘油。有滋润作用,可防止标本迅速干燥,从而使标本较长时间保持原态。

(8) 乙醚　为易燃、易挥发的有机溶剂。氧化后毒性增强,常用作麻醉剂。

(9) 三氯甲烷　又名氯仿。无色、有甜味、易挥发,不易燃烧,多用作麻醉剂。

(10) 醋酸　又称乙酸,为具有刺激性气味的液体。纯醋酸在 16.7 ℃ 以下就会凝结成冰状固体,故名冰醋酸。用作固定液时,穿透速度快,可使细胞快速膨胀,防止收缩,组织亦不会硬化。固定液的浓度一般为 0.3% ~ 0.5%,常备液的浓度为 10%。醋酸可与福尔马林、酒精、铬酸等易引起组织变硬和收缩的固定液结合使用。

2. 常用防腐剂的配制

在野外实习中,有些防腐剂如福尔马林、酒精保存液可以随用随配,而有些防腐剂则需提前配制并静置一段时间,在野外实习期间使用恰逢其时。

(1) 昆虫保存液

醋酸、福尔马林、酒精混合保存液　用酒精(80%)15 份、甲醛(40%)5 份、冰醋酸 1 份混合备用。这种混合保存液对昆虫的内部组织有较好的固定作用,但标本易变污,且会产生少量沉淀。

醋酸、福尔马林、白糖保存液　用冰醋酸 5 mL、白糖 5 g,甲醛(40%)5 mL 和蒸馏水 100 mL 混合备用。这种保存液适用于浸泡后易变色的昆虫标本,对绿色、黄色、红色在一定时间内有保护作用。

任克氏(Zenker's)保存液　此液分甲液、乙液两种。甲液、乙液的配制方法分别为:甲液:白糖 5 g,冰醋酸 2 mL,蒸馏水 100 mL,混合备用;乙液:白糖 5 g,福尔马林 2 mL,蒸馏水 100 mL,混合备用。在使用时,应先将标本浸入甲液中 24 h,后转入乙液长期保存。虫体较大的标本可反复 3 ~ 4 次,再保存于乙液中。这种保存液对绿色、红色标本有 定保护作用,但不适用于附肢易脱落的昆虫。

(2) 脊椎动物防腐剂

1) 砷剂

亚砷酸防腐粉　多用于鱼类、两栖类、爬行类和哺乳类,可防止皮张的腐烂和虫害侵蚀,防腐效果较持久。配制方法是:称取三氧化二砷 20 g,明矾 70 g,樟脑粉 10 g(用量可酌情增减),将三者研成粉末,混合均匀后即可使用。

砒霜防腐膏　功能与粉剂相同,主要用于鸟类和小型哺乳类。配制方法是:称取三氧化二砷 50 g,樟脑粉 10 g,肥皂 40 g,水 100 mL,甘油少许。先将肥皂切成小块,加水煮成糊状,然后加入三氧化二砷(砒霜)和樟脑粉,并用玻璃棒不断搅拌,以免砒霜沉淀。最后再加入少量甘油,调成均匀的糊状,以用毛笔涂抹时能散开为宜。

2）非砷剂

硼酸防腐粉 防腐效果略逊于砷剂，但无毒性，故较为安全，适于野外实习使用。配制方法是：将硼酸（H_3BO_3）20 g、明矾粉 30 g 和樟脑 20 g 共研成粉状，混合均匀即可。多用于大型兽类皮张的临时处理，也可用于两栖动物和爬行动物，但药效仅可维持数年时间。

明矾-食盐保存液 多用于鸟类和哺乳动物皮张的保存。配制方法是：取明矾 50 g、食盐 100 g、敌敌畏 1 mL、水 500 mL，将水煮沸，放入明矾和食盐，搅拌使之溶解，冷却后将敌敌畏加入并搅拌均匀即成。

苯酚酒精饱和液 将固体苯酚加入乙醇中，至苯酚不再溶解，即为苯酚酒精饱和液。这种混合液多用于鸟类头骨、裸区和脚趾等部位的消毒和防腐处理，效果较好。

第四节 野外实习的纪律和注意事项

在野外实习开始之前，实习队应制定必要的纪律，并列出实习期间的注意事项，使实习参与人员做到心中有数，严格执行，并便于监督和管理。

一、实习纪律

动物生物学野外实习从筹备、组织、实施到完成，是一个紧张、复杂的过程和系统工程，头绪多、工作量大、牵涉面广。欲使野外实习按预定计划顺利实施、圆满完成，必须以严明的纪律和切实的执行做保障，正所谓"无规矩不成方圆"。为此，实习队应制定必要的纪律和行动准则，参与实习的教师、工作人员、学生都必须以身作则，严格遵守和执行。制定实习纪律时，应着重考虑以下几个方面：

服从统一指挥，不得擅自行动，积极努力地完成所承担的任务。

遵守国家相关法律、法规、有关政策、法令和规定，杜绝违法乱纪行为。

尊重当地的风俗习惯，与当地群众搞好关系，友好相处。

互相帮助，关心同学，爱护集体荣誉，发扬团队协作精神。

注意安全，不能单独外出活动，有事请假，归队销假。

不要随意采食野果，以免发生意外或中毒事件。

实习队所用的仪器设备、有毒药品应由专人保管，不能外借。

二、注意事项

对大多数参加野外实习的学生来说，实习可能是其平生第一次到大自然中，进行野生动物调查、观察和采集的户外活动。因此，除应加强纪律方面的要求之外，实习队负责人、带队教师还应教育学生，注意以下问题：

采集标本时，应首先仔细观察周围环境和采集对象，选择适当的采集方法，尤其是遇到毒蛇和有毒昆虫时，应做好防范，万勿操之过急。

详细、认真、负责地做好野外观察记录，不允许弄虚作假。

采集到的动物或标本不能随意处置，无保存价值的标本和材料，应经指导教师同意方可处理。制作标本时所产生的垃圾和杂物要及时清理，不能随意丢弃，以免对附近的禽畜、野生动物、人群、环境等造成危害和影响。

随着野生动物保护知识的普及与广泛宣传，公众对生物多样性在人类生存中的作用和意义有了深刻的认识，生物多样性保护已引起了各国政府和社会公众的广泛关注和积极参与。因此，需要特别强调，在野外实习期间，不能大量、扫荡式地采集动物标本。否则，可能会对一些种群数量较小的物种的生存产生严重威胁。

第二章 无脊椎动物实习

无脊椎动物是动物界进化较为低等的类群,这类动物最明显的特征是:不具脊索或脊椎骨,除脑部(如果有)外,中枢神经系统均位于消化道的腹面。无脊椎动物一般个体较小,但种类繁多、数量巨大、分布广泛,与人类关系极为密切。从地理分布和栖息环境来看,海洋、江河、湖泊、池沼、陆地等环境都有其踪迹;从生活方式看,有自由生活的种类,也有营寄生生活的种类,还有共生生活的种类;从繁殖方式看,有些种类可进行无性繁殖,有些种类则进行有性繁殖,有些种类则兼具无性繁殖和有性繁殖,个别种类还可通过幼体生殖、孤雌生殖等方式增加新个体。按照从低等到高等、由简单到复杂的进化顺序,可将无脊椎动物分为原生动物、海绵动物、腔肠动物、扁形动物、线形动物、环节动物、软体动物、节肢动物、棘皮动物等类群。

根据内陆地区动物区系与地理分布的特征,无脊椎动物野外实习的内容安排以节肢动物为主,其他类群为辅,点面结合,重点突出。

第一节 节肢动物

节肢动物是动物界最大的门类,其种类多、数量大、分布广、适应性强,在迄今已知的150多万种动物中,节肢动物种类超过85%。该类群动物的身体一般可分为头、胸、腹等3部分,具有分节的附肢,故称为节肢动物。

一、栖息环境及生物学习性

在现生动物中,节肢动物在地球上的分布极其广泛,几乎遍及各种类型的生态系统。节肢动物具有下列主要特征。

1. 身体异律分节

节肢动物的身体为异律分节,一般分为头、胸、腹等3部分。头部为感觉和摄食中心,胸部为运动中心,腹部为生殖和营养中心。有些种类的头部和胸部愈合形成头胸部(如甲壳纲、蛛形纲大部分种类);有些种类的胸部和腹部愈合形成躯干部(如多足纲);部分类群的头、胸、腹完全愈合(如蛛形纲的蜱螨类)。这种既分化又组合的体节,不仅增强了动物的运动机能,同时也提高了动物对环境的适应能力。

2. 具有分节的附肢

节肢动物的附肢并非为体壁的简单外突,而是以关节与身体相连,并且附肢本身也分节,故名节肢动物。具有分节的附肢是节肢动物的主要特征之一,这一特征增加了动物的灵活性和活动范围。原始的附肢为双肢型,由原肢及其顶端发出的内肢和外肢等3部分构成。在进化过程中,附肢发生了形态和功能上的分化,头部的附肢用于感觉和摄食,胸部的附肢用于运动和呼吸,腹部的附肢用于游泳和生殖,有些种类腹部的附肢完全退化。

随着节肢动物的进化,其附肢的类型也由双肢型演变为单肢型(外肢完全退化,只保留原肢和内肢)。

3. 具有发达的几丁质外骨骼

节肢动物的体壁由表皮、上皮和基膜组成。其中,表皮层由上皮细胞向内分泌形成,厚而坚硬,称为外骨骼。外骨骼自外向内由上表皮、外表皮和内表皮等3层组成,主要成分为几丁质(为含氮多糖类化合物)和节肢蛋白。外骨骼具有保护、防止体内水分蒸发及外物侵蚀等功能,对动物的陆地生存尤为重要。因此,具有几丁质的外骨骼为节肢动物的又一重要特征。但是,发达的外骨骼限制了动物的生长,故节肢动物在生长过程中具有蜕皮现象。蜕皮受相关激素的控制。甲壳动物终生都可蜕皮,而昆虫类在发育成熟之后即不再蜕皮。蜕皮时,上皮细胞分泌含几丁质酶和蛋白酶的蜕皮液溶解内表皮,使旧表皮与上皮分离,同时上皮分泌新表皮,随后旧表皮沿身体的一定部位裂开,虫体由此钻出。

4. 具有强劲有力的横纹肌

节肢动物的肌纤维为横纹肌,而扁形动物、原腔动物和环节动物的肌纤维均为平滑肌,并且与表皮共同形成皮肌囊。节肢动物的肌肉与表皮脱离形成肌肉束,故运动强劲而有力。成对的肌肉相互拮抗,其两端附着在外骨骼的内侧。通过拮抗肌的交替收缩,引起体节间或附肢节间的弯曲或伸直,实现灵活运动。

5. 具有混合体腔及开管式循环

从发生和起源来看,节肢动物的体腔有初生体腔和次生体腔两种成分。在胚胎发育的早期也出现体腔囊,但它并不发展成像环节动物那样宽阔的次生体腔,而是退化为围心脏、生殖腔和排泄器官的内腔。后来围心腔壁消失,次生体腔和消化管与体壁之间的初生体腔混合,形成混合体腔。混合体腔内充满血液,因此又称为血腔。节肢动物的循环系统为开管式,这种循环方式的血压低、血流慢,可避免因附肢易于折断而引起的大量失血,因而也是节肢动物重要的适应性特征之一。

6. 具有独特的消化系统

节肢动物的消化系统进一步分化,形成了专司摄食的口器,前肠内出现了齿和骨板,可用以磨碎食物(如甲壳动物的胃磨);陆生种类出现直肠垫,可重吸收水分,适应于陆地生活环境。节肢动物的食性广泛,绝大多数为植食性。

7. 呼吸器官完备

生活在不同环境中的节肢动物,具有不同的呼吸器官。水生种类用鳃和书鳃(如鲎)呼吸;陆生种类用书肺和气管呼吸,一些小型种类(如水蚤、剑水蚤等)通过体表呼吸。鳃、书鳃、书肺和气管均由体壁外胚层形成,所不同的是,鳃和书鳃是由体壁外突形成,借此增加和水的接触面积,利于气体交换;而书肺和气管是由体壁内陷形成,除能有效增加和气体的接触面积外,还可防止体内水分的蒸发,是陆生种类对陆地环境的高度适应。气管可直接向组织供应 O_2,也可直接从组织中摄取 CO_2,并排出体外。因此,气管是一种极为高效的呼吸器官。

8. 排泄器官多样

节肢动物的排泄器官有两种主要类型。一类是与后肾管同源的体腔管,包括甲壳纲动物的触角腺(绿腺)、小颚腺以及蛛形纲动物的基节腺;另一类是位于中后肠交界处、由中肠或后肠向外突出形成的马氏管。昆虫纲和多足纲的马氏管来源于外胚层,蛛形纲的马氏管来源于内胚层。

9. 神经系统和感官发达

节肢动物的神经系统呈链状,神经节有愈合现象。感官发达,有单眼和复眼,复眼由许多小眼组成,每一小眼即为一个视觉单位。

10. 繁殖和发育适应性强

节肢动物多为雌雄异体、异形;生殖系统发达,体内受精,受精卵行表面卵裂,直接或间接发育。在间接发育过程中,动物的形态、生理和生活习性等方面产生一系列的适应性改变,称为变态(metamorphosis)。

二、主要实习内容

(一) 昆虫纲

昆虫纲是动物界已知类群中种类最多、种群数量最大、分布范围最广的一类动物,在生物多样性组成中占有十分重要的地位。昆虫与人类的经济社会、身体健康等有极为密切的关系,也是医学节肢动物中最为重要的成员。以昆虫为研究对象的昆虫学已成为动物生物学之外的一门独立学科。

除海洋之外,其余几乎所有的环境中都有昆虫纲动物的栖息和分布。

昆虫纲的成虫的身体两侧对称,可分为头、胸、腹等3部分。头部有触角1对,胸部有足3对,故又称6足纲。

头部 为昆虫纲动物的感觉和取食的中心,有触角1对,为感觉器官,司嗅觉和触觉;复眼1对。头部前方或腹面有取食器官,称为口器,通常由上唇、上颚、舌、下颚及下唇组成。其中下颚及下唇又各具分节的附属结构,分别称为下颚须,或称触须、下唇须。根据形态和取食功能差异,可将口器分为多种类型。其中与人类健康和医学有关的口器包括咀嚼式(如蜚蠊)、刺吸式(如蚊、蚤、虱)和舔吸式(如蝇)等类型。

胸部 分为前胸、中胸和后胸等3个胸节。各胸节的腹面有足1对,分别称前足、中足和后足。足分5节,由基部向端部依次为基节、转节、股节、胫节和跗节。跗节又有1~5分节,跗节末端具爪。多数昆虫的中胸及后胸的背侧各有翅1对,分别称为前翅和后翅。双翅目昆虫仅有前翅,后翅退化成棒状的平衡棒。

腹部 有分节,通常由11节组成,但不同种类昆虫的体节常有愈合变形现象,故外表可见的腹节数目差别较大。雌虫的尾端具有各种样式的产卵器,雄虫的尾端具有构造复杂的外生殖器,形态结构因种而异,可作为昆虫种类鉴定的重要依据。

昆虫从幼虫到成体性成熟的整个发育过程称为胚后发育。在此过程中,动物经历了从外部形态、内部结构、生理功能到生态习性及行为等方面的一系列变化,称为变态(表2-1),这是昆虫个体发育中的重要特征。发育过程需要经历一个不食不动的蛹期,称为完全变态(complete metamorphosis)。蛹前的发育期称为幼虫期,虫态称为幼虫,其外部形态、生活习性与成虫有显著差别,如蚊、蝇、白蛉及蚤等;发育过程不需要经过蛹期的变态形式,称为不完全变态(incomplete metamorphosis),成虫前的发育期称为若虫期,虫态称为若虫(nymph),其形态特征及生活习性与成虫差别不显著,通常仅表现为虫体较小,性器官未发育或未成熟发育,如虱、臭虫、蜚蠊等。在昆虫的胚后发育过程中,幼虫或若虫通常需要蜕皮数次,两次蜕皮之间的虫态称为龄(instar),它所对应的发育时间称为龄期(stadium),自幼虫发育为蛹的过程称为化蛹(pupation),成虫从蛹中脱出的过程称为羽化(emergence)。

表 2-1 昆虫变态的主要类型及特征

变态类型	昆虫发育变态过程简述(＊表示有特殊情况)	代表性昆虫
不完全变态	经过卵、若虫和成虫 3 个时期。又可细分为如下 6 种类型	
增节变态	幼虫体节较成虫少,每龄逐渐增加一节,最后变成成虫	原尾目
表变态	亦称无变态。成虫无翅,除体积外,幼虫与成虫各方面均无大的区别＊	缨尾目、双尾目、弹尾目
渐变态	成虫与幼虫在形态、习性上均相似,幼体称若虫,随虫龄增长物征逐步完备	直翅目、半翅目、同翅目等
半变态	成虫陆栖,幼虫(若虫或稚虫)水栖且有临时性器官,两者习性和形态构造完全不同	蜻蜓目、襀翅目
原变态	与半变态同,但在化为成虫后须再蜕皮一次,这种蜕皮前形态称为亚成虫	蜉蝣目
过渐变态	经过卵、活泼幼体、不活泼幼体(拟蛹而非真蛹,有翅芽)及成虫发育时期	介壳虫、缨翅目
完全变态	经过卵、幼虫、蛹、成虫 4 个阶段,各阶段形态完全不同。又分为如下 2 种类型	
标准完全变态	经过卵、幼虫、蛹、成虫 4 个阶段,各阶段形态完全不同	鳞翅目、双翅目等
复变态	经过卵、幼虫、蛹、成虫 4 个阶段,但在幼虫时有 2 种形态:孵化后为活泼的双尾有爪形;蜕皮后为不活泼的蠕虫形	芫菁

1. 种类调查

迄今为止,全世界已知的昆虫纲动物超过 100 万种,约占动物界总种数的 80%,分别隶属于 34 个目,每年发现的新种为 5000～10000 种。中国已知昆虫为 12 万～15 万种,包括 33 个目(表 2-2)。

表 2-2 中国昆虫纲的主要目及其代表动物

目	代表种类	目	代表种类
原尾目(Protura)	蚖	双尾目(Diplura)	铗尾虫
弹尾目(Collembola)	跳虫	缨尾目(Thysanura)	石蛃等

续表 2-2

目	代表种类	目	代表种类
蜉蝣目（Ephemeroptera）	蜉蝣	缨翅目（Thysanoptera）	蓟马
蜻蜓目（Odonata）	蜻蜓、豆娘	同翅目（Homoptera）	蝉等
襀翅目（Plecoptera）	石蝇	半翅目（Hemiptera）	蝽象、蝽
蜚蠊目（Blattodea）	蜚蠊、蟑螂	广翅目（Megaloptera）	泥蛉等
螳螂目（Mantodea）	螳螂	蛇蛉目（Raphidioptera）	蛇蛉
直翅目（Orthoptera）	蝗虫等	脉翅目（Neuroptera）	草蛉等
竹节虫目（Phasmatodea）	竹节虫等	鞘翅目（Coleoptera）	甲虫
蛩蠊目（Gryllobattodea）	蛩蠊	捻翅目（Strepsiptera）	捻翅虫
等翅目（Isoptera）	白蚁、䗩	长翅目（Mecoptera）	蝎蛉
纺足目（Embioptera）	足丝蚁	毛翅目（Trichoptera）	石蛾
缺翅目（Zoraptera）	缺翅虫	鳞翅目（Lepidoptera）	蝶、蛾
革翅目（Dermaptera）	蠼螋	双翅目（Diptera）	蝇、蚊等
啮虫目（Psocoptera）	书虱	蚤目（Siphonaptera）	跳蚤
食毛目（Mallophaga）	鸟虱等	膜翅目（Hymenoptera）	蜂、蚁
虱目（Anoplura）	虱		

对昆虫纲动物进行分类时，目以上阶元的分类依据主要包括：变态类型、翅的有无、对数和质地、口器类型、单眼的有无和数目、足的类型、腹部的附器等。科和科以下阶元分类的主要依据则为翅的形状、脉相、骨板状、刚毛排列方式等。近缘种主要依据雄性的外生殖器特征进行区分。

(1) 昆虫的口器

1) 咀嚼式　咀嚼式口器是最基本、最原始的口器类型，其他类型的口器均由这种口器演化而来。咀嚼式口器由1对上颚、1对下颚、上唇和下唇、1对下颚须和下唇须、舌组成。具有咀嚼式口器的昆虫主要取食固体食物。如蝗虫的口器。

2) 嚼吸式　嚼吸式口器由以下几个部分组成。上唇：为一横薄片，内面着生刚毛。上颚：1对，位于头的两侧，坚硬，齿状，适于咀嚼花粉颗粒；下颚：1对，位于上颚的后方，由棒状的轴节、宽而长的基节及片状的外颚叶组成，并有一个5节的下颚须；下唇：位于下颚的中央。有1个三角形的亚颏和1个粗大的颏部。颏部的两侧有1对4节的下唇须，颏部的端部有一多毛的长管，称中唇舌，其近基部有1对薄且凹成叶状的侧唇舌，端部还有1个匙状的中舌瓣。如蜜蜂的口器。

3) 刺吸式　刺吸式口器的各部分都延长为细针状。上唇：较大的1根口针，端部尖锐如利剑；上颚：最细的2根口针；下颚：1对，由分4节的下颚须及由外颚叶变成的口针组成，口针端部尖锐，具齿；舌：1根，较宽，细长而扁平；下唇：1根，长而粗大，多毛，呈喙

第二章 无脊椎动物实习　　21

状,可围抱上述口针。如蚊的口器。

4)舐吸式　舐吸式口器的上、下颚均退化,仅余1对棒状的下颚须。下唇特化为长的喙,喙端部膨大成1对具环沟的唇瓣。喙的背面基部着生一剑状上唇,其下紧贴一扁长的舌,两相闭合而成食物道。如家蝇的口器。

4)虹吸式　虹吸式口器的上颚及下唇退化,下颚形成长形卷曲的喙,中间有食物道。下颚须不发达,下唇须发达。如蝶类和蛾类的口器。

(2)昆虫的足

昆虫的足形态多样,功能不一,但均与其生活方式、栖息环境密切相关。常见类型简列如下(图2-1)。

1)步行足　各节皆细长,适于步行。如萤蟓的足。

2)捕捉足　基节长而大,腿节发达,腹缘有沟,沟两侧具成列的刺;胫节腹缘亦具两列刺,适于捕捉与把握食物。如螳螂的前足。

3)开掘足　各节粗短强壮。胫节扁平,端部有4个发达的齿。跗节分3节,极小,着生在胫节外侧,呈齿状。如蝼蛄的前足。

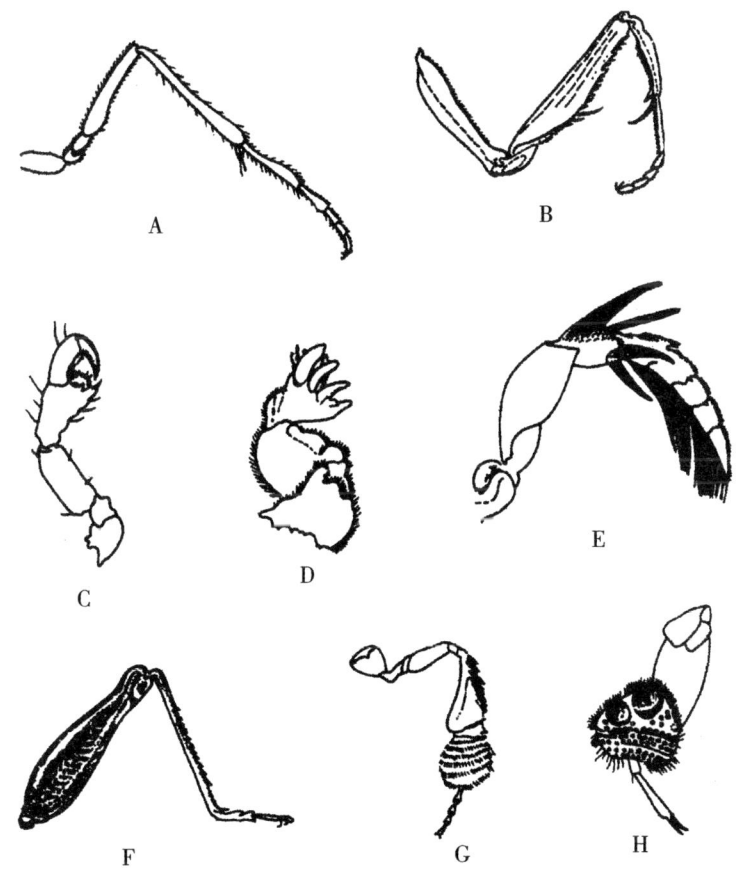

图2-1　昆虫足的类型
A.步行足;B.捕捉足;C.攀缘足;D.开掘足
E.游泳足;F.跳跃足;G.携粉足;H.抱握足

4) 游泳足　胫节和跗节皆扁平而呈浆状,边缘具成列的长毛,适于游泳。如松藻虫的后足。

5) 抱握足　跗节分5节,前3节变宽,并列呈盘状,边缘有缘毛,每节有横走的吸盘多列,后两节很小,末端具2爪。如雄龙虱的前足。

6) 携粉足　各节均具长毛,胫节端部扁宽,外面光滑而凹陷,边缘有成列长毛,形成花粉篮;跗节分5节,第1节膨大,内侧具有数排横列的硬毛,可梳集黏着在体毛上的花粉;胫节与跗节相接处的缺口为压粉器。如蜜蜂的后足。

6) 跳跃足　腿节膨大,胫节细长而多刺,适于跳跃。如蝗虫的后足。

7) 攀缘足　胫节腹面具一指状突,可与跗节和爪合抱,以握持毛发或织物纤维。如虱的足。

8) 抱握足　较短粗,跗节特别膨大,具吸盘状构造,在交配时能挟持雌虫。如龙虱的前足。

(3) 昆虫的翅

1) 膜翅　薄而透明,膜质,翅脉清晰可见。如蜂类的翅。

2) 革翅(或称复翅)　革质,稍厚而有弹性,半透明,翅脉可见。如蝗虫的前翅。

3) 鞘翅　角质,厚而坚硬,不透明,翅脉不可见。如金龟子的前翅。

4) 半鞘翅　基半部厚而硬,鞘质或革质,端半部膜质。如蝽类的前翅。

5) 平衡棒　后翅特化成棒状或勺状。如蚊、蝇的后翅。

6) 鳞翅　膜质,表面密被由毛特化而成的鳞片。如蛾、蝶类的翅。

7) 缨翅　膜质,狭长,边缘着生成列缨状毛。如蓟马的翅。

8) 毛翅　膜质,表面密被刚毛。如石蚕蛾的翅。

(4) 昆虫的触角

常见的昆虫触角类型简列如下(图2-2)。

1) 刚毛状触角　鞭节纤细,似1根刚毛。如蜻蜓、蝉的触角。

2) 丝状触角　鞭节各节细长,无特殊变化(如蝗虫);或细长如丝,如蟋蟀的触角。

3) 念珠状触角　鞭节各节圆球状。如白蚁的触角。

4) 锯齿状触角　鞭节各节的端部有一短角状突起,故整个触角形似锯条。如芫菁的触角。

5) 栉齿状触角　鞭节各节的端部有1个长形突起,故整个触角呈栉(梳)状。如一些甲虫、蛾类雌虫的触角。

6) 羽状触角　亦称双栉状触角。鞭节各节端部两侧均有细长突起,因而整个触角形似羽毛。如雄家蚕蛾的触角。

7) 膝状触角　鞭节与梗节之间弯曲成一定角度。如蚂蚁、蜜蜂的触角。

8) 具芒状触角　鞭节仅有1节,肥大,其上着生有1根芒状刚毛。如蝇类的触角。

9) 环毛状触角　鞭节各节基部着生1圈刚毛。如雄蚊、摇蚊的触角。

10) 球杆状触角　鞭节末端数节逐渐稍稍膨大,似棒球杆。如蝶类的触角。

11) 锤状触角　亦称头状触角。鞭节末端数节突然膨大。如露尾虫、郭公虫等的触角。

12) 鳃片状触角　鞭节各节均具1个片状突起,各片重叠在一起时呈鳃片状。如金龟子的触角。

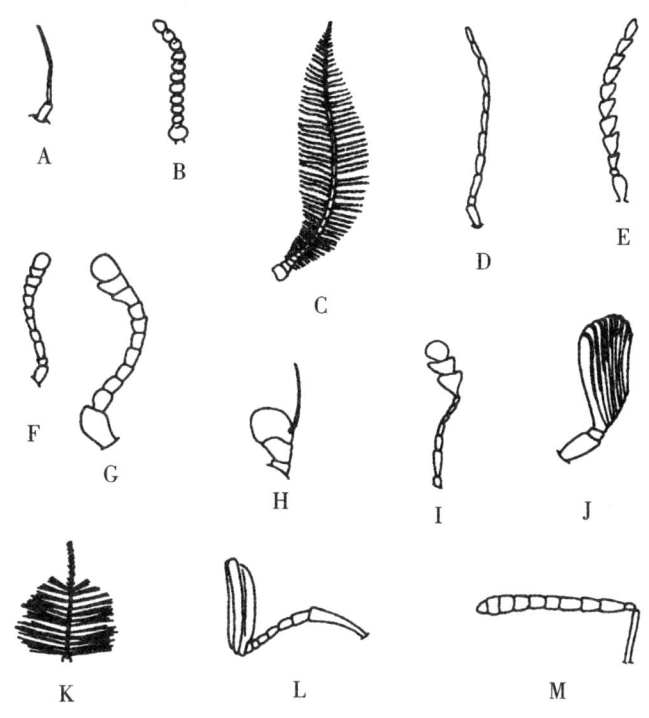

图 2-2　昆虫触角的类型
A. 刚毛状;B. 念珠状;C. 羽状;D. 丝状;E. 锯齿状;F、G. 球杆状
H. 具芒状;I. 锤状;J、L. 鳃片状;K. 环毛状;M. 膝状

附:常用检索表

检索表是动物系统分类学研究的重要工具,也是对研究结果进行归纳、总结的主要方式之一。检索表广泛应用于各个分类阶元的鉴定。学习动物分类学,必须熟练掌握检索表的编制和运用。好的检索表应选用最明显的外部特征,而且要采用绝对性状,不宜用重叠的性状(如体长 20~25 mm、翅长 22~28 mm),并以最简洁明确的文字表达出来。

迄今为止,对昆虫纲的许多类群都已有了较为深入的研究和了解,在许多教科书、研究专著、研究论文中,有大量的、涉及不同分类阶元的检索表,限于篇幅,本书不能详尽列举。如有需要,可在教师的指导下,查阅一些专业文献。此处仅给出几个示例,旨在熟悉并掌握检索表的使用和编制。

附1:昆虫(成虫)分目检索表

1. 翅无,或极退化 ·· 2
   翅2对或1对 ·· 23
2. 无足,幼虫状,头和胸愈合,内寄生于膜翅目、半翅目及直翅目等昆虫,仅头胸部露出于寄主腹节外 ·· 捻翅目(Strepsiptera)

有足,头和胸部不愈合,不寄生于昆虫体内 …………………………………… 3
3. 腹部除外生殖器和尾须外有其他附肢 ……………………………………… 4
   腹部除外生殖器和尾须外无其他附肢 ……………………………………… 7
4. 无触角,腹部12节,第1~3节各有1对短小的附肢 ………… 原尾目(Protura)
   有触角,腹部最多11节 ……………………………………………………… 5
5. 腹部至多6节,第1腹节具腹管,第3腹节有握弹器,第4腹节有一分叉的弹器…
   ……………………………………………………………………… 弹尾目(Collembola)
   腹部多于6节,无上述附肢,但有成对的刺突或泡 ………………………… 6
6. 有1对长而分节的尾须或坚硬不分节的尾铗,无复眼 ………… 双尾目(Diplura)
   除1对尾须外还有1条长而分节的中尾丝,有复眼 ……………… 缨尾目(Thysanura)
7. 口器咀嚼式 ………………………………………………………………… 8
   口器刺吸式或舐吸式、虹吸式等 …………………………………………… 18
8. 腹部末端有1对尾须,或尾铗 ……………………………………………… 9
   腹部无尾须 ………………………………………………………………… 15
9. 尾须呈坚硬不分节的铗状 …………………………………… 革翅目(Dermaptera)
   尾须不呈铗状 ……………………………………………………………… 10
10. 前足第1跗节特别膨大,能纺丝 ……………………………… 纺足目(Embidina)
    前足第1跗节不特别膨大,不能纺丝 ……………………………………… 11
11. 前足捕捉足 ……………………………………………………… 螳螂目(Mantodea)
    前足非捕捉足 ……………………………………………………………… 12
12. 后足跳跃足 ……………………………………………………… 直翅目(Orthoptera)
    后足非跳跃足 ……………………………………………………………… 13
13. 体扁平,卵圆形,前胸背板很大,常向前延伸盖住头部 ………… 蜚蠊目(Blattaria)
    体非卵圆形,头不为前胸背板所盖 ………………………………………… 14
14. 体细长杆状 ……………………………………………………… 竹节虫目(Phasmida)
    体非杆状,社会性昆虫 …………………………………………… 等翅目(Isoptera)
15. 跗节3节以下 ……………………………………………………………… 16
    跗节4~5节 ………………………………………………………………… 17
16. 触角3~5节,寄生于鸟类或哺乳动物体表 ……………………… 食毛目(Mallophaga)
    触角13~15节,非寄生性 ………………………………………… 啮虫目(Corrodentia)
17. 腹部第1节并入后胸,第1节和第2节之间紧缩成柄状 ………………………
    ……………………………………………………………… 膜翅目(Hymenoptera)
    腹部第1节不并入后胸,第1节和第2节之间不紧缩为柄状 …………………
    ……………………………………………………………… 鞘翅目(Coleoptera)
18. 体表密被鳞片,口器虹吸式 …………………………………… 鳞翅目(Lepidoptera)
    体表无鳞片,口器刺吸式、舐吸式或退化 ………………………………… 19
19. 跗节5节 …………………………………………………………………… 20
    跗节至多3节 ……………………………………………………………… 21

20. 体侧扁(左右扁) ……………………………………………… 蚤目(Siphonaptera)
    体不侧扁 …………………………………………………… 双翅目(Diptera)
21. 跗节端部有能伸缩的泡,爪很小 ……………………………… 缨翅目(Thysanoptera)
    跗节端部无能伸缩的泡 …………………………………………………… 22
22. 足具1爪,适于攀附在毛发上,外寄生于哺乳动物 ……………… 虱目(Anoplura)
    足具2爪,如具1爪则寄生于植物上,极不活泼或固定不动,体呈球状;介壳状等,
    常被蜡质、胶质等分泌物 ………………………………… 同翅目(Homoptera)
23. 翅1对 ……………………………………………………………………… 24
    翅2对 ……………………………………………………………………… 32
24. 前翅或后翅特化成平衡棒 ………………………………………………… 25
    无平衡棒 …………………………………………………………………… 27
25. 前翅形成平衡棒,后翅大 ……………………………………… 捻翅目(Strepsiptera)
    后翅形成平衡棒,前翅大 ………………………………………………… 26
26. 跗节5节 …………………………………………………………… 双翅目(Diptera)
    跗节仅1节 ……………………………………………………… 同翅目(Homoptera)
27. 腹部末端有1对尾须 ……………………………………………………… 28
    腹部无尾须 ………………………………………………………………… 30
28. 尾须细长而分节(或还有1条相似的中尾丝),翅竖立背上
    …………………………………………………………………… 蜉蝣目(Ephemerida)
    尾须不分节,多短小,翅平覆背上 ………………………………………… 29
29. 跗节5节,后足非跳跃足,体细长如杆或扁宽如叶 ……………… 竹节虫目(Phasmida)
    跗节4节以下,后足为跳跃足 …………………………………… 直翅目(Orthoptera)
30. 前翅角质,口器咀嚼式 …………………………………………… 鞘翅目(Coleoptera)
    翅为膜质,口器非咀嚼式 …………………………………………………… 31
31. 翅上有鳞片 ……………………………………………………… 鳞翅目(Lepidoptera)
    翅上无鳞片 ……………………………………………………… 缨翅目(Thysanoptera)
32. 前翅全部或部分较厚为角质或革质,后翅膜质 …………………………… 33
    前翅与后翅均为膜质 ………………………………………………………… 40
33. 前翅基半部为角质或革质,端半部为膜质 ……………… 半(异)翅目(Hemiptera)
    前翅基部与端部质地相同或某部分较厚但不如上述 ……………………… 34
34. 口器刺吸式 ……………………………………………………… 同翅目(Homoptera)
    口器咀嚼式 ………………………………………………………………… 35
35. 前翅有翅脉 ………………………………………………………………… 36
    前翅无明显翅脉 …………………………………………………………… 39
36. 跗节4节以下,后足为跳跃足或前足为开掘足 ………………… 直翅目(Orthoptera)
    跗节5节,后足与前足不同于上述 ………………………………………… 37
37. 前足捕捉足 ………………………………………………………… 螳螂目(Mantodea)
    前足非捕捉足 ……………………………………………………………… 38

38. 前胸背板很大,常盖住头的全部或大部分 ·················· 蜚蠊目(Bltaria)
    前胸背板很小,头部外露,体似杆状或叶片状················ 竹节虫目(Phasmida)
39. 腹部末端有1对尾铁,前翅短小,不能盖住腹部中部 ······ 革翅目(Dermaptera)
    腹部末端无尾铁,前翅一般较长,至少盖住腹部大部分 ··· 鞘翅目(Coleoptera)
40. 翅面全部或部分被有鳞片,口器虹吸式或退化 ············ 鳞翅目(Lepidoptera)
    翅上无鳞片,口器非虹吸式 ··· 41
41. 口器刺吸式 ··· 42
    口器咀嚼式、嚼吸式或退化 ··· 44
42. 下唇形成分节的喙,翅缘无长毛 ····································· 43
    无分节的喙,翅极狭长,翅缘有缨状长毛 ············ 缨翅目(Thysanoptera)
43. 喙自头的前方伸出 ·· 半(异)翅目(Hemiptera)
    喙自头的后方伸出 ··· 同翅目 Homoptera
44. 触角极短小,刚毛状 ··· 45
    触角长而显著,非刚毛状 ··· 46
45. 腹部末端有1对细长多节的尾须(或另有1条相似的中尾须),后翅很小 ······
    ·· 蜉蝣目(Ephemerida 或 Ephemeroptera)
    尾须短而不分节,后翅与前翅大小相似················ 蜻蜓目(Odonata)
46. 头部向下延伸呈喙状 ·· 长翅目(Mecoptera)
    头部不延长呈喙状 ··· 47
47. 前足第1跗节特别膨大,能纺丝 ································· 纺足目(Embidina)
    前足第1跗节不特别膨大,也不能纺丝 ···························· 48
48. 前、后翅几乎相等,翅基部各有一条横的肩缝,翅易沿此缝脱落 ···········
    ··· 等翅目(Isoptera)
    前、后翅无肩缝 ··· 49
49. 后翅前缘有1排小的翅钩列,用以和前翅相连············· 膜翅目(Hymenoptera)
    后翅前缘无翅钩列 ··· 50
50. 跗节2~3节 ·· 51
    跗节5节 ·· 52
51. 前胸很大,腹端有1对尾须 ··· 襀翅目(Plecoptera)
    前胸很小如颈状,无尾须 ··· 啮虫目(Corrodentia)
52. 翅面密被明显的毛,口器(上颚)退化 ························ 毛翅目(Trichoptera)
    翅面上无明显的毛,毛仅着生在翅脉与翅缘上,口器(上颚)发达 ······ 53
53. 后翅基部宽于前翅,有发达的臀区,休息时后翅臀区折起,头为前口式 ··········
    ··· 广翅目(Megaloptera)
    后翅基部不宽于前翅,无发达的臀区,休息时也不折起,头为下口式 ······ 54
54. 头部长。前胸圆筒形,也很长,前足正常。雌虫有伸向后方的针状产卵器 ········
    ··· 蛇蛉目(Raphidiodea)
    头部短。前胸一般不很长,如很长时则前足为捕捉足(似螳螂)。雌虫一般无针状产卵器;如有,则弯在背上向前伸 ································· 脉翅目(Neuroptera)

附2:同翅目亚目和总科检索表

1. 喙从头部后方伸出;触角极短,呈鬃状或刚毛状;前翅有明显的爪片;跗节3节(头喙亚目) ·· 2
   喙着生于前足基节之间或更后;触角较长,呈线状或退化;前翅一般无明显的爪片;跗节1节或2节(胸喙亚目) ·· 3
2. 触角着生于头部复眼下方;肩板多存在;前翅2条臀脉常在端部愈合成"Y"状脉 ··· 蜡蝉总科(Fulgoroidea)
   触角着生于复眼之间;无肩板;前翅无"Y"状脉 ·· 4
3. 单眼3个;前足股节变粗,下方多刺;跗节无中垫;个体较大;前翅一般膜质;雄虫腹基部有鼓膜发声器 ··· 蝉总科(Cicadoidea)
   单眼2个或无;前足股节正常;跗节中垫发达;无明显的鼓膜发声器 ··· 叶蝉总科(Cicadelloidea)
4. 跗节2节,具2爪;有翅类型具4翅;口器发达,具长喙 ································· 5
   跗节1节,具1爪;雌虫无翅且多无足;雄虫只有1对前翅,后翅退化为平衡棒 ·· 蚧总科(Coccoidea)
5. 触角10节;前翅多较后翅厚;前翅翅脉先分3支,每支再分2支;可跳跃 ·· 木虱总科(Psylloidea)
   触角3~7节;翅膜质后呈不透明的白色;不能跳 ·· 6
6. 前翅通常不透明,白色,覆盖有白色蜡粉,只有3条脉,合于短的主干上;后翅几与前翅等大。复眼的小眼分上下两群;无腹管 ·············· 粉虱总科(Aleyrodoidea)
   翅透明,不覆盖白色蜡粉;后翅远小于前翅;腹部常有腹管 ·· 蚜总科(Aphidoidea)

附3:直翅目的亚目及总科检索表

1. 有听器,在前足胫节或腹部第1节上;前足步行足;雌性成虫产卵器外露 ······· 2
   无听器,前足开掘式,成虫产卵器不外露(蝼蛄亚目) ····································· 5
2. 触角长于身体,产卵器刀剑状,听器在前足胫节上(螽斯亚目) ···················· 3
   触角短于体长,产卵器凿状,听器在腹部第一节两侧(蝗亚目) ······················ 4
3. 跗式4-4-4式;尾须短小,产卵器刀状 ························ 螽斯总科(Tettigoniodea)
   跗式3-3-3或3-3-4;尾须长,产卵器剑状 ·················· 蟋蟀总科(Grylloidea)
4. 前胸背板不盖住腹部,跗式3-3-3 ······························· 蝗总科(Locustoidea)
   前胸背板特发达,后伸盖住腹部甚至超过腹末;跗式2-2-3 ·· 菱蝗总科(Tetrigoidea)
5. 大型种,后足腿节弱,不能跳跃,跗节2~3节 ············ 蝼蛄总科(Gryllotalpoidea)
   小型种,后足腿节特别膨大,善跳跃,后足跗节1节 ······ 蚤蝼总科(Tridactyloidea)

附 4：蝗总科分科检索表

1. 头顶具细纵沟，后足股节外侧具棒状或颗粒状隆线，上基片短于下基片，如上基片长于下基片，则阳具基背片呈花瓶状，而非桥状……………………………………… 2
   头顶缺细纵沟，后足股节外侧具羽状隆线，上基片长于下基片；阳具基背片大体呈桁状 ……………………………………………………………………………………… 4
2. 腹部第 2 节背板的前下角具摩擦板；阳具基背片缺侧板；阳具复合体不呈球状或蒴果状；触角丝状 ……………………………………………… 癞蝗科（Pamphagidae）
   腹部第 2 节背板的前下角缺摩擦板；阳具基背片的侧板颇长，呈独立分支；阳具复合体呈球状或蒴果状 ……………………………………………………………………… 3
3. 触角丝状 ………………………………………………… 癞锥蝗科（Chrotogonidae）
   触角剑状 …………………………………………………… 锥头蝗科（Pyrgomorphidae）
4. 触角丝状 …………………………………………………………………………………… 5
   触角剑状或棒槌状，非丝状 …………………………………………………………… 7
5. 前胸腹板在两前足之间具圆锥形、柱形、三角形或横片状的突起；阳具基背片的锚状突较短 ……………………………………………… 斑腿蝗科（Catantopidae）
   前胸腹板在两前足之间平坦或略隆起，无前胸腹板突；阳具基背片的锚状突较长… ……………………………………………………………………………………………… 6
6. 前翅中脉域之中闰脉上具发音齿，若缺中闰脉或具很弱的中闰脉，则其上不具发音齿，而后足股节外侧上隆线的端半部具发音齿，与后翅纵脉的膨大部分摩擦发音；后翅常具明显的彩色斑纹 …………………………………… 斑翅蝗科（Oedipiodidae）
   前翅中脉域一般缺中闰脉，若具很弱的中闰脉，则其上不具发音齿，且后足股节外侧端半部不具发音齿；发音齿多着生于后足股节内侧的下隆线上……………………
   ………………………………………………………………… 网翅蝗科（Arcypteridae）
7. 触角棒槌状 ………………………………………………… 槌角蝗科（Gomphoceridae）
   触角剑状 …………………………………………………………… 剑角蝗科（Acrididae）

附 5：膜翅目亚目和常见总科检索表

1. 腹基部宽，不收缩成腰；足转节 2 节；后翅至少有 3 个完整的基室［广腰亚目（Symphyta）］……………………………………………………………………………… 2
   腹基部缢缩，略呈柄状或长柄状，与胸部呈细腰状联接；后翅最多只有 2 个基室［细腰亚目（Apocrita）］……………………………………………………………… 3
2. 前足胫节有 2 端距 ……………………………………………… 叶蜂总科（Tenthredinoidea）
   前足胫节只有一个端距 ……………………………………………… 茎蜂总科（Cephoidea）
3. 后翅无臀叶，足的转节多为 2 节；产卵器不能缩入体内；腹部末节腹板纵裂；寄生性（寄生部）……………………………………………………………………………… 4
   后翅有臀叶，足的转节为 1 节；产卵器螫刺状，不用时缩入体内，腹部末节腹板不纵裂（针尾部）…………………………………………………………………………… 5
4. 触角膝状；前胸背板不达肩板；前翅翅脉退化，通常只有 1 条短脉，缺缘室 ………

.... 小蜂总科(Chalcidoidea)

触角非膝状;前胸背板向后延伸达肩板,触角多为16节以上,前缘脉与亚前缘脉会合,无前缘室 .... 姬蜂总科(Ichneumonoidea)

5. 腹部能弯转和胸部相接触;腹部可见背板3~5节;有金属光泽 .... 青蜂总科(Chrysidoidea)

腹部不能折弯至胸部下;腹部可见背板6节以上 6

6. 前胸背板与肩板相接触 .... 胡蜂总科(Vespoidea)

前胸背板不与肩板相接触 7

7. 头和胸部的毛不分支;后足第1跗节正常,无毛 .... 泥蜂总科(Sphecoidea)

头和胸部的毛有分支或呈羽状;后足第1跗节增厚,宽而扁,常有毛 .... 蜜蜂总科(Apoidea)

(5) 主要类群简介

1) 石蛃目(Archeognatha) 身体小型至中型,体被鳞片;无翅;复眼大,两复眼在内面接触;触角丝状,较长;上颚为单关节式,与头壳只有一个关节点;口器咀嚼式;腹部第2~9节有成对的刺突;尾刺长且为多节,有长的中尾丝。全世界已知350多种,中国已知13种。如石蛃(*Machilis* sp.)(图2-3)。

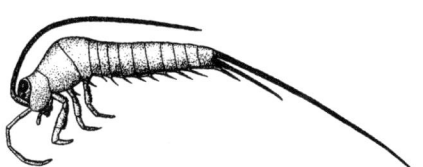

图2-3 石蛃(*Machilis* sp.)

2) 缨尾目(Thysanura) 身体小型至中型,无翅。体长4~20 mm,背腹扁平,常多鳞片和毛。触角长丝状,复眼分离,口器咀嚼式,上颚有前、后2个关节突与头部相连。腹部11节,7~9节腹节有成对刺突和泡囊,第11节具1对尾须和正中尾丝,长而多节,雌虫产卵器发达。全世界已知约250种,中国已知20多种。如多毛栉衣鱼(*Ctenolepisma villosa*)(图2-4)和家火衣鱼(*Themobia domestica*)。

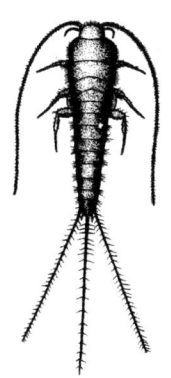

图2-4 多毛栉衣鱼(*Ctenolepisma villosa*)

3) 蜉蝣目(Ephemeroptera) 身体小型至中型,细长,体壁柔软。复眼发达,单眼3个。触角短,刚毛状;咀嚼式口器,但上、下颚退化,无咀嚼能力。翅膜质,翅脉网状,前翅三角形且很大;后翅退化小于前翅;翅脉原始,多纵脉和横脉,休息时竖于体背面。雄虫前足延长,可在飞行中抓握雌虫。腹部末端两侧着生有1对长的丝状尾须,某些种类还有一长的中尾丝。主要分布于热带至温带的广大地区,全世界已知2 250种,中国已知约250种。如短翅蜉(*Siphlonurus* sp.)(图2-5)、扁蜉(*Heptagenia* sp.)(图2-6)。

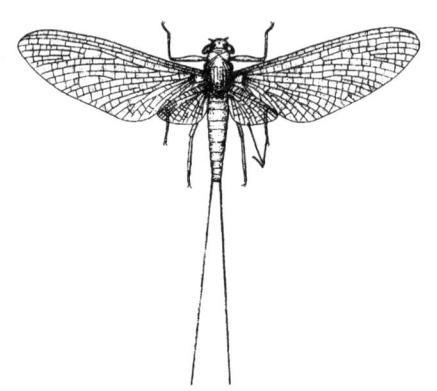 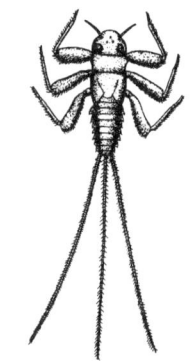

图2-5 短翅蜉(*Siphlonurus* sp.)　　图2-6 扁蜉(*Heptagenia* sp.)的幼虫

4) 蜻蜓目(Odonata) 身体中型至大型,细长,体壁坚硬,色彩艳丽;头部较大,可活动,复眼极其发达,单眼3个;触角短,呈刚毛状;咀嚼式口器;前胸小,而中后胸极大,并愈合成强大的翅胸;翅2对,狭长,膜质而透明,前、后翅近等长,翅脉网状,有翅痣和翅结,休息时平伸或直立,不能叠放于体背面;足细长;腹部细长,尾须1节,雄虫腹部第2、第3节上腹面有发达的次生交配器。全世界已知约6 500种,中国已知约400种。如叶尾黄蜓(*Iotinogomphus clavatus*)、春蜓(*Gomphus* sp.)(图2-7)。

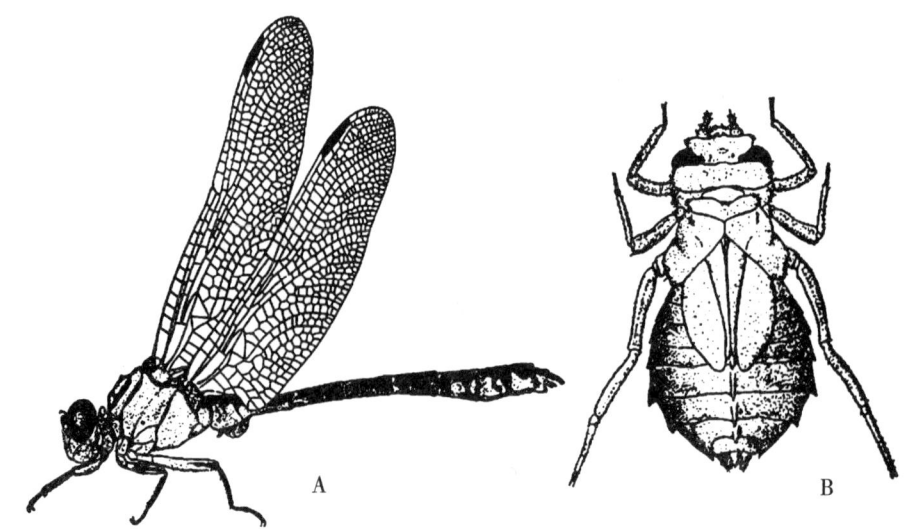

图2-7 春蜓(*Gomphus* sp.)的成虫(A)及稚虫(B)

5）蜚蠊目（Blattaria） 身体中型到大型，体阔而扁平，近圆形；前胸背板大，盖住头的大部分；触角长丝状；复眼发达，单眼退化；咀嚼式口器；翅退化的种类其两对翅均有许多横脉，前翅为覆翅、皮革质且狭长，后翅膜质且臀区较大；许多种类仅有翅芽状短翅或完全无翅；3对足相似，为步行式，爬行迅速；有1对多节的尾须。全世界已知约3 700种，中国已知约300种。如中华真地鳖（*Eupolyphaga sinensis*）（图2-8）。

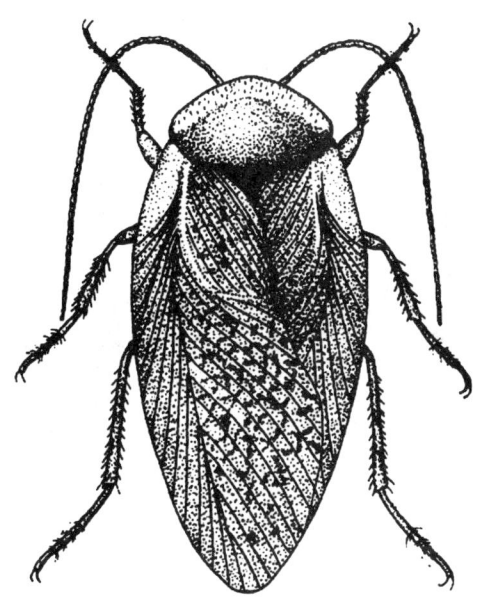

图2-8 中华真地鳖（*Eupolyphaga sinensis*）

6）螳螂目（Mantodea） 身体中型到大型，头部大，呈三角形；触角丝状较长；咀嚼式口器；前胸极长，前足为捕捉足，基节长，胫节或折嵌于股节的槽内，如铡刀状，中、后足为步行足；前翅为覆翅，后翅膜，臀区较大；后胸上有听器、尾须1对。有学者将此目与蜚蠊目合并为网翅目（Dictyoptera）。全世界已知约2 000种，中国已知120种左右。如中华大刀螳（*Tenodera sinensis*）（图2-9）。

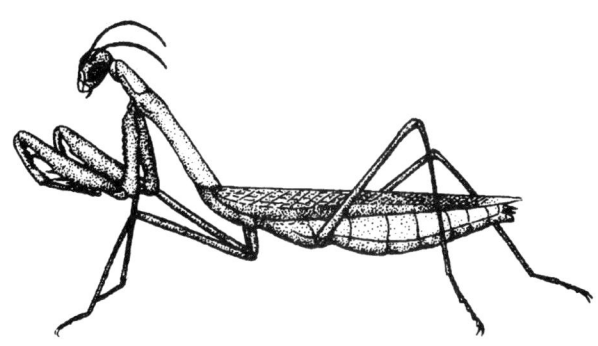

图2-9 中华大刀螳（*Eupolyphaga sinensis*）

7) 等翅目(Isoptera)　身体小型至中型，为多态性社会型昆虫。体乳白色或灰白色，咀嚼式口器；翅膜质，很长，常超出腹末端，前后翅相似且等长，故名。渐变态。每一群体中有5种类型成员，即长翅型的雌雄繁殖蚁、短翅或无翅型的辅助繁殖蚁、不孕性的工蚁和兵蚁，如各种白蚁。等翅目是热带、亚热带和温带地区的主要害虫。全世界已记录3 000多种，中国已知400多种。如家白蚁(*Coptotermes formosanus*)（图2-10）。

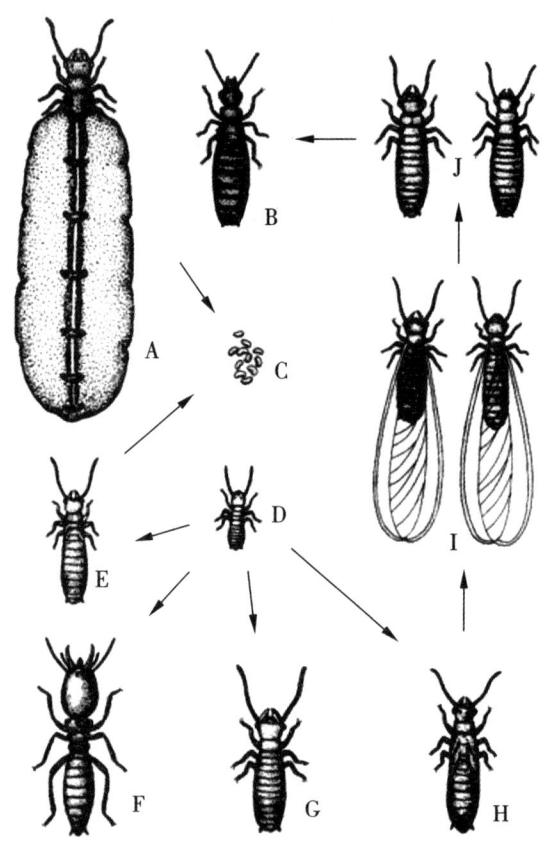

图2-10　家白蚁(*Coptotermes formosanus*)
A. 蚁后；B. 雄蚁；C. 卵；D. 若蚁；E. 补充生殖蚁；F. 兵蚁；G. 工蚁；H. 长翅生殖蚁若虫；I. 长翅雌雄生殖蚁；J. 脱翅雌雄生殖蚁

8) 直翅目(Orthoptera)　为中型至大型昆虫。口器咀嚼式，触角多为丝状，前翅革质、直而狭长，后翅膜质。停息时折褶于前翅之下。后足一般发达，善跳跃。蝼蛄则后足不发达，前足特化为开掘足，渐变态。如蝗虫、蟋蟀、蝼蛄等。

头部　多数种类为下口式，少数穴居种类为前口式。上颚发达，强大而坚硬。复眼大而突出，单眼一般2~3个，无翅种类缺单眼。多数种类触角丝状，有的长于身体，有的较短；少数种类触角为剑状或棒状。

胸部　前胸特别发达，背板呈马鞍形，中、后胸愈合。前翅覆翅；后翅膜质，折扇状纵褶于前翅下。有些种类的翅退化成鳞片状。有的前翅较宽，雄性在肘-臀脉区特化成发音构造,两前翅相互磨擦发音(如螽斯、蟋蟀、蝼蛄等)。前足特化成开掘足(如蝼蛄),或后足形成跳跃足(如蝗虫、蟋蟀、螽斯)。

腹部 腹部一般为2节,具尾须1对,短而不分节或长丝状。雌虫产卵器一般很发达,仅蝼蛄等无特化的产卵器。多数种类雄虫常具发音器,以前后翅相互摩擦发音,或以后足腿节内侧的音齿与前翅相互摩擦发音。能发音的种类常具听器,螽斯、蟋蟀、蝼蛄等的听器位于前足胫节基部,或显露,或呈狭缝形;蝗虫类的听器位于腹部第1节的两侧,近似月牙形。

本目包括3个亚目,12个总科和26个科,全世界已知近30 000种,中国已知1 000余种。很多种类是重要的农业害虫(图2-11)。

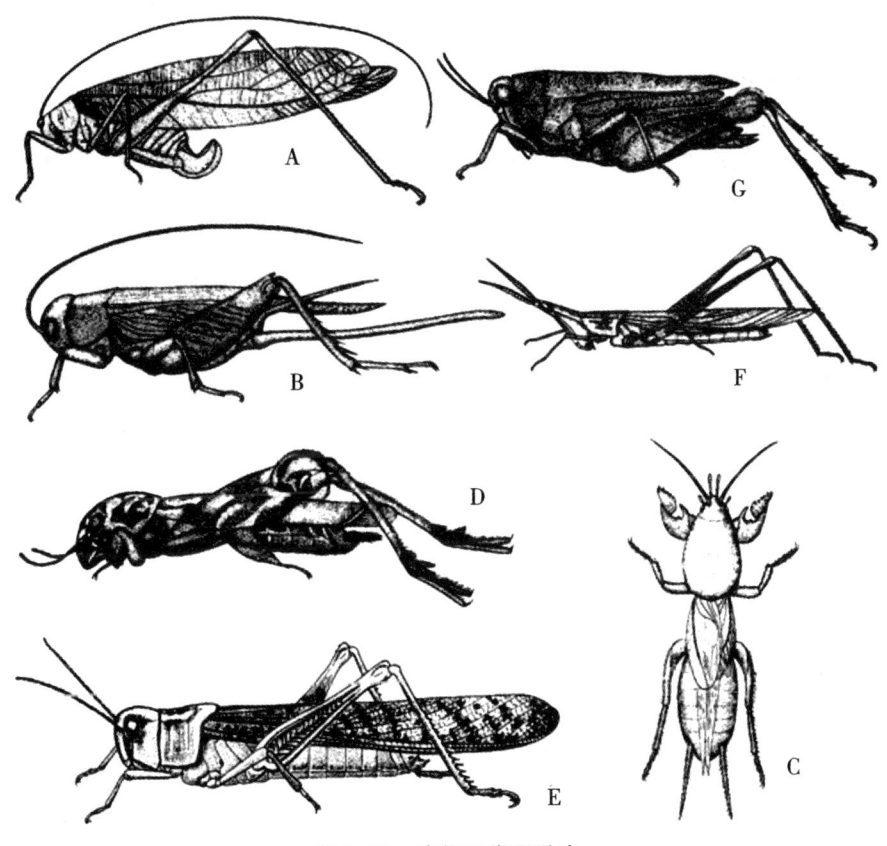

图2-11 直翅目常见种类

A. 日本露螽(*Holochlora japonica*)(螽斯科);

B. 南方油葫芦(*Gryllus testaceus*)(蟋蟀科);

C. 华北蝼蛄(*Gryllotalpa unispina*)(蝼蛄科);

D. 蚤蝼(*Tridactylus* sp.)(蚤蝼科);

E. 东亚飞蝗(*Locusta migratoria manilensis*)(蝗科);

F. 中华蚱蜢(*Acrida cinerea*)(蝗科); G. 日本菱蝗(*Tetrix japonjcus*)(菱蝗科)

蝗科(Acrididae) 体型较大,触角短,呈丝状、棒状或剑状;前胸背板较短,仅盖住胸部背面;3对足,跗节式3-3-3。多数种类具翅2对,雄虫能以后足腿节摩擦前翅而发音,雌虫听器在第1腹节两侧。如东亚飞蝗(*Locusta migratoria manilensis*)、中华蚱蜢(*Acrida cinerea*)。

蚱科(Tetrigidae) 旧称菱蝗科。体小,前胸背板特别发达,向后盖住整个用部,末端尖,菱形,故名菱蝗。前翅退化,鳞片状或缺如;后翅发达。跗节式2-2-3。无摩擦发音器和听器。如日本菱蝗(*Tetrix japonica*)。

螽斯科(Tettigouridae) 触角至少与身体等长,长丝状。跗节式4-4-4,听器在前足胫节上,产卵器刀状或剑状,侧扁,由3对产卵瓣组成,尾须短。如中华露螽(*Phaneroptera sinensis*)。

蝼蛄科(Grhllotapidae) 触角短于体长,跗节式3-3-3,前足为开掘足。听器在前足胫节上。前翅短,后翅似褶,伸出体末端似尾状。产卵器退化,不外露。如华北蝼蛄(*Gryllotalpa unispina*)。

蟋蟀科(Gryllidae) 触角比身体长,后足适于跳跃,跗节式3-3-3,产卵器针状、长矛状或长杆状,由2对产卵瓣组成,中产卵瓣退化。尾须长,不分节,前翅在身体侧面急剧下折。听器在前足胫节上。如北京油葫芦(*Gryllus mitratus*)。

9)缨翅目(Thysanoptera) 本目昆虫通称蓟马,为身体微小的种类,一般体长只有1~2 mm,触角6~10节,口器为锉吸式,翅膜质狭长,翅脉退化,翅缘具密而长的缨状缘毛。跗节1~2节,有1~2爪,足端有1个可突出的端泡。如烟蓟马(*Thrips tabaci*)。

10)半翅目(Hemiptera) 通称蝽象,身体小型至中型,大都扁平,触角丝状,3~5节,单眼2个或无,口器刺吸式,从头的前方向后伸出。前胸大型,中胸小盾片发达,前翅基部加厚或革质,端部膜质,称为半鞘翅(图2-12)。身体腹面常有臭腺。

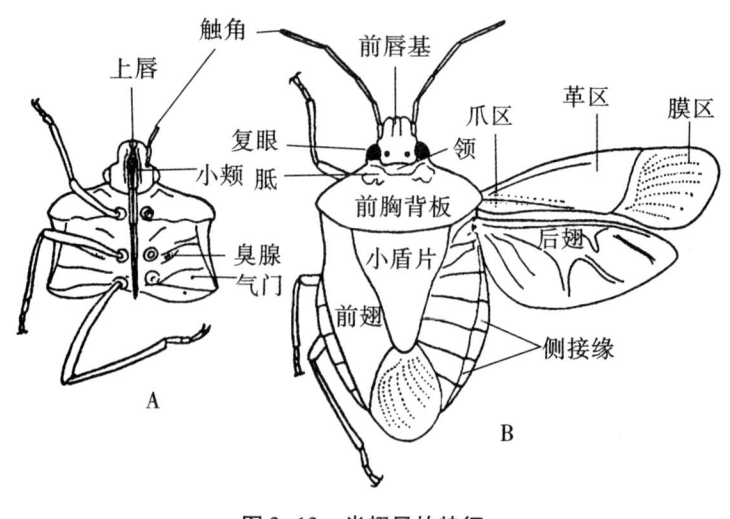

图 2-12 半翅目的特征

头部 头部多呈三角形或五角形,口器刺吸式,后口式,喙管通常3~4节,喙基部从头的前方伸出(与同翅目不同)。触角4~5节,多为丝状。复眼发达,单眼2个,少数种类无单眼。

胸部 前胸背板发达,通常呈六角形;有的呈长颈状,两侧突出成角状。中胸小盾片发达,通常呈三角形,或有半圆形与舌形者,有的种类特别发达,可将整个腹部盖住。通常有翅2对,前翅基部加厚成革质,端部为膜质,故称为半鞘翅。革质部又常分为革片、爪片、缘片和楔片;膜质部分称为膜片,后翅膜质。跗节3节,偶有2节或1节者,具2爪。多数种类有臭腺,中、后胸各具气门1对。

腹部 腹部通常10节。无尾须。第1~8节的腹侧面各具气门1对,水生种类或具呼吸管。雌性生殖孔开口于第8腹节,产卵器由两对产卵瓣组成,缺第3产卵瓣。

半翅目常见种类见图2-13、图2-14、图2-15。

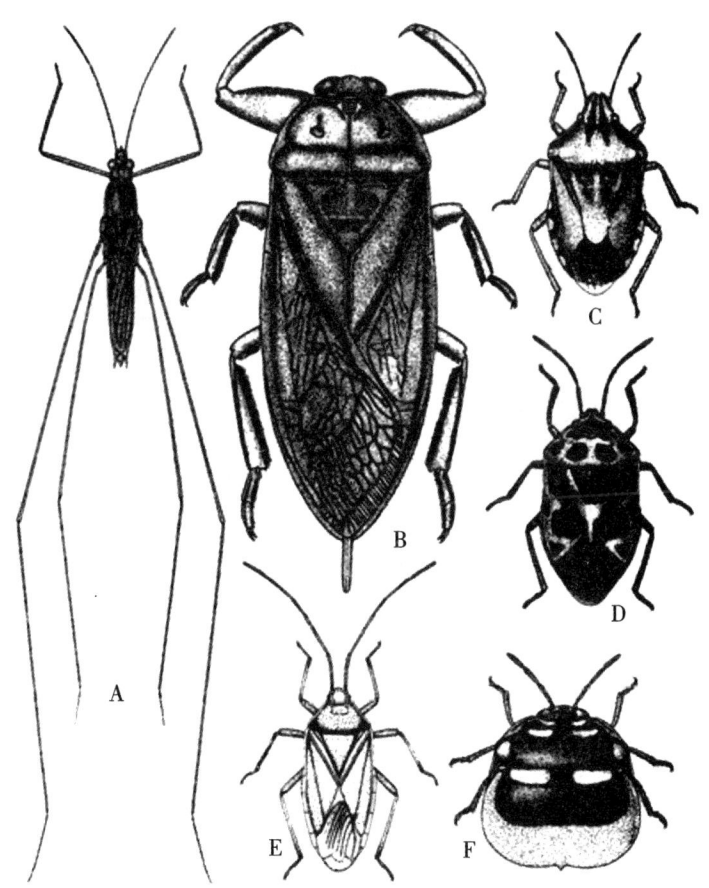

图2-13 半翅目常见种类

A. 长翅大水黾(*Aquarium elongates*)(黾蝽科);

B. 大田负蝽(*Kirkaldyia deyrollei*)(负蝽科);

C. 斑须蝽(*Dolycoris baccarum*)(蝽科);

D. 菜蝽(*Eurydema dominulus*)(蝽科);

E. 匙突娇异蝽(*Urostylis striicornis*)(异蝽科);

F. 刺盾圆龟蝽(*Coptosoma lasciva*)(龟蝽科)

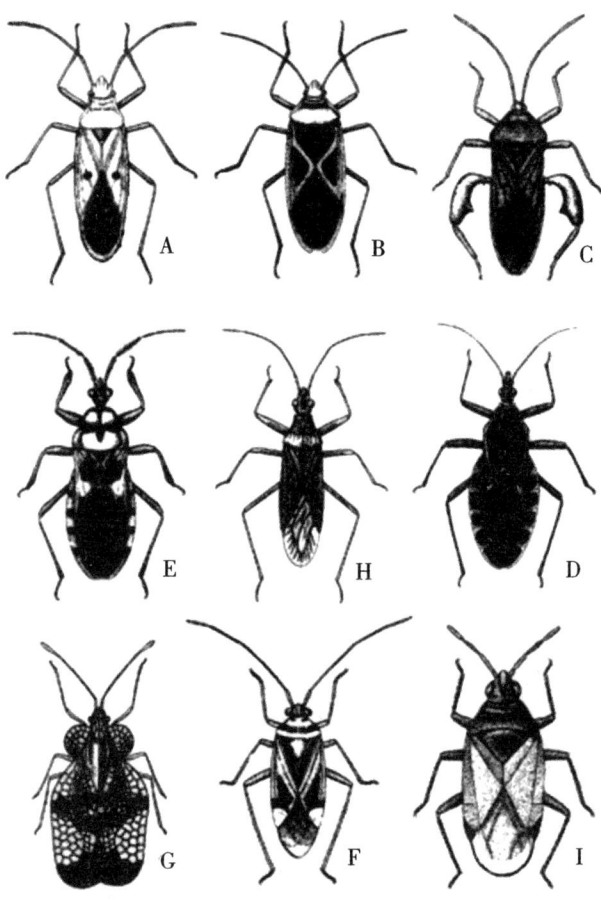

图2-14 半翅目常见种类

A. 离斑棉红蝽(*Dysdercus cingulatus*)(红蝽科);

B. 叉带棉红蝽(*D. decussatus*)(红蝽科);

C. 红背安缘蝽(*Anoplocnemis phasiana*)(缘蝽科);

D. 广锥猎蝽(*Triatoma rubrofasciata*)(猎蝽科);

E. 黑红赤猎蝽(*Haematoloecha nigrorufa*)(猎蝽科);

F. 三点盲蝽(*Adelphocoris fasciaticollis*)(盲蝽科);

G. 梨网蝽(*Stephanitis nashi*)(盲蝽科);

H. 类原姬蝽(*Nabis punictatus*)(姬蝽科);

I. 微小花蝽(*Orius ninutus*)(花蝽科)

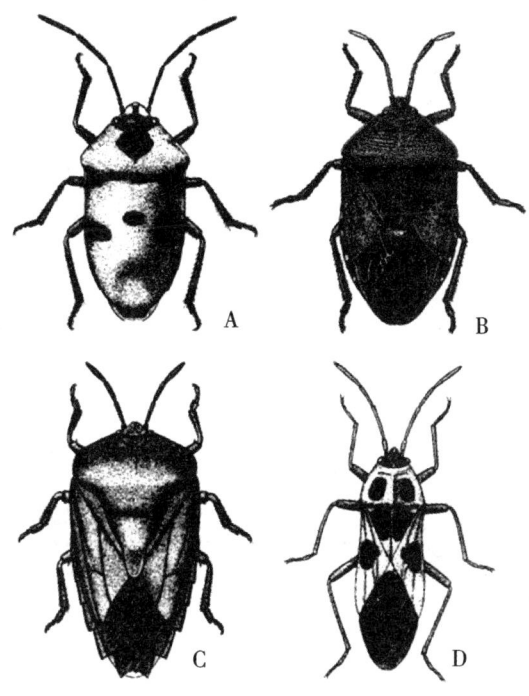

图 2-15 半翅目常见种类
A. 丽盾蝽（*Chrysocoris grandis*）（盾蝽科）；
B. 九香虫（*Aspongopus chinensis*）（兜蝽科）；
C. 荔蝽（*Tessaratoma papillosa*）（荔蝽科）；
D. 红脊长蝽（*Tropidothorax elegans*）（长蝽科）

盲蝽科（Miridae） 触角4节，无单眼，喙4节，前翅分为革片、爪片、锲片及膜质部，在膜质部有1~2个翅室，其余翅脉消失。如绿盲蝽（*Lygus lucorum*）、苜蓿盲蝽（*Adelphocoris lineolatus*）、三点盲蝽（*A. fsdciaticollis*）等。

猎蝽科（Reduriidae） 身体中型至大型，喙坚强，仅3节，其基部不紧贴头下，弯曲成弧形，触角4节或4节以上。跗节常3节，缺爪间突。如吻猎蝽（*Melanolestes picipes*）、吸血锥蝽（*Triatoma sanguisuga*）常。

网蝽科（Tingidae） 为小型种类，体扁，缺单眼。触角4节，第3节最长，第4节膨大。喙4节。背板向后延伸盖住小盾片，前胸背板及前翅全部呈网状花纹。跗节2节。如梨网蝽（*Stephanitis nashi*）、悬铃木方翅网蝽（*Corythucha ciliate*）等。

蝽科（Pentatomidae） 身体小型至大型，触角5节，少数4节，通常有2单眼，喙4节，小盾片通常呈三角形，较大，至少超过爪片的长度。跗节2~3节，膜区上有许多纵脉，多从一基横脉分出。如稻黑蝽（*Scotinophara lurida*）、硕蝽（*Eurostus validus*）等。

缘蝽科（Coreidae） 体狭长，两侧缘平行。触角4节，喙4节，中胸小盾片小，前翅膜区上从一基横脉上分出多条分叉的脉。如水稻大稻缘蝽（*Leptocorisa acuta*）、点蜂缘蝽（*Riptortus pedestris*）等。

长蝽科(Lygaeoidea)　身体小型至中型,体狭长。触角4节,着生在头部侧下方。喙4节,有单眼。前翅革质区无楔片,膜质区仅具4～5条简单的纵脉。足的跗节3节。大多数种类为植食性。如红脊长蝽(*Tropidothorax elegans*)、三色长蝽(*Geocoris ochropterus*)等。

11) 同翅目(Homoptera)　体微小型至中型,触角刚毛状或丝状,口器质地一致,同为膜质或革质,休止时呈屋脊状盖于体背,也有无翅的种类。除粉虱的雄虫经蛹期外,均为渐变态。同翅目的外形特征见图2-16。

头部　口器刺吸式,喙基部自头部后下方或近前足基节间伸出,喙3～4节,少数种类喙短,仅1或2节(蚧)。触角刚毛状,或丝状。复眼发达或退化,有翅种类有单眼2或3个,无翅种类缺单眼。

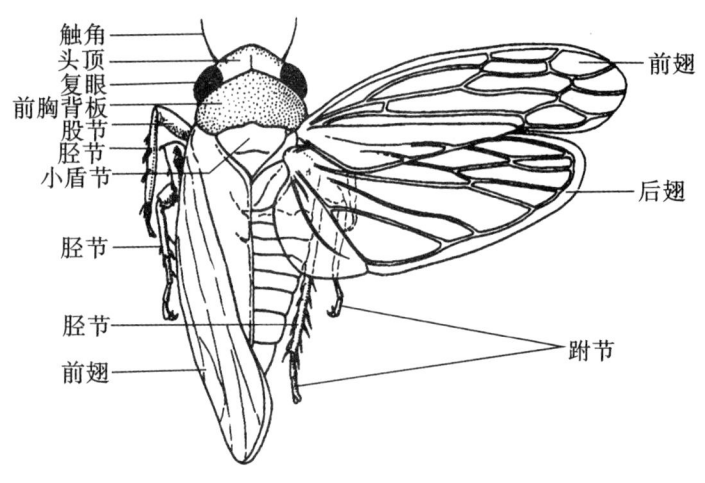

图2-16　同翅目的外形特征

胸部　前胸背板形状变异较大,角蝉前胸背板向后延长或形成各种形状的角状突起。中胸发达,前翅质地相同,膜质或革质,后翅膜质。有长翅型和短翅型(飞虱),有无翅型和有翅型(蚜虫),雌虫无翅、雄虫有翅(蚧)。翅脉变异较大,翅脉发达(如蝉),或翅脉简化(蚜虫、粉虱、木虱、雄蚧等)。胸足一般较发达,有些种类后足胫节具刺或距,善跳。跗节2或3节,偶有1节或退化者。

腹部　腹部常见8～11节。有些种类基部两侧具发音器(如蝉),有的在某些腹节上具有瘤突腹管及蜡腺等。产卵器通常较发达,并可将卵产于植物组织内;有的无特化的产卵器。

同翅目部分常见种类如图2-17所示。

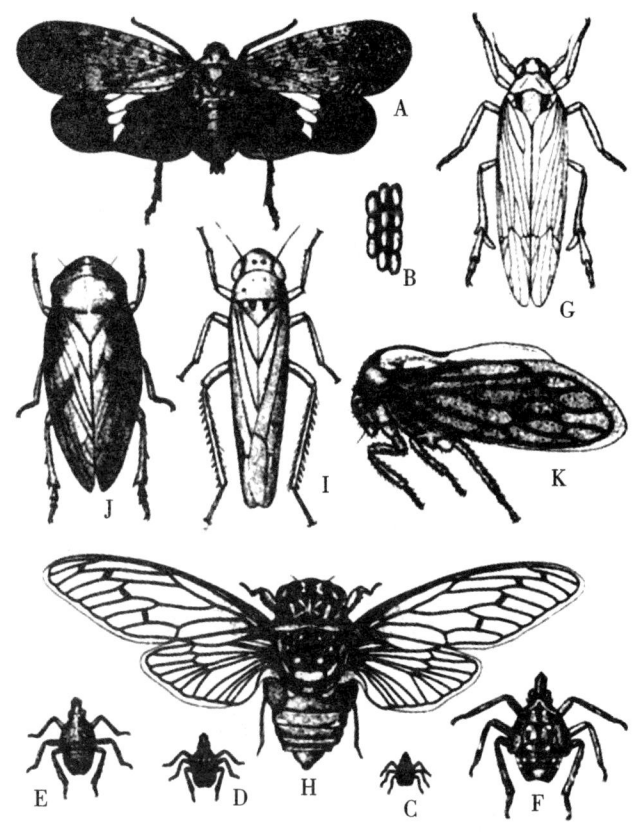

图 2-17 同翅目常见种类

A. 斑衣蜡蝉（*Lycorma delicatula*）（蜡蝉科）；
B. 卵 C 1 龄若虫 D 2 龄若虫 E 3 龄若虫 F 4 龄若虫；
G. 灰飞虱（*Laodelphax striatella*）（飞虱科）；
H. 鸣鸣蝉（*Oncotympana maculicollis*）（蝉科）；
I. 二星叶蝉（*Erythroneura apicalis*）（叶蝉科）；
J. 白带沫蝉（*Aphrophora intermedia*）（沫蝉科）；
K. 苹果红脊角蝉（*Machaerotypus mali*）（角蝉科）

蝉科（Cicadidae） 体中型至大型，复眼大，单眼 3 个，排列呈三角形，触角短，7 节，刚毛状，前后翅均为膜质，刺吸式口器。如蚱蝉（Cryptotympana atrata）、蟪蛄（*Platypleura kaempferi*）等。

叶蝉科（Cicadellidae） 体小型至中型，单眼 2 个，触角短鬃状，足跗节 3 节，胫节有刺两列。如大青叶蝉（*Cicadella viridis*）、黑尾叶蝉（*Nephotettix bipunctatus*）等。

木虱科（Psyllidae） 体细小，形似蝉，触角常 10 节，末节具刚毛 2 根，单眼 3 个，跗节 2 节，善跳跃，翅膜质透明。如中国梨木虱（*Psyllia chinensis*）等。

粉虱科（Aleyrodidae） 成虫体纤弱而小。体及翅上常有粉状物，触角 7 节，跗节 2 节，喙 3 节。翅纤弱而较宽阔，翅脉简单，具 1～2 纵脉。如温室粉虱（*Trialeurodes* vaporariorum)、茶树黑刺粉虱(*Aleurocanthus spiniferus*)等。

蚜科(Aphididae) 体细小,柔软,触角长,通常6节,第3~6节基部常有圆形或椭圆形的感觉圈,跗节2节,多数蚜虫腹部第6节背面有1对"腹管"。如苹蚜(*Aphis pomi*)、棉蚜(*A. gossypii*)、麦二叉蚜(*Toxoptera graminum*)等。

蚧科(Coccidae) 体小,雌雄异形。雄虫体长形,触角长,念珠状,单眼多,头侧和背腹面都有,口器退化不取食,跗节1节,前翅1对,翅脉简单,后翅特化为小钩状,雌虫一般圆形或椭圆形无翅,有发达的细长口针,初龄若虫能活动可分散或传播,一般蜕皮1~2次后即丧失触角和足,固定不动并分泌蜡质介壳。卵多产于雌虫的体后腹下、介壳下或蜡质囊内。如肾圆盾蚧(*Aonidiella aurantii*)、吹绵蚧壳虫(*Icerya purchasi*)等。

12) 鞘翅目(Coleoptera) 本目是昆虫纲种类最多的一个目,通称甲虫,体壁坚硬,前翅特化成角质,称鞘翅,后翅膜质,静止时折叠于前翅下,口器咀嚼式,全变态。鞘翅目的外形特征如图2-18所示。

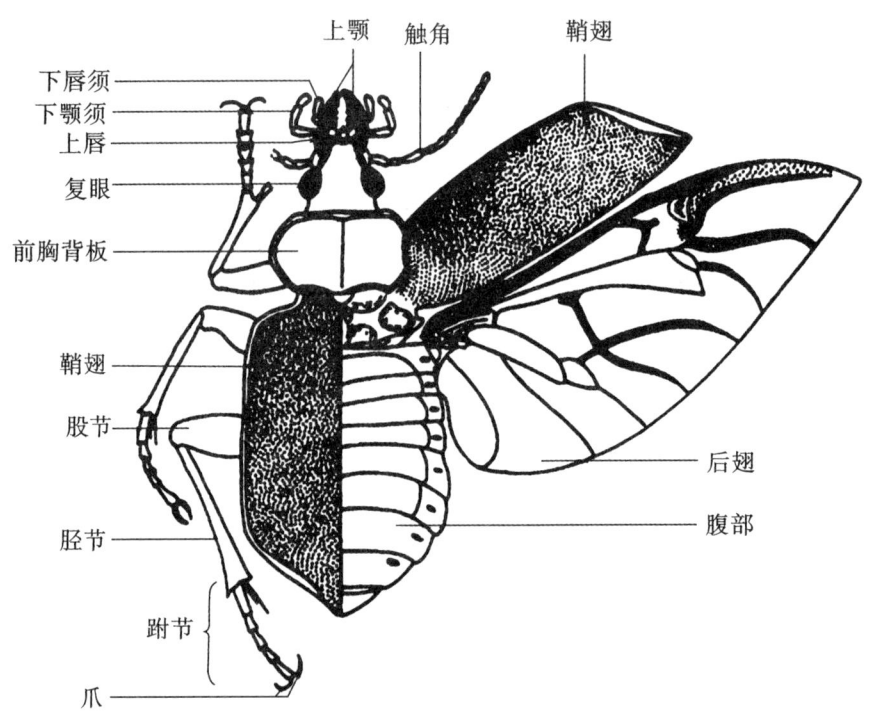

图2-18 鞘翅目的特征

头部 头壳坚硬,头式一般为前口式或下口式。象甲类的额与头顶向前极度延伸,形成象鼻状的"喙",口器生于喙端。触角有丝状、棒状、锯齿状、栉齿状、念珠状、鳃叶状和膝状等,一般11节,少数1~6节。复眼通常发达,圆形、椭圆形或肾形,有的退化或消失,多无单眼。上唇发达,有的隐藏于唇基下或消失,上颚多发达。

胸部 前胸发达,能活动,前胸背板自成一骨片,背板与侧板间在肉食亚目中有明显的缝分开,而多食亚目则两者愈合(背侧沟的有无)。前胸腹板为一骨片,其上有1对前足基节窝,该基节窝后缘若被骨片环绕,即称为"闭式",反之则称为"开式",此特征常用于分类。中、后胸愈合,中胸小盾片呈三角形,常露出鞘翅基部之间,中、后胸背板的其余部分为鞘翅所覆盖。中、后胸基节窝的形式,也常作为分类依据。前翅由于角质化,后翅膜质,是飞翔的主要器官。3对足的跗节数目按前、中、后足顺序排列,称为跗节式,通常作为分类的重要依据。如5-5-5则表示前、中、后足跗节均为5节;5-5-4则表示前、中足跗节为5节,后足为4节等。跗节的着生情况通常有两类,一种是跗节5节时,第4跗节甚小并隐于第3跗节之间,称为隐5节或伪4节;另一种是跗节4节时,第3跗节甚小并隐于第2跗节中间,则称为隐4节或伪3节。

腹部 腹部变化较大,一般为10节,可见腹板通常为5~8节。雌虫腹部末端数节变细而延长,形成可伸缩的伪产卵器。雄性外生殖器也多不外露,而是缩在第9或第10腹板之间。

鞘翅目常见种类如图2-19、图2-20、图2-21所示。

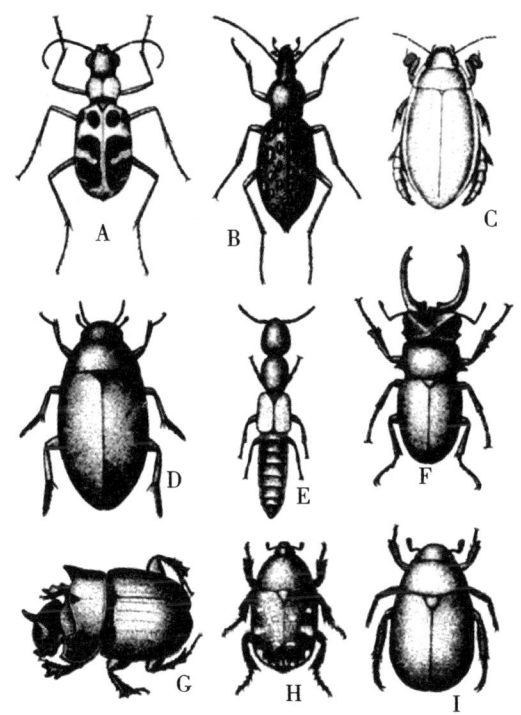

图2-19 鞘翅目常见种类

A. 中华虎甲(*Cicindela chinensis*)(虎甲科);

B. 疱鞘步甲(*Carabus pustulifer*)(步甲科);

C. 黄边厚龙虱(*Cybister limbatus*)(龙虱科);

D. 大水龟甲(*Hydrous acuminatus*)(水龟甲科);

E. 显隐翅甲(*Xantnorinus* sp.)(隐翅甲科);

F. 大锹甲(*Odontolabis siva*)(锹甲科);

G. 神农洁蜣螂(*Catharsius molossus*)(蜣螂科);

H. 小青花金龟(*Oxycetonia jucunda*)(金龟子科);

I. 铜绿丽金龟 *Anomala corpulenta*(丽金龟科)

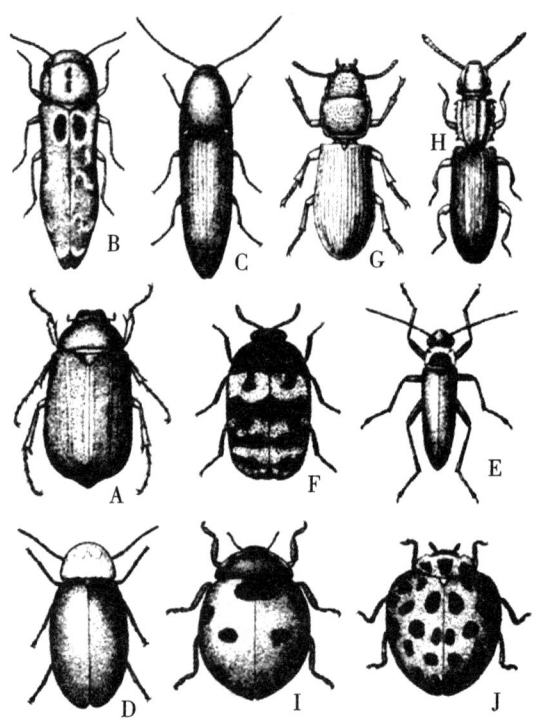

图 2-20　鞘翅目常见种类

A. 棕色鳃金龟（*Holotrichia titanus*）（金龟科）；
B. 柑橘吉丁甲（*Agrilus auriventris*）（吉丁甲科）；
C. 细胸叩头甲（*Agriotes fusicollis*）（叩头甲科）；
D. 窗胸萤（*Pyrocoelia analis*）（萤科）；
E. 黑斑黄背花萤（*Themus imperialis*）（花萤科）；
F. 花斑皮蠹（*Trogoderma persicum*）（皮蠹科）；
G. 大谷盗（*Tenebroides mauritanicus*）（谷盗科）；
H. 锯谷盗（*Oryzaephilus wurinamensis*）（锯谷盗科）；
I. 七星瓢虫（*Cocinella septempuctata*）（瓢虫科）；
J. 马铃薯瓢虫（*Henosepilachna vigintiomaculata*）（瓢虫科）

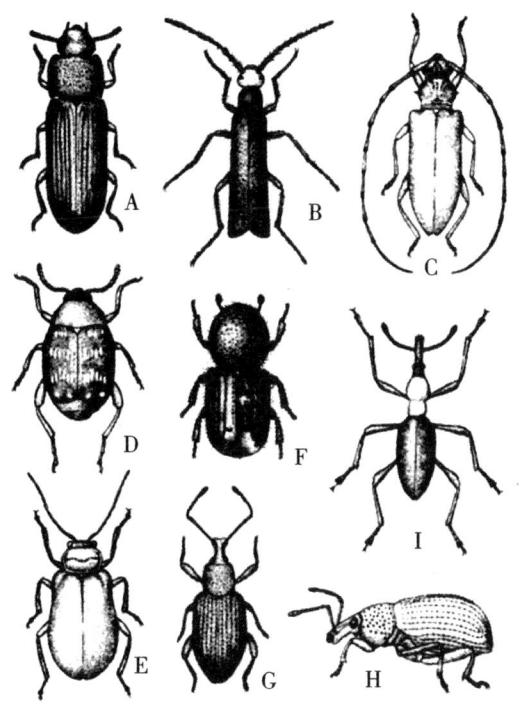

图 2-21 鞘翅目常见种类

A. 杂拟谷盗(*Tribolium confusum*)(拟步甲科);
B. 毛角豆芫菁(*Epicauta hirticornis*)(芫青科);
C. 橘褐天牛(*Nadezhdiella cantori*)(天牛科);
D. 豌豆象(*Bruchus pissorum*)(豆象科);
E. 黄守瓜(*Aulacophora femoralis*)(叶甲科);
F. 六齿小蠹(*Ips acuminatus*)(小蠹科);
G. 棉尖象甲(*Phytoscaphus gossypii*)(象甲科);
H. 甘薯小象甲(*Cylas formicarius elegantulus*)(三锥象科)

步甲科(Carabidae) 体小型至大型,体色暗黑或具有金属光泽。头前口式,比胸部狭。触角丝状11节,跗节式5-5-5。如拉步甲(*Carabus lafossei*)(国家二级重点保护野生动物)、大星步甲(*Calosoma maximoviczi*)等。

虎甲科(Cicindelidae) 俗称"引路虫"。体长形,有鲜艳的色斑及金属光泽;下口式,比胸部略宽。触角丝状,着生于额区复眼之间,触角间距小于上唇宽度。复眼大而突出。上颚很发达,长大弯曲而有齿。后翅发达,善飞,白天活动,常静伏地面或低飞捕食小虫。如中华虎甲(*Cicindela chinensis*)、杂色虎甲(*C. hybrida*)等。

龙虱科(Dytiscidae) 身体小型至大型,体椭圆形,扁平而光滑,有光泽。头阔,与前胸紧密嵌合。触角丝状,11节。后翅发达。后足特化为游泳足。雄虫前足为抱握足。水生,肉食性,多以水生昆虫为食料,大型种类可加害鱼苗。如黄缘龙虱(*Cybister japonicus*)。

水龟甲科(Hydrophilidae)　身体小型至大型,外形似龙虱。但背部隆起更显著。触角短,6~9节,端部锤状;下颚须长,线状,与触角等长或更长;中胸腹板有1条长的中脊突。成虫和幼虫多数腐食性,少数捕食水生动物。有些种类有危害水稻的记载。如大水龟甲(*Hydrous acuminatus*)等。

隐翅甲科(Staphilinidae)　身体小型至中型,体长形,两侧几乎平行,腹部末端尖。头大,前口式。触角10或11节,少数9节,丝状或棒状。跗节5节,前足跗节有时减少1~2节。鞘翅极短,腹部大部分裸露。腹部可见腹板6~7节。多为腐食性,有些种类为肉食性。如黑膝愈片隐翅虫(*Stenus cicindlloides*)、隐翅虫(*Oxytelus batiuculus*)等。

叩头甲科(Buprestidae)　为小型至大型甲虫,触角锯齿状,前胸腹板后缘中央有一强大的突起向后延伸于中胸腹板的深凹窝之中,能弹跳;前胸背板后角明显后突,前胸与中胸衔接不紧密,能上下活动。跗节式5-5-5。幼虫统称金针虫,体细长,体壁光滑坚韧,头和末节特别坚硬,生活在土中,取食植物的根、块茎和地下的种子,故为重要的地下害虫。如沟叩甲(*Pleonomus canaliculatus*)、细胸叩甲(*Agriotes subvittatus*)等。

吉丁甲科(Buprestidae)　体形与叩头甲相似,但前胸后侧角无刺,前胸与鞘翅相接处不凹入,前胸腹板突扁平状,嵌入中胸腹板,不能活动。体常有鲜艳的金属光泽。触角锯齿状。幼虫俗称"串皮虫",体细长,前胸常扁平而膨大,无足,腹部9节,柔软,在树木的形成层中钻成曲折的隧道并取食,是果树和林木的重要害虫。如金缘吉丁虫(*Lampra limbata*)、六星吉丁虫(*Chrysobothris succedanea*)等。

瓢虫科(Coccinellidae)　为小型或中型昆虫,体背隆起呈半球形或半卵形,翅鞘表面常有红、黄、黑等斑纹。头小,一部分隐藏于前胸背板之下,下颚须最后一节呈斧状。跗节隐4节。如七星瓢虫(*Coccinella septempunctata*)、异色瓢虫(*Harmonia axyridis*)等。

叶甲科(Chrysomelidae)　成虫的外形呈卵形或长形。触角丝状,或末端稍膨大,11节,长不及体长之半,跗节为假4节型,实际5节,其第4节极小,隐藏于第3节的两叶中。如马铃薯甲虫(*Leptinotarsa decemlineata*)、柑橘恶性叶甲(*Clitea metallica*)等。

天牛科(Cerambycidae)　身体中型至大型,体狭长,触角11~12节,鞭状,通常与体等长或长过身体。复眼呈肾形,围绕于触角基部。跗节隐5节。如桃红颈天牛(*Aromia bungii*)、光星肩天牛(*Anoplophora glabripennis*)等。

金龟子科(Scarabaeidae)　身体中型至大型,触角鳃叶状,前足有开掘作用,跗节式5-5-5,腹部末端露于翅外。幼虫称蛴螬,体白色,体成"C"形,胸足发达无腹足。如小青花金龟(*Oxycetonia jucunda*)。

花金龟科(Cetoniidae)　身体扁宽,体色美丽。上唇退化或膜质。鞘翅外缘凹入,中胸腹板有圆形向前的突出物。鞘翅前阔后狭,背面常有2条强直纵肋,后胸后侧片及后足基节侧端于背面可见。成虫多于白天活动,常钻入花朵中取食,故有"花潜"之称。常见种类如白星花金龟(*Protaetia brevitarsis*)。

丽金龟科(Rutelidae)　身体呈蓝、绿、褐、黄、赤等颜色,具金属光泽。足的爪不对称,尤其是后爪更为明显。鞘翅往往有膜质的边缘。腹部的前3对气门位于侧膜上,后3对气门位于腹板上。幼虫肛门多为横裂状。多食性,常危害森林、果树。常见种类有铜绿丽金龟(*Anomala corpulenta*)等。

芫青科(Meloidae)　成虫体呈圆筒形,有细颈,鞘翅软弱,端部不合拢。黑色、绿色或棕黄色,跗节式5-5-4。复变态。成虫吃植物的花、叶。关节处能分泌黄色毒液,皮肤接触后能起水泡。中医常以斑蝥、小斑蝥干燥虫体入药,夏、秋两季捕捉,闷死或烫死,晒干。性寒、味辛,外用攻毒蚀疮,内服破血消结,主治血积淤块、咬伤等症。但有强毒,内服微量,宜慎用。最常见的为豆芫青(*Epicauta hirticornis*)、绿芫青(*Lytta caragenae*)、红头芫青(*Epicauta ruficeps*)。

象甲科(Curculionidae)　身体微小型至大型,头部延伸成喙,喙长过于宽,口器位于喙的前端,触角大多呈膝状,分柄节、索节和棒等3部分,柄节2~4节,棒多为3节,跗节式5-5-5。为动物界最大的科之一,已记录的种类超过60 000种。如绿象甲(*Hypomeces squamosus*)、大灰象甲(*Sympiezomias velatus*)等。

小蠹科(Scolytidae)　小型甲虫,为象甲的近缘科。喙短而宽,很不发达。体小卵形或圆筒形,触角呈屈膝状,端部膨大组成紧密的球状,胫节外侧有齿列,或其端齿延伸成一弯突。如欧洲大榆小蠹(*Seolytus multistriatus*)、强大小蠹(*Dendroctonus valens*)等。

13)鳞翅目(Lepidoptera)　本目包括所有的蝶类和蛾类,其主要特征是:身体、翅均被鳞片,翅上有斑纹和横线。触角有丝状、羽状、棒状等,口器虹吸式,下颚外叶延伸成喙,形如钟表的发条,完全变态。鳞翅目翅面的斑纹模式、翅脉的脉序分别如图2-22、图2-23所示。

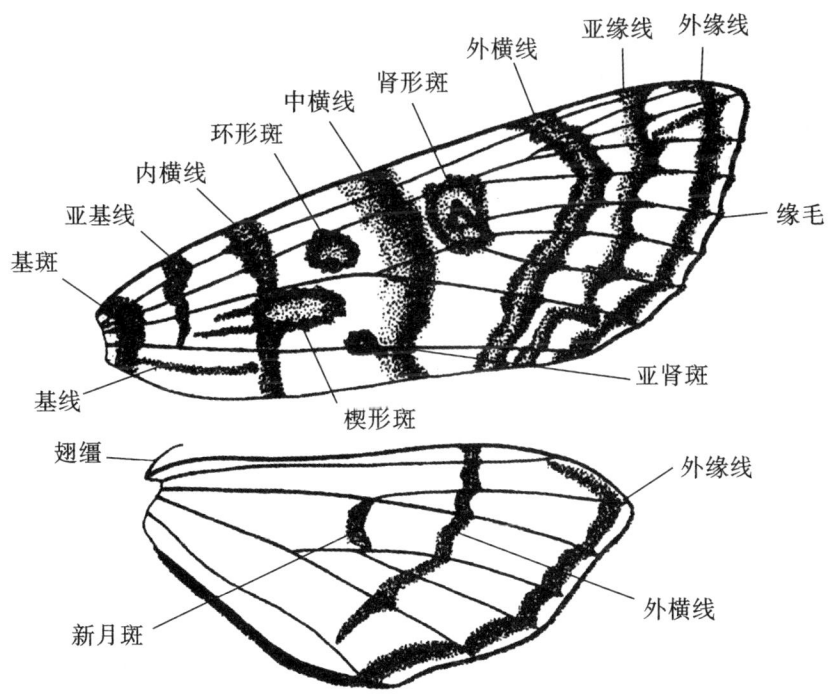

图2-22　鳞翅目翅面斑纹模式图

头部　略呈球形或半球形。触角多节,呈丝状、棒状、栉齿状(羽状)等。口器除小翅蛾等少数低等蛾类保留有上颚和下颚外,绝大多数种类为典型的虹吸式口器。下颚须发达或退化,下唇仅保留3节的下唇须,两下颚外颚叶延长而合并形成的虹吸管(喙管)。眼发达,单眼通常2个,位于复眼后方,但也有一些种类(蝶类、尺蛾等)无单眼。

胸部　胸部发达,各胸节趋于愈合。前胸在低等蛾类较发达,而高等蛾类一般较退化,呈颈状。中胸甚大,后胸背板小。足细长,跗节5节,以第1节最长,爪1对。

腹部　腹部呈圆筒形或纺锤形,10节。雌虫腹部形成伪产卵器。某些低等蛾类仅第9腹节有一生殖孔,称为单孔类。大部分种类第8腹节有一交配孔,第9腹节有一产卵孔,称为双孔类。

蝶类和蛾类的区别　蝶类于白天活动;触角端部多膨大成棒状。前、后翅无特殊的联结构造,飞翔时以后翅扩大的肩区直接贴在前翅下。休息时翅直立于身体的背面。蛾类一般在夜间活动,触角丝状、栉状或羽状,前、后翅有连锁结构。休息时翅伸展于身体两侧,或置于腹部之上。

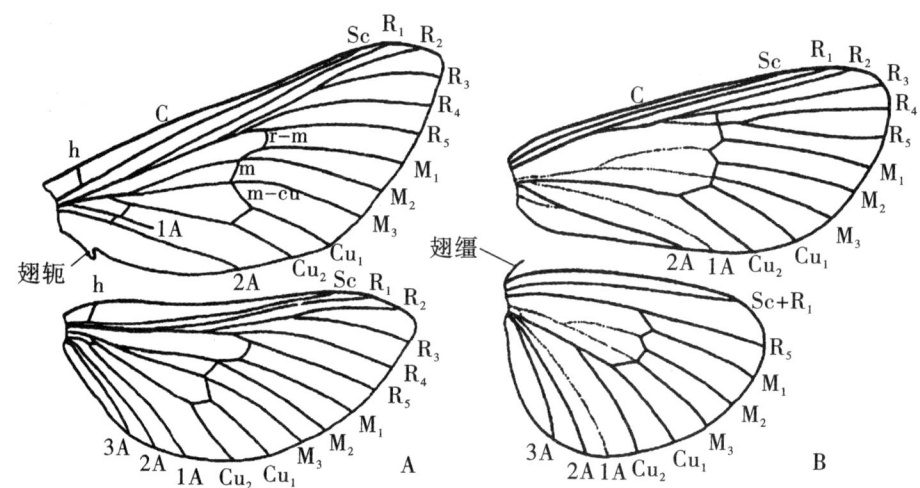

图 2-23　鳞翅目昆虫的脉序

鳞翅目部分常见种类如图 2-24、图 2-25、图-26 所示。

眼蝶科(Satyridae)　这类蝴蝶的翅上多具眼状斑,从反面看更为明显。翅基有粗壮的翅脉。如稻暮眼蝶(*Melanitis leda*)、睇暮眼蝶(*M. phedima*)、圆翅黛眼蝶(*Lethe butleri*)等。

凤蝶科(Papilionidae)　多为大型和色彩鲜艳的蝴蝶。翅呈三角形,后翅外缘呈波状或有一燕尾状突起。底色黄色(极少数为白色)或绿色而有黑色斑纹,或黑色而有蓝、绿、红的色斑。前翅R脉分5支,在中室下与A脉基部间有一小横脉相连,后翅A脉仅1条,肩部有1钩状小脉。幼虫体光滑无毛,后胸隆起最高,前胸背中央有一可翻出和伸缩的分泌腺(香腺),"Y"形或"V"形,红色或黄色,受惊扰时翻出体外。趾钩双序或3序,中带式。幼虫主要为害芸香科、樟科、伞形花科等植物。如中华虎凤蝶(*Luehdorfia chinensis*)

(国家二级重点保护野生动物)、柑橘凤蝶(*Papilio xuthus*)等。

蛱蝶科(Nymphalidae)　身体中型或大型,翅面有各种鲜艳的色斑。雌、雄蝶前足都很退化,雄蝶跗节1节,雌蝶跗节4~5节。翅色鲜明,前翅R脉分5支,A脉1条。后翅A脉2条。幼虫通常色深,头部常有突起或棘刺,体上常有成对的棘刺,趾钩中带式,多为3序,少数双序。幼虫主要取食野生或栽培植物的叶片。如二尾蛱蝶(*Polyura narcaea*)、忘忧尾蛱蝶(*Polyura nepenthes*)等。

粉蝶科(Papilionidae)　身体多为中型,翅面多为白、黄、橙等色,A脉1条,后翅A脉2条。幼虫体多环节。如菜粉蝶(*Pieris rapae*)、暗脉菜粉蝶(*P. napi*)等。

图 2-24　鳞翅目常见种类(1)
A. 直纹稻弄蝶(*Parnara guttata*)(弄蝶科);
B. 玉带凤蝶(*Papilio polytes*)(凤蝶科);
C. 菜粉蝶(*Pieris rapae*)(粉蝶科);
D. 稻黄褐眼蝶(*Mycalesos gotome*)(眼蝶科);
E. 黄灰蝶(*Zephyrus lutea*)(灰蝶科);
F. 大红蛱蝶(*Vanessa indica*)(蛱蝶科)

灰蝶科(Lycaenidae)　为小型蝴蝶,纤弱而美丽。触角有白色的环,复眼周围有一圈白色鳞片。通常翅表有灰、蓝、绿等色,并具金属闪光。前翅R脉分3~4支,后翅A脉2支,无肩横脉。翅反面灰色,常具眼点,后翅常具纤细的燕尾状突。雌蝶前足发达,雄蝶前足退化。幼虫蛞蝓型,短而扁,头小,常缩入胸内,体光滑或具小瘤突,趾钩双序或3序,中带式,并有一匙状叶。如豆灰蝶(*Plgebejus argus*)、线灰蝶(*Thecla betulae*)等。

弄蝶科(Hesperiidae)　身体小型至中型,体粗壮,颜色深暗。头比前胸大。触角末端尖出,弯成小钩。前、后翅的翅脉各自分离无共柄现象,由翅基部或中室分出,翅面上常具白斑或黄斑。幼虫头大,前胸细瘦呈颈状,趾钩双序或3序环式,腹部末端有臀栉。如双带弄蝶(*Lobocla bifasciata*)、黑弄蝶(*Daimio tethys*)等。

透翅蛾科(Aegeriidae) 身体小型至中型,狭长,一般黑色、暗青色,有红、黄等斑纹,常有金属光泽,外型似胡蜂。触角棍棒状,末端有毛。单眼发达。喙明显。翅狭长,除边缘及翅脉上外,大部分透明,无鳞片。后翅 $Sc+R_1$ 脉藏于前缘褶内。幼虫常蛀食树干、树枝或树根,趾钩单序二横带式。体中型,黄蜂状,白天活动。如白杨透翅蛾(*Parathrene tabaniformis*)、苹果透翅蛾(*Conopia hector*)。

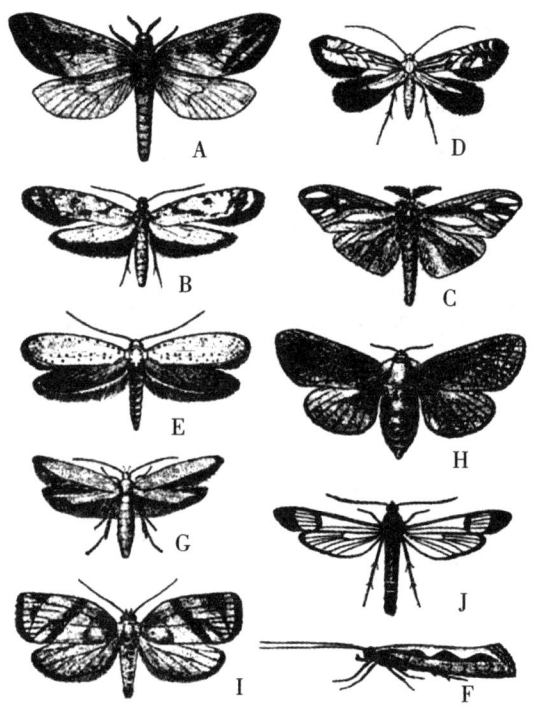

图 2-25 鳞翅目常见种类(2)

A. 一点蝠蛾 *Phassus sinifer*(蝙蝠蛾科);

B. 谷蛾 *Nemapogon granella*(谷蛾科);

C. 大窠蓑蛾 *Clania variegata*(蓑蛾科);

D. 金纹细蛾 *Lithocolletis ringoniella*(细蛾科);

E. 苹果巢蛾 *Yponomeuta padella*(巢蛾科);

F. 小菜蛾 *Pultella xylostella*(菜蛾科);

G. 麦蛾 *Sitotrioga cerealella*(麦蛾科);

H. 芳香木蠹蛾 *Cossus cossus*(木蠹蛾科);

I. 苹小卷叶蛾 *Adoxophyes orana*(卷叶蛾科);

J. 苹果透翅蛾 *Conopia hector*(透翅蛾科)

螟蛾科(Pyralididae) 本科为仅次于夜蛾和尺蛾的第三大科。体细长,脆弱,体翅鳞片稀少，触角细长，下唇须伸出很长。前后翅 M_2 近 M_3，后翅 $Sc+R_1$ 和 R_5 平行，或合并至中室中部或以外才分开。幼虫体刚毛稀少，前胸侧毛 L 毛 2 根。多数螟蛾有卷叶、蛀食茎干习性。如紫斑谷螟（*Pyralis farinalis*）、蜡螟（*Galleria mellonella*）等。

天蛾科（Sphingidae） 多为大型蛾类，行动活泼，飞翔力很强。身体粗壮，末端尖削，纺锤形。头大，复眼突出，触角棍棒状，端部弯曲呈钩状，喙发达。前翅大而狭，顶角尖而外缘倾斜，R 脉分 4~5 支，有共柄。后翅较小，$Sc+R_1$ 脉与中室平行，在中室中部有一小横脉与中室相连。幼虫身体粗壮，表面光滑，腹部第 8 节背面有 1 个尾状突（或称尾角），胸部各体节分为 6~8 个小环，趾钩双序中带式。如葡萄天蛾（*Ampelophaga rubiginosa rubiginosa*）。

大蚕蛾科（Saturniidae） 为大型或特大型蛾类。喙不发达，触角羽状。翅面上多具透明的眼斑或色斑。前翅仅 3~4 条 R 脉，臀脉（A）只有 1 条。后翅 $Sc+R_1$ 与 R_5 不相连接，A 脉 2 条，无翅缰。幼虫体肥大，多枝刺，趾钩双序中带式。如柞蚕（*Antheraea pernyi*）、樗蚕（*Philosemia cynthia*）。

舟蛾科（Notodontidae） 又称天社蛾科。与夜蛾科很相似。前翅多具副室，M_2 不与 M_3 接近，中室后缘翅脉为 3 支。后翅 M_3 甚弱，$Sc+R_1$ 与中室平行靠近，但不接触，有时在中室近 1/4 或 1/2 处相连。有些种类前翅内缘有显著的毛丛，后足腿节也有很多长毛。幼虫体生较多的次生刚毛，但不具毛瘤，趾钩单序中带式，臀足退化或变形为长突起。有的特化成枝状，向后伸，静止时头尾两端上翘，似舟形。幼虫食叶。卵表面的刻纹呈多角形网纹，无纵脊，多聚产成堆。蛹表面有细软的毛。如舟形毛虫（*Phalera flavescens*）、杨扇舟蛾（*Clostera anachoreta*）。

夜蛾科（Noctuidae） 为最大的一科，包括 20 000 多种。体中至大型，粗壮多毛，体色灰暗。触角丝状，少数种类的雄性触角羽状。单眼 2 个。胸部粗大，背面常有竖起的鳞片丛。前翅颜色一般灰暗，多具色斑，中室后缘有脉 4 支，中室上外角常有 R 脉形成的副室。后翅多为白色或灰色，$Sc+R_1$ 与 R_5 在中室基部有一小段接触复又分开，造成一小型基室。幼虫体粗壮，光滑，少毛，色较深。腹足通常 5 对（其中的 1 对臀足发达），但也有少数种类仅为 4 对或 3 对，即第 3 腹节或第 3、4 两个腹节的腹足退化。趾钩单序中带式。如小地老虎（*Agrotis ypsilon*）。

灯蛾科（Arctidae） 与夜蛾科体形相似，但体色鲜艳，通常为红色或黄色，且多具条纹或斑点。成虫触角呈丝状或羽状。前翅 M_2、M_3 与 Cu_1 接近，似自中室下角分出。后翅 $Sc+R_1$ 与 R_5 自基部合并，至中室中部或以外才复分开。成虫具趋光性，多在夜间活动。幼虫体上具毛瘤，生有浓密的长毛丛，毛的长短基本一致，中胸在气门水平上具 2~3 个毛瘤。趾钩双序环式。如美国白蛾（*Hyphantria cunea*）。

毒蛾科（Lymantriidae） 身体中型至大型蛾类，体粗壮多毛。翅钝圆，后翅第 $Sc+R_1$ 与 R_5 在中室基部约 1/3 处连接。幼虫体多毛有瘤状突起，毛长短不一，有毒，第 6、7 腹节背面中央各有一翻缩腺。如舞毒蛾（*Lymantria dispar*）。

枯叶蛾科（Lasiocampidae） 身体中型至大型的蛾类，体粗壮，有毛，喙完全退化。雄虫触角为双栉齿状。单眼退化。后翅肩角扩大，有肩脉。无翅缰。幼虫粗壮，多长毛，次生刚毛长短不等，如松毛虫（*Dendrolimus punctatus*）、天幕毛虫（*Malacosoma neustria testacea*)、杨枯叶蛾(*Gastropacha populifolia*)等。

尺蛾科(Geometridae) 身体小型至中型,身体较细弱。翅宽大,质薄,鳞片细密,停息时翅平展体侧。有的雌虫无翅或翅退化。腹部细长,听器位于腹基部下方。前翅 M_3 出自中室后角;后翅 $Sc+R_1$ 与 R_5 在基部弯曲或与中室有一段合并,A 脉只 1 条。幼虫腹足 2 对,分别着生于第 6 和第 10 腹节上,趾钩一般为双序中带或缺环式。幼虫爬动时弓背而行,故称为"尺蠖"或"步曲",静息时腹足固定于枝条,身体前部伸直,拟态成枝条状。如春尺蠖(*Apocheima cinerarius*)。

图 2-26 鳞翅目常见种类(3)

A. 梨星毛虫(*Illiberis pruni*)(斑蛾科);

B. 黄刺蛾(*Cnidocampa flavescens*)(刺蛾科);

C. 桃蛀果蛾(*Carposina sasakii*)(蛀果蛾科);

D. 刀豆羽蛾(*Pselnophorus vilis*)(羽蛾科);

E. 亚洲玉米螟(*Ostrinia furnacalis*)(螟蛾科);

F. 稻纵卷叶螟(*Cnaphalocrocis medinalis*)(螟蛾科);

G. 豹尺蛾(*Obeidia tigrata*)(尺蛾科);

H. 杏枯叶蛾(*Oconestis pruni*)(枯叶蛾科)

刺蛾科(Eucleidae) 为中型蛾类,体短而粗壮。触角雌虫为丝状,雄虫为羽状,口器不发达,翅上鳞片松厚,有黄色、绿色、褐色等简单的斑纹,前后翅中室内有中脉主干存在。幼虫体短而肥,蛞蝓形,头小,常缩入前胸,具 3 对不发达的胸足,腹足多退化成吸盘,体色鲜艳,体被分枝毒刺。如黄刺蛾(*Cnidocampa flavescens*)。

木蠹蛾科（Cossidae） 为中型或大型的蛾类，口器退化，触角常呈双栉齿状。前翅狭长，有副室。前后翅中室内偶分叉的中脉，后翅 A 脉 3 条，$Sc+R_1$ 基部游离或在中室端部附近有一短脉与 R_5 连接。如蒙古木蠹蛾（*Cossus mongolicus*）。

卷叶蛾科（Tortricidae） 身体小型，前翅近方形，静止时两翅合拢呈钟罩状。有单眼。后翅 $Sc+R_1$ 不与 R_5 接近或接触。臀脉 3 条。如杨小卷叶蛾（*Gypsonoma minutara*）、黄卷叶蛾（*Pandemis ribeana*）等。

蛀果蛾科（Carposinadae） 为小型蛾类，本科与卷蛾科十分相似，与卷蛾科的区别是本科前翅 Cu_2 从中室下角伸出。后翅无 M_1，有时 M_2 亦缺如。如桃小食心虫（*Carposina sasakii*）、桃蛀果蛾（*Carposina niponensis*）等。

14）膜翅目（Hymenoptera） 包括蜂类和蚂蚁类，为昆虫纲的第三大目，已知种类超过 12 万种。身体由微小至中等，主要特征为：口器咀嚼式或嚼吸式。多数种类都具有两对正常的膜质翅，且前翅显著大于后翅，仅少数种类的翅退化或变短。有翅钩。前翅前缘通常有翅痣，其形状多有变化。多数种类的翅脉较复杂，纵脉多愈合或变形，并与横脉围成若干翅室。腹部第 1 节多向前并入胸部，称为并胸腹节，第 2 节常缩小成腰状，称为腹柄；亦有一些种类腹部与并胸腹节相连处甚宽，故可分为广腰亚目和细腰亚目。全变态。

膜翅目部分常见种类如图 2-27、图 2-28 所示。

★广腰亚目 胸腹连接处宽阔不收缩；足转节 2 节；翅脉多，后翅至少有 3 个基室；产卵器多为锯齿状。幼虫有胸足，多数有腹足。植食性，食叶、蛀茎或形成虫瘿。

叶蜂科（Tenthredinidae） 成虫身体粗短，腹部没有腰。触角丝状。前胸背板后缘深深凹入，前翅有粗短的翅痣前足胫节有 2 端距，雌虫有锯状产卵器。如小麦叶蜂（*Dolerus tritici*）、大麦叶蜂（*D. hordei*）、中华麦叶蜂（*D. sinensis*）等。

树蜂科（Sircidae） 大型昆虫，体狭长，圆筒形，暗色或金属色，雌蜂有一粗长的产卵管。头阔大，翅狭长。幼虫白色，胸足不发达，在木质部中啮食，常引起真菌寄生，降低木材工艺价值。如泰加大树蜂（*Urocerus gigas taiganus*）、西藏大树蜂（*U. g. tibetanus*）等。

★细腰亚目 胸腹连接处收缩如细腰，或有柄；足转节 1 节或少数 2 节；翅脉减少，后翅最多有 2 个基室；产卵器锥状或针状。幼虫无足。植食性，多寄生或居于巢室内。分锥尾组和针尾组。

姬蜂科（Ichneumonidae） 体细长，触角丝状，常为 16 节或多于 16 节。转节 2 节。体形变化甚大，体长（不包括触角和产卵管）3～40 mm，以 10～20 mm 为多。翅一般发达，偶有无翅型和短翅型。翅的特征是前翅前缘脉和亚前缘脉愈合，具翅痣，肘脉基段消失而第 1 肘室和第 1 盘室合并为盘肘室，有第 2 回脉。腹部基部缩缢，具柄或略呈柄状；腹部一般细长、圆筒形、卵形、扁平、侧扁都有，但腹面膜质。产卵管长短不等，寄生于木材中天牛或树蜂的种类，有的可超过 50 mm，但均自腹部腹面末端之前伸出。如广黑点瘤姬蜂（*Xanthopimpla punctata*）、舞毒蛾黑瘤姬蜂（*Coccygomimus disparis*）等。

茧蜂科（Braconidae） 为小型或微小的寄生蜂类，体长 2～12 mm，形态与姬蜂极相近，其区别在于：前翅无第 2 回脉，腹部第 2～3 背板已愈合，之间虽有缝的痕迹，但已不能自由活动。触角细长，腹部较短。不少种类肘脉第 1 段完整而第 1 肘室与第 1 盘室分开，也有极少种类翅脉相当退化。如烟蚜茧蜂（*Aphidius gifuensis*）、黑胸茧蜂（*Braccon nigrorufum*)等。

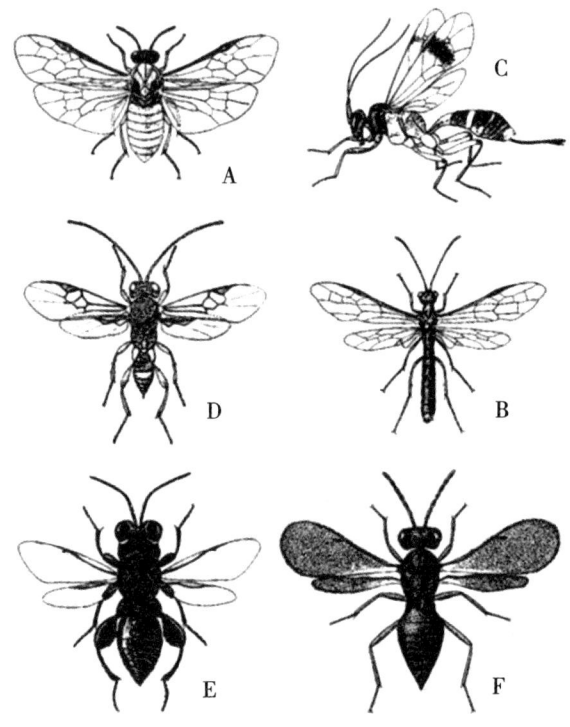

图 2-27 膜翅目常见种类

A. 小麦叶蜂(*Doerus tritici*)(叶蜂科);
B. 麦茎蜂(*Cephus pygmaeus*)(茎蜂科);
C. 黄带驼姬蜂(*Goryphus basilaris*)(姬蜂科);
D. 小菜蛾绒茧蜂(*Apanteles poutellae*)(茧蜂科);
E. 黑角洼头小蜂(*Kriechbaumerella nigricoris*)(小蜂科);
F. 稻苞虫金小蜂(*Trichomalopsos apanteloctena*)(金小蜂科)

小蜂科(Chalalcididae) 体小型,体长 0.2~5 mm。触角膝状 13 节,翅脉甚退化,仅留 1 条翅脉,腹部卵圆形或长形向末端收窄。有黑、褐、黄、白、红等颜色,无金属光泽。头胸部背面常有粗大刻点;头横宽,触角柄节长,端部有时呈锤状。如广大腿小蜂(*Bracchymeria obscurata*)。

赤眼蜂科(Trichogrammatidae) 为身体微小的蜂类,体长一般小于 1 mm。触角短,柄节较长,柄节与梗节呈肘状弯曲,前翅较宽,无后缘脉,翅面有纤毛,常排成毛列。黑色、暗色、淡褐色或黄色。触角短,3 节、5 节或 8 节,索节不超过 2 节,棒节通常为 3 节,少数 2 节或不分节。如松毛虫赤眼蜂(*Trichogramma dendrolimi*)、玉米螟赤眼蜂(*T. ostriniae*)等。

蜜蜂科(Apidae) 身体多呈黑色或褐色,生有密毛。头与胸部等阔。复眼椭圆形,有毛,单眼排成三角形。前、中足胫节各有 1 端距;后足胫节无距,形成花粉篮、花粉刷。腹部近椭圆形,体毛较少。如东方蜜蜂(*Apis cerana*)、西方蜜蜂(*A. mellifera*)、绿努蜂(*A.*

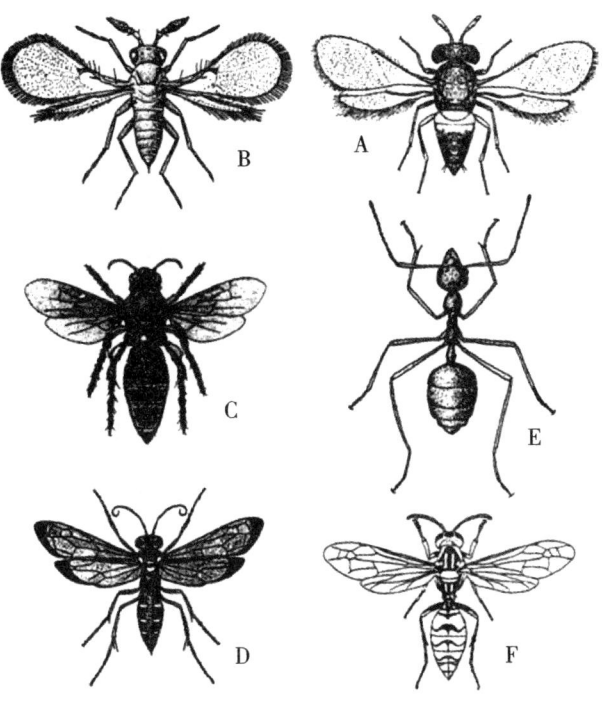

图 2-28 膜翅目常见种类 2

A. 苹果绵蚜蚜小蜂(*Aphelnus mali*)(蚜小蜂科);
B. 稻螟赤眼蜂(*Trichogramma japonicum*)(赤眼蜂科);
C. 中华土蜂(*Scolia sinensis*)(土蜂科);
D. 强力蛛蜂(*Batozonellus lacerticida*)(蛛蜂科);
E. 黄蚁(*Oecophylla smaragdina*)(蚁科);
F. 普通长足胡蜂(*Polistes olivaceus*)(胡蜂科)

muluensis)等,中华蜜蜂(*A. c. cerana*)为东方蜜蜂的指名亚种,为中国所特有。

蚁科(Formicidae) 通称蚂蚁。体多为黑色、褐色、黄色或红色,体表光滑或具毛。头部阔大,触角膝状,4~13 节。复眼小,单眼 3 个,位于头顶。跗节 5 节。有性个体有翅 2 对,工蚁通常无翅。基部腹节显著紧缩,形成腹柄。腹柄 1~2 节,每节的背面有 1~2 个结节状突起。蚂蚁是一种有社会性的生活习性的昆虫,和胡蜂是近亲。蚂蚁已知最早在白垩纪就出现,可能是从侏罗纪出现的原始胡蜂演变出来的,主要区别是蚂蚁的触角是明显的膝状弯曲。如红火蚁(*Solenopsis invicta*)、黑多刺蚁(*Polyrhachis dives*)等。

15)双翅目(Diptera) 本目为昆虫纲第四大类群,已知种类 85 000 余种。成虫具膜质翅 1 对,翅脉简单,后翅退化成小的平衡棒。口器刺吸式或舐吸式。前胸、后胸皆小,中胸大型。跗节 5 节,全变态。本目包括蝇、虻、蚊类。

双翅目部分常见种类如图 2-29、图 2-30 如示。

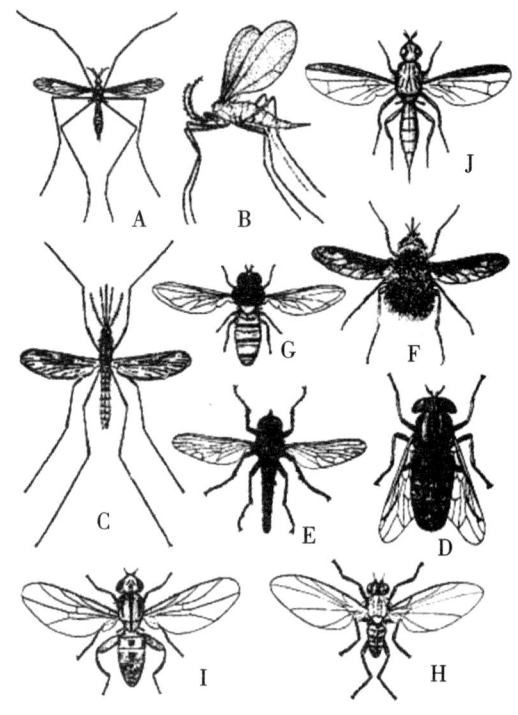

图 2-29 双翅目常见种类 1
A. 稻根蛆(*Tipula praepotens*)(大蚊科);
B. 麦红吸浆虫(*Sitodiplosis mosellana*)(瘿蚊科);
C. 中华按蚊(*Anopheles sinensis*)(蚊科);
D. 牛虻(*Tabanus amaenus*)(虻科);
E. 盗虻(*Antipalus* sp.)(食虫虻科);
F. 大蜂虻(*Bymbylius major*)(蜂虻科);
G. 黑带食蚜蝇(*Episyrphus balteata*)(食蚜蝇科);
H. 豌豆潜叶蝇(*Phytomyza atricornis*)(潜蝇科);
J. 柑橘大实蝇(*Tetradacus citri*)(实蝇科)

食蚜蝇科(Syrphidae) 身体中型,外形似蜜蜂,有黄、黑两色相间的斑纹。触角3节,扁形,具芒,主要特征是在翅上与一条"伪脉"位于 R 与 M 之间。如纤腰巴食蚜蝇(*Baccha maculata*)、葱瘤食蚜蝇(*Eumerus tuberculatus*)等。

寄蝇科(Tachinidae) 身体小至中型,外形甚似家蝇,体多毛,暗灰色与褐色斑纹。头大,触角3节,具触角芒,触角芒常光滑。中胸盾片大型,与横沟分为前后两部分,后小盾片位于小盾片的下方,呈垫状隆起突出。如黑丛寄蝇(*Besseria melanura*)、中介筒腹寄蝇(*Cylindromyia intermedia*)等。

花蝇科(Anthomyiidae) 身体小型至中型,与蝇科、寄蝇科相似。头及复眼大,触角芒羽毛状或无毛。中胸背板的盾片被一条横沟划分为前后两块,翅的脉纹是直的,花蝇科 M_{1+2} 与 R_{4+5} 平行或远离,可与蝇科区别。如夏厕蝇(*Fannia canicularis*)、瘤胫厕蝇(*F. scalaris*)等。

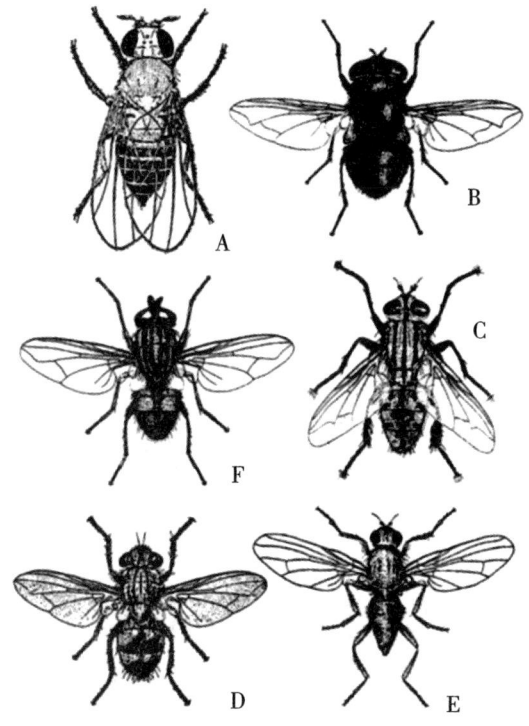

图 2-30 双翅目常见种类 2
A. 黄猩猩果蝇（*Drosophila melanogaster*）（果蝇科）；
B. 大头丽蝇（*Chrysomya megacephala*）（丽蝇科）；
C. 肥须亚麻蝇（*Parasarcophaga crassipalpis*）（麻蝇科）；
D. 粘虫缺须寄蝇（*Cuphocera varia*）（寄蝇科）；
E. 灰地种蝇（*Delia plia platura*）（花蝇科）；
F. 家蝇（*Musca domestica*）（蝇科）

食虫虻科（Aslidae） 或称盗虻科。身体小型至大型，多毛。头宽，有细颈，能活动。头顶在两复眼间下凹，复眼发达，单眼 3 个。触角 3 节，末节具端刺。口器细长而坚硬，适于刺吸。翅大而长，R_5 脉伸到顶角之前，有 4~5 个闭室，基室很长。足细长多刺，爪垫大，爪间突刚毛状。腹部 8 节，细长，雄虫有明显的下生殖板，雌性有尖的伪产卵器。幼虫长圆筒形，分节明显，各胸节有 1 对侧腹毛。成、幼虫均肉食性，捕食其他小型昆虫等。如中华单羽食虫虻（*Cophinopoda chinensis*）等。

蚊科（Culicidae） 身体细长，足长；口器刺吸式，喙细长；翅脉被鳞片。本科昆虫通称蚊虫。全世界已知蚊科计有 38 属，3 300 余种和亚种。中国已知 17 属约 350 种和亚种。蚊类的分布极广，除南极地区外，遍及世界各地。蚊科昆虫不仅刺吸人畜血液，而且有些种类是疟疾、丝虫病、黄热病、基孔肯雅病、登革热、流行性乙型脑炎、多种马脊髓脑炎等病原体的传播媒介。如亚洲虎蚊（*Aedes albopictus*）、埃及伊蚊（*A. aegypti*）、中华按蚊（*Anopheles sinensis*）等。

中华按蚊为按蚊属的一种。除青海和新疆以外，其他各省（区）均有记载。该种为传播疟疾的重要媒介,也是马来丝虫病的重要传播媒介之一。有些地区曾从其体内分离到流行性乙型脑炎病毒。雌蚊兼吸人、畜血液,但偏好牛、马、驴等大家畜血液。饱血雌蚊的栖息习性因地区和季节而有很大变化。稻田通常是这种按蚊的主要孳生场所,也可在沼泽、芦苇塘、湖滨、沟渠、池塘、洼地积水等环境中生长。以成蚊越冬。中华按蚊是中国记述最早和研究最多的蚊虫。但是,早期所谓的中华按蚊实际是赫坎按蚊种团的混合体。该种团是按蚊中最复杂的复合组之一,包括10多个亲缘种。除典型的中华按蚊外,尚有嗜人按蚊以及银足按蚊、克劳按蚊、赫坎按蚊、贵阳按蚊、带足按蚊、类中华按蚊、八代按蚊等。

16)脉翅目(Neuroptera) 身体小至大型。体壁通常柔弱,有时生毛或覆盖蜡粉。咀嚼式口器。复眼发达。触角类型多样,丝状、念珠状、栉状或棒状。前、后翅均为膜质透明,大小和形状相似,脉纹网状。翅脉呈网状。幼虫一般为衣鱼型或蠕虫型,口器适于穿刺或为吸收性咀嚼式。胸足发达。蛹为离蛹,多包在丝质薄茧内。卵圆球形或长卵形,有的种类具丝状卵柄。全变态。如中华草蛉(*Chrysopa ainica*)、大草蛉(*Ch. septempuncitata*)(图2-31)。

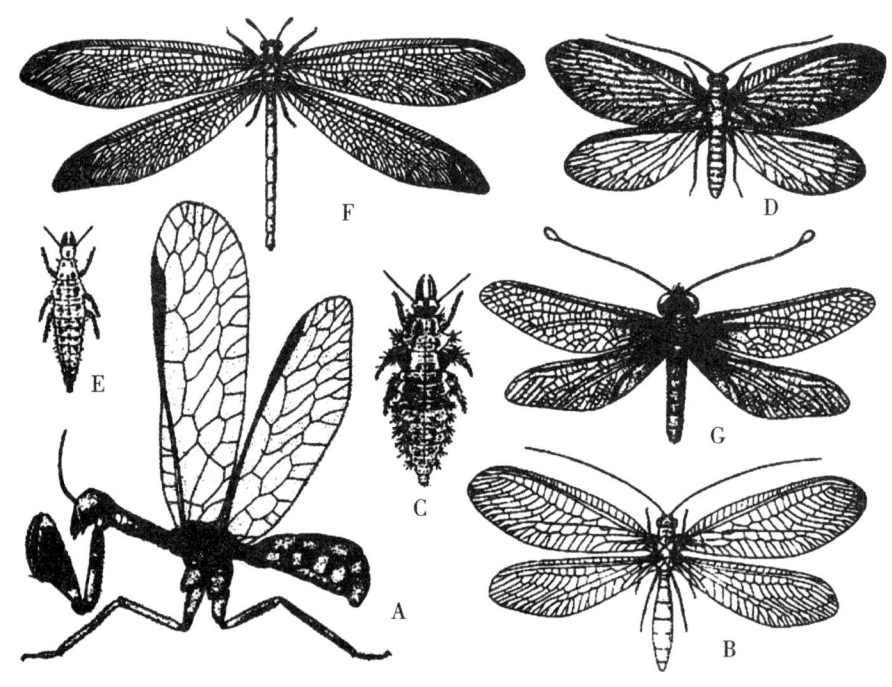

图2-31 脉翅目常见种类

A. 豫黑矢螳蛉(*Sagittalata yuata*);
B. 叶色草蛉(*Chrysopa phyllochroma*);
C. 大草蛉(*Chrysopa pallens*)(幼虫);
D. 全北褐蛉(*Haemerobius humuii*)(成虫);
E. 全北褐蛉(幼虫);
F. 蚁蛉(*Myrmeleon formicarius*);
G. 黄花蝶角蛉(*Ascalaphus sibericus*)

17) 竹节虫目（Phasmida） 亦称䗛目，通称竹节虫。身体中至大型，形似细长的竹节或宽扁叶片状，身体多呈绿或褐色。头小略扁，下口式，复眼小，单眼 2~3 个或缺如。触角或长或短，丝状。口器咀嚼式。前胸较短，中、后胸长。翅 2 对，前翅小、革质，后翅膜质、臀区发达。有的只有 1 对翅或无翅。足细长或宽扁，易折断。前足静止时前伸，跗节 5 节，少数 3~4 节；腹部 10 节，尾须 1 对，短小不分节，产卵器不发达。全世界已知种类约 2 500 种，中国已记录 100 多种。如巨型竹节虫（*Pharnacia serratipes*）、棉细颈杆䗛（*Sipyloides sipylus*）。

2. 昆虫的生境分析

在野外实习中，可在教师指导下，学生分成小组，对实习地的主要昆虫类群的生境特征、生态因子等进行调查、观察、记录。在此基础上，对近缘种类进行比较，以探讨同域分布种类的生态位分化与共存等，分析动物与其栖息环境之间的关系，以及影响昆虫分布的主要生态因素。

3. 行为与习性观察

昆虫纲动物种类繁多、分布广泛，栖息环境复杂而多样，活动规律各异。在长期的进化过程中，昆虫形成了许多适应性的特征，表现出多种多样的行为，在野外实习期间，可根据实习地的实际情况，在指导教师的统一安排下，重点就下述专项，对实习地的昆虫开展观察与研究，并详尽记录昆虫种类、形态、生境、行为等基础数据和观察结果，为进一步研究积累资料。

（1）昆虫的趋性　趋性是指昆虫对外界刺激（如光、温度、湿度和某些化学物质等）所产生的趋向或背向性行为活动。趋向活动称为正趋性，背向活动称为负趋性。昆虫的趋性主要包括趋光性、趋化性、趋温性、趋湿性等。

1）趋光性　指昆虫对光的刺激所产生的趋向或背向活动，趋向光源的反应，称为正趋光性；背向光源的反应，称为负趋光性。不同种类，甚至不同性别和虫态的个体可能表现出不同的趋光性。大多数夜间活动的昆虫，对灯光表现为正的趋性，特别是对黑光灯的趋性尤为强烈。

2）趋化性　指昆虫对一些化学物质的刺激所表现出的反应，其正、负趋化性通常与觅食、求偶、避敌、寻找产卵场所等有关。如一些夜蛾，对糖醋液有正趋性；菜粉蝶趋向于含有芥子油的十字花科植物上产卵；而菜蛾则不趋向在含有香豆素的木犀科植物上产卵，表现为负趋化性。

3）趋温性　指昆虫对温度刺激所表现出的趋向或背向反应。

（2）假死性　假死性（feigndeath）指昆虫受到某种刺激或震动时，身体蜷缩、静止不动，或从停留处跌落下来，呈假死状态，片刻之后即恢复正常而离去的现象。一些金龟子、象甲、叶甲以及粘虫幼虫等都具有假死性。假死性是部分昆虫逃避捕食者或敌害的一种适应。

（3）群集性　同种昆虫的个体大量聚集在一起生活的习性，称为群集性（aggregation）。但各种昆虫群集的方式有所不同。根据集群所维持的时间长短，可分为临时性群集和永久性群集两种类型。

1）临时性群集　指昆虫仅在某一虫态或某一发育时期内行群集生活，然后分散。如苹果天社蛾(*Phalera flavescens*)的低龄幼虫行群集生活,老龄后即行分散生活;多种瓢虫在越冬时,其成虫常群集在一起,当度过寒冬后即营分散生活。

2)永久性群集　这种方式的集群可见于昆虫个体的整个发育期,群集一旦形成,在较长时间内不会分散,趋向于群居型生活。如东亚飞蝗的卵孵化后,蝗蝻可聚集成群,集体行动或迁移,蝗蝻发育为成虫后仍不分散,往往成群远距离迁飞。飞蝗属于永久性群集的害虫,但有群居型和散居型之别,且二者可以互相转化。飞蝗集群的原因在于蝗蝻粪便中含有一种引起群集的外激素-蝗呱酚(locustol)。虫口密度越大,则越容易引起群集,而且越集越多,由此常对农作物产生危害。对这种群集,只有大量消灭蝗蝻,使虫口密度大幅度降低,才能使其转化为散居型。对大多数昆虫来说,其永久性群集主要是由于视觉器或嗅觉器受到环境的刺激,引起虫体内特殊的生理反应,并产生外激素的作用而引起的。

(4)昆虫活动的昼夜节律　绝大多数昆虫的活动期、休止期常随昼夜的交替而呈现一定节奏的变化规律,这种现象称为昼夜节律(circadian rhythm)。昆虫的交配、觅食和飞翔等活动均表现出昼夜节律性。根据此节律,可将昆虫分为日出性昆虫(diurnal insects):这类昆虫均在白天活动,如蝶类、蜻蜓、步甲和虎甲等;夜出性昆虫(nocturnal insects):此类昆虫均于夜间活动,如小地老虎等绝大多数蛾类;昼夜活动的昆虫:这些昆虫白天和夜间均可活动,如某些天蛾、大蚕蛾和蚂蚁等。有学者把弱光下活动的昆虫称为弱光性昆虫(crepuscular insects),如蚊类等常在黄昏或黎明时活动。在自然条件下,昼夜的长短变化随季节而变化,因而许多昆虫的活动节律也表现出明显的季节性变化。从表面上来看,昆虫的昼夜活动节律似乎主要受到光的影响。实际上,还有诸多其他因素的作用也不可忽视,如温度和湿度的变化、食物成分的变化、异性所释放的外激素等。

(5)拟态　在自然条件下,一种动物模拟其他生物的姿态,使自己得到保护的现象称为拟态(mimicry)。这是动物在自然选择过程中向着有利于自身生存方向发展的结果。拟态可分为两种主要类型。

1)贝氏拟态　贝氏拟态(Batesian mimicry)是指被"模拟"者不是捕食者的食物,而拟态者则是捕食者的食物。例如大斑蝶(*Danaus plexippus*)的幼虫,因取食萝藦草而使其成虫血液中具有萝藦草中的一种有毒的糖苷,能使取食它的鸟类呕吐;而"模拟"大斑蝶的红蛱蝶(*Vanessa indica*)则是无毒的。如果鸟类以前曾取食过红蛱蝶,以后也可能会取食大斑蝶,但取食了大斑蝶使鸟类中毒呕吐。最终,鸟类以后将不再捕食这两种蝴蝶。

2)缪氏拟态　缪氏拟态(Mullerian mimicry)是指模拟者和被"模拟"者都不可食,捕食动物只要误食其中之一,都会因二者形态相似而不再取食任何一种。在红萤科、蜂类、蚁类中均可见到这种拟态现象。

(6)保护色　保护色(protective coloration)是指一些昆虫的体色与其周围环境的颜色相似的现象。如栖居于绿色草地上的中华蚱蜢(*Acrida chinensis*),其体色或翅色与生境极为相似,不易为捕食者发现,利于保护自己。菜粉蝶(*Pieris rapae*)蛹的颜色也因化蛹场所背景的不同而异。当其在甘蓝叶上时,蛹常为绿色或黄绿色,而在篱笆或土墙上时,蛹则多呈褐色。

有些昆虫既有保护色,又有与背景形成鲜明对照的体色,称为警戒色(warning coloration),这样更有利于保护自己。如蓝目天蛾(*Smerinthus planus*),其前翅颜色与树皮相似,后翅颜色鲜明,并具有类似于脊椎动物眼睛的斑纹,当遇到其他动物袭击时,前翅突然展开,露出后翅,使捕食者受惊吓而退缩或离开。

有些具有保护色的昆虫,还可配合自己的体型和环境背景,保护自己。如一些尺蛾的幼虫在树枝上栖息时,以末对腹足固定于树枝上,身体斜立,体色和姿态酷似枯枝;竹节虫多数种类形似竹枝;大多数枯叶蛾类的成虫体色和体形与枯叶极为相似。因此,这些昆虫的成体或幼虫都不易被捕食者所发现。

(7) 食性与觅食 不同种类的昆虫的食性、觅食行为、取食方式、取食时间等不尽相同,可结合野外观察、室内饲养等,对上述内容进行观察与记录。

(二) 蛛形纲

蛛形纲(Arachricla)是节肢动物门的第二大类群。蛛形纲动物又称蛛形类、蜘蛛类,其身体可分为前体和后体两部分。前体由6节组成,背面通常包以一块坚硬的背甲,腹面有一块或多块腹板,或被附肢的基节遮住。后体由12节组成,除蝎类以外,大多数蛛形纲动物的腹部不再分成明显的两部分,并且体节有合并的趋势。螨类的腹部与前体已合而为一。蛛形纲动物的单眼不超过12个。前体有6对附肢。螯肢在口的前方,2~3节,钳状或非钳状。触肢6节,钳状或足状。步足7节。跗节末端有爪。蜘蛛的后体与前体之间通过腹柄而相连。后体通常无附肢。雌雄异体。生殖孔开于后体第2节的腹面。蛛形纲动物绝大多数陆生,仅少数螨类、蜘蛛类为水栖。

蛛形类不喜酷热,常隐于石块或树叶下,或营穴居生活,多在夜间出来活动。织网的蜘蛛的角质层较厚,个体较大,一般色泽较艳丽。隐藏在石头、树叶下或洞穴中的种类角质层较薄,不能在干热的环境中生活,也不能做长距离运动。一些蝎类只能在潮湿处生存,并需饮水。盲蛛也经常饮水。伪蝎在干燥环境中很快就会死亡。但是,由于体表有一层蜡,几种蝎和盲蛛能够在炎热的沙漠环境中很好地保存水分以维持生存。蛛形类在其生活史中一般不扩散。蝎类只要有充足的食物,就不迁往远处。但少数种类的蜘蛛有迁徙习性。果树螨类可粘附在过往昆虫的足上迁移。伪蝎偶尔可附于蝇、盲蛛或其他动物的足上迁移。蛛形类的耐饥力很强,蝎能耐饥14个月,一种管网蛛能耐饥26个月,一种球腹蛛能耐饥30个月。

蛛形类可分为4个地理分布类型:1)连续分布在热带、亚热带的,如蝎、避日蛛、无鞭类、有鞭类以及蜘蛛目的捕鸟蛛;2)不连续分布在热带、亚热带的,如须脚类、节腹类、裂盾类和蜘蛛目的古蛛科;3)从热带分布到温带的,如盲蛛、伪蝎、螨和大多数蜘蛛目的种类;4)分布到两极的,某些蜘蛛、盲蛛和螨类。在珠穆朗玛峰6 700 m处发现的跳蛛可能是世界上分布最高的动物。

蛛形纲动物已知有62 000余种,可分为4亚纲16目,现生种类计3亚纲12目。

广腹亚纲(Latigastra):包括蝎目(Scorpiones)、伪蝎目(Pseudoscorpiones)、盲蛛目(Opiliones = Phalangida)、古怖目(Architarbi)(已灭绝)、蜱螨目(Acarina)。

胸口亚纲(Stethostoma):包括联足目(Haptopoda)(已灭绝)、后足目(Anthracomarti)(已灭绝)。

单独亚纲(Soluta):仅有角怖目(Trigotarbi)(已灭绝)。

柄腹亚纲(Caulogastra):包括奇基目(Kustarachnae)(已灭绝)、须脚目(Palpigradi =

Microthelyphonida)、有鞭目(Uropigi = Thelyphonida, HaploPeltida)、裂盾目(Schizomida = Schizopeltida)、无鞭目(Amblypygi = Phrynichida)、蜘蛛目(Araneae = Araneida),节腹目(Ricinulei)、避日目(Solifugae = Solpugida)。也有学者把有鞭目、裂盾目和无鞭目合成须脚目。

附:蛛形纲常见目的检索表

1. 腹部分节明显 ·· 2
   腹部不分节 ··· 5
2. 后腹部细长,或腹部末端细长呈鞭状,如末端不呈鞭状,则第1对足细长 ········· 3
   无的腹部及尾鞭,第1对足和其他3对足相似 ·· 4
3. 后腹部细长,末端具毒钩 ·· 蝎目(Scorpinoida)
   腹部末端具尾鞭 ·· 须脚目(Pedipalpida)
4. 足板细长,体形似蜘蛛 ·· 盲蛛目(Phalangida)
   足短,体形像去掉后腹部的蝎 ·· 拟蝎目(Pseudoscorpinoida)
5. 体分头胸部及腹部 ·· 蜘蛛目(Araeinda)
   头胸腹均愈合在一起 ·· 蜱螨目(Acarina)

1. 蛛形纲常见类群

蛛形纲动物种类较多,生活习性各异。代表类群简介于后(图2-32)。

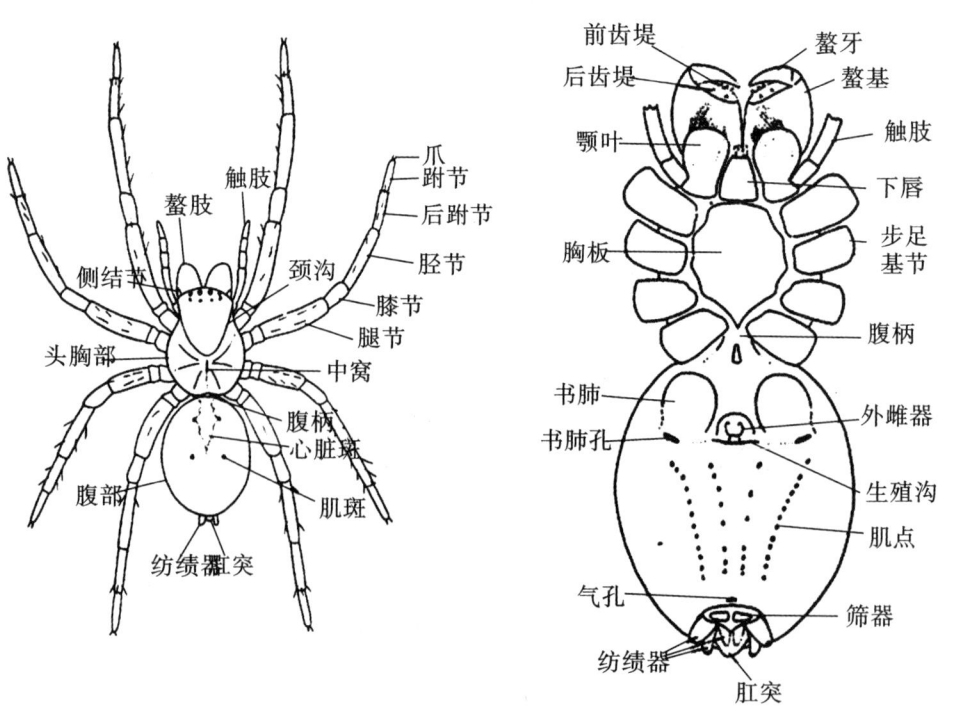

图2-32 蜘蛛身体各部位名称

(1) 蜘蛛目　蜘蛛类身体可分为头胸部和腹部,头胸部不分节,两部分之间有细的腹柄,腹部多不分节(仅少数中纺亚目的原始种类仍保留分节的背板),末端有纺器(图2-32、图2-33)。这些是蜘蛛区别于其他蛛形类的鉴别特征。头胸部背面有背甲。眼多为8个,排成2~4行,但也有6个眼、4个眼、2个眼或无眼者。中部有1个中窝。腹面有胸板。螯肢分螯基和螯牙两部分。螯肢内有毒腺管通过,触肢不呈钳状,雌雄成体触肢形态不同。腹部附肢特化为纺绩器,可抽丝结网。以书肺和气管呼吸,或仅以书肺呼吸。体形小的种类不及3 mm,大者可达60~110 mm。蜘蛛类均为肉食性,对农、林业生产有积极作用,农谚有"蜘蛛集则百事喜"的说法。

全世界已知约有35 000种,分隶于105科约3 000属。我国约有2 000种。

(2) 蜱螨目　又称壁虱目。体长一般为0.5~5 mm,小型种类体长约0.1 mm,大者可超过1 cm。虫体基本结构可分为颚体(又称假头)与躯体两部分。身体呈小球状,头胸部和腹部愈合,不再分节。体前端有由1对螯肢和1对脚须组成的假头,有口器(图2-32)。靠体表或气管呼吸,营有性繁殖或孤雌生殖。间接发育,一生需经历卵、幼虫(3对步足)、若虫(4对步足)、成虫等4个阶段。蜱螨类已知有50 000多种,包括蜱类和螨类,二者的主要区别见表2-2。蜱螨类分布广,数量多。

蜱螨类的栖息环境和营养方式多样,有生活于水中、土壤中及地表者,也有寄生于动物或植物者。蜱螨类可传播疾病,其特点是:1)传播人兽共患疾病;2)病原体经卵传播较普遍;3)既是传播媒介,也多是病原体的贮存宿主;4)所传疫病通常呈散发性流行。

表2-2　蜱类和螨类的主要区别

	蜱类	螨类
体形	大,扁圆或椭圆形	小,长形或椭圆形
体壁	皮革状,体表有短毛或无毛	膜状,体表有长毛
口下板	明显,其上有齿	无或不明显,无齿
气门位置	身体两侧,多位于第4对足的基节之后	不位于身体两侧,有些位于头胸部

(3) 蝎目　蝎目是一类大型的蛛形纲动物,体长1.3~18 cm(多数3~9 cm)。体分头胸部、前腹部和后腹部。头胸部短而宽,近四边形,背面由1块坚硬的背甲包围,背甲上密布突起或纵脊,中央部位有1对大的中眼,生于眼丘之上,两前侧缘各有2~5个小的侧眼排成一列。胸板很小。头胸部6节,6对附肢。螯肢小,钳状。触肢极强大,分6节,其掌节的不动指(又称上钳指)和可动指(下钳指)合成钳状。4对步足分7节(基节、转节、腿节、胫节、前跗节、跗节)。口位于口前腔的底部,上方为1个发达的上唇。腹部分前腹部和后腹部两部分。前腹部一般分7节,各节短宽。背面有坚硬的背板。后腹部(即"尾部")由5个圆柱形的节组成,窄而长。第5节之后为一袋状尾节,内有1对白色毒腺。肛门开口于第5节腹面后缘的节间膜上。

蝎类大多栖息于片状岩杂以泥土的山坡、植被稀疏、湿度适中、有少量草和灌木之处的天然缝隙或洞穴内,也能挖洞穴居。蝎主要分布于热带地区,喜干燥;昼伏夜出,肉食

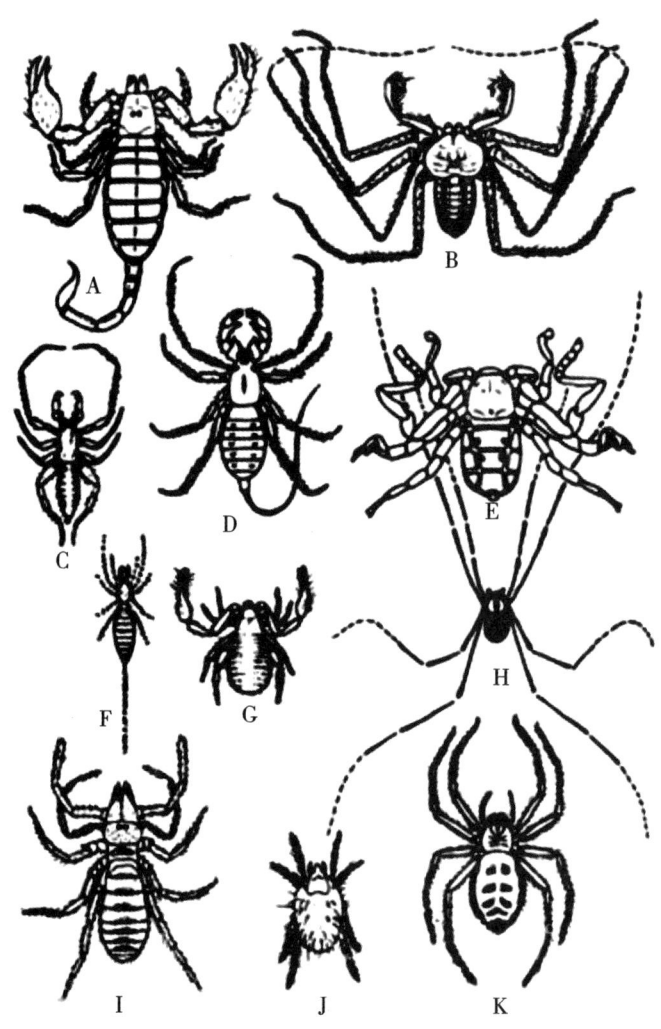

图 2-33 蛛形纲代表类群
A. 蝎目；B. 无鞭目；C. 裂盾目；D. 有鞭目；E. 节腹目；F. 须脚目；G. 伪蝎目；H. 盲蛛目；I. 避日目；J. 蜱螨目；K. 蜘蛛目

性，主要捕食昆虫、蜘蛛、盲蛛、鼠妇和多足类等，有互残、互食习性。具有较强的耐饥、耐渴能力。大多数蝎类的毒素足以杀死昆虫，但对人体只引起灼烧样的剧烈疼痛。蝎常表现出求偶行为。繁殖方式为卵胎生或胎生，发育经历数月甚至超过1年。幼蝎产出后立即爬上母蝎背部，经一次蜕皮后，陆续离开母蝎独立生活。

全世界的蝎类已知1 000余种。中国已知有4科7属11种，在我国各地均有一些蝎目种类分布。

(4) 盲蛛目　盲蛛类的体长多为5~10 mm(足除外)，头胸部(前体)和腹部(后体)连接处宽阔，整体呈椭圆形(图2-33)。头胸部由6节组成，腹部分节明显，一般不多于9

节,无腹柄。背甲中部有一隆丘,丘的形状和大小各异,其两侧各有1个眼。两眼位于头胸甲的两侧,多数着生于一个柄状突起上,眼面向外侧,但有的种类无眼。头胸部有1对臭腺(odoriferous gland),不同的亚目,臭腺开口于不同步足的基部。当盲蛛受到刺激时,臭腺所分泌的液体,略带气味。螯肢小,螯肢3节,呈钳状;触肢步足状,较短。步足特别细长,超过体长许多倍。气管呼吸,有气门1对,气孔位于第1节腹板侧面,有的在足的胫节上有次生性气孔。盲蛛类捕食小昆虫、螨或小贝类,也食动物的尸体及植物。第1节腹板为生殖盖。雄体有一可伸缩的阴茎,雌体有一个长而大的产卵器。产卵器呈软管状,平时藏在鞘内,产卵时从生殖孔伸出,在有些种类如长奇盲蛛科(Phalangiidae),产卵器有分节。交配后,雌体产卵于土中、树皮下或植物体内,体外发育。

全世界已知有无盖亚目(Cyphophthalmi)、强肢亚目(Laniatores)和弱肢亚目(Palpatores)等3个亚目,计37科4 600余种,分布于温带和热带地区,多栖息于潮湿的环境中。在山区的树干、草丛、石块下或墙角处经常可见。中国已知仅有强肢亚目和弱肢亚目的种类,约6科40属100余种,广泛分布于国内各省(区)。

2. 生境分析

在实习过程中采集蛛形纲动物时,应做好对动物栖息环境特征、采集时间、天气状况等的观察和记录。对营寄生生活的种类,还应记录寄主的种类、性别、年龄等信息。据此可对不同类群的蛛形动物的生境进行分析。在长期调查研究的基础上,可充分掌握这类动物对环境的适应特征。

3. 行为和习性观察

在野外发现蛛形纲动物之后,可在自然状态下,或将其活体带回室内,进行习性、活动规律、行为等方面的初步观察,并做好相应的记录。观察内容可在指导教师指导下进行选择,如动物的运动特点、反捕食对策、结网类型与结构、取食行为、食性等。如实习恰逢其繁殖季节,还可观察其产卵特征、幼体与成体形态特征等。在实习期间,也可根据人员情况,分成不同的小组,分别观察不同的内容。无论进行哪项观察,均应做好详尽记录,积累资料,以便进行深入分析和总结。

对结网的蜘蛛,可重点观察网的结构与蜘蛛种类、活动的关系。蜘蛛的网主要包括如下几种类型。

(1)不规则网　网中的丝向各个方向延伸,见于球腹蛛科(Theridiidae)和幽灵蛛科(Pholcidae)种类。

(2)皿网　丝织成平面的或弧形的丝层,不规则的丝自丝层向各个方向延伸,见于皿蛛科(Linyphiidae)种类。

(3)漏斗网　网的主要部分是一个平网,网的一侧有一个丝质管,此管延至蜘蛛的隐藏处(住所)。故网的整体呈漏斗状,见于漏斗蛛科(Agelenidae)种类。

(4)圆网　网呈圆形,常结于植物体上,经向的网丝自网中心向外呈辐射状排列,网上布有盘旋状的纬丝。见于络新妇属(*Nephila*)的种类。

(5)三角形网　网呈三角形,见于三角网蛛属(*Hyptiotes*)的种类。

(三) 甲壳纲

甲壳动物是动物界中较大的一个类群，体型大小不等，小者如猛水蚤（Harpacticoida），体长仅 0.3~0.9 mm，大者如巨螯蟹（*Macrocheira kaempferi*），两螯展开时可达 4 m。甲壳动物绝大多数水生，少数种类为陆生或半陆生，亦有营寄生生活者。大多数甲壳动物雌雄异体。少数鳃足类、介形类等可营孤雌生殖。发育需经 1~4 个幼体阶段，每进入一个幼体期须蜕皮一次。多数甲壳动物在成体阶段也发生蜕皮，少数类群只在胚后发育时期蜕皮，成熟以后不再蜕皮。

甲壳动物的外部形态变化颇大，但一般均具有坚硬的体壁，称为甲壳。身体可分为头、胸和腹部，通常由 1~2 个或更多的胸节与头节愈合成头胸部，体节的数目因种而异。其中背甲类（Notostraca）体节最多，超过 40 节；介形类（Ostracoda）最少，至多 7 节；而软甲类（Malacostraca）的体节数目恒定，除尾节外，共 20~21 节。甲壳动物的附肢基本上为每节 1 对，除第一触角为单肢型外，其余均为双肢型。附肢的形状及数目变化大，但头部一般都具有 2 对触角和 3 对摄食用的附肢，胸肢的第 1 对或前 3 对特化为颚足。除软甲类外，其余的甲壳动物均无腹肢。

与其他节肢动物相比，甲壳动物较为原始，体节数以及与之相关的附肢对数都较多是其主要特征之一。低等甲壳动物全身的体节数可超过 40 个，高等种类如日本沼虾（*Macrobrachium nipponense*）等一般只有 20 个体节，包括 6 头节、8 胸节和 6 腹节。头节和胸节全部愈合，形成头胸部，体节间的界限已难辨认。原第 6 头节背面的上皮层皱褶向后延伸扩大，包被头胸部的背侧，其外层上皮细胞所分泌形成的一块宽大甲壳，即头胸甲。虾类的头胸甲都呈圆筒形，前端有额剑；而蟹类的头胸甲则特别发达，呈横椭圆形，通称"蟹兜"，额剑退化。腹部有 6 体节，无论虾类还是蟹类，均极为清楚，第 6 腹节之后另有尾节。虾类的腹部发达，而蟹类颇为退化，扁平呈片状，向前折曲在其发达的头胸部之下，通称"蟹脐"。雌蟹的"蟹脐"呈圆形，雄蟹者则略呈三角形，借此可鉴别雌雄。

甲壳动物现生种类约 40 000 种，可分为头甲亚纲（如头甲虫）、鳃足亚纲（如蚤状溞）、介形亚纲（如海萤）、唇甲亚纲（如长唇虫）、桡足亚纲（如剑水蚤）、鳃尾亚纲（如鲺）、蔓足亚纲（如藤壶）、软甲亚纲（如沼虾、河蟹等）等 8 个亚纲。

1. 常见种类调查

在内陆地区进行动物生物学野外实习时，小型水生甲壳动物（如桡足亚纲）的实习内容可适当减少或从略，主要对一些易于采集和观察的种类进行调查。

（1）钩虾（*Gammarus*） 在淡水溪流中，可以发现软甲亚纲端足目的钩虾属种类。这些甲壳动物体小而侧扁，无背甲，复眼无柄，体弯曲呈钩状，胸部各节发达，分节明显，腹部 7 节，有 1 对颚足，身体灰褐色。

（2）鼠妇（*Porcellio*） 鼠妇为甲壳动物中的陆生类型，隶属于等足目。常栖息于石块下或潮湿处。鼠妇的体长约 10 mm，身体背腹扁平，腹部第 1 节、第 2 节与头部愈合。第 2 对触角较长。复眼无柄或具短柄。腹部附肢均相似且具鳃，某些种类的足上具伪气管。

（3）溪蟹（*Potamon*） 隶属于十足目。常见于山间溪流中或稻田附近。国内约有 50 种。溪蟹的头胸甲背面稍隆起，额后方有 1 对隆块，眼窝后方下凹。借尾节之不同，可进行性别鉴别（图 2-34）。

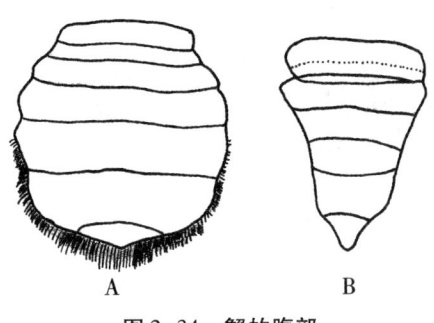

图 2-34 蟹的腹部
A.雌性；B.雄性

2. 生境分析

在采集甲壳动物的同时,应根据动物种类的不同,做好基本数据的测量和记录。如对水生种类,可测量水温、pH 值、水流速度等,同时记录采集时间、地点、环境特征、天气状况等;对陆生种类,应记录采集时间、地点、环境特征、植被、天气状况等。待回到驻地或室内后,可依此对不同类群的生境特征进行总结分析。

3. 行为和习性观察

对采集到的部分活体甲壳动物,可在教师的指导下,对其运动特征、反捕行为、取食行为等进行观察,也可选择特定行为,进行性别间、不同时间段间的比较分析。通过观察和分析,可积累不同类群动物的生态学资料,以充分了解不同种类的生物学习性。

(四) 多足纲

多足纲动物的身体分头及躯干两部分。头部有触角 1 对,单眼数个,或很多密集成群,但并非真复眼(地蜈蚣);口器在头的腹面伸向前方。躯体的体节由背板、胸板和侧板形成,但形成的方式具有多型性。躯干部扁而长或呈圆柱形,由多个环节合成,每个体节原来都有 1 对单支型附肢,具有 2 对附肢的种类其每一体节为双体节。因此,每一环节有足 1 对(蜈蚣)或 2 对(马陆)。体内具气管用于呼吸,气管大多开口于各环节的侧面。雌雄异体,多卵生;幼虫的环节与足均少,经变态蜕皮后增生环节,长出足而成为成虫。

多足类为陆生节肢动物,多栖息于较为隐蔽的生境之中。

1. 种类调查

多足纲动物已知约 10 500 种,可分为 2 个亚纲,即倍足类(Diplopoda):第 5 节后每节两对足;唇足类(Chilopoda):头后有 1 对钩状唇足或称颚足,即毒颚。

(1) 唇足类(Chilopoda) 体扁平,每体节有 1 对步足。唇足类已知约 2 800 种,包括石蜈蚣、蜈蚣和地蜈蚣等 3 类。石蜈蚣类躯干有 18 个体节,步足 15 对(图 2-35);蜈蚣类为 15~27 体节,步足 21~23 对;地蜈蚣类体节多,变化大,步足 31~170 对。蜈蚣躯干部第 1 对附肢特别强大,形成颚足,末节成为毒爪,颚足内有毒腺。蜈蚣肉食性,以毒爪刺入捕获物体内,注入毒素使之麻痹,再咬破体壁,摄食体内组织器官等柔软部分。少棘蜈蚣(*Scolopendra subspinipes*)为习见种类,一般体长 100 mm,最大可达 150 mm,背侧深绿,有光泽,头及第 1 体节背板红色,栖息于潮湿阴暗处。

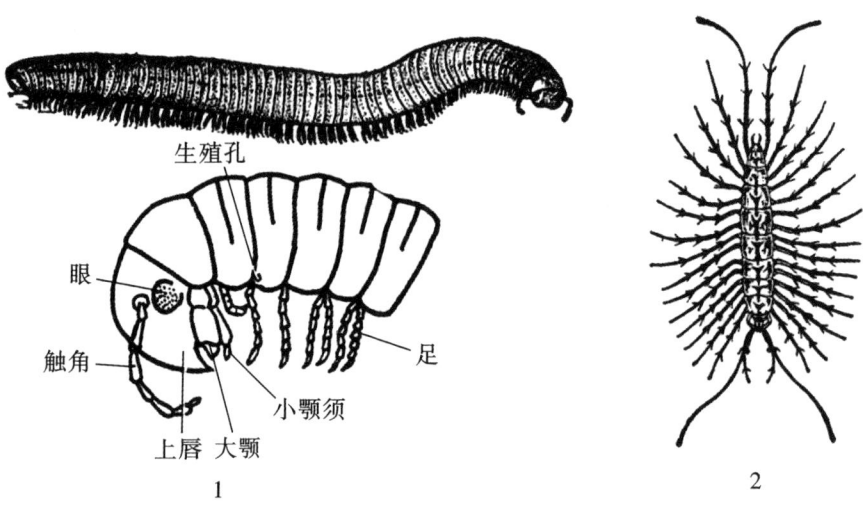

图 2-35 多足纲的代表
1. 马陆;2. 花蚰蜒;3. 石蜈蚣

(2) 倍足类(Diplopoda) 马陆是倍足类的通称。体呈圆柱状,躯干部体节少的10余节,多的可达100多节。第1体节无足,第2~4体节各具1对步足,其余体节各具2对步足,因此属倍足类(图2-36)。从胚胎发育来看,每一体节实际上由2个体节愈合而成。习见种如巨马陆(*Prospirobolus*),体粗大,头平滑,躯干部黑褐色。生活在潮湿山林间,运动缓慢;带马陆(*Polydesmoids*),背腹扁平呈长带状;球马陆(*Oniscomorpha*),体较宽,可自行卷曲成浑圆的球形;山蛩虫(*Orthomorpha*),体带状,黑褐色,17~20体节,触之则卷曲成球状。栖息于潮湿草丛间或石块下。

蚰蜒(*Scutigera*) 这类动物身体细而长,具15对步足。主要栖息于潮湿阴暗处,室内有时可见。多在夜间捕食昆虫,行动敏捷。身体灰色,杂有黄色斑点。1对触角和15对步足均细长,受到攻击时,部分步足可自行折断,而身体则快速逃逸。代表动物如花蚰蜒(*Drosicha contrahens*)。

2. 生境分析

结合野外采集,测量或记录不同类群多足纲动物活动地点、天气状况、环境特征等基础数据,对动物的生境进行分析。

3. 行为与习性观察

根据实际情况,可在野外自然条件下,或将动物带回室内,对多足纲动物的活动特征、应激反应、取食行为等进行初步观察,以丰富这类动物的生物学基础资料。

第二节 软体动物

软体动物是动物界的第二大类群。这类动物的身体多两侧对称,身体柔软,由头、足、内脏团和外套膜组成。某些种类由于扭转、曲折,使身体呈现各种奇特的形态。身体不分节,一般均有明显的头部,足的形态多样,有块状、斧状、腕状等,也有些种类的足退化。外层皮肤自背部折皱并下垂,称为外套膜,将主要的内脏器官包于其中。外套膜还分泌具有保护作用的石灰质贝壳,故软体动物亦称贝类。

一、栖息环境与生物学习性

软体动物广泛栖息于海洋、淡水、陆地等环境中。

软体动物的身体两侧对称(除腹足纲外),体柔软,不分节,由头、足、内脏团和外套膜等部分组成。贝壳为软体动物所特有,是软体动物的重要特征之一,由3层组成。最外层为角质层,又称壳皮,由壳基质构成;中间层为棱柱层,又称壳层,较厚,由棱柱形的$CaCO_3$结晶构成;最内层为珍珠层,又称壳底,富于光泽,由$CaCO_3$和壳基质构成,起保护作用。贝壳的形状和发达程度与动物的生活方式有关:瓣鳃类具有2片瓣状贝壳;腹足类具有单一螺旋形的贝壳;多板纲具有8片覆瓦状排列的贝壳;掘足类的贝壳呈长筒形;头足类的贝壳少数为外壳(如鹦鹉螺),多数为内壳(如乌贼、章鱼等),有些种类则退化乃至消失(如船蛸)。

软体动物对空气和土壤的湿度变化极为敏感,多栖息于阴暗潮湿、腐殖质相对丰富的环境,如石块、朽木、落叶、草丛、农作物根部、石缝等处。陆生软体动物大多畏光怕热,多昼伏夜出。所以,每当傍晚时分、空气湿度较大时,特别是雨后,多见其从隐蔽处外出活动、觅食、交配等。软体动物形态多样,与人类的关系极为密切,或供人类食用、药用,或作为家养动物的饲料和饵料,有些种类则作为一些重要人畜寄生虫的中间寄主。

二、主要实习内容

(一)(淡)水生软体动物调查

在内陆地区的河流、湖泊、池塘等处,分布着多种软体动物,它们构成了淡水生态系统的成分之一。(淡)水生软体动物多以水生植物的叶子或低等藻类为食。这些种类包括腹足类的田螺科、黑螺科、椎实螺科、瓣鳃类的蚌科等类群。河南常见种类如背角无齿蚌(*Anodonta woodiana*)、中国圆田螺(*Cipangopaludina chinensis*)、中华圆田螺(*Cipangopaludina cathayensis*)等。在野外实习过程中,可直接从水中捞取、采集,带回驻地或实验室内进行物种鉴定和分类。

附:腹足纲的亚纲、科别检索表

1(10)有厣,用鳃呼吸,个别种类用肺呼吸 …………………… 前鳃亚纲(Prosobranchia)

2(7)贝壳多为大型或中等大小

3(6)外形一般呈陀螺形或圆锥形

4(5)仅生活于水中,用鳃呼吸,雄性右触角比左触角短而膨大,变为交接器官 …… …………………………………………………………………………… 田螺科(Viviparidae)

5(4)栖息于水中或水线上,用肺呼吸,雄性右触角不变形为交接器官。吻前端伸出2 个角状突出物 …………………………………………………… 瓶螺科(Pilaidae)

6(3)外形呈塔形或圆锥形 …………………………………… 黑螺科(Melaniidae)

7(2)贝壳多为小型

8(9)外形呈卵圆形或圆锥形,有鳃 …………………………… 觿螺科(Hydrobiidae)
9(8)外形呈圆锥形,无鳃和真正的触角 ………………………… 拟沼螺科(Assimineidae)
10(1)无厣,用肺呼吸 ……………………………………………… 肺螺亚纲(Pulmonata)
11(12)贝壳呈螺旋状旋转,外形呈耳状或圆锥形 ……………… 椎实螺科(Lymnaeidae)
12(11)贝壳旋转在一个平面上,外观呈盘状 …………………… 扁卷螺科(Planorbidae)

(二)陆生软体动物调查

软体动物现生种类可分为7个纲,多为水生。全世界已知约30 000种。中国的软体动物记载较为分散,约200余种。仅腹足纲(Gastropoda)中的部分肺螺类(Pulmonala)和少数前鳃类(Prosobranchia)为陆生。陆生软体动物多为杂食性,一般以植物性食物为主,有时也取食地衣、苔藓、菌类等;有些种类取食同类的尸体、蚯蚓、昆虫幼虫等;幼体阶段多取食腐殖质。

陆栖腹足类与人类关系密切,常因取食而危害农作物,不少种类是寄生吸虫的中间宿主。腹足类的肌肉是一种高蛋白低脂肪、营养价值极高的美味食品。同时,蜗牛还具有一定的药用价值,可清热、解毒、滋补等。河南省的常见软体动物如图2-36所示。

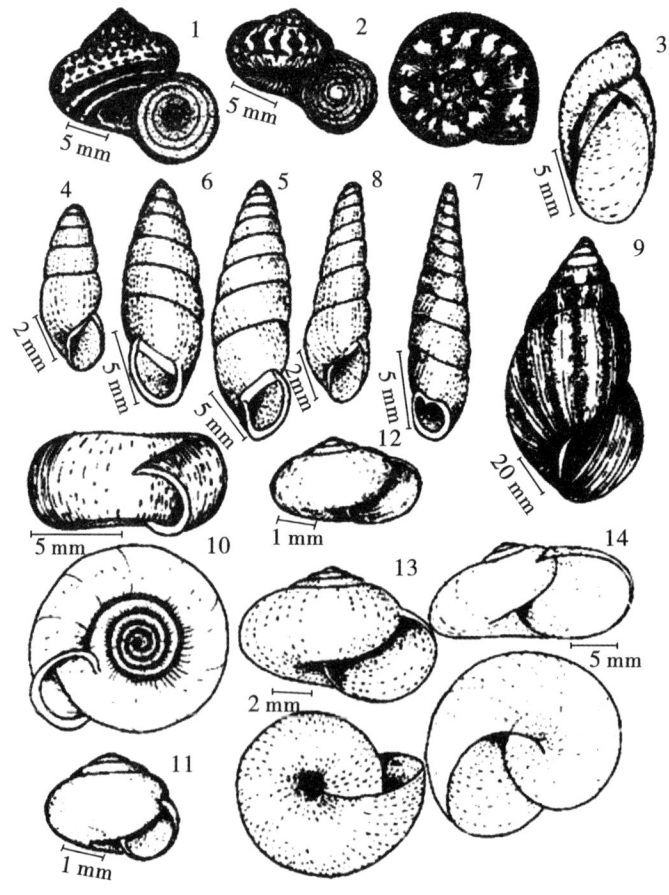

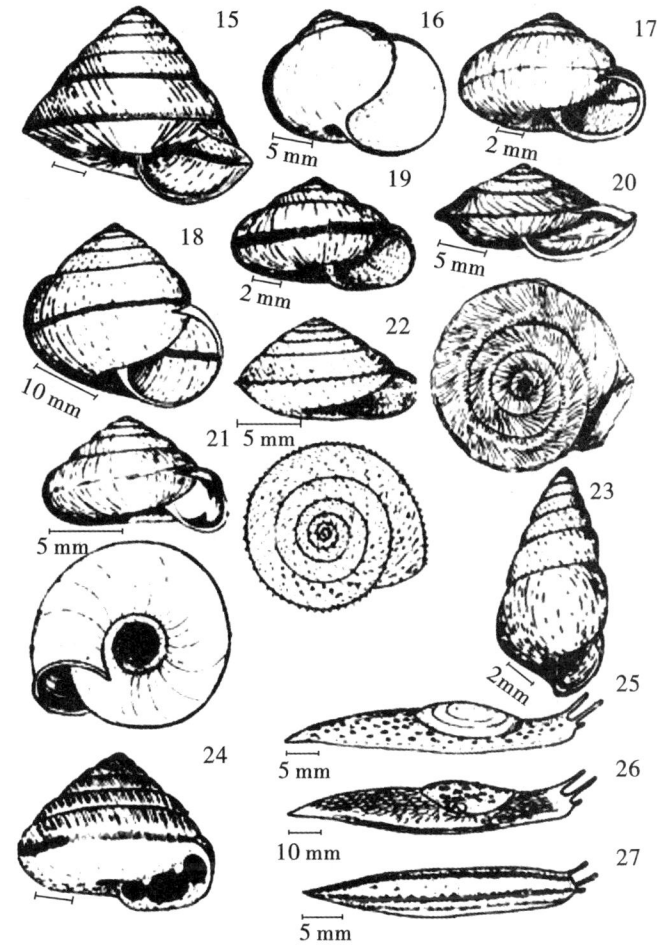

图 2-36 河南省常见陆生软体动物

1.褐带环口螺;2.狭窄圆螺;3.狭长琥珀螺;4.滑梭果螺;5.康氏奇异螺;6.索形奇异螺;7.尖真管螺;8.条纹钻螺;9.褐云玛瑙螺;10.双凹两坑螺;11.小恰里螺;12.扁形小囊螺;13.树脂巨盾蛞蝓;14.中华巨盾蛞蝓;15.短须小丽螺;16.灰巴蜗牛;17.同型巴蜗牛;18.江西巴蜗牛;19.条华蜗牛;20.正定平瓣蜗牛;21.中国大脐蜗牛;22.多毛环肋螺;23.拟锥螺;24.汉山间齿螺;25.野蛞蝓;26.黄蛞蝓;27.双线嗜黏液蛞蝓

1.褐带环口螺

褐带环口螺(*Cyclophorus martensianus*)隶属于前鳃亚纲(Prosobranchia)、中腹足目(Mesogastropoda)、环口螺科(Cyclohoddae)。该种的壳质较厚而坚固,5层,高宽大小为 19 mm×22 mm。壳面光滑,有光泽呈淡黄白色,具有褐色雾状花纹和环带,壳口呈圆形,内面光滑呈白瓷状,有角质厣。栖息于多腐殖质,阴暗潮湿的山地。危害植物幼芽,嫩枝,但有饲养价值,肉可食用或作饲料,其消化腺可提取"蜗牛酶"。在国内分布于四川和长江流域以南地区,河南省内见于信阳、南阳等地。

2. 狭窄圆螺

狭窄圆螺(*Cyclotus stenomphalus*)隶属于前鳃亚纲(Prosobranchia)、中腹足目(Mesogastropoda)、环口螺科(Cyclohoddae)。该种的壳厚而坚固,4~4.5 螺层,高宽大小为 11 mm×(13~15) mm。壳面有光泽,淡褐色,有栗色斜纹和断续环带。脐孔大而深,壳口呈圆形,厣角质。栖息于山区林中的腐土壤。在国内分布于湖南、湖北和广西等省(区),为南方种,河南省内见于西峡等地。

3. 狭长琥珀螺

狭长琥珀螺(*Succinca prcirfcri*)隶属于肺螺亚纲(Pulmonata)、柄眼目(Stylommatophora)、琥珀螺科(Succincidae)。该种的壳薄易碎,不透明,淡黄色,3 螺层,高宽大小为 15 mm×7.5 mm。琥珀螺属种类的外形与常见的淡水椎实螺很相似,主要区别为:琥珀螺属系陆生,眼着生于柄状触角的顶部;而后者为水栖,眼着生于三角形触角的基部。在国内分布于新疆、河北、陕西、山西、北京、四川等省(区),河南省内见于济源等地。

4. 滑槲果螺

滑槲果螺(*Cochicopa lubrica*)隶属于槲果螺科[(Cochlicopidae)(=Cioncllidae)]。该种的壳薄,半透明,黄褐色,高宽大小为 7 mm×28 mm,5~7 螺层。壳面光滑,无脐孔,外形似钉螺。栖息于土壤中。在国内为广布种,河南省内见于新乡等地。

5. 康氏奇异螺

康氏奇异螺(*Mirus cantoir*)隶属于艾纳螺科(Enidae)。该种的壳厚而坚实,淡褐色,8~9 螺层,高宽大小为(18~26) mm×(6~9) mm。壳口缘外折,脐孔明显,呈缝隙状。在国内分布于长江以南、四川、甘肃和新疆等省(区)。河南省内见于信阳、南阳等地。

6. 索形奇异螺

索形奇异螺(*Mirus funiculus*)隶属于艾纳螺科(Enidae)。该种的壳左旋,较薄但坚实,赤褐色,半透明,高宽大小为 14 mm×4 mm,8 螺层。壳口外折,周缘肥大。在国内分布于江苏、湖南、湖北等省,为南方种。河南省内主要见于信阳地区。

7. 尖真管螺

尖真管螺(*Euphacdusa aculusaculus*)隶属于烟管螺科(Clausiliidae)。该种的壳左旋,薄而坚实、黄褐色,11 螺层,高宽大小为 17 mm×36 mm。口缘外折。肥厚呈白瓷色,上板发达,达到口边缘,下板较大,但不达口缘边。主襞发达与缝合线平行,平行板极短。无脐孔。在国内分布于长江流域以南地区。河南省内多见于信阳地区。

8. 条纹钻螺(*Opeas striatissimum*)隶属于钻头螺科(Subulinidae)。

该种的壳薄易碎,透明而有光泽,高宽大小为 8 mm×23 mm,7.5 螺层。黄褐色或浅黄色。口缘薄而易碎,锋利,简单。内唇贴覆于体螺层上,形成不明显胼胝。轴缘稍外折,遮盖脐孔。外形似钉螺。在国内分布于华南、华北地区。河南省内见于新乡、西峡等地。

9. 褐云玛瑙螺

褐云玛瑙螺(*Achatina fulica*)隶属于玛瑙螺科(Achatinidae)。该种的壳稍厚,有光泽,6.5~8 螺层,高宽大小为 130 mm×54 mm,为我国最大的蜗牛。该种的壳顶为玉白色,壳面为黄褐色,具有焦褐色雾状花坟,体螺层各层有断续的棕褐色条纹,壳内为淡紫色或蓝白色。口缘简单,锋利易碎。软体背面呈暗棕色,腹面灰黄色。由于本种有很高的经济价值。许多国家都进行人工饲养。褐云玛瑙螺有几个变异种,其中有白化种,壳色浅、软体都呈玉白色,称白玉蜗牛。原产于非洲的热带和亚热带地区,后通过各种途径迁移至南亚、东南亚、日本和美国等地,也分布于我国南部地区及台湾。河南省有养殖,为引进种。

10. 双凹两坑螺

双凹两坑螺(*Amphicoclina biconcava*)隶属于瞳孔蜗牛科(Corillidae)。该种的壳薄而坚固。黄褐色,6.5螺层,高宽大小为4.5 mm×11 mm,壳口外折,螺层的上、下两面皆凹入。在国内分布于湖北,为我国特有的南方种。河南省内见于南阳地区。

11. 小恰里螺

小恰里螺(*Kaliella minula*)隶属于拟阿勇蛞蝓科(Ariophantidae)。该种的壳薄,黄褐色有光泽。半透明易碎。高宽大小为2.5 mm×34 mm,4螺层。口缘简单,薄而易碎。脐孔狭窄呈孔穴状,略被外折的轴缘遮盖。在国内分布于北京、河北、陕西、山西和新疆等省(区)。河南省内见于新乡地区。

12. 扁形小囊螺

扁形小囊螺(*Micxocystis perdita*)隶属于拟阿勇蛞蝓科(Ariophantidae)。该种的壳淡黄色有光泽,高宽大小为2.5 mm×4 mm,4螺层。脐孔小而深,其他特征与小恰里螺相似。在国内分布于北京、山西、河北和内蒙古等省(区)。河南省内见于新乡地区。

13. 树脂巨盾蛞蝓

树脂巨盾蛞蝓(*Macrochlamys resinacea*)隶属于拟阿勇蛞蝓科(Ariophantidae)。该种的壳薄而易碎,呈淡黄褐色,半透明有光泽,高宽大小为4.5 mm×10 mm,5~5.5螺层,脐孔小,身体不能完全缩入壳内。在国内分布于甘肃、陕西、四川等地。河南省内见于南阳地区。

14. 中华巨盾蛞蝓

中华巨盾蛞蝓(*Macrochlamys sinensis*)隶属于拟阿勇蛞蝓科(Ariophantidae)。该种与树脂巨盾蛞蝓相似,琥珀色或黄褐色。高宽大小为10 mm×16.5 mm,5.5螺层,轴缘在脐处有一三角形外折,无脐孔。在国内分布于华南华北、西北及长江流域一带,为广布种。河南省内见于信阳、南阳及太行山区。

15. 短须小丽螺

短须小丽螺(*Ganesella brevisolla*)隶属于坚齿螺科[Camaenidae(=Pleurodontidae)]。该种的壳薄但较坚固,并透明,高宽大小为13 mm×16 mm,6.5螺层,灰白色,体螺层底部的周缘有一栗色色带,壳缘薄而锋利,略外折。轴缘短,外折,略遮盖部分脐孔,脐孔小而深。在国内分布于安徽、浙江、上海及长江下游地区。河南省内见于西峡。

16. 灰巴蜗牛

灰巴蜗牛(*Bradybaena ravida*)隶属于巴蜗牛科[Bradybaenidae(=Fruticicolidae=Eulotidae)]。该种的壳稍厚,坚固,5.5~6螺层,高宽比21 mm×19 mm。黄褐色或琥珀色,脐孔狭小,被轴缘外折略遮盖。在国内广泛分布于东北、西北、西南地区,为江南优势种。河南省内见于新乡、郑州等地。

17. 同型巴蜗牛

同型巴蜗牛(*Bradybaena similaris*)隶属于巴蜗牛科[Bradybaenidae(=Fruticicolidae=

Eulotidae)]。该种的壳厚而坚实,5~6 螺层,高宽大小为 12 mm×16 mm。黄褐色或红褐色等体螺层常有暗褐色色带。在国内为广布种。见于河南全省各地。

18. 江西巴蜗牛

江西巴蜗牛(*Bradybaena kiangsinensis*)隶属于巴蜗牛科[Bradybaenidae(=Fruticicolidae=Eulotidae)]。该种的壳厚而坚固,6~6.5 螺层,黄褐色或琥珀色,有光泽,体螺层中部有一条褐色环带。口缘完整略外折,脐孔呈洞穴状,略被轴缘外折遮盖,高宽大小为 28 mm×30 mm,其个体大小与法国蜗牛相仿,为河南已知最大的蜗牛。可危害农作物,但肉可食用,或作药用,有清热解毒之功效。为我国的特有种,分布于黑龙江至华北及华南,为江南地区优势种。河南省内见于济源、信阳、南阳等地。

19. 条华蜗牛

条华蜗牛(*Cathaica fasciola*)隶属于巴蜗牛科[Bradybaenidae(=Fruticicolidae= Eulotidae)]。该种的壳质稍厚,坚实,无光泽,5.5 螺层,高宽大小为 10 mm×16 mm,黄褐色,其体螺层周围有一条黄褐色色带,本种与同型巴蜗牛相似,壳稍扁。在国内主要分布于华北地区。河南省内见于新乡地区。

20. 正定平瓣蜗牛

正定平瓣蜗牛(*Platypctasus chentingcnsis*)隶属于巴蜗牛科[Bradybaenidae(=Fruticicolidae=Eulotidae)]。该种的壳厚,坚实,无光泽,棕褐色。体螺层周缘中央形成锋利的龙骨状突起,4.5~5 螺层,高宽大小为 11.5 mm×21.5 mm。口缘外折,其内有一条白瓷状的环肋。脐孔小,呈洞穴状,略被外折轴缘所遮盖。本种耐干旱,是典型的古北界种类,为我国特有种。在国内分布于河北、山西、陕西、甘肃等省。河南省内见于辉县、济源的山地。

21. 中国大脐蜗牛

中国大脐蜗牛(*Acgista chinensis*)隶属于巴蜗牛科[Bradybaenidae(=Fruticicolidae=Eulotidae)]。该种的壳厚而坚固,黄褐色,有光泽,8 螺层,高宽大小为 15 mm×18 mm。体螺层周缘有钝状的龙骨突起。在国内分布于长江流域以南地区,为我国南方常见种。河南省内见于西峡。

22. 多毛环肋螺

多毛环肋螺(*Plectotropis tricholropis*)隶属于巴蜗牛科[Bradybaenidae(=Fruticicolidae=Eulotidae)]。该种的壳薄但坚实,6.5 螺层,高宽大小为 8 mm×15 mm。黄褐色,体螺层周围龙骨处有毛状壳皮的附层物。在国内分布于长江流域以南地区,为常见种。河南省内见于西峡。

23. 拟锥螺

拟锥螺(*Buliminopsis buliminus*)隶属于巴蜗牛科[Bradybaenidae(=Fruticicolidae= Eulotidae)]。该种的壳厚而坚固,褐色,8~9 螺层,高宽大小为 13.8 mm×6.8 mm。内壳口内缘贴覆于体螺层上,轴缘短,脐孔小。在国内分布于四川、陕西、甘肃、山西、河北等地。河南省内见于济源。

24. 汉山间齿螺

汉山间齿螺(*Metodontia huaiensis*)隶属于巴蜗牛科[Bradybaenidae(=Fruticicolidae=Eulotidae)]。该种的壳厚且坚实,壳内具有齿 4 枚,7 螺层,高宽大小为(7~9) mm×(8~

10) mm。体螺层周缘常具棕褐色色带,脐孔狭窄,呈洞穴状。在国内分布于山东、安徽、湖南、湖北、陕西、甘肃等地。河南省内见于新乡地区。

25. 野蛞蝓

野蛞蝓(*Agriolimax agrestis*)隶属于蛞蝓科(Limacidae)。该种体裸露,暗灰、黄白或灰红色,外套膜下有盾板,上有明显的同心圆线。为世界广布种。在河南见于全省各地。

26. 黄蛞蝓

黄蛞蝓(*Limax flavus*)隶属于蛞蝓科(Limacidae)。该种体裸露,黄褐色或橙色,外套膜下有一透明的石灰质盾板,呼吸孔位于盾板右侧的边缘。为世界广布种。在河南见于全省各地。

27. 双线嗜黏液蛞蝓

双线嗜黏液蛞蝓(*Philomycus bilineatus*)隶属于嗜黏液蛞蝓科(Philomycidae)。该种体裸露,壳完全退化,外套膜覆盖全身,体灰白色或淡黄色,有3条黑色纵带。体长35~37 mm。该种为国内广布种。在河南见于全省各地。

附1:中国田螺科(淡水)属种检索表

1(12)贝壳大型,成体壳高一般超过40 mm
2(9)贝壳外形呈圆锥形 ………………………………… 圆田螺属(*Cipangopaludina*)
3(8)壳面光滑,具有明显的生长线,无色带
4(7)个体大,成体壳高一般超过50 mm
5(6)螺旋部较长,其高度大于壳口高度,体螺层不甚膨胀 …………………………
………………………………………………………………… 中国圆田螺(*C. chinensis*)
6(5)螺旋部较短,其高度小于壳口高度,体螺层极膨胀 ……………………………
………………………………………………………………… 中华圆田螺(*C. cathayensis*)
7(4)个体较小,成体壳高约在35 mm左右,外形呈卵圆锥形…………………………
………………………………………………………………… 球圆田螺(*C. ampulliformis*)
8(3)壳面上具有明显的螺棱及褐色色带 ………… 乌苏里圆田螺(*C. ussuriensis*)
9(2)贝壳外形呈塔状……………………………………………… 螺蛳属(*Murgarya*)
10(11)壳面上具有念珠状的螺棱和棘状突起……………… 螺蛳(*M. melanioides*)
11(10)壳面上具有明显的螺棱,无棘状突起 ……………… 光肋螺蛳(*M. mansuyi*)
12(1)贝壳中等大小,成体壳高一般小于40 mm
13(14)贝壳外形呈球状,壳面光滑,无螺棱或螺肋 ………………… 田螺属(*Vioiparus*)
14(13)贝壳外形呈梨形、圆锥形、长圆锥形或宽圆锥形,壳面上具有明显的螺棱
15(22)壳面上具有明显的螺棱,体螺层上螺棱的数目不超过4条 ………………
………………………………………………………………… 环棱螺属(*Bellamya*)
16(17)贝壳外形呈长圆锥形,螺旋部长,其高度约等于全部壳高的2/3 ………
………………………………………………………………… 方形环棱螺(*B. quadrata*)
17(16)贝壳外形呈梨形、圆锥形或宽圆锥形,螺旋部较短,其高度小于全部壳高的2/3
18(21)贝壳外形呈梨形或宽圆锥形,各螺层皆膨胀,体螺层特别膨胀

19(20) 贝壳外形呈梨形,体螺层及倒数第 2 螺层上常具有 3~4 条螺线 ················
·· 梨形环棱螺(*B. purificata*)
20(19) 贝壳外形呈宽圆锥形,体螺层上具有 3 条螺棱,其他螺层上各具 2 条螺线···
·· 绘环棱螺(*B. limnophila*)
21(18) 贝壳呈圆锥形,螺旋部与体螺层都不甚膨胀 ······ 铜锈环棱螺(*B. aeruginosa*)
22(15) 壳面上具有粗的深褐色螺线,体螺层上螺棱的数目超过 4 条 ···············
·· 角螺属(*Angulyagra*)

附 2：中国扁卷螺科属的检索表

1(2) 贝壳大型,直径可达 15~16 mm ············· 印度扁卷螺属(*Indoplanorbis*)
2(1) 贝壳中等大小,其直径为 7~10 mm
3(4) 贝壳呈半球形,壳内有隔板 ······················ 多脉扁卷螺属(*Polypylis*)
4(3) 贝壳呈厚圆盘状或扁圆盘状,壳内无隔板
5(6) 贝壳呈扁圆盘状,两面中央皆凹入,上下两面可看到同样的螺层 ············
·· 旋螺属(*Gyraulus*)
6(5) 贝壳呈厚圆盘状或扁圆盘状,中央略凹入,在下面通常看不到同样的螺层 ······
·· 圆扁螺属(*Hippeutis*)

附 3：瓣鳃纲(淡水)目科检索表

1(2) 前闭壳肌较小或完全消失,后闭壳肌大,足小 ·········· 异柱目(Anisomyaria)
    国内只有 1 科 ·· 贻贝科(Mtilidae)
2(1) 前后闭壳肌大小略相等,足发达 ············· 真瓣鳃目(Eulamellibranchia)
3(6) 贝壳形状多变化,铰合部具拟主齿或侧齿或无齿,发育中经历钩介幼虫阶段
4(5) 贝壳呈椭圆形,铰合部仅具主齿或略明显的侧齿,钩介幼虫无钩,卵在 4 个鳃叶
    中受精发育 ··· 珍珠蚌科(Margaritanidae)
5(4) 铰合部变化大,或具有拟主齿、侧齿,或仅具侧齿或无齿;钩介幼虫有钩状物,卵
    仅在外鳃中发育 ··· 蚌科(Vnionidae)
6(3) 贝壳呈三角形、卵圆形、长圆柱形,发育中不经历钩介幼虫阶段
7(10) 贝壳呈三角形、卵圆形等,铰合部具有主齿与侧齿
8(9) 贝壳呈三角形,壳质坚硬,每一贝壳上具有 2~3 枚主齿,侧齿呈锯齿状;精子、
    卵子成熟后排入水中,在水中受精发育 ················· 蚬科(Corbiculidae)
9(8) 贝壳小型,壳质薄弱,外观呈卵圆形,右壳上有 3 枚主齿,左壳上有 3 枚主齿,侧
    齿光滑 ·· 球蚬科(Sphaeriidae)
10(7) 贝壳中等大小,壳质薄弱,外形呈圆柱形,左右两壳相等,两端开口;铰合部仅
    具主齿,无侧齿 ··· 截蛏科(Salecurtidae)

附 4：蚌科的亚科、属的检索表

1(16) 壳质厚,铰合部发达,具有拟主齿和侧齿 ··········· 珠蚌亚科(Vnioninae)

2(3) 贝壳大型,背缘后部具有翼状突起 ·················· 帆蚌属(*Hyriopsis*)
3(2) 贝壳中等大小,背缘后部无翼状突起
4(5) 壳质坚硬,壳面具有瘤状结节,后背部具有肋嵴 ·········· 丽蚌属(*Lamprotula*)
5(4) 贝壳较坚厚,壳面无瘤状结节,或光滑或具皱褶肋
6(9) 贝壳小型,呈卵圆形或三角形
7(8) 壳面具有宽大同心圆的肋嵴 ·················· 裂嵴蚌属(*Schistodesmus*)
8(7) 壳面无宽大同心圆肋嵴,贝壳后部具有一尖嵴 ·········· 尖嵴蚌属(*Acuticosta*)
9(6) 贝壳外形窄长,呈楔形、长椭圆形、矛形等
10(13) 贝壳外形显著窄长
11(12) 贝壳外形呈矛状,壳之后半部不扭转 ·············· 矛蚌属(*Lanceolaria*)
12(11) 贝壳外形呈香蕉形,壳之后半部向左方或右方扭转 ······ 扭蚌属(*Arconaia*)
13(10) 贝壳外表不甚窄长
14(15) 贝壳呈楔形,前部膨大,后部尖细 ················ 楔蚌属(*Cuneopsis*)
15(14) 贝壳呈长椭圆形 ···································· 珠蚌属(*Vnio*)
16(17) 贝壳较薄,铰合部不发达 ···················· 无齿蚌亚科(Anodontdinae)
17(18) 铰合部无齿 ·· 无齿蚌属(*Anodonta*)
18(17) 铰合部有齿
19(20) 铰合部仅具齿的痕迹,贝壳呈蛏形 ················ 蛏蚌属(*Salenaia*)
20(19) 贝壳仅具侧齿
21(22) 贝壳呈不等边三角形,贝壳后缘向上斜伸形成翼冠,左右两壳各具一长片状侧齿 ·································· 冠蚌属(*Gristaria*)
22(21) 贝壳呈膨胀的三角形,侧齿片状,呈三角形 ·········· 鳞皮蚌属(*Cepidodesma*)

附5:无齿蚌属的种类检索表

1(6) 贝壳大型,壳长超过100 mm
2(5) 贝壳呈有角突的卵圆形,壳质薄,易碎
3(4) 两壳稍膨胀,后背缘向上略倾斜,后背缘角突不发达 ·································· 背角无齿蚌(*A. woodiana woodiana*)
4(3) 两壳极膨胀,后背缘向上极倾斜,后背缘上有一显著突角 ·································· 圆背角无齿蚌(*A. woodiana pacifica*)
5(2) 贝壳呈长椭圆形,壳质较厚,坚固 ······ 椭圆背角无齿蚌(*A. woodiana elliptica*)
6(1) 贝壳小型或中等大小,壳长小于100 mm
7(8) 两壳不甚膨胀,外呈压扁的椭圆形 ·································· 鱼形背角无齿蚌(*A. woodiana piscatorum*)
8(7) 两壳膨胀,外形长椭圆形、椭圆形或略呈蚶形
9(12) 贝壳呈长椭圆形或椭圆形,壳质较厚
10(11) 贝壳呈长椭圆形,壳长为壳高的2倍 ············ 舟形无齿蚌(*A. euscophys*)
11(10) 贝壳呈椭圆形,壳高为壳长的2/3 ················ 河无齿蚌(*A. uminea*)

12(9) 贝壳略呈卵圆形、蚶形,壳质薄而脆
13(14) 贝壳呈卵圆形,贝壳极膨胀 ……………………………… 球形无齿蚌(*A. globosula*)
14(13) 贝壳呈蚶形,贝壳膨胀或不甚膨胀
15(16) 壳顶位于背缘中部,膨胀突出于背缘之上,表面上具细弱的肋脉 ……………
………………………………………………………… 蚶形无齿蚌(*A. arcaeformis*)
16(15) 壳顶略偏于贝壳前方,不甚膨胀,几乎不突出于背缘之上,壳面上具有波浪状
的肋脉 ………………………… 黄色蚶形无齿蚌(*A. arcaeformis flavotinta*)

(三)生境分析

在野外实习过程中,采集软体动物的同时,应随时做好对动物采集地点、栖息环境、水体性质、天气状况等方面的测量、描述和记录。在实习总结时,可依此对动物的生境特征进行分析,进而了解软体动物对环境的适应其生态学意义。

(四)行为和习性观察

采集到软体动物活体后,可在教师指导下,根据设备和观察条件等实际情况,结合理论知识,对动物的运动特征、应激行为、取食活动等生态学内容进行初步观察。

第三节 其他无脊椎动物

在野外实习时,除节肢动物和软体动物之外,其他无脊椎动物的种类数量相对较少,一般不作为野外实习的重点内容。为此,本书将其他无脊椎动物的相关内容合并为一节,并分别予以介绍。

一、环节动物

环节动物为两侧对称、身体分节的真体腔动物,具疣足和刚毛,多具闭管式循环系统、链式神经系统。身体呈长圆柱形或长而扁平,由前后相连的许多环节组成。有些种类具不分节的附肢,即疣足;有些无附肢,而只有刚毛,以辅助运动。多数种类的体腔明显。

(一)栖息环境与生物学习性

环节动物栖息于海洋、淡水或潮湿的土壤等环境中,是软底质生境中居于优势地位的潜居动物。有些种类营自由生活和临时性的寄生生活。

环节动物首次出现分节现象,身体同律分节。分节的产生不仅增强了动物的运动机能和对环境的适应能力,而且也是生理机能分工的开始。环节动物具有次生体腔,又称真体腔,由早期胚胎发育过程中的中胚层裂开而形成,位于体壁和肠壁之间。因此,环节动物既有体壁中胚层,又有肠壁中胚层和体腔膜,并借体腔导管与外界相通。次生体腔的出现在动物的演化史上具有重要意义,被认为是高等无脊椎动物的重要标志之一,对动物循环、消化、排泄、神经等系统的形成和完善起着重要作用。刚毛和疣足是环节动物的运动器官。大多数环节动物具刚毛,海产种类一般具疣足。刚毛由表皮内陷形成,疣足由体壁外突形成,为原始的附肢形式。典型的疣足分为背肢和腹肢,其上分别生有1个背须和腹须,有触觉功能。此外,背肢上还有1根足刺和1束刚毛,腹肢上有1根足刺和2束刚毛。

疣足主要为游泳器官,也可进行气体交换。环节动物的循环系统伴随着真体腔的出现而形成,一般为闭管式循环,即血液自始至终都在血管和微血管中流动,而没有离开血管进入组织间隙。因此,血液的流动有一定方向,能够快速有效地运送 O_2、CO_2、营养物质及代谢产物。

环节动物的中枢神经系统呈链状(或称索状),由咽上神经节(脑)、围咽神经、咽下神经节与腹面的腹神经链组成。与梯状神经系统相比,环节动物的神经系统进一步集中,脑可控制全身的运动和感觉,使动物能够对刺激做出迅速反应,动作也更加协调。

(二)主要实习内容

1. 种类调查

现生环节动物约有 17 000 种,栖息于淡水、海水及陆地等环境,少数种类营寄生生活。根据疣足和刚毛的有无和多少,可将环节动物分为多毛纲、寡毛纲、蛭纲和螠纲等类群。多毛纲、寡毛纲、蛭纲为主要类群。在内陆地区,主要为寡毛纲和蛭纲种类。现生环节动物 3 个主要类群的特征比较如下(表 2-3)。

表 2-3　环节动物门主要类群的比较

	多毛纲	寡毛纲	蛭纲
生活环境及方式	多海产,底栖,自由生活,管居或穴居	淡水或土壤穴居	寄生或暂时寄生,具吸盘,体节固定(27 节,胚胎时期 34 节)
头部	发达	退化	不明显
刚毛和疣足	具刚毛和疣足	有刚毛无疣足	无刚毛和疣足
环带	无	有	有,不明显
生殖发育	雌雄异体,有担轮幼虫	雌雄同体,直接发育	雌雄同体,直接发育
代表动物	沙蚕	环毛蚓	医蛭

(1)寡毛纲

寡毛纲(Oligochaeta)种类体呈蠕虫状,头部不发达,无疣足,刚毛数少且简单,雌雄同体,生殖腺仅限于身体的前端数节,受精卵在茧内发育,有生殖带。在目前的国内外相关研究中,学者们通常根据体形的大小将寡毛纲分为小型寡毛类(Microdrileoligochaetes)和大型寡毛类(Megadrileoligochaetes),简称小蚓类、大蚓类(即蚯蚓),两者大致以体长 40 mm 为界。这种分类法虽然不能反映类群间的亲缘关系,也非基本的分类单元,但因方便而被广泛采用。小蚓类的共同特征是:卵大且富于卵黄;环带在生殖孔区域,仅有一层细胞;咽背面增厚,并可外翻;具侧线;无盲道和砂囊,体前端无消化腺(隔膜腺除外);无神经下血管;后肾管始于身体较后部的体节。大蚓类的特征与小蚓类恰相反,如卵小、环带有多层腺细胞、具盲道等。

全世界已知的寡毛纲种类计 3 000 余种,在我国已发现小蚓类 5 科 65 属约 180 种,大蚓类 7 科 24 属约 200 种。

附：中国寡毛纲常见属别检索表

1(4) 全身刚毛环生,每节甚多
2(3) 生殖带占3节(XIV～XVI),全为小肾管,储精囊在第XI、XII节 ············
  ·· 环毛蚓属(*Pheretima*)
3(2) 生殖带占4节(XIV～XVII),第X、IX节之后为大肾管,储精囊在第IX、XII节 ······
  ·· 钜蚓属(*Megascotex*)
4(1) 全身或大部分刚毛对生,每节4对
5(22) 砂囊发达
6(17) 砂囊1个
7(14) 嗉囊发达,生殖带自第XXIV开始
8(9) 身体细小,生殖带占7节(XXIII～XXVII),无受精囊 ········· 双胸属(*Bimastus*)
9(8) 身体中等大,生殖带占7节以上,有受精囊
10(11) 刚毛对距离远,受精囊3对 ····················· 枝蚓属 *Dendrobaena*
11(10) 刚毛对距离近,受精囊2对
12(13) 受精孔近腹面,背孔自IX/X起,生殖带在XXVI～XXXIV节(隆起在XXXI～
  XXXIII节),全体褐红色,无节间白圈 ············· 异唇属(*Allalobophora*)
13(12) 受精囊孔近背面,背孔自IV/V节起,生殖带在XXIV或XXV～XXXII节(隆
  起在XXVIII～XXX节),节上紫红色,节间白色 ········· 爱胜属(*Eisenia*)
14(7) 嗉囊无或不发达,生殖带自第XV节前开始
15(16) 生殖带短,在第XV～XVII节,呈戒指状,前端为小肾管,每节2对以上,体细小
  ·· 呼罗属(*Howascolax*)
16(15) 生殖带长,在XIII～XXXIV节,腹面两侧有翼状构造,均为大肾管,体中等大
  ·· 槽蚓属(*Glyphidrilus*)
17(6) 砂囊2个以上
18(19) 精巢游离在腹面,有储精囊(在X～XII节),有交配刚毛,生殖带(XIII～
  XX)雄孔(XVIII)位置较后。小肾管 ··············· 双胃属(*Dichogaste*)
19(18) 精巢在精巢囊,悬在隔膜背侧,无储精囊,无交配刚毛,生殖带和雄孔靠近前
  端,大肾管
20(21) 精巢囊1对,在IX/X隔膜上,受精囊1对,雄孔1对在第X节,雌孔在第XII
  节,刚毛显著,体小 ····································· 杜拉属(*Drawida*)
21(20) 精巢囊2对,在第XI、XII节,隔膜后面。受精囊2对,雄孔2对在第XII、
  XIII节;雌孔在第XIV节。通常无刚毛,体大 ········· 合胃属(*Desmogaster*)
22(5) 砂囊无或不发达
23(26) 雄孔1对在XVII节。生殖带占5节以上
24(25) 生殖带占8节(XIII～XX)。无受精囊 ··············· 寒蚓属(*Ocnerodrilus*)
25(24) 生殖带占7节(XIV～XX)。有受精囊,无盲管 ········· 线蚓属(*Filodrilus*)
26(23) 雄孔2对在XVII/XVIII、XVIII/XIX之间。生殖带占5节(XIII～XVII) ········
  ·· 泮蚓属(*Pontodrilus*)

(2) 蛭纲

蛭纲(Hirudinea)动物通称蛭,俗称蚂蟥。蛭纲种类是一类高度特化的环节动物,它们与寡毛纲、多毛纲等其他环节动物不同,多数营暂时性的体外寄生生活。与这种生活方式相适应,蛭纲动物的身体无刚毛、疣足,前、后端有吸盘,体内肌肉发达,体腔被肌肉和结缔组织分割、充填而缩小。全世界已知约600种,分隶于4目10科。中国已知约70种。

附:中国蛭纲常见科、属检索表

1(14) 口孔小,多在前吸盘中位或前缘,从口中可伸出管状吻,无颚 ·· 吻蛭目(Rhynchobdellida)
2(7) 身体静止时常呈圆柱状,少数扁平。通常可分为颈和躯干两部分;前吸盘通常与身体明显分开而呈一圆盘状;体侧有对生的外鳃或搏动囊;在前吸盘、颈部或后吸盘上有简单的眼。寄生于鱼体表 ··················· 鱼蛭科(Piscicolidae)
3(4) 身体两侧有11对丛生的外鳃 ··················· 鳃蛭属(Qzobranchus)
4(3) 身体两侧有11对泡状搏动囊
5(6) 搏动囊小,颈部和躯干部区别不明显 ··················· 鱼蛭属(Piscicala)
6(5) 搏动囊大,颈部和躯干部区别明显 ··················· 湖蛭属(Limanotrachelobdella)
7(2) 身体静止时呈椭圆形,背、腹扁平,不分成明显的前、后两部分;头部前吸盘较窄,与身体区分不明显或仅能稍微区分;眼仅限于头部,常寄生于多种无脊椎动物和脊椎动物体表 ··················· 舌蛭科(Glossiphonidae)
8(9) 身体前端背中部有一个几丁质的圆形背板 ··················· 泽蛭属(Helobdella)
9(8) 身体前端背中部无几丁质的圆形背板
10(11) 口孔在前吸盘的亚前缘 ··················· 盾蛭属(Placobdella)
11(10) 口孔不在前吸盘的亚前缘
12(13) 嗉囊部具6对侧盲囊 ··················· 舌蛭属(Glosstphonia)
13(12) 嗉囊部具7对或更多对侧盲囊 ··················· 拟扁蛭属(Hemiclepsis)
14(1) 口孔大,在前吸盘之底位,无吻,具颚
15(22) 眼5对,呈新月状排列,在中部的完全体节具5环;咽短,小于身体长度的1/4,口具有带齿的颚;精巢呈大的囊状,按体节成对排列 ··· 颚蛭目(Gnathobdellida)
16(21) 身体中型或大型,眼5对,排列成弧形,第3对和第4对之间相隔1环,完全体节具5环,无肛门耳状突,肾孔位于身体腹面 ··················· 医蛭科(Hirudidae)
17(18) 颚不发达,常具有2列钝齿 ··················· 金线蛭属(Whitmdnia)
18(17) 颚发达,具有1列锐利的细齿
19(20) 前吸盘的腹面的正中没有一条突起的皱褶,颚无唾腺乳突,后吸盘中型 ··· 医蛭属(Hirudo)
20(19) 前吸盘的腹面正中有一条突起的皱褶,颚有唾腺乳突,后吸盘大型 ··· 牛蛭属(Poecilobdella)
21(16) 身体中型,眼5对,第3对和第4对通常在邻接的环上,完全体节大多5环,但

也有 3~7 环的变化,通常有口褶和肛门耳状突,肾孔位于体侧 ……………………………………………………………………………… 山蛭科(Haemadipsidae)。
身体呈圆柱形,后端粗大,向头部渐尖,唇多少呈三角形,后吸盘腹面有无数明显的放射头肋,耳状突甚发达,呈三叶状 …………… 山蛭属(*Haemadipsa*)
22(15) 眼排列成两横列,名节 5 环或通过环的再分隔而更多,咽长,约为身体长的 1/3;口具肌肉脊,但无颚,精巢在小而分支的囊中 …………………………………………………………………………………… 咽蛭目(Pharyngobdellida)。
身体中型或小型,眼点 3 或 4 对,不成弧形,完全体节具 5 环或稍多;体表感觉乳突不显著;嗉囊无侧盲囊或仅有 1 对 ………… 石蛭科(Erpobdellidae)
23(24) 完全体节具 9 环 ……………………………………………………… 齿蛭属(*Odontobdella*)
24(23) 完全体节具 5 环或稍多
25(26) 环带区的腹面无副性腺孔 ………………………………………… 巴蛭属(*Barbronia*)
26(25) 环带区的腹面有副性腺孔
27(28) 完全体节的第 5 环上无次生沟 ………………………………… 石蛭属(*Erpobdella*)
28(27) 完全体节的第 5 环上有次生沟 ………………………………………… 红蛭属(*Dina*)

2. 生境分析

野外实习期间,在采集环节动物标本的同时,应对动物栖息环境的特征和相关生态因子进行描述、测定并记录。在此基础上,可对不同类群环节动物的生境进行分析。

3. 行为和习性观察

如果采集到活体的环节动物,可在教师指导下,对动物的活动规律、活动方式、行为、应激反应等生态学内容进行初步观察。经过长期积累,可以对特定种类的生物学习性有更进一步的了解。

二、假体腔动物

假体腔动物是一类相互之间亲缘关系不明确、外部形态差异大、都具三个胚层、体壁与消化道之间有假体腔的动物。除假体腔外,其共同特征包括:卵裂均为螺旋卵裂;通过端细胞法形成中胚层;假体腔内充满体腔液;具完整的消化道;排泄系统为原肾型;没有循环系统和呼吸器官;许多种类营寄生生活,广泛寄生于动物和植物体内,常给人类健康和农、林、牧、渔业生产等造成影响或危害。

(一)栖息环境与生物学习性

假体腔动物包括线虫、轮虫等许多个类群的动物。这些动物的形态、内部结构差异极大,栖息环境多样,既有自由生活的种类,也有营寄生生活者。

假体腔动物一般身体纵长,蠕虫状,两侧对称,三胚层。在假体腔内充满体腔液。体表具角质膜。消化道有肛门。通常雌雄异体,两性外形也常不同。假体腔的外侧以中胚层的纵肌为界,内侧则以内胚层的消化管壁为界,没有体腔膜。假体腔动物在演化上的亲缘关系尚不明确,但都具有假体腔,其卵裂的方式均为螺旋形。

(二)主要实习内容

假体腔动物是一个相当庞杂的类群,种类多,数量大。其中,线虫动物是较为常见和容易采集的假体腔动物。但是,除了一些与人类密切相关的寄生线虫外,有关线虫的研究尚欠深入,参考文献和工具书较少。尽管如此,可以通过野外实习,采集、积累标本和基础资料,留待以后研究。

1. 寄生种类的调查

线虫动物一般身体呈线状,但长短不一。营寄生生活的线虫可寄生于动物、植物体内。在野外实习期间,可通过对实习地家养动物、野生动物粪便检查、尸体解剖、对植物病变组织的检查等,获得一些寄生线虫的标本。此部分内容可根据实际情况酌情安排。

2. 水生种类的采集

水生假体腔动物以轮虫为代表。轮虫是一类小型的假体腔动物(与原生动物大小相似),大部分生活在淡水中,少数海产,以底栖方式为主,也有浮游种类,为浮游动物组成类群之一。这类假体腔动物以细菌、原生动物、藻类和食物碎屑为食,还有极少数种类营寄生生活。约75%的种类栖息于沼泽、池塘、湖泊沿岸的水生维管束植物之间,可作为鱼类的天然饵料,在淡水食物链中起重要作用。目前已发现的轮虫类动物有2 000多种,我国已报道250多种。轮虫的形态各异,但均可分为头、躯干和足3部分。

轮虫一般行孤雌生殖,常见的雌体称为非需精雌体,具有双倍染色体($2n$),不经受精就能繁殖后代。但在不良条件下(如缺乏食物、温度过高或过低等),非需精雌体的卵母细胞发生突变,并进行减数分裂,产生需精雌体和雄体。且均为单倍体(n)。交配受精后形成休眠卵,以抵抗不良的环境条件。当环境条件有利时,即孵化出非需精雌体,继续进行孤雌生殖。单巢纲轮虫行两性生殖,产生休眠卵,以渡过不良环境。双巢纲蛭态目轮虫至今没有发现雄体,如遇到不良环境条件,收缩成一团,呈"假死"状态;当环境条件适宜时,可逐渐复苏,重新开始生活。

轮虫的采集可结合原生物动物部分,用水网捞取。

(三)土壤线虫的调查

栖息于土壤中的各种动物统称为土壤动物(soil animals),假体腔动物特别是线虫为其中的主要类群,已有较多的研究报道。土壤线虫大多分布于耕作层(0~20 cm)。常用网筛法、漏斗法等方法采集土壤线虫(亦可用于其他土壤动物)。此处仅简要介绍漏斗法,其主要工具为一烘虫器(图2-37)。

制作烘虫器时,可用金属片、塑料片或硬纸片,做成长约30 cm的漏斗,漏斗口上装一筛网(可用塑料窗纱和铅丝制作),即告成功。用一只纸盒做漏斗的支架(或用方凳翻转当支架)。然后,把采集的土壤和枯枝落叶,置于漏斗上的筛网中(厚度约2 cm),在漏斗下面接一只装有70%酒精的广口瓶或其他容器。随后,在漏斗上方,用40~60 W的白炽灯泡进行烘烤(灯泡距土壤表层约10 cm)。经过至少6 h(最好过夜)烘烤之后,取出漏斗下方的接样器,在放大镜或解剖镜下观察,可见不同类群的土壤动物混杂在一起。随后,可参照《中国土壤动物》(尹文英,2000)等文献,对土壤动物进行初步归类,并保存于70%酒精中,以备后续的制片、观察和分类研究。

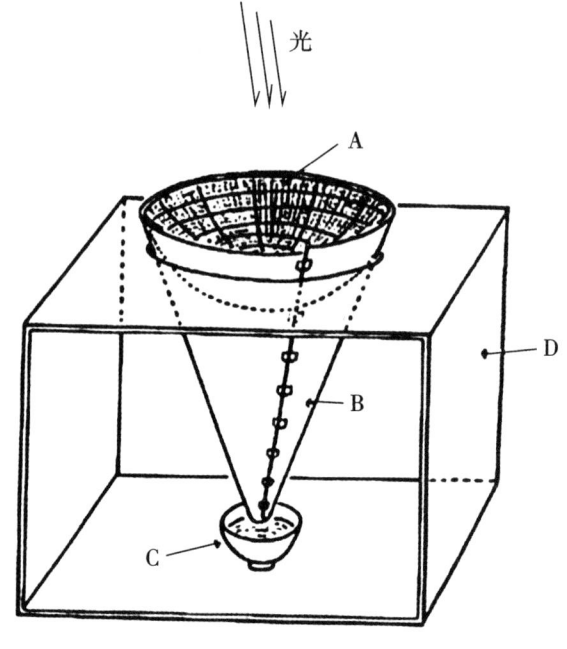

图 2-37 简易烘虫器
A. 筛网;B. 漏斗;C. 内盛酒精的接样器;D. 大纸箱(漏斗支架)

三、扁形动物

扁形动物门为低等的蠕虫类。身体一般背腹扁平,不分节,具有三胚层而无体腔,由中胚层分化形成实质组织,消化道有口但无肛门。大多数种类雌雄同体。一般体形延长,两侧对称,质柔软,体壁肌肉较发达,可借身体的蠕动而移行。

(一)栖息环境与生物学习性

扁形动物营自由生活或寄生。自由生活的种类主要栖息于海洋中,少数种类生活在淡水环境,极少数栖息于潮湿的陆地环境,肉食性。

扁形动物体扁平,两侧对称,三胚层,无体腔,有口无肛门。体型一般较小。从扁形动物开始,首次出现两侧对称的体制,使动物体有了明显的前后、左右、背腹之分。体前端形成一个可辨认的头部。背面司保护机能,腹面司爬行和摄食的机能。神经系统和感觉器官的出现使动物能够及时地对外界环境条件做出反应。自扁形动物开始出现定向运动,既可游泳,也可在水底爬行。

(二)主要实习内容

1.种类调查

根据身体结构和生活习性,可将扁形动物分为涡虫纲、吸虫纲和绦虫纲等3个类群。其中,吸虫纲和绦虫纲全为寄生种类,涡虫纲大多营自由生活。在野外实习时,主要进行涡虫纲动物的采集、调查与观察。

绝大多数涡虫纲动物为自由生活的肉食性种类,其适应性特征有:1)身体腹面有纤毛,表皮细胞中有杆状体;2)肌肉发达,与表皮组成典型的皮肌囊;3)神经和感官发达,有眼点和耳突等;4)消化系统比较发达,以细胞内消化为主,口在腹面,消化管常分支,有口无肛门。栖息于山涧、溪流中,其生存环境具有明显的隐蔽性。溪流中常见的和陆生涡虫均隶属于三肠目。

(1)三角涡虫:三角涡虫(*Dugesia*)体扁平而细长,背面稍凸,多呈褐色,腹面较平而色浅。头部略呈三角形,两侧为耳突,背面有两个黑色眼点。口位于腹面近体后 1/3 处,稍后方为生殖孔,无肛门,腹部密生纤毛。生活于淡水泉溪源头附近的石块、叶片下。三角涡虫为肉食性,多以小型甲壳动物及昆虫的幼虫为食(图 2-38)。

图 2-38 三角涡虫

(2)土蛊:笄蛭涡虫(*Bipalium* spp.),又称土蛊。为陆生扁形动物,生活于阴暗潮湿环境,体扁平而长,可达 30 cm 左右,头部膨大成半月形头瓣,边缘具较多眼点。生活史尚不明确,可偶然侵入人体而寄生(图 2-39)。

2. 生境分析

涡虫多栖息在清澈的溪水中,适宜的水温为 15~20 ℃。在水底的石块或水中的落叶下面常能采到涡虫。采集时可用小块的猪肝、瘦肉或鱼内脏等作为诱饵,放在水底的石块下面,经过数小时之后,即可发现诱饵上附有许多涡虫。随后,可用毛笔把涡虫刷入培养皿或试管中,用清水培养。注意,勿用镊子直接夹取涡虫,以免损伤动物身体。

在野外实习中,可根据涡虫采集的环境因子、水体理化性质、pH 值、水流速度、透明度、海拔、地理坐标等,对涡虫的生境特征进行探讨和分析。

3. 行为和习性观察

对采集到的活体涡虫等扁形动物,可在教师指导下,对其趋光性、应激行为、运动特征、取食行为等进行初步观察。

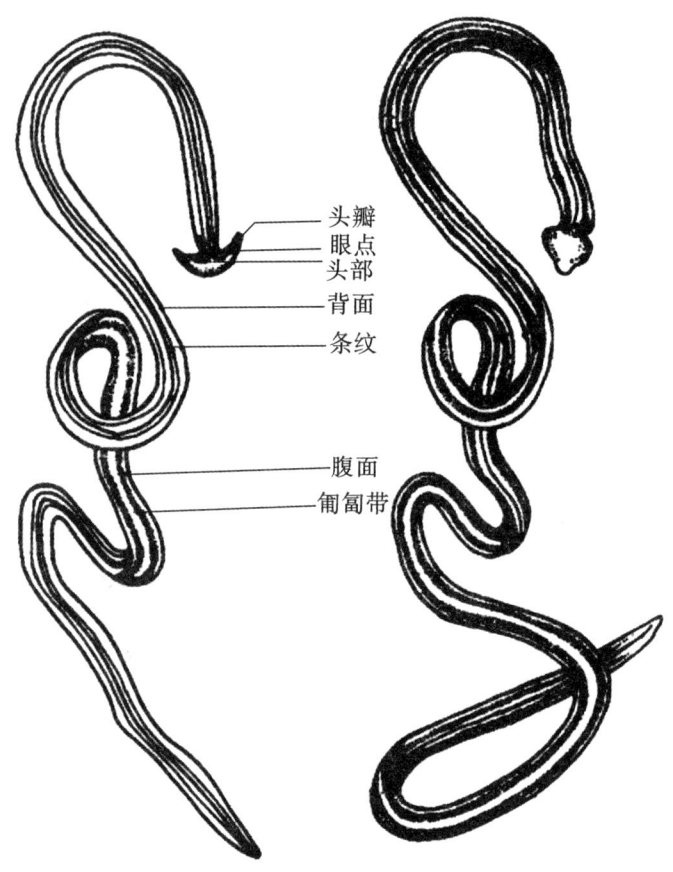

图 2-39　笄蛭涡虫

四、腔肠动物

腔肠动物是比海绵动物稍高等的后生动物。在体壁内、外两胚层间,有一层非细胞结构的中胶层。腔肠动物在动物进化过程中占有重要地位。

(一) 栖息环境与生物学习性

腔肠动物均为水生,绝大多数种类栖息于海水中,少数种类可见于淡水环境。

腔肠动物身体结构呈辐射对称,具有内、外胚层,开始出现简单的组织分化,主要为上皮组织和神经组织。是真正的后生动物的开始。绝大多数种类海产,少数淡水产。腔肠动物在进化过程中具有重要意义,所有其他高等后生多细胞动物都是经过这个阶段发展、进化而来的。

腔肠动物具有两种特殊的细胞,一种为间细胞,一种为刺细胞。间细胞可以分化形成其他细胞,如形成肌肉细胞、神经细胞等。刺细胞为腔肠动物所特有,是一种可以放出刺丝、具有捕杀猎物和防御敌害功能的细胞。腔肠动物的消化系统不完全,有口无肛门,只有一个口孔与外界相通,进食与食物残渣的排出均经由此口。

(二) 主要实习内容

1. 种类调查

已知的腔肠动物约有 11 000 种,隶属于水螅纲(Hydrozoa)、钵水母纲(Scyphozoa)和珊瑚纲(Anthozoa)等3个纲。绝大多数种类均生活在海洋中,淡水种类只占极少数。

在内陆地区进行动物生物学野外实习时,可用水网在较为清净、有水草的水体中捞取,或连同水草一起带回驻地或室内,进行镜检、分类鉴定。如果是到海滨地区实习,可参阅相关的专业实习指导。

如果时间充裕,还可对腔肠动物的行为进行观察。

(1) 水螅

水螅(*Hydra*)的身体呈细长圆柱状,上端较粗且中央隆起,称为垂唇,中央为口,平常口关闭呈星形。垂唇基部有一圈细长而中空的触手,有6~10条,为捕食和御敌的器官。下端基部稍膨大,称为基盘,可分泌黏液,以附着外物(图2-40)。

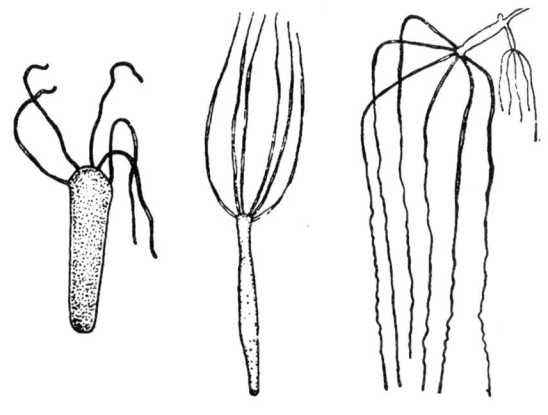

图 2-40 水螅

(2) 桃花水母

桃花水母(*Craspedacusta*)为淡水水母,具有典型的水螅水母结构。体呈半球形,直径小于 25 mm,触手分级,缘膜明显(图2-41)。桃花水母是一类最原始、最低等的无脊椎腔肠动物,距今已有 6.5 亿年,出现时间比恐龙还早几亿年,被喻为生物进化研究的"活化石"。桃花水母对栖息环境要求极高,水质不能有任何污染。因此,桃花水母具有重要的科学研究价值和观赏价值,已引起了学术界的高度重视。近年在河南省巩义市的浮戏山地区有发现。

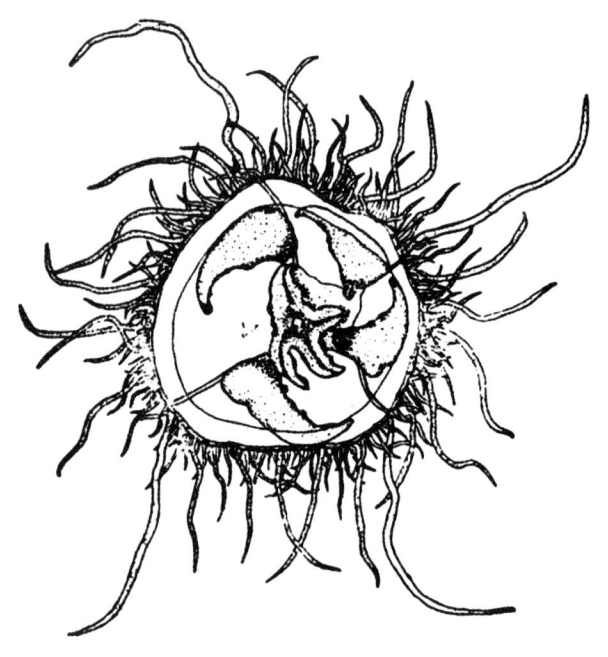

图 2-41　桃花水母

2. 生境分析

在采集和观察腔肠动物的同时,应做好气温、水温、水体 pH 值、水体大小、植被状况等方面的观测与记录,并依此对腔肠动物的生境特征、生境质量等进行分析。此部分内容可在实习指导教师的指导下,由学生自主设计拟观察、记录和分析的内容,以培养学生的科学思维,掌握野外调查的基本方法。

3. 行为和习性观察

在野外实习期间,如果采集到活体水螅等腔肠动物,可在教师指导下,对其趋性、应激行为、运动特征、取食行为等进行初步观察。

五、海绵动物

海绵动物是后生动物中进化最为低等的类。这类动物的体壁上有许多小孔,称为入水孔,海绵动物也因此被称为多孔动物(porifera)。个体呈瓶、壶、臼等形状,有时联成群体。多数海产,固着生活。少数生活在河流、溪流、湖泊和池塘等淡水水体中,固着在石块、树枝或水生植物上,营群体生活。海绵动物并非进化的主干,而是进化的侧支和盲端,故亦被称为侧生动物。

(一) 栖息环境与生物学习性

海绵动物统称海绵,其身体结构非常特殊,被认为是最低等、最原始的多细胞动物。全营固着生活,体表具有无数小孔,是水流进入体内的孔道。海绵动物是原始的多细胞动物,只有细胞水平的分化,是进化上的盲支,故又称为侧生动物。

海绵动物的身体形态不规则,游离的一端有一大的开口,称为出水口。体壁由内、外两层细胞构成,外层细胞扁平,内层细胞生有鞭毛,多数具原生质领,故称"领细胞",主要行摄食和细胞内消化的作用。入水孔是通入体内的沟道,与领细胞组成的鞭毛室和出水口组成复杂的沟道系统。由于内层细胞鞭毛的不断摆动,带有食物的海水从入水孔流入体内,不能消化的东西随海水从顶端的出水口流出体外。在内、外两层细胞间,还有一层中胶层,其中有像变形虫的游离细胞、生殖细胞、造骨细胞、海绵丝细胞等。海绵动物体壁内多具起支持作用的针状骨骼,称为骨针。依骨针的性质,可分钙质海绵和非钙质海绵两大类。

(二)主要实习内容

1. 海绵动物观察

海绵动物已知种类约有 10 000 种,根据骨针、水沟系等特征,可分为钙质海绵纲(Calcarea)、六放海绵纲(Hexactinellida)和寻常海绵纲(Demospongiae)等 3 个纲。约 95% 的现生种类都隶属于寻常海绵纲。其代表种类如针海绵(*Spongilla* spp.)。针海绵为淡水种类,生活时为块状群体,呈黄、褐、绿等色。骨针呈小杆状。除出芽生殖以外,冬季有一部分身体细胞集中于一处,外生两层薄膜,膜间由两端各有一小盘状的骨针支撑,形成"芽球"。至春季时,芽球再发育为正常的群体。生活于池塘、沟渠内等淡水水体中,常见于水生植物枝叶和石块等处。有时可阻塞输水管道。

采集海绵动物时,可用小勺刮取或用竹镊夹取。

2. 海绵动物生境调查

在野外实习期间,可根据标本采集的时间、地点、环境特征、水体理化性质等,对海绵动物的生境特点、生境质量等进行分析。

六、原生动物

(一)栖息环境与生物学习性

原生动物是动物界结构最为简单、进化最为低等的类群。原生动物为单细胞动物,细胞内具各种特化的细胞器,以行使维持生命和延续后代所必需的一切机能,如运动、营养、呼吸、排泄和生殖等。因此,原生动物在形态上虽为单细胞,但从机能上来看,它是一个复杂的、高度集中的生命单位,是一个完整的动物有机体。

原生动物栖息于水体和土壤等环境,也有许多营寄生生活的种类。原生动物的分布十分广泛,淡水、海水、潮湿的土壤、污水沟,甚至雨后积水中都会有大量的原生动物分布,从两极的寒冷地区到 60 ℃的温泉都可发现其踪迹。另外,同一种原生动物往往可发现于温度、盐度差别极大的环境中,说明原生动物可逐渐适应改变了的环境。许多原生动物在不利的条件下可以形成包囊(cyst),即体内积累了营养物质、失去部分水分、身体变圆、外表分泌厚壁、不再活动。包囊具有抵抗干旱、极端温度与盐度等各种不良环境的能力,并且可借助于水流、风力以及动、植物等进行传播,在恶劣环境下甚至可存活数年。环境条件一旦改善后,虫体即可破囊而出,恢复正常生活;甚至在包囊内还可进行分裂、出芽及形成配子等繁殖活动。

原生动物已知种类约 50 000 种,其中约有 20 000 种为化石种类。按传统观点,本书将原生动物视为一个门,归于无脊椎动物。根据运动细胞器的不同,原生动物可分为鞭毛纲(Mastigophora)、肉足纲(Sarcodina)、孢子纲(Sporozoa)和纤毛纲(Ciliata)等 4 个纲。

(二)主要实习内容

1. 各类群原生动物的观察

(1)鞭毛纲

鞭毛纲的种类多生活于光照充足的池塘、沟渠、临时性积水等处,营植物性或腐生性营养方式。在春季和夏季生长旺盛,可使水体呈现绿色。采集时可用水网捞取(植鞭亚纲种类),或在有机质丰富的水体底层用小勺刮取一些泥渣,放入采集瓶以备镜检和观察(肉足亚纲种类)。

在瓶外贴上标签,注明编号、采集时间、地点、环境特征等,并在记录本上进行相应的记录和描述,以备以后核查。

(2)肉足纲

肉足纲的动物多生活于有机质丰富的浅水池沼中的腐烂叶面,或腐殖质较多的泥面(根足类),或水质较清且含有藻类或水绵较多的池塘或水田中(辐足类)。

采集根足类动物时,可用小勺刮取腐烂叶片或水体表层泥渣放入采集瓶中,或捞取水体中的一些腐烂叶片移入广口瓶中,并加入其原生境中的水。对于辐足亚纲种类的采集,可用小勺或水网捞取,最好将藻类及水绵等一起带回镜检。

在采集瓶外贴上标签,注明编号、采集时间、地点、环境特征、采集人等,并在记录本上进行相应的详尽记录和描述,以备以后核查。

(3)纤毛纲

纤毛纲的种类统称为纤毛虫,多为单体,营自由游泳生活,多见于阴暗而腐殖质较丰富的沟渠、池塘等处。

采集时可用水网捞取,放入采集瓶,带回驻地或实验室镜检。标签与采集记录参照上述进行。

2. 原生动物生境调查与分析

根据野外实习中所采集到的原生动物种类、采集地点、环境特征、气候因子等,对原生动物的生境进行归纳分析,进一步理解动物对环境的适应及其生态学意义。

第三章 脊椎动物实习

脊椎动物是脊索动物门中种类和数量最多、结构最复杂、进化地位最为高等的类群。尽管脊椎动物的形态明显不同，生活方式千差万别，栖息环境多种多样。然而所有脊椎动物具有共同的结构模式，即在胚胎发育早期出现脊索、神经管，咽部具鳃裂。与其他脊索动物相比，脊椎动物具有一些进步性的特征：1）出现了明显的头部，中枢神经系统呈管状，前端扩大为脑，其后部分化为脊髓；2）大多数种类的脊索只见于发育早期，以后即为由单个的脊椎骨连接而成的脊柱所代替；3）原生水生动物用鳃呼吸，次生水生动物和陆栖动物只在胚胎期出现鳃裂，成体则用肺呼吸；4）除圆口纲外，都具备上、下颌；5）循环系统较完善，出现能收缩的心脏，促进血液循环，有利于提高生理机能；6）用构造复杂的肾脏代替简单的肾管，提高排泄功能，使由新陈代谢产生的大量废物能更有效地排出体外；7）除圆口纲外，水生动物具偶鳍，陆生动物具成对的附肢。

由于具有上述进步性特征，脊椎动物能够对复杂的环境做出迅速反应，主动而快速地捕食或逃避捕食者，从而保持较高的新陈代谢水平，适应多变的栖息环境，最终成为脊索动物中进化最为高等的类群。现生脊椎动物可分为圆口纲（Cyclostomata）、鱼纲（Pisces）、两栖纲（Amphibia）、爬行纲（Reptilia）、鸟纲（Aves）和哺乳纲（Mammalia）等6个类群。

第一节 哺乳动物

哺乳动物是动物界进化最为高等的一类，出现于中生代早期，经过中生代的演化，到新生代获得了极大的发展，最终取代爬行动物成为新生代占绝对优势的地球统治者。所以，新生代又称哺乳动物时代。

经过辐射发展的哺乳动物形成了适应各种环境的种类，从海洋、湖泊、河流水体到沼泽、平原、丘陵和高山，从地下挖洞穴居到空中飞翔，从极地冰原到赤道丛林，无处不有它们的踪迹。由于生活环境的不同，哺乳动物在形态和生活习性上也有很大的差异，但是仍然共有一些主要特征：体表被毛（虽然在各种哺乳动物中和同一种哺乳动物的不同生长阶段，毛的多寡不等）；具有乳腺，新生的幼仔完全依靠母亲乳腺分泌的乳汁哺育成长。除鸭嘴兽和针鼹为卵生外，绝大多数哺乳动物为胎生；心脏具有完整的四室（左、右心房和左、右心室）；脑发达（大脑和小脑扩大），大脑半球和小脑表面有许多沟和回，极大地增加了脑的表面积。

哺乳动物的现生种类在脊椎动物中相对较少，在野外也不如鸟类等容易见到。但是，在自然生态系统中，哺乳动物居于重要的生态位，占据着食物链的各个环节，从初级消费者直到食物链顶端；哺乳动物体型和习性的差别之大没有其他现生动物可与之相比，而有些哺乳动物仅一个物种就可对环境造成巨大的影响。哺乳动物虽然在海洋中未占据优势，但却是海洋环境中不可忽视的成分。

一、栖息环境与生物学习性

(一) 哺乳动物的栖息环境

地球的每个角落均生活着形形色色的哺乳动物,而且,哺乳动物与外界环境的关系极其错综复杂,许多哺乳动物只分布于一定的地理区域,栖息于特定的环境中。环境则由诸多因子构成,一般包括生物因子和非生物因子两大类。生物因子也可称为有机环境,主要指植物、动物、微生物等因素;非生物因子又被称为理化因子,主要指气候、基底和水等自然因子。基底则系指动物生命活动过程中栖息、隐蔽、活动和觅食的环境,如土壤、岩石、树林等均是陆生哺乳动物的基底,海水、淡水等又是水生哺乳动物的基底,基底的类型与结构对哺乳动物的分布有着重要的影响。水分、气候、光、温度、湿度等都是哺乳动物的生活和生存的重要限制因子。不同种类的哺乳动物在形态结构、生活习性等方面均表现出对环境的适应性特征。总体来看,哺乳动物的栖息环境主要有如下类型。

1. 森林

森林是地球表面重要的生态系统类型之一,森林中植被高大,形成了特殊的小气候环境,为许多哺乳动物提供了良好的生存条件。中国的森林生态系统可大致分为4种类型,自北向南依次为寒温带针叶林、温带落叶林、亚热带常绿阔叶林和热带雨林。河南省即处于暖温带与北亚热带森林类型的过渡地区。

一般来说,分布于南方的森林具有相对明显群落的层次结构,栖息于其中的哺乳动物种类多,同时也表现出一定的层次性。如姬鼠类、田鼠类等常居于底层;猴类、松鼠类则居于上层。在北方地区尤其是东北地区,以针叶林为主,树种组成相对简单,地栖哺乳动物以鼠科、田鼠亚科种类居多,大型哺乳类有驼鹿、马鹿等,食肉类、灵长类等可以向北分布至河南、河北等地。

2. 草原

草原也是一类特殊的生态系统,气候干燥,植被矮小,季节变化明显。在此栖息的哺乳动物,多为善于奔跑的种类,如成群的羚羊。因此,在草原环境中,捕食者如狼、狐等的捕食方式不是伏击,而是追捕。栖息于草原环境中的啮齿动物后肢甚为发达,适于奔跑或跳跃;具有长尾,视觉、嗅觉极为灵敏,多喜穴居。如五趾跳鼠等。在热带草原地区的疏林地带,还有大象等典型的热带动物种类。

3. 荒漠

荒漠环境植被稀疏,降水量少,年均降水量多在 100 mm 以下,而蒸发量却超过 2 000 mm。同时,昼夜温差大。栖息于这种环境中的哺乳动物种类单调,数量也少。典型的荒漠哺乳动物为野马、野驴、野骆驼等,善于跳跃行进的啮齿动物也有了进一步的发展,如长耳跳鼠,其耳长接近体长之半,跗蹠部被毛浓密,既增加了跳跃时的弹性,又可阻挡地面过冷过热的对生活的影响。

4. 高山

高山地带植被少,气候寒冷,但是,仍然有许多哺乳动物栖息于此。代表种类有藏野驴、藏羚、野牦牛。另外,盘羊、雪豹、多种鼠兔、高山田鼠等也较为常见。构成了特殊的哺乳动物区系。

5. 水域

水域包括海洋和淡水水域。在国内的淡水水域中,全水生的哺乳动物,只有分布于长江水系的白鳍豚、江豚。江豚还可生活于近海中。生活于内陆水域中的哺乳动物还有河狸、海狸鼠、麝鼠、水獭等。海洋性哺乳动物包括各种鲸类、海牛目、鳍足目种类等。

6. 农作区

农作区是一种人为生态系统或景观,受人类活动的影响极大。在这种环境中,大型哺乳动物早已绝迹,只有一些中小型种类如草兔、狐、獾、鼬类、刺猬等散见于山麓、沟坡、坡地等处。在农作区(包括居民点)环境中,哺乳动物的优势种类主要是一些小型的啮齿动物。在北方地区常见者如小家鼠、褐家鼠、黑线姬鼠、黑线仓鼠、大仓鼠、达乌尔黄鼠等;在南方农作区的常见种类有黄毛鼠、板齿鼠、社鼠、褐家鼠、黑线姬鼠、黄胸鼠、小家鼠等。这些啮齿动物适应性强,可分布于多种微生境中,与人类关系密切,甚至伴人而居。

(二) 哺乳动物的生物学习性

哺乳动物分布广、数量大,栖息于多种生态环境之中。同时,哺乳动物与人类有着极为密切的关系,有些种类是重要的农、林、牧业有害动物,有些种类则作为重要的疫源动物,携带、传播病菌,直接危害人类身体健康甚至生命安全。

1. 哺乳动物的生态类型

根据不同类群对于环境的适应性特征,可将现生哺乳动物划分为如下生态类型。

(1) 陆栖种类 典型的陆栖哺乳动物包括食肉类、有蹄类、有袋类,此外还有一些啮齿动物和灵长类动物,如狒狒表现为完全的陆栖生活。这类动物还可进一步分为:1) 平原生活型,如大型的有蹄类和啮齿类;2) 林中生活型,如羚羊、鹿类等;3) 山地生活型,如青羊、牦牛、雪豹等。

(2) 掘土和穴居种类 这类动物包括啮齿目(如田鼠类)、有袋类(如袋鼹)、食虫目(如鼹鼠等)、贫齿目(犰狳)等,其主要特征是感觉器官如眼与耳均趋退化,体呈长筒形,尾短或极为退化。有些种类的前足特化呈铲状,适于掘土,有些则用牙齿挖土。

(3) 树栖种类 树栖种类包括大多数的灵长类、某些啮齿动物(如松鼠类、鼯鼠类)、食肉类(如果子狸)、有袋类(如袋貂)等。这类动物一般尾较长,具缠绕性,有些种类在体侧还有翼膜,如猫猴、鼯鼠等。

(4) 飞翔种类 在哺乳动物中,翼手类是唯一具有飞翔能力的类群。以果实为食的大蝙蝠在树枝间栖息,而以肉食性为主的小蝙蝠则栖息于山洞、树洞或其他隐蔽的环境中。这类动物多昼伏夜出,有冬眠习性。

(5) 水栖种类 典型的水栖哺乳动物为鲸目和鳍足目的种类,它们营完全的水栖生活,有些种类如水貂、河狸、麝鼠、鸭嘴兽等营半水栖生活。与其生活环境相适应,许多种类的后肢趾间具有发达的蹼(如麝鼠、河狸),或前后趾间均具蹼,鳍足目的海豹的后肢已特化为鳍足,适于在水中游泳。

2. 哺乳动物的活动规律

哺乳动物栖息于多种生态环境中,其活动也表现出多种方式和特征。总体来看,哺乳动物活动可以分为昼夜活动规律和季节性活动规律。

基于每天的活动节律,可将哺乳动物分为昼行性种类和夜行性种类。一般而言,体型较大的种类,多属于昼行性种类,如有蹄类、长鼻类、大多数食肉类、灵长类等;而体型较小者如大多数啮齿动物、翼手类等,多为夜行性种类;但也不尽然,如啮齿类中的松鼠类表现为昼行性。在自然界,动物每天的活动也受到天气、温度等因素的影响。无论是昼行性种类还是夜行性种类,都会有活动的开始期、高峰期、结束期等阶段。

在不同季节间,许多哺乳动物表现出周期性的迁移活动,这种迁移一般与猎物、食物资源的分布变化有关。主要的迁移类群如有蹄类和随之而来的食肉兽类。此外,许多翼手类夏季在北方的高纬度地区生活,冬季则向较南地区迁移。迁移可分为水平迁移和垂直迁移,前者如非洲热带草原的各种有蹄类,如羚羊在干旱季节离开某一地区,到雨季时则返回。垂直迁移见于山地栖息的一些大型兽类,如岩羚羊、原山羊等在冬季向下迁移至海拔较低处的林带生活,当夏季来临时,又向高处迁移。此外,还有与繁殖活动相关的迁移。在繁殖季节,鲸类、鳍脚类等会迁移到合适的产仔场所。

3. 哺乳动物的食性

根据食物的来源和食物的性质,可将哺乳动物分为肉食性种类、植食物种类和杂食性种类。肉食性种类可分为食虫类和食肉类,典型的食虫类为食虫目、管齿类、大多数翼手类和有袋类,其特点是有许多小而尖的齿,形成连续的齿列。食蚁兽、针鼹等的吻很长,舌长而有黏性,专食蚂蚁和白蚁。有些种类的齿已完全消失,具有短而有力的前足和强壮的爪。鳞甲目种类具有短而粗的尾和健壮的后肢,可用后肢和尾支撑身体,而以前肢挖掘蚁穴并取食。

典型的食肉类包括食肉目的大部分种类,它们具有发达的裂齿和能伸缩的爪。鳍足目和鲸目的大多数种类具有同型的圆锥状齿,以鱼类为食。海豚类的齿数很多,上、下颌各有40~50枚尖细的小齿。这类动物不能咀嚼,故一般将食物囫囵吞下。一些特殊种类如须鲸,其口腔内具有滤器,主要以浮游生物及小鱼为食;而抹香鲸的齿退化,以头足类软体动物等为食。

典型的植食哺乳动物包括除猪科以外所有的有蹄类、有袋类的双门齿类、树懒、海牛等类群。其共同特点是:白齿扁平,犬齿发育不完全甚至缺如,门齿呈凿状而强壮(但大多数偶蹄目的上门齿不发达),小肠较长,盲肠发达。啮齿动物和灵长类也基本上属于植物食性的哺乳动物。

对许多哺乳动物而言,难以明确地将其划分为肉食种类或植食种类,如鼬类、狐类除取食动物性食物之外,也取食植物的浆果、坚果等;另一方面,有些植食性哺乳动物偶尔也取食动物性食物,如田鼠、跳鼠、松鼠可取食昆虫等。灵长类动物也取食鸟卵、幼鸟等动物性食物。所以,这些种类都可归为杂食性动物。

4. 哺乳动物的食物贮藏

许多哺乳动物在食物资源较为丰富时,能将多余的食物贮藏起来,以供食物短缺时利用。食物贮藏可简单地定义为动物为了将来的利用而对食物进行处理。其本质含义在于:动物对食物的利用被推迟,而且食物必须以某种方式加以处理以防其他动物取食。动物贮藏食物的方式可分为集中贮藏和分散贮藏。集中贮藏就是贮食者在一个或几个地点集中存放大量食物并多次来往于食物源和贮藏点之间;而分散贮藏则是指贮食者在较大的空间里做成了许多小的贮藏点,贮藏了大量的食物。啮齿动物的食物贮藏行为尤为突出,如田鼠类、仓鼠类贮藏植物种子,鼠兔类贮藏干草,松鼠类贮藏植物的坚果、菌类,有些食肉动物如豹、鼬类、北极熊、狼、獾、狐等,也会将多余的猎物、食物以隐藏或埋藏的方式贮藏起来。

5. 哺乳动物的运动

绝大多数哺乳动物营陆栖生活。陆栖哺乳动物的运动器官是四肢,运动方式主要是行走和奔跑。根据运动时四肢末端着地的情况,可分为足全部着地的蹠行类(如熊类、灵长类)、仅以趾着地的趾行类(如虎、豹)和仅以趾端着地的蹄行类(如鹿类、马类)。

营树栖生活的哺乳动物具有适应树栖生活的四肢构造和运动方式。如猴类具有长而弯曲的指,用来把握树枝;松鼠类具有尖锐的爪,用来攀援树干。营飞行生活的哺乳动物如蝙蝠的前肢高度特化,形成适于飞行的翼,翼的构造与鸟翼不同,是由连于前肢和后肢之间的翼膜构成的,翼膜上不生羽。营水栖生活的哺乳动物的运动器官也发生了显著改变。如半水栖的水獭、鸭嘴兽前后肢都具有蹼,能划水前进;完全水栖的海豹、海狮、海象前后肢都缩短并加宽成为桨状,主要依靠尾和后肢游泳;鲸、海豚、白鳍豚、儒艮后肢退化,前肢变为鳍状,身体末端有水平的宽大的尾鳍,主要靠尾部上下击水推进运动。

6. 哺乳动物的繁殖

(1) 哺乳动物的家域和领域　哺乳动物的活动具有一定的范围,称为动物的领域性。领域行为在繁殖季节表现尤为明显。哺乳动物的家族、配偶或群体经常活动、觅食和繁殖所在的范围,称为家域(home range),亦称巢区。在许多哺乳动物的家域中,还有一个活动的中心区域,称为领域,可视为动物的"势力范围"。一般来说,家域可以有所重叠,但领域不存在重叠现象,雄性会全力保护其领域,不允许同种其他个体,尤其是同性个体的进入。否则,即行驱赶,甚至发生激烈争斗。

领域的大小受多种因素的影响,首先与食物资源的数量、质量和分布密切相关,同时与动物的个体大小和食量有关。体型较大的种类,其家域和领域较大;捕食性的食肉动物的家域和领域较相同体重的植物性和杂食性种类为大。如虎的领域直径为 30～60 km,而鹿类的领域不过数公顷,而小型啮齿动物在 1 ha 的范围内可能有几个、数 10 个家域。

(2) 哺乳动物的繁殖周期　哺乳动物的生殖器官,在内、外因素的影响下呈现出周期性的变化,在雌性个体尤其如此。在非繁殖期,绝大多数雌性哺乳动物的卵巢退化,子宫紧缩,阴门紧缩并变小,乳腺不发达,乳头较小。这一时期称为非动情期。在此期间,雌性常表现出对雄性的敌视,不让其接近,或将雄性赶走。繁殖期开始之后,雌性进入准备和雄性交配状态,生殖腺和生殖器官也发生相应的变化,这一时期称为动情期。此时雌性允许雄性接近,雄性亦极度活跃,并常常为争夺雌性而发生争斗。

不同种类的哺乳动物在一年之中的动情周期有所不同。繁殖能力较强的种类如啮齿动物,每年的动情次数较多,如普通田鼠,每年可有 5～7 次动情期,故可繁殖 5～7 次,每产 4～7 仔;而一些大型种类如食肉类和有蹄类,通常每年只有 1 次动情周期;而灵长类动物多数没有固定的动情期,只要在月经期间交配,就有可能受孕产仔。

(3) 哺乳动物的婚配制度　哺乳动物的婚配制度是指动物获得配偶的数目、配偶联系的性质和雌雄动物在育幼中的职责。婚配制度主要受资源(尤其是食物)的丰富程度和个体对配偶的控制能力影响。哺乳动物的婚配制度有单配制和多配制,多配制又可分为一雄多雌型和一雌多雄型。大多数哺乳动物为一雄多雌制,即一头雄性可与多头雌性交配。雄性除保护领域外,一般不参与仔兽的哺育。但食肉类中的部分种类如狼和狐,多表现为单配制婚配方式,雄性积极参与哺育仔兽。除此之外,在哺乳动物中,也有一雌多雄的交配模式,如蝙蝠,一头雌性可与多头雄性交配,雄性之间并不因争夺雌性而争斗。多配偶制中还有一种特殊的亚类型,称为混交制,即无论雌性还是雄性,都可与一个或多个异性交配,而不形成固定的配对关系,但也不是无目标、无规则的乱交。哺乳动物以交配方式完成异体受精,哺乳动物的交配时间称为交配期,一般发生于动情期结束前的数天。

（4）哺乳动物的年龄鉴定　在哺乳动物的种群中,不同的个体往往处于不同的年龄段（组）,各年龄组的个体数占整个种群的百分率,构成种群的年龄分布,或称年龄组成、年龄结构。年龄组成是影响哺乳动物繁殖特征和种群动态的重要因素。由于哺乳动物种类多,寿命长短差异很大,因而哺乳动物的年龄组成比较复杂。哺乳动物寿命短者只有2~3年,如田鼠;较长者可超过10年,如狼、狐、猞猁、金钱豹、旱獭等;而寿命长者可达40年以上,如熊、虎等（表3-1）。

表3-1　哺乳动物的寿命

类群或种类	年龄（年）	类群或种类	年龄（年）
1. 单孔目		9. 鳍足目	
鸭嘴兽	约14	海豹	19
2. 有袋目		10. 鲸目	
负鼠	7	海豚	25~30
3. 食虫目		长须鲸	36
刺猬	4	11. 偶蹄目	
鼹鼠	40~50	牛	20~25
4. 翼手目		骆驼	25~40
蝙蝠	20~30	绵羊	20
5. 鳞甲目		山羊	12~20
穿山甲	18	羚羊	20~25
6. 啮齿目		赤鹿	30
海狸	50	驯鹿	20~30
松鼠	9~15	麋	27
小家鼠	3~4	野猪	40
大白鼠	>3	猪	27
麝鼠	>6	12. 奇蹄目	

类群或种类	年龄(年)	类群或种类	年龄(年)
豚鼠	6>	马	50
7. 兔形目		驴	40~45
野兔	13	斑马	22
家兔	5~7	犀	42~45
8. 食肉目		13. 长鼻目	
狼	13~15	非洲象	35
狐	10~11	亚洲象	35
鼬	4~7	14. 灵长目	
貂	9~10	恒河猴	29
家猫	20~30	吼猴	41
狮	26~35	长臂猿	7~10
虎	20~30	猩猩	7~10
白熊	35>	大猩猩	20
黑熊	>50		
家犬	10~15		

在野外研究工作中，特别是进行动物生态学时，经常需要对动物的年龄进行判别和鉴定。哺乳动物的年龄鉴定方法常用的有下述几种。

1) 牙齿磨损法　哺乳动物的牙齿属于异型齿，其萌出、生长、更换有一定的顺序，可据此判断动物的年龄。如獐约在3月龄时长出第1臼齿，5~6月龄时长第2臼齿，约1岁时长第3臼齿，并更换前臼齿；马鹿在5月龄时长第1臼齿，18个月龄时见有第2臼齿，至28月龄时臼齿出齐。当然，这种方法仅对哺乳动物发育早期的年龄鉴定较为有效。

对啮齿动物来说，可根据牙齿的磨损程度来鉴定其相对年龄。卢浩泉等(1987)根据臼齿的磨损程度，将黑线仓鼠的年龄划分为幼年组、亚成年组、成年Ⅰ组、成年Ⅱ组和老年组(图3-1)。

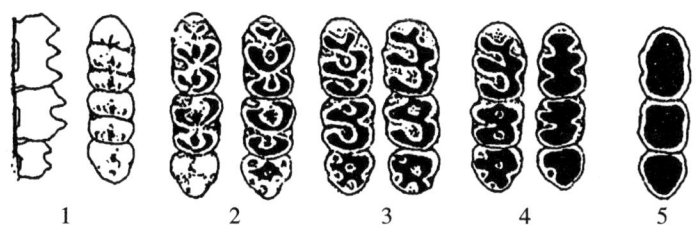

图3-1　黑线仓鼠依臼齿磨损程度的年龄分组
1. 幼年组；2. 亚成年组；3. 成年Ⅰ组；4. 成年Ⅱ组；5. 老年组

近年来,有学者根据齿质和齿骨质的生长层来判断哺乳动物的年龄。哺乳动物齿骨质的形成受到周期性食物资源供应影响,食物的丰富或缺乏会在齿根部分沉积,并呈现出宽窄不同的环纹,如同植物的年轮。通过对齿根切片或磨片上环纹的观察和分析,可判定哺乳动物的年龄。

2)体重和体长法　许多哺乳动物特别是小型啮齿动物,在其个体发育过程中,体重和体长随着年龄的增长而增加,因而可从体重和体长的变化来推算动物的年龄。安徽省卫生防疫所采用体重体长法对黑线姬鼠年龄的研究结果,与由臼齿磨损法所得出的结果基本一致(表3-2)。需要注意的是,采用此法鉴定动物年龄时,应考虑雌性的怀孕情况、营养状况和换毛等因素对结果的潜在影响。

表 3-2　黑线姬鼠各年龄组的体重、体长范围

	幼年组	亚成年组	成年Ⅰ组	成年Ⅱ组	老年组
体重(g)	< 13	13～18	18～26	26～37	> 37
体长(mm)	< 72	72～86	86～100	100～110	>110

3)晶状体干重法　许多哺乳动物眼结构中的晶状体能够保持终生生长,并且其生长情况在同种的个体之间差异极小。因此,晶状体干重法是一种较为准确、容易操作的年龄判定方法,若能以室内饲养个体的晶状体干重为参照,则可提高结果的准确性。具体方法是:将动物深度麻醉后,取出眼球,浸于10%的福尔马林中约14 d,将晶状体取出稍晾后,置于烘箱中,于80℃下烘干24～26 h后取出,即刻称重,以免晶状体重新吸水。

二、主要实习内容

哺乳动物是陆生脊椎动物的重要组成部分,在野外实习期间,涉及哺乳动物的实习内容主要包括如下几个方面。

(一)哺乳动物活动规律调查

与其他类群的动物相比,哺乳动物活动规律研究的难度较大。首先,哺乳动物的种类较少,除啮齿动物、翼手类的种类数量相对较大以外,其他哺乳动物的种群数量均比较小,特别是一些体型较大的种类。如一个地区的金钱豹可能只有数只,即便每天在野外搜索,也未必能够见到其踪迹。其次,研究人员很难接近动物进行观察,对于夜行种类尤其如此。但是,只要选择合适的研究对象,在实习期间还是能够有所收获。

为此,实习带队教师和专业人员应预先对实习地区的哺乳动物区系组成有初步的了解,掌握不同类群的哺乳动物活动的一般规律,尽可能选择一些较为常见、可以较近距离观察的、昼行性种类作为研究对象。例如,在山区和丘陵地区,岩松鼠、花鼠是较为常见的哺乳动物,而且都属于昼行性种类,可在其经常出没的地方,借助望远镜、照相机、摄像机、红外线自动照相机等进行连续观察或监测。如在太行山区实习,还可选择猕猴作为观察对象。随着科学技术的发展,在一些珍稀濒危野生动物如大熊猫、川金丝猴、丹顶鹤等的研究中,还采用了无线电追踪技术、全球卫星定位系统(GPS)等先进的技术手段,这样可

以获得更多的研究数据。

进行哺乳动物的活动规律调查时,需要观察和记录的主要内容应包括:1)调查与观测时间、地点、季节、气温、海拔、天气状况等;2)动物活动的开始和结束时间;3)动物活动的是否集群;4)动物活动的高峰期、活动间隔和持续时间;5)动物活动的环境特点、路线、范围等;6)动物活动的内容,如觅食、饮水、避敌、嬉戏等;7)动物受到惊扰后的反应;8)动物活动时是否有鸣叫、鸣叫的特征等;9)动物停息时的姿态;10)如在繁殖期间观察,还应记录幼兽活动特征、亲子关系等。对于一些小型种类,还可活捕部分个体,带回实验室进行活动规律、行为学等方面的深入研究。

(二)哺乳动物的食性调查

食物是动物赖以生存、延续种群的基础,不同类群的哺乳动物具有各自特殊的食物组成,即食性。食性是动物与栖息环境长期相互适应的结果,表现出一定的稳定性,但也会受到气候、季节、性别、年龄等多种因素的影响而发生变化。因此不能把某种动物的食性绝对化。一般而言,在南方的热带雨林地区,季节变化不明显,食物种类丰富且相对稳定,哺乳动物的食性变化较小;而在北方的寒温带地区,季节分明,食物种类和丰富度因季节不同而有明显变化。相应地,哺乳动物的食性也会随之出现较大的变异。常用的哺乳动物食性研究方法简述如下。

1. 直接观察法

直接观察法就是在自然条件下,直接观察动物对不同食物资源的取食和利用情况,由此可以获得第一手资料,但此法只适用一些昼行性的哺乳动物,如部分啮齿动物(松鼠、花鼠、黄鼠、隐纹花松鼠等)、有蹄类等。

2. 胃内容物分析法

这种方法多用于小型啮齿动物。对夹捕到动物或活捕个体进行解剖,取出胃,将内容物置于培养皿中,加少量清水使内容物散开,分析并记录食物的种类和量。若食物已被消化或部分被消化,可根据食糜的颜色、形状、气味等判断食物的种类,如植物的绿色部分,植物的种子,花或根,无脊椎动物的几丁质外骨骼、头、附肢、翅、鸟羽,其他哺乳动物的毛发、骨骼等。胃内容物中各种食物成分难以分别称重,可用各种食物成分在每 100 个胃中出现的频率来表示其重要性。采用容量或目测估计各种成分所占比例,一般分为 5 级:I 级——偶见;II 级——少量(10%~20%);III 级——中等(约 50%);IV 级——大量(50%~75%);V 级——很多(75% 以上)。

某些啮齿动物如仓鼠类、松鼠类有颊囊,可借助其颊囊中残留的食物分析其食性;食肉类哺乳动物在取食时,往往将食物整块吞下,有利于进行胃内容物的分析;某些有蹄类的胃内容物多被磨碎或消化而呈糊状,但经水洗后,仍然可分拣出一些细碎的叶片、根茎、种子等,可用于食性的分析。

3. 取食痕迹、遗留物分析法

在野外研究工作中,还可根据动物觅食过程中的啃食、咬啮痕迹、贮藏的食物、粪便等对其食性进行分析。哺乳动物的觅食痕迹,只有在野外条件下直接观察到,才有较大的把握;挖掘穴居种类的洞穴,往往能够获得动物的贮藏食物,应详细记录食物种类、数量、重量、贮藏方式、位置等。对于食肉性哺乳动物,由于直接观察的难度较大,可采用粪便法进行食性的分析。在野外调查时,一旦发现哺乳动物的粪便,应记录发现的时间、位置地理信息、形状、数量、新鲜程度、微环境等,并进一步观察周围的足迹和活动痕迹特征,以此初步判断动物的种类。

4. 活体饲养法

对一些小型哺乳动物如啮齿动物,可活捕并带回实验室进行人工饲养。在饲养过程中,不仅可以对其进行食性观察,还可测定其食量、对不同食物的选择性和喜好程度等;或者进行觅食行为、食物贮藏行为等方面的深入研究。

(三)哺乳动物的繁殖特征调查

哺乳动物的繁殖特征研究的难度很大,盖因其交配、怀孕、产仔过程等往往难以直接观察。对特定种类繁殖特征和行为的研究,必须进行长期、持续的观察。由于野外实习的时间较短,一般只能见到或采集一些小型啮齿动物。现仅以此为例,介绍哺乳动物繁殖特征中动情周期的有关内容。

对啮齿动物等小型哺乳动物,在繁殖期间可根据雄性的阴囊突出于尾下来区分性别;在非繁殖期,可根据体后部的开口情况来区分。雄性的尿殖乳头和肛门的间距较远,雌性则有尿殖乳头、阴道孔和肛门3开口,且相距较近。但幼体及未生育过的雌体,其阴道孔往往被皮肤遮盖而不易观察。

1. 雌性

通过雌性生殖器官的解剖和阴道涂片法,可对某种动物的繁殖状况进行初步判定。对生殖器官的解剖,旨在了解雌性的怀孕情况。阴道涂片法则是为了解动物在其繁殖期中所处的时间段。具体方法是,如为已死亡动物,可剪开阴道,直接用载玻片在阴道黏膜上涂片;若为活体动物,可用棉签从阴道黏膜表面上轻轻刮取分泌物,并均匀涂于载玻片上,然后置显微镜下观察,参照下表的内容进行分析判断(表3-3)。

如果定期对某种动物进行此项检查,即可掌握其生活史中非动情期与动情期的分布规律,并明确该种动物的繁殖周期。

表3-3 啮齿动物阴道涂片确定的繁殖周期

时期	黏膜表面刮取物	黏膜表面分泌物黏度	阴道口外观特征
非动情期	黏液,白细胞,表皮细胞	分泌物可拉成黏液线	阴道口开放或关闭,阴唇不肿胀
动情前期或动情期	表皮,鳞片	分泌物血清状,具黏性但不能拉成线状	阴道口开放,阴唇略加厚或阴蒂下壁加厚
动情后期	白细胞,表皮细胞	分泌物极少	阴道口开放,阴唇不加厚
怀孕期	前期有黏液,后期有红细胞	分泌物可拉成黏液线	阴道口关闭,后期时呈现有青紫斑
分娩后不久	血液有形成分	—	阴道口开放,阴唇肿胀

此外,还可通过卵巢、子宫的形态来分析动物的繁殖状况。对捕获的鼠类进行解剖可以发现,未成年的雌鼠具有亮而白的卵巢,表面有圆形的小细胞,其子宫细而透亮;性成熟时,卵巢表面有大型而呈无色透明的滤泡,泡内有成熟的卵细胞,此时子宫略为膨大;至排卵期时,卵巢表面因滤泡破裂常留下黄体斑,子宫在交配或怀孕初期变化不大,至第 7 d(胚胎植入并开始生长发育)以后,胚胎逐渐由球状变为卵圆形,子宫也逐渐膨大。子宫内的怀胎数一般清晰可查,但有时可因母体的营养不良,在正常胚胎之间出现较小或仅呈黑斑状的吸收胚。

雌鼠怀孕后,胚胎在子宫内发育时,均以胎盘固着于子宫壁。分娩以后,子宫壁上的胚胎着生处留下痕迹,称为子宫斑。子宫斑的保留时间较长,甚至可达 6~8 个月。对于一年中多次繁殖的种类来说,第一次繁殖所留下的子宫斑尚未消失时,就开始了第二次、甚至第三次繁殖。相应地,子宫斑可以划分为一级子宫斑、二级子宫斑等,级别越靠前的子宫斑越不明显。根据子宫斑的数目、大小等,即可确定该种动物的繁殖次数、怀胎数等。

2. 雄性

未成年雄鼠的精巢位于腹腔中,体积较小,副睾小而不甚扭曲,贮精囊位于输精管基部,极不明显。当性成熟进入繁殖期时,精巢和贮精囊均迅速发育,精巢下降至体外的阴囊中,副睾也变得极其扭曲。

(四)哺乳动物的种群数量调查

种群数量的调查与统计是哺乳动物生态学研究的重要内容之一。一种哺乳动物在自然界种群数量的多少,反映了其在生物群落和生态系统中的位置和所起的作用、在能量流动和物质循环中的意义。在野外工作中,要查清某种动物的绝对数量几乎是不可能的。在实际应用中,常以相对数量来表示。哺乳动物的数量通常用种群的密度、相对比例等参数来表示。由于不同种类的哺乳动物体型差异较大,生态类型、食性很不相同,所以进行数量统计时所采用的方法略有不同。

1. 小型哺乳动物的种群数量调查

小型哺乳动物主要是指啮齿动物和食虫类,这些类群在野外实习、野外考察中易于获得,并且种类多、数量大,与人类有着较为密切的关系。常用的数量统计方法包括:

(1)夹日法 也称夹夜法,属于相对数量的统计。一个夹日是指一只夹子在野外放置一昼夜或一夜。采用此法进行调查时,应在一定面积的生境中,沿一定的路线,每天布放 100 只夹子,夹距约 5 m,连续布放 3~5 d。由此可得出总布夹数和总捕获数,进而可求出总捕获率和分捕获率。

在野外工作时,一般是傍晚布夹,翌晨检查,将捕获的动物收回进行相关处理。如果调查地区人为干扰小,可在取下捕获动物后重新换上诱饵,傍晚时重复检查一次;如果调查地区人为干扰较大,可在傍晚布夹,翌晨收夹,第二天傍晚时在同一生境再次布夹。注意应将有捕获物的夹子尽量擦拭干净,以免影响下次使用效果。

一般来说,在不同生境、不同季节间进行比较时,均以 100 夹日的捕获率为指标。计算公式为:

$$捕获的百分率 = 捕获总只数 / 布夹数 \times 天数 \times 100\%$$

采用夹日法进行数量统计的基本要求:1)所用的诱饵应一致,常用的有花生、南瓜子、葵花子、油炸食品等;2)夹子的规格应统一,并且夹子的钢丝弹性好、反应灵敏,否则会影响捕获率;3)布夹的方法应根据调查的目的确定。如以区系分类为目的,则采用条带法,即在某一生境中沿着一条路线每隔 5 m 布放一夹,若摆为两行,则间距应大于 50 m,每天布夹 100 个,连续进行 3 d。如此得到的捕获率基本上能够反映该生境中动物的数量和密度。

如拟了解农田中啮齿动物的种类组成和密度,则应根据地块面积确定布夹方式。在大面积的地块中,可采用布阵法,即先沿地边布一行夹子,再在地块内每隔 20 ~ 30 m 布一行夹子。

在居民区的建筑物内进行家栖啮齿动物数量调查时,一般 10 m^2 布放一只夹子,13 ~ 14 m^2 以上布两只夹子,超过 20 m^2 时,则按每 10 m^2 布一只夹子推算。

(2)夹子-路线法　夹子-路线法简称为夹-线法。此法适于在林区、森林草原、半荒漠、河滩地、平原、农田等多种生境进行数量调查。具体操作方法与夹日法类似,只是每条调查路线上只布放 25 只夹子。其优点是可以同时进行多个生境的调查。

(3)洞口系数法　洞口系数法适用于种类较为单一的大面积农田或草原生境。应首先求得该种动物的洞口系数。通常是在 0.25 ha(50 m×50 m)的样地范围内,统计所有的洞口数,然后在当天傍晚将洞口全部堵住,翌晨检查被掏开的洞口,以掌握其有效洞口。傍晚在每个被掏开的洞口布夹,连续 3 d,获得此范围内的动物总数(也可用挖掘法获得动物总数)。由洞口总数和动物总数即可求得洞口系数,计算公式为:

洞口系数 = 样地内动物总数 / 样地内洞口总数

得到洞口系数之后,即可在大面积生境内进行洞口数量和动物种群数量的统计。可以选择数块 0.25 ~ 1 ha 的样地,查清样地内的洞口总数,以单位面积总洞口数乘以洞口系数,即得到单位面积内的动物数量。应该注意,洞口系数可能随季节、地区的不同而有变化,因而洞口系数法得到的也是一种相对的数量。

(4)样地捕尽法　此法可用于草原、荒地、弃耕地中的啮齿动物数量调查。选择样地时,面积不宜过大,一般为 0.25 ha。样地选定后,对样地中的所有洞穴进行挖掘,捕捉动物。挖掘时注意防止样地中的动物外逃。由挖掘结果可求得单位面积(1 ha)中的动物数量。为减小结果的误差,可选择数块样地,求得动物数量的平均值。

(5)地下鼠种的数量统计　在北方地区,栖息着许多主要营地下生活的啮齿动物,如中华鼢鼠、东北鼢鼠、罗氏鼢鼠、棕色田鼠等。这些动物常年生活于地下,挖掘较多的地下水平通道。在挖掘洞穴时,每隔一段距离,就将挖出的土转送到地面,因此在地表形成许多土丘。新土丘在未经太阳暴晒之前,与旧土丘有明显的区别。不同种类的土丘各有其特征,根据新土丘的数量可以估计动物的数量。为获得较为准确的结果,可参照前述的洞口系数,求得土丘系数。王祖望等(1975 年)就中华鼢鼠的土丘数和数量统计进行了研究。应该注意的是,土丘数量、土丘系数可能随着季节、生境而有一定的变化。因此,在每次调查和统计前,均应对土丘系数进行校正或重新测定。

对营地下生活的啮齿动物,还可利用切洞、掏洞、堵洞等方法进行数量调查,也可在有效洞道内布放活捕笼或捕鼠夹,以捕获率来统计其种群数量和密度。

(6)沟道埋筒法　此法可用于食虫类等小型哺乳动物的数量调查,也可用于啮齿动物。具体方法是,在森林、灌丛的边缘、田边等处挖掘一条宽约 20 cm、深约 15 cm 的沟,沟的长度可根据地形而定,短者 25 cm,长者不定。每隔 25 cm 左右埋设一个铁皮筒(口径 20 cm,深 40~50 cm),使筒口与所挖的沟底平行。此法中的筒作为捕获器具,而沟道是供给小型哺乳动物的跑道。每天清晨检查一次,直到不再捕获到新个体时为止。由此可以统计当地小型哺乳动物的种群数量和密度。

2. 大型哺乳动物的数量调查

一般来说,大型哺乳动物多栖息于较为隐蔽的环境中,有些种类的数量极为稀少,或者由于其活动节律的限制,都加大了对其数量调查与统计的难度。对大型哺乳动物进行数量调查时,常用下述几种方法。

(1) 路线调查法　采用此法时,应首先熟悉当地的地形地貌、自然地理环境、植被特征等,在初步踏查的基础上,选择有代表性的路线,组织调查小组,每组以 4~5 人为宜,携带必要的工具如望远镜、防卫工具、海拔仪、指南针、GPS 等,如果人员充足,可分为多组,同时进行多条路线的调查。在调查过程中,对调查对象的各种相关资料、信息应详细记录。经过对同一地区的多次重复调查之后,即可获得较为可靠的数据。

(2) 跟踪观察调查法　此法适用于营聚群生活的种类,如灵长类、秋冬季节的鹿群等。以对太行山猕猴的调查为例,简要说明灵长类动物种群数量调查的有关问题。在发现猴群后,应连续跟踪,在跟踪过程中,或在猴群觅食、饮水时,对猴群中的雄性、雌性、成年、幼年、婴猴等个体的数量进行鉴别统计。待猴群到夜宿点休息后,再行离开,并于第二天凌晨猴群未开始活动之前,即继续跟踪观察。在此基础上,还可对猴群的社会结构、种内关系、觅食行为、活动节律等生态学问题进行深入研究。

(3) 标志重捕法　在调查地区选择研究样地,活捕部分个体进行标志,然后放生,经过一定时间之后进行重捕。根据重捕动物中标志个体所占的比例,可以估计出样地中动物的种群数量。设样地全部个体为 N,其中标志数为 M,再捕个体数为 n,再捕获动物中标志个体数为 m,根据总数中标志的比例与重捕取样中比例相同的假定,即可估计出样地中的动物数量:

$$N:M=n:m$$
$$N=M\times n/m$$

(4) 粪堆计数法　此法是利用野生动物在野外所排出的新鲜粪堆数对动物的数量进行统计,多用于下木层较少的森林地区有蹄类动物。为使调查结果更加可靠,必须首先了解不同哺乳动物在一天之内的大致排粪堆数,并能够基于部分特征识别不同哺乳动物粪便。例如,在野外调查中,经 2 d 后新增加的某种鹿的粪便平均为 100 堆／ha,而根据直接观察,每头鹿每天平均排粪率为 5 个粪堆,由此即可估计出调查区域内鹿的数量为:

$$100(堆) \div 5(堆) \div 2(天) = 10 (鹿)$$

动物的排粪率受到多种因素如食物、季节、年龄、性别等的影响,因而可能出现较大的变化,同时,粪堆的发现率也与粪便分解速率、植被类型(植物可能盖住粪堆)等有关,在数据处理时应充分考虑到这些因素。

(5) 毛皮收购调查法　这是动物生态学研究中较为经典的方法,如美洲兔(*Lepus americanus*)和加拿大猞猁(*Lynx canadensis*)的数量变动的 9~10 年周期,就是在分析了百余年的毛皮收购记录数字后而得以证实的。但是,随着野生动物保护知识的宣传与普及,野生哺乳动物特别是珍稀濒危种类的毛皮收购和交易量急剧减少。但是,对于一些种群数量较大的种类,通过查阅毛皮收购记录,依然可以获得一些有用的资料和数据。

(五) 常见种类识别

哺乳动物纲可分为原兽亚纲、后兽亚纲和真兽亚纲等3个亚纲。原兽亚纲包括现存的单孔目和众多的早期哺乳动物,其中单孔目为卵生,这个亚纲的史前成员可能也是卵生种类。后兽亚纲即有袋类;真兽亚纲即有胎盘类,是自新生代以来至今在大多数地区占统治地位的动物。哺乳动物的现存种类在脊椎动物中相对较少,平常也不如鸟类等容易见到。但是,哺乳动物的地位非常重要,占据着食物链的各个环节,从初级消费者直到食物链顶端,其体型和习性的差别之大没有其他现存动物可与之相比,而有些哺乳动物仅一个种类就可对环境造成巨大的影响。哺乳动物虽然在海洋和天空并未占据优势,但却是其中不可忽视的成分。哺乳动物的这种多方向的发展,除了中生代的爬行动物以外,还没有其他动物可以相提并论。哺乳动物的史前种类比现生类群更具多样性。

全世界现生哺乳动物20目约5 670种,中国有12目670余种。

现生哺乳动物在形状和体型大小、地理分布和生活习性以及与人类的益害关系等方面都很不相同。因此,在进行动物资源调查、濒危物种的保护、有益动物资源的开发和合理利用、药用与实验动物的选择、代用种类的筛选、动物害情调查、有害动物的防治、环境保护中的动物本底调查、环境改变对动物的影响、活动物与动物制品或标本的进出口及动物检疫、人兽共患流行病的储存宿主、媒介动物和疫源地调查等工作时,都必须对有关哺乳动物物种进行识别和鉴定。

1. 哺乳动物的外部形态

在野外实习、野外调查和专项研究工作中,要对哺乳动物的种类进行准确鉴定,掌握其外部形态特征非常重要而必要。图3-2、图3-3、图3-4给出了常用的哺乳动物形态学名称与位置。

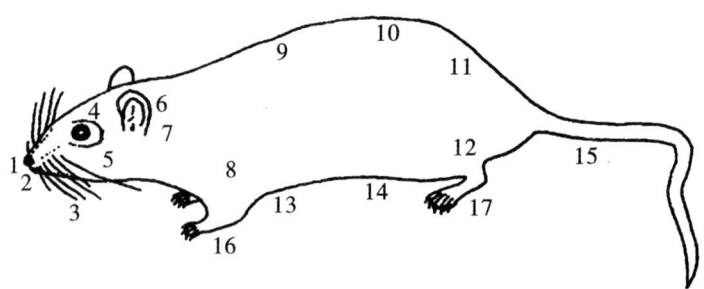

图3-2 小型哺乳动物的外部形态

1.吻;2.唇;3.须;4.眼;5.颊;6.耳;7.颈;8.肩;9.背;10.腰;11.臀;12.股;13.胸;14.腹;15.尾;16.前足;17.后足

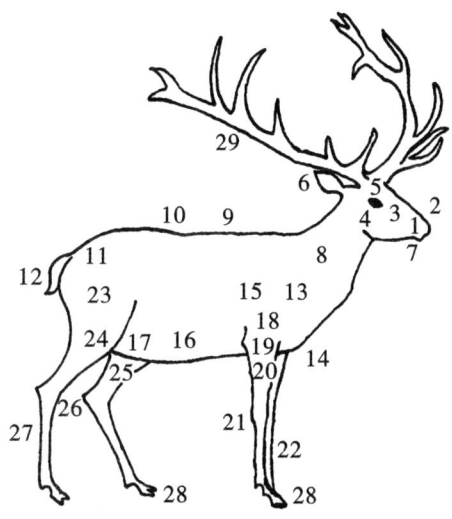

图 3-3 大型哺乳动物的外部形态

1.唇;2.吻;3.颊;4.眼;5.额;6.耳;7.下颏;8.颈;9.背;10.腰;11.臀;12.尾;13.肩;14.前胸;15.胸;16.腹;17.鼠蹊;18.上臂;19.肘;20.前臂;21.腕;22.前足;23.股;24.膝;25.胫;26.跗;27.后足;28.蹄(爪、甲);29.角

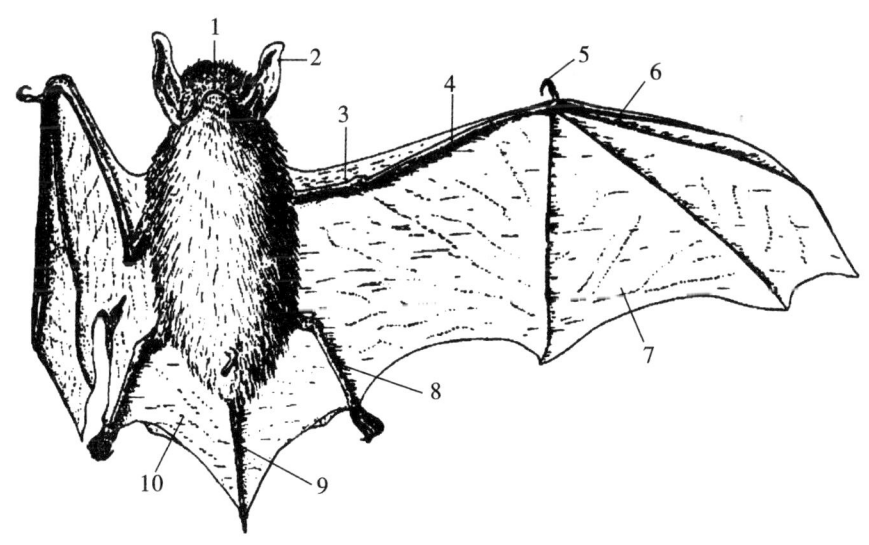

图 3-4 翼手类的外部形态

1.吻;2.耳;3.肱骨;4.尺骨;5.第一指;6.指骨;7.指间膜;8.后肢;9.尾;10.股间膜

2. 哺乳动物的头骨

在哺乳动物的骨骼系统中,头骨的结构最为复杂,而头骨其形态特征是哺乳动物分类

的重要依据之一。因此，在哺乳动物研究中，必须了解其头骨的形态学与解剖学知识。不同类群哺乳动物头骨各部位名称见图3-5、图3-6、图3-7所示。

哺乳动物的头骨由颅骨和下颌骨组成，上颌骨与颅骨完全愈合，颅骨又可分为脑颅和咽颅，二者之分野位于眼眶后缘之切线上。颅骨在分类学上的意义最为重要。颅骨背面观的最前部分为1对鼻骨，其下为鼻腔，由鼻中隔分为左右两部分，内有复杂的鼻甲骨。鼻骨之后为1对额骨，额骨外缘常有一突起，称为眶上(后)突，眶上突为眼眶的后缘，其前方即为咽颅部分。额骨之后为1对顶骨，在某些哺乳动物(如啮齿动物)的顶骨之后还有1块顶间骨。顶骨或顶间骨之后为脑颅的枕部，由单一的枕骨组成，枕骨中央为枕骨大孔，孔之两侧各有1个枕髁，枕髁可与寰椎形成关节。

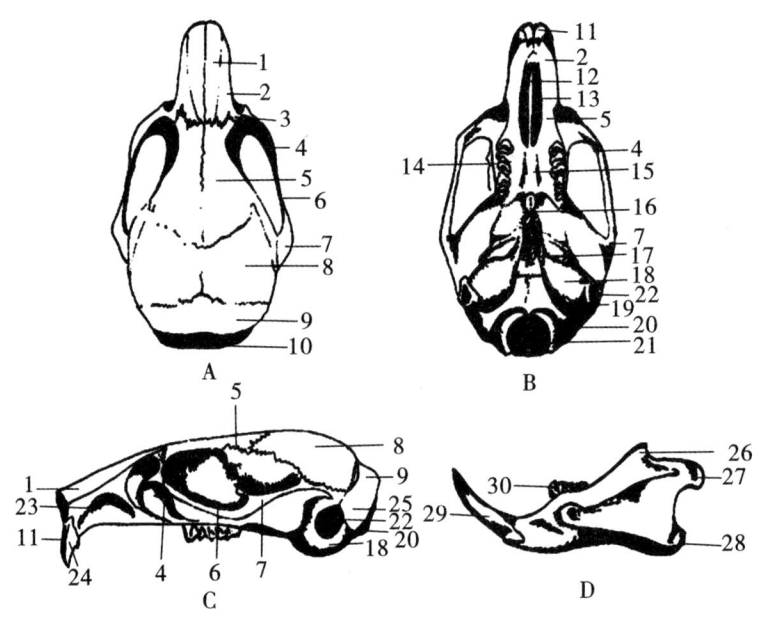

图3-5　啮齿动物头骨的形态

A.颅骨背面观；B.颅骨腹面观；C.颅骨侧面观；D.下颌侧面观

1.鼻骨；2.前颌骨；3.上颌骨；4.颧突；5.额骨；6.颧弓；7.鳞骨；8.顶骨 9.顶间骨；10.上枕骨；11.上门齿；12.犁骨；13.门齿孔；14.上白齿；15.腭骨；16.中翼骨突；17.翼骨；18.听泡；19.基枕骨；20.枕髁；21.枕骨大孔；22.听孔；23.颧板；24.门齿缺刻；25.侧枕骨；26.喙状突；27.关节突；28.角突；29.下门齿；30.下白齿

在鼻骨的两侧，分别为前颌骨和上颌骨，与鼻骨一起构成吻部。鼻骨后部两侧各有一孔，称为眶下孔(眶后孔)。上颌骨的后端有一突起称颧突，与颧骨本体和鳞骨的颧突共同构成颧弓。鳞骨的腹面为颌关节窝和颌关节突，关节窝与齿骨形成关节。下颌骨由1对齿骨构成，其后端上方为喙状突(冠状突)，中间为关节突，下端为角突，左右下颌骨在前端通过韧带相连接，称为下颌联合。

许多哺乳动物成体的头骨上有发育良好的骨嵴，亦可作为分类的依据。与顶骨骨缝平行，在左右顶骨上各有一明显的嵴，称为顶嵴。沿顶嵴前行，在额骨之间者为额嵴。有些种类在左右顶骨间的骨缝处还形成矢状嵴。顶骨与上枕骨、外枕骨愈合外的隆起称为人字嵴。

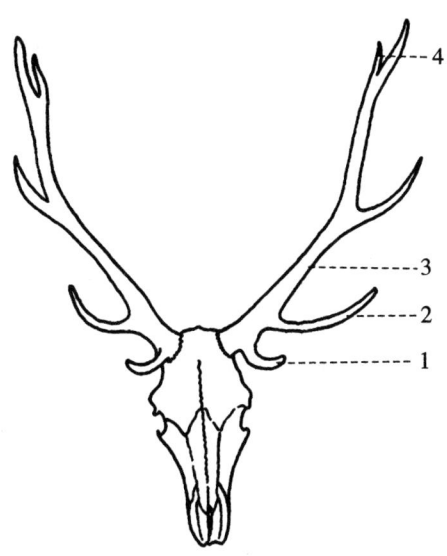

图 3-6　鹿角形态
1. 肩叉；2. 第二叉；3. 角干；4. 后叉

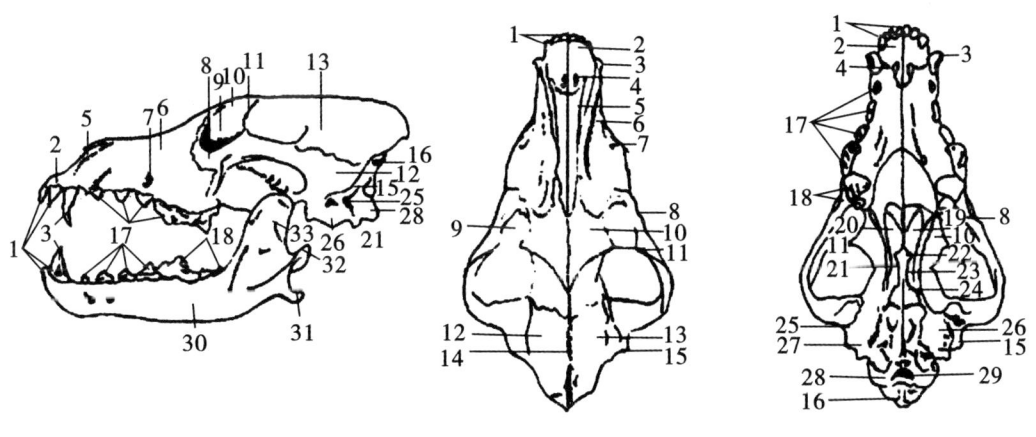

图 3-7　食肉类的头骨
1. 门齿；2. 前颌骨；3. 犬齿；4. 门齿孔；5. 鼻骨；6. 上颌骨；7. 眶前孔；8. 颧骨 9. 眼眶；10. 额骨；11. 眶后突；12. 鳞骨；13. 顶骨；14. 矢状骨；15. 乳状突；16. 枕骨；17. 前臼齿；18. 臼齿；19. 腭骨；20. 犁骨；21. 翼骨突；22. 前蝶骨；23. 翼骨；24. 基蝶骨；25. 外耳骨；26. 听泡；27. 基枕骨；28. 枕髁；29. 枕骨大孔；30. 下颌骨；31. 角突；32. 关节突；33. 冠状突

3. 哺乳动物的牙齿

哺乳动物牙齿的数目和形态结构特征在同一物种是相对稳定的，故对分类鉴定具有非常重要的意义。哺乳动物的牙齿着生于颌骨上的齿槽内,可分为门齿、犬齿、前臼齿和臼齿,故为槽生异形齿。齿冠表面被以釉质,齿根表面被以齿骨质,齿冠、齿根内部均为齿骨质,在啮齿动物,门齿仅在前面有釉质。哺乳动物的牙齿特征常以齿式来描述,横线之上为一侧上颌牙齿数,之下为一侧下颌牙齿数。

$$\frac{门齿数\quad 犬齿数\quad 前臼齿数\quad 臼齿数}{门齿数\quad 犬齿数\quad 前臼齿数\quad 臼齿数}$$

如大仓鼠的齿式为: $\dfrac{1\ \ 0\ \ 0\ \ 3}{1\ \ 0\ \ 0\ \ 3}$

人的齿式为: $\dfrac{2\ \ 1\ \ 2\ \ 3}{2\ \ 1\ \ 2\ \ 3}$

哺乳动物的牙齿总数一般不超过 44 枚。门齿多为凿状,多具单一齿根,分别着生于上、下颌骨的相应位置上,用以剪切或咬断食物,一般不超过 3 对,啮齿动物的门齿无齿根,故可终生不断生长。犬齿 1 对,具单一齿根,分别着生于上、下颌骨的相应位置,多呈圆锥状。前臼齿和臼齿合称为颊齿,前臼齿最多时可达每侧 4 枚,具 2 个齿根,臼齿一般为 3 枚,具 3 个齿根。在原始种类,前臼齿较臼齿结构简单,但在草食性种类,其前臼齿往往变得相当复杂,与臼齿相似,此称前臼齿的"臼齿化"。臼齿的形态在草食性种类和杂食性种类较为复杂,而在肉食性种类则趋于简化,以至消失。

一般来说,哺乳动物的牙齿连续着生,但在草食性种类和啮齿动物,其门齿和颊齿常部分牙齿缺失,使门齿和颊齿出现一空缺,此称齿隙或虚位,如啮齿动物的犬齿虚位(图 3-5)。

哺乳动物牙齿的结构特征还表现在臼齿的齿尖方面(图 3-8)。以上颌臼齿为例,内侧的前部有一单尖,称为原尖,外侧与原尖相对者为前尖,前尖之后为后尖,此为基本结构,其他臼齿的复杂形式均以此为基础形成。在原尖和前尖之间形成前小尖,在原尖和后尖之间形成后小尖。某些高等种类在原尖之后还发展出较小的次尖。下颌臼齿齿冠的齿突与上颌臼齿的齿突相对应,但内外次序不同。下颌臼齿外侧前后分别为下前尖和下次尖,内侧前面分别为下原尖和下后尖。此外,下后尖与下次尖之后尚有下内尖、下次小尖。

4. 哺乳动物的形态测量

外部形态测量数据是哺乳动物研究中非常重要的基础资料。因动物体型和大小的不同,测量内容略有差异。一般包括下述项目。

(1) 外部形态测量(图 3-9、图 3-10、图 3-11)

1) 体重 动物的整体重量。

2) 体长 自吻端至肛门(或尾基)的直线距离。

3) 尾长 自肛门(或尾基)至尾端的直线距离(尾毛除外)。

4) 后足长 自踵部至最长趾端的直线距离(爪除外)。

5) 耳长(高) 自耳孔下缘至耳壳顶端的距离(耳毛除外),如耳呈管状,则自耳壳基部起测量。

6) 肩高 自前肢末端至肩部最高处的直线距离,用于大型种类。

7) 臀高 自后肢末端至臀部最高处的直线距离,用于大型种类。

8) 胸围　前肢后缘处围绕躯体一周的长度,用于大型种类。
9) 腰围　后肢前缘处围绕躯体一周的长度,用于大型种类。

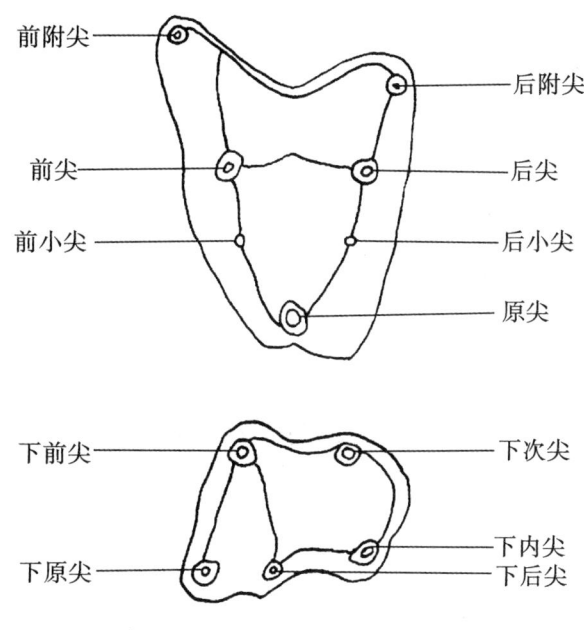

图 3-8　哺乳动物臼齿的齿尖

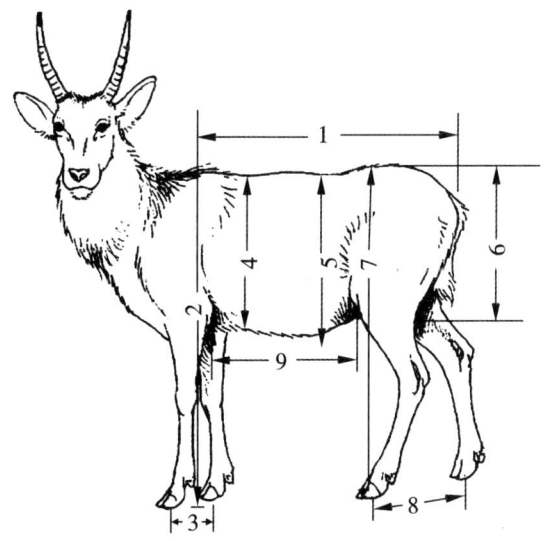

图 3-9　大型哺乳动物的外部形态测量
1. 躯干长;2. 肩高;3. 前肢左右间距;4. 胸围;5. 腹围;
6. 腰围;7. 臀高;8. 后肢左右间距;9. 前后肢间距

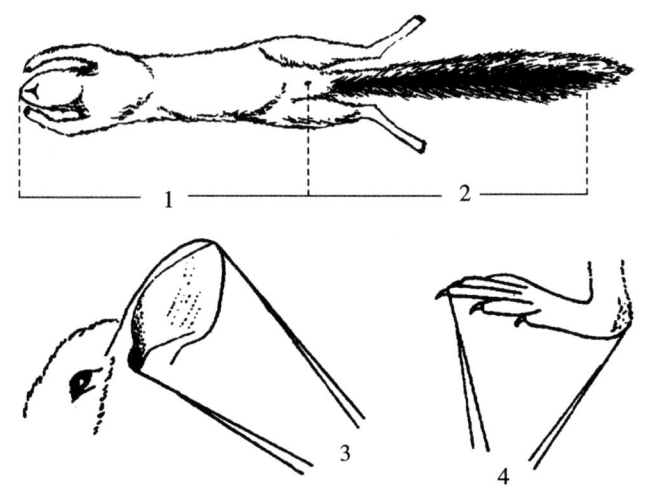

图 3-10 小型哺乳动物的外部形态测量
1. 体长；2. 尾长；3. 耳长；4. 跗蹠长

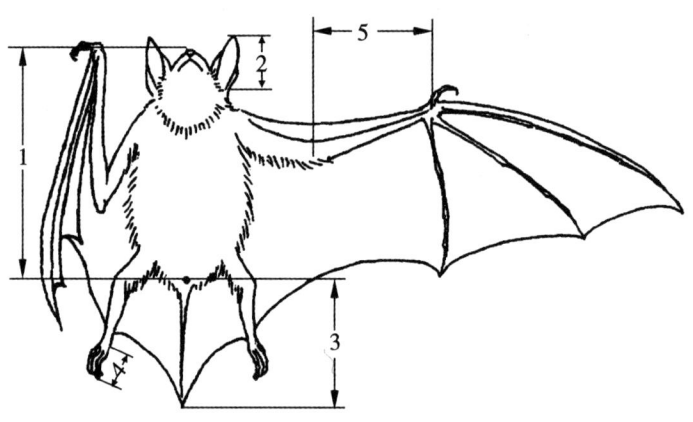

图 3-11 翼手类的外部形态测量
1. 体长；2. 耳长；3. 尾长；4. 后足长；5. 前臂长

(2) 头骨（图3-12）

1) 颅全长 自颅骨前方最突出点（门齿唇面、前颌骨最前端或鼻骨前缘）至颅骨后部最突出点间的直线距离，为头骨的最大长度。

2) 颅基长 自前颌骨最突出点（上门齿唇面）至左右枕髁后端连线间的直线距离。

3) 基长 自前颌骨最突出点（上门齿唇面）至枕骨大孔下缘的最短距离。

4) 基底长 自前颌骨前端（上门齿后面）至枕骨大孔下缘的最短距离。

5) 腭长 自中间门齿齿槽后缘至腭骨后缘（不包括棘突）的直线距离。

6) 颧宽 左右颧弓外缘间的最大距离。

7) 齿隙 自门齿基部后缘至第一颊齿基部前缘的距离，用于啮齿动物。

8）眶间宽 左右两眼眶内缘间的最短距离。
9）眶后宽 眶上突起后方额骨的最小宽度，多用于兔科与松鼠科动物。
10）后头宽 头骨后部脑颅的最大宽度。
11）颅高 自顶骨最高点至听泡的最低点之间的直线距离。
12）后头高 自基枕骨突出点至此区域内颅顶最高点间的直线距离。
13）听泡长 听泡前后缘之间的最大长度。
14）听泡宽 听泡左右隆起之间的最大宽度。
15）上齿列长 自上门齿前缘至最后1枚上白齿后缘的最大长度。
16）上颊齿列长 自第1枚上颊齿前缘至最后1枚上白齿后缘的最大长度。
17）下齿列长 自下门齿前缘至最后1枚下白齿后缘的最大长度。
18）下白齿列长 自第1枚下白齿前缘至最后1枚下白齿后缘的最大长度。

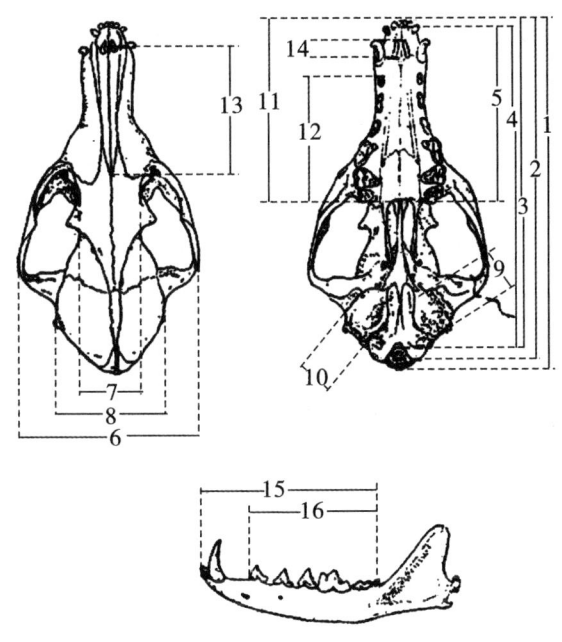

图 3-12 哺乳动物头骨的形态测量
1. 颅全长；2. 颅基长；3. 基长；4. 基底长；5. 腭长；6. 颧宽；7. 眶间宽；8. 后头宽；9. 听泡宽；10. 听泡宽；11. 上齿列长；12. 上白齿列长 13. 鼻骨长；14. 门齿孔长；15. 下齿列长；17. 下白齿列长

附：中国哺乳动物常见种类检索表

1. 无后肢，前肢呈桨状，尾扁平似鳍……………………………………………………2
   有后肢，前肢不呈桨状，尾不呈鳍形…………………………………………………8
2. 体披毛，鼻孔近吻端，肉唇厚而下垂，雌兽乳头生在胸部，口腔内生有不同形状牙齿
   …………………海牛目（Sirenia），国内仅儒艮1种，分布于南中国海

体无毛,鼻孔多仰开,肉唇不厚垂,雌兽乳头生在近胯部,口腔内生有同形齿或无牙齿 ·· 鲸目(Cetacea)(3)

[鲸目]

3. 体型大,体长多在 10 m 以上,腹面具褶沟,口腔内生有须,无牙齿 ········ 4
   体型较小,一般体长不到 10 m,腹面平滑无褶沟,口腔内生有牙齿,无须 ······ 5
4. 无背鳍,腹面只有 2~4 条褶沟 ················· 灰鲸,见于太平洋沿岸海域
   有背鳍,腹面褶沟多达百条 ················ 鳁鲸科种类,生活在我国各海域
5. 上颌无任何牙齿,额部极膨大,前伸远超出下颌,鼻孔位于头的前部······抹香鲸科种类,生活在我国各海域
   上颌有牙齿,少数种类只有 1~2 颗退化齿,额部不膨大,上下颌前端等齐,鼻孔位于头的顶部 ·· 6
6. 吻细长呈锥状,端部略上翘········· 白鳍豚,生活在长江中、下游及洞庭湖中
   吻较短钝,端部不上翘 ·· 7
7. 体型较小,体长在 1.3 m 以下
   ················ 江豚,见于江苏、浙江沿海以及长江和钱塘江下游与河口
   体型较大,体长大于 1.5 m ··············· 海豚科种类,生活在我国各海域
8. 四肢呈鳍状,后肢向后,适于游水 ··
   ··················· 鳍足目(Pinnipedia)海豹科种类,见于我国近海区
   四肢不呈鳍状,适于陆上活动 ·· 9
9. 上唇与鼻特长,能卷曲,鼻端有能捡拾食物的指状物 ·······················
    ······ 长鼻目(Proboscidea),我国仅 1 种亚洲象,生活在云南南部西双版纳密林中
   上唇与鼻不特别长,不能卷曲,端部无指状物 ································ 10
10. 四肢有蹄 ·· 11
    四肢有爪或扁甲,无蹄 ·· 43
11. 蹄单数 ·· 奇蹄目(Perissodactyla)(12)
    蹄双数 ··· 偶蹄目(Artiodactyla)(14)

[奇蹄目]

12. 耳短,不到 170 mm,颈部鬃毛长超过耳基前缘,尾全披长毛·················
    ················· 野马,原分布于新疆北部、甘肃西北部,现已多年不见踪迹
    耳长,超过 170 mm,颈部鬃毛短,不到耳基前缘,尾基部无长毛 ············ 13
13. 毛色沙棕,背腹毛色界线在腹侧上部············ 野驴,分布于内蒙古、甘肃、新疆
    毛色红棕,背腹毛色界线在腹侧下部 ············ 藏野驴,分布于青海、西藏

[偶蹄目]

14. 后足具 2 趾,掌呈盘状,背部有高耸的肉峰································
    ································ 双峰驼,分布于新疆、甘肃、青海等地
    后足具 4 趾,掌不呈盘状,背部平坦无肉峰···································· 15
15. 鼻伸长呈圆锥状,端部有鼻盘················ 野猪,分布较广
    鼻不呈圆锥状,端部无鼻盘 ·· 16

16. 臀高明显大于肩高 ·· 17
　　臀高不大于肩高 ·· 17
17. 个体较大,体长多在 60 mm 以上,雄兽脐下部有麝香囊 ··
　　·· 麝属种类,生活在各地林区
　　个体较小,体长多在 50 mm 以下,雄兽脐下部无麝香囊 ··
　　·· 鼷鹿,仅见于云南西双版纳密林中
18. 两鼻孔间距离不小于鼻唇间距离;如有角,则角干多分叉,无角鞘,每年脱换······
　　··· 19
　　两鼻孔间距离明显小于鼻唇间距离,如有角,则有角鞘,终生不脱落,角干多不分叉
　　··· 31
19. 体型较大,成体体长多超过 1.5 m ··· 20
　　体型较小,体长一般不大于 1.4 m ·· 27
20. 吻端全被毛或部分被毛 ··· 21
　　吻端裸露无毛 ·· 22
21. 唇鼻部甚膨大,吻端有一个三角形的无毛区,仅雄兽有角,其主干多侧扁呈掌状····
　　·· 驼鹿,分布于大、小兴安岭林区
　　唇鼻部不膨大,吻端全被毛,雌雄兽皆生角,其主干高,不呈掌状··················
　　·· 驯鹿,仅见于大兴安岭额尔古纳旗一带
22. 雄鹿角形特殊,无眉叉,角干分前后两支,前支再分为两叉,而后支长直,不再分叉
　　··· 麋鹿,我国特产,原分布于华北。现仅生活在少数鹿苑和动物园中
　　雄鹿角不同于麋鹿 ··· 23
23. 体型大,成体体长大于 1.7 m ·· 24
　　体型中等,成体体长小于 1.7 m ··· 26
24. 尾较长而密生黑棕色蓬松的长毛,雄兽角较细小,仅分 3 叉 ················
　　·· 水鹿,分布于我国南方各省区的山地森林中
　　尾较短,无暗色长毛,雄兽角较粗壮,分 4~5 叉或更多 ··· 25
25. 吻部两侧及下唇白色,背上无暗色脊纹 ···
　　··· 白唇鹿,我国特产,仅见于青藏高原东部和邻近地区
　　吻部两侧和下唇不为白色,背部有明显的黑棕色脊纹 ······································
　　·· 马鹿,分布于我国北方和西南地区的森林中
26. 夏季背及体侧有较多白色毛斑,有白色臀斑,雄兽角直,眉叉与角干成锐角 ······
　　·· 梅花鹿,现仅在安徽、江西和四川还能见到野生种群
　　夏季背脊部两侧各有一列白斑,无臀斑,雄兽角弯,眉叉与角干呈弧形 ·········
　　·· 坡鹿,仅分布于海南的山地林区
27. 雄兽角较长大,分叉;无上犬齿 ··· 28
　　雄兽角较小,不分叉或无角;有獠牙状上犬齿 ·· 29
28. 角无眉叉,角干表面粗糙,有很多小突起,尾短,不露出毛被外 ·····················
　　·· 狍,分布于北方各省区森林中

角有眉叉,角干表面光滑无小突起,尾较长,明显可见 …………………………
………………………………………………… 豚鹿,仅见于云南西南边境一带
29. 雄兽角较长,明显露于毛被外,獠牙(上犬齿)较短小,不明显突出口外 …………
………………………………… 麂属种类,分布于南方各省(区)雄兽或无角,或角甚小,隐于毛被中,獠牙(上犬齿)特发达,明显突出口外 ……………………… 30
30. 额部有一簇黑色长毛,雄兽有角…………… 毛冠鹿,分布于我国南方各省
额部无长毛簇,雌雄兽均无角 ………………… 獐,分布于长江流域各省
31. 体型大,成体体长2 m以上,角表面光滑,尾长大于30 cm …………………… 32
体型较小,成体体长小于1.8 m,角基部具狭窄横环,尾长小于20 cm ………… 33
32. 四肢自膝以下白色,体无下垂长毛……………… 野牛,分布于云南
四肢上、下一色,体有下垂长毛 ………………… 牦牛,分布于青藏高原
33. 额鼻部甚膨大………… 高鼻羚羊,分布于新疆北部地区,近几十年已不见
额鼻部不甚膨大 ………………………………………………………… 34
34. 角甚短,不大于耳长 ……………………………………………………… 35
角较长,明显大于耳长 …………………………………………………… 36
35. 体型较大,成体体长大于1.2 m,颈部多有鬣毛………………………………
……………………… 鬣羚属种类,分布于我国南方各地林区及台湾省
体型较小,成体体长1.1 m左右,颈部无鬣毛 ………………………………
……………………… 斑羚属种类,分布于我国东部山地林区和喜马拉雅山地
36. 角型特殊,由头部向上长出后,随即外翻,再向后弯转,角尖则向内弯,吻鼻部裸露
……………………… 羚牛,分布于青藏高原东缘和秦岭山地
角型与上述不同,吻鼻部被毛 …………………………………………… 37
37. 仅雄兽有角,角较细,最大直径与耳宽相近…………………………………… 38
雌雄都有角,角较粗,最大直径超过耳宽的2倍…………………………… 40
38. 角特长,大于500 mm ………………………………… 藏羚,产于青藏高原
角短,小于400 mm ……………………………………………………… 39
39. 尾长大于120 mm,端部毛黑色,臀部白斑较小,向上不超过尾基部…………
……………… 鹅喉羚,分布于新疆、甘肃西北部和内蒙古西部的荒漠和半荒漠中
尾长小于110 mm,端部无黑毛,臀斑较大,上升到尾基部以上………… 原羚属种类,我国有黄羊、藏原羚和普氏原羚3种,分布于内蒙古、甘肃、青海、西藏等地
40. 雄羊角较短,明显小于头长,身体披蓬松长毛…………………………………
……………………… 喜马拉雅塔尔羊,仅见于西藏的喜马拉雅山地
雄羊角较长,明显大于头长,身体不披蓬松长毛………………………… 41
41. 雄羊角呈螺旋状弯曲……… 盘羊,分布于青藏高原、新疆、甘肃、内蒙古等地山区
雄羊角较直,不呈螺旋状弯曲 …………………………………………… 42
42. 角长为头长的2倍左右,呈弯刀状向后上方生长,雄兽颏部有长须…………
……………………………………… 北山羊,分布于新疆和内蒙古西部
角较短,不超过头长的1.5倍,呈倒人字形向外上方生长,雄兽颏部无须…岩羊属

种类,分布于我国青藏高原、新疆、甘肃、内蒙古和四川等地

43. 前肢形状异常,生有薄而几乎无毛的飞膜,适于飞行 … 翼手目(Chiroptera)(44)

    前肢正常,无飞膜,不能飞行,少数种类,四肢间有生毛的皮膜,只能滑翔 …… 50

[翼手目]

44. 耳壳构造与一般兽类相似,前肢第2指相当游离具爪 ……………………………
    …………………… 狐蝠科种类,分布于我国西部南亚热带森林中

    耳壳构造复杂,有耳屏或对耳屏,前肢第2指不呈游离状,不具爪 ………… 45

45. 吻鼻部有鼻叶构造…………………………………………… 46

    吻鼻部无鼻叶构造…………………………………………… 48

46. 耳屏两叉形,无对耳屏,鼻叶构造简单………………………………………
    ………… 假吸血蝠科,已知我国仅1种,即印度假吸血蝠,分布于南亚热带林区

    无耳屏,有1对发达的对耳屏,鼻叶构造复杂………………………………… 47

47. 足指各具2节指骨,鼻叶包括一马蹄形构造及一横列的长形顶叶 ……………
    …………………………… 蹄蝠科种类,分布于我国南部的亚热带林区

    足指各具3节指骨,鼻叶包括一马蹄形构造及一纵列的鞍形叶和连接叶,以及一
    个近于三角形的顶叶 ……………………… 菊头蝠科种类,分布于我国东部季风区

48. 尾末段不从腹间膜穿出 ………………………… 蝙蝠科种类,几乎遍布全国

    尾末段从腹间膜穿出……………………………………………… 49

49. 第2指无指骨,尾自腹间膜背面穿出 ………………………………………
    ……… 鞘尾蝠科,已知我国仅黑髯墓蝠1种,分布于云南、广西、广东、海南等地

    第2指有指骨,尾自腹间膜后缘穿出……… 犬吻蝠科种类,主要分布于南亚热带

50. 头背部和体侧都披覆呈瓦状排列的角质鳞片………………………………………
    ………… 鳞甲目(Pholidota),仅穿山甲1种,分布于我国南方各省

    头背部和体侧无鳞片………………………………………… 51

51. 门齿粗大呈凿状,无犬齿 ………………………………………… 52

    门齿不呈凿状,有犬齿…………………………………………… 113

52. 上颌门齿2对,在1对大门齿后还有1对小门齿…… 兔形目(Lagomorpha)(53)

    上颌门齿只1对,在大门齿后无小门齿 ………………… 啮齿目(Rodentia)(54)

[兔形目]

53. 体型较大,成体体长超过300 mm,耳长形,后肢远比前肢长,尾露出毛被外……
    ……兔属种类,分布于全国各地,其中体型最大的一种雪兔,体长460 mm左右
    冬毛全身变白,仅耳尖终生黑色,分布于黑龙江、内蒙古东部和新疆北部

    体型较小,成体体长远小于250 mm,耳近圆形,前后肢长度接近相等,尾不露出毛
    被外…………………… 鼠兔属种类,分布于北方、西南山地和青藏高原

[啮齿目]

54. 身体披角质长刺……………………………………………… 55

    身体披毛…………………………………………………… 56

55. 体型较小,成体体长不达450 mm,尾较长,显露于棘刺外,末端具帚状刺毛簇…

………………………………………… 帚尾豪猪,分布于云南、四川、海南等地
　　体型较大,成体体长超过 500 mm,尾较短,隐于棘刺中,其端部特化为膨大的铃状
　　………………………………………… 豪猪属种类,分布于南方各省(区)
56. 具扁平形,覆以大型鳞片的大尾 ………………………………………………
　　………………………………………… 河狸,在我国仅见于新疆东北部的布尔根河中
　　尾的形状与上述不同 ……………………………………………………………… 57
57. 后肢长,为前肢的 2.5 倍以上 …………………………………………………… 58
　　后肢与前肢长度大致相等 ………………………………………………………… 59
58. 后肢长大约为前肢的 4 倍左右 ……… 跳鼠科种类,分布于北方干旱地区
　　后肢长大约为前肢的 2.5 倍左右 …… 林跳鼠,分布于青藏高原东缘的山地林区
59. 从耳的基部,经眼到鼻有黑色条纹 ……………………………………………
　　………………………………………… 睡鼠科种类,分布于新疆北部和四川岷山山地
　　耳、眼、鼻部无上述黑纹 ………………………………………………………… 60
60. 四肢间生有能滑翔的皮膜 …………………………………………………………
　　………………… 鼯鼠科种类,分布于东部季风区森林中和新疆阿尔泰山地中
　　四肢间无皮膜,不能滑翔 ………………………………………………………… 61
61. 上唇不中分为左右两瓣 ……………… 蹶鼠属种类,分布于北方和横断山地
　　上唇中分为左右两瓣 ……………………………………………………………… 62
62. 上颌每侧有 4~5 枚颊齿 ………………………………………………………… 63
　　上颌每侧只有 3 枚颊齿 …………………………………………………………… 78
63. 耳壳较发达,明显露出毛被,尾较长,为体长的 2/3 左右或更长 ………… 64
　　耳壳退化,不明显,尾较短,多小于体长之半 ………………………………… 72
64. 体型大,体长超过 270 mm,背毛黑色,腹部黄色 ……………………………
　　………………………………………………… 巨松鼠,分布于云南、广西、海南
　　体型较小,体长小于 250 mm,毛色与上述不同 ……………………………… 65
65. 背部有明暗相间的花纹 …………………………………………………………… 66
　　背部无明暗相间的花纹 …………………………………………………………… 68
66. 体长大于 150 mm ……………………………… 条纹松鼠,分布于云南南部
　　体长小于 150 mm ………………………………………………………………… 67
67. 背部有 5 条显著的暗色纵纹 ………… 花鼠,分布于我国北方和四川等地
　　背部有 3 条显著的暗色纵纹 … 花松鼠属种类,分布于南方各省及河南、山西、河北
　　等地
68. 耳端有簇状长毛,腹毛白色 ……… 松鼠,现分布于东北、内蒙古和新疆北部林区
　　耳端无簇状长毛,腹毛不白 ……………………………………………………… 69
69. 尾基部和腹部常有锈红色毛斑 …… 长吻松鼠属种类,分布于秦岭、长江以南地区
　　尾基部和腹部无锈红色毛斑 ……………………………………………………… 70
70. 体侧有一淡黄色纵纹 ……………………………… 侧纹岩松鼠,分布于云南西部
　　体侧无淡黄色纵纹 ………………………………………………………………… 71

71. 背毛灰黄或灰棕黄色，腹面为单一的浅灰黄色，尾毛蓬松而稀疏，尾端白毛较长 ············ 岩松鼠，我国特产，分布于东北和内蒙古南部以南，河北以西，长江以北，陕西、甘肃、四川以东的低山丘陵地区

    背毛橄榄黄色，腹面有多种其他毛色，如也为浅灰黄色，则尾毛仅端部长，尾端有黑色毛 ················· 丽松鼠属，分布于秦岭、长江以南的山地森林中

72. 体型大，成体体长在 400 mm 以上 ··································· 73

    体型较小，成体体长小于 300 mm ··································· 75

73. 尾长超过体长的 1/3，体背毛色棕黄或土黄 ················· 长尾旱獭，分布于新疆西南部高山区

    尾长仅为体长的 1/4，体背毛色干草黄或黄褐色，具深色毛尖 ················· 74

74. 眼周与鼻端毛黑色，耳毛橘黄色 ······ 喜马拉雅旱獭，分布于青藏高原及周围山地

    眼周与鼻端毛不黑，耳毛上黄色 ······ 旱獭，分布于内蒙古和新疆北部

75. 后脚掌被密毛 ······ 达乌尔黄鼠，分布于我国青海、甘肃以东，秦岭、黄河以北地区

    后脚掌裸露无毛 ································· 76

76. 成体尾长在 100 mm 以上，尾毛具白色毛尖 ················· 长尾黄鼠，分布于新疆和黑龙江北部

    成体尾长小于 80 mm，尾毛具土黄色毛尖 ················· 77

77. 尾长为体长的 1/5～1/4 左右 ················· 赤颊黄鼠，分布于新疆北部、甘肃西北部和内蒙古西部

    尾长为体长的 1/4～1/3 左右 ················· 其他黄鼠属种类，分布于新疆

78. 尾毛稀疏而长，近端部毛长可达 10 mm ······ 猪尾鼠，分布于秦岭、长江以南地区

    尾毛短密，或完全无毛 ································· 79

79. 第一上白齿咀嚼面，有 3 横列立板状的齿嵴 ······························· 80

    第一上白齿咀嚼面的特征与上述不同 ······································· 81

80. 体型较大，后足长大于 37 mm ······ 板齿鼠，分布于我国南亚热带各省

    体型较小，后足长小于 36 mm ······ 印度地鼠，分布于新疆西部

81. 前两颗上白齿的咀嚼面有 3 纵列齿丘 ·································· 82

    前两颗上白齿的咀嚼面特征与上述不同 ·································· 93

82. 上门齿从侧面观，可见其内侧有一直角形的缺刻 ··· 小家鼠属，遍布于各省（区）

    上门齿没有上述直角形缺刻 ······························· 83

83. 体型较大，后足长超过 45 mm ······································· 84

    体型较小，后足长小于 45 mm ······································· 85

84. 体背毛暗棕褐色，无白色毛尖，尾背、腹面毛明显两色，尾端部一段的毛白色 ············ 白腹巨鼠，分布于南方各省（区）

    体背毛深灰褐色，部分毛具白尖，尾背、腹面毛色基本相同，尾端无一段白毛区，或仅尖部有白毛 ················· 青毛鼠，分布于南方各省（区）

85. 体型小，成体体长多小于 70 mm，耳壳短，前折仅到耳眼距之半，尾能卷曲，尾梢上面裸露 ················· 巢鼠，分布于我国东部

体型略大,成体体长大于 70 mm,耳壳较长,前折可达眼,尾不能卷曲,尾梢上面不裸···86
86. 背部有一条明显或隐约可见的黑色脊纹···
··黑线姬鼠,分布于我国东部季风区和新疆西北部边境地区
背部无黑色脊纹···87
87. 腹毛黄色或纯白色,基部白色··88
腹毛污白色或其他颜色,基部暗灰色··90
88. 体背毛色较暗淡,全年体背无刺毛,或仅夏季有少量刺毛,尾端有白色毛区··············
··北社鼠,分布于我国长江流域至东北南部间的季风区
体背毛色鲜艳,呈锈棕色,全年体背均杂有较多刺毛,尾端无白色毛区·············89
89. 腹毛纯白或略染黄色调······················针毛鼠,分布于南亚热带各省(区)
腹毛麦秆黄色或硫黄色··························社鼠,分布于南亚热带各省(区)
90. 尾较短,小于体长,基部明显粗,成体头骨的左右颞嵴几近平行·······························
··褐家鼠,几乎遍布各地
尾较长,大于或等于体长,比较匀称,成体头骨的颞嵴不平行·················91
91. 胸部或全腹面毛具明显的黄褐色毛尖,前足背具明显的褐色斑·····························
··黄胸鼠,分布于南方各省、河南、陕西、甘肃等地
整个腹面毛具污白或硫黄色毛尖,前足背毛白色,无暗色斑·············92
92. 后足较长,成体后足长达 36 mm·······大足鼠,分布于长江以南各省及四川盆地
后足较短,最大不超过 33 mm·······················黄毛鼠,分布于长江以南各省(区)
93. 上臼齿咀嚼面有两纵列齿丘(老年体常磨平),口腔内有颊囊·············94
上臼齿咀嚼面特征与上述不同,口腔内无颊囊·················100
94. 成体体长超过 250 mm,腹毛墨黑色,体侧前部每侧有 3 块白色斑·····························
··原仓鼠,分布于新疆西北部边境地区
成体体长不到 250 mm,腹毛不黑,体侧前部无浅色花斑·················95
95. 尾长不超过后足长,后足较宽,整个足掌被白色密毛,掌垫看不见·····························
··毛足鼠属,分布于我国北部及西部干旱地区
尾长超过后足长,仅足跟部被毛,前部裸露,掌垫清晰可见·············96
96. 背有黑色脊纹··········黑线仓鼠,分布于甘肃以东,长江、黄山以北地区
背无黑色脊纹···97
97. 尾较短,接近或略超过后足长,尾基部很粗,整个尾呈楔形·····························
··短尾仓鼠,分布于新疆、甘肃、内蒙古、河北北部等地
尾较长,为后足长的 2 倍左右,尾基部仅比尾端略粗,尾形正常·············98
98. 体型较大,体长不小于 140 mm,尾端部白色·····························
··大仓鼠,分布于甘肃以东,长江、黄山以北各地
体型较小,体长小于 130 mm,尾端部不为白色·················99
99. 腹部毛全白·············灰仓鼠,分布于新疆、甘肃、青海、宁夏、内蒙古西部
腹部毛基灰色·············其他仓鼠属种类,分布于我国北方和青藏高原

100. 前足爪甚长,爪长明显超过趾长 ············· 鼢鼠属种类,分布于长江以北地区
    前足爪短,爪长不超过趾长 ··· 101
101. 门齿表面有 1～2 条纵沟,尾长超过体长的 3/5,末端具长毛簇 ············· 102
    门齿表面无纵沟,尾长小于体长的 3/5,末端不具长毛簇 ················· 104
102. 每枚上门齿表面有两条纵沟,外侧的一条较明显····························
     ····················· 大沙鼠,分布于新疆、甘肃、宁夏、内蒙古等地
    每枚上门齿表面仅有一条纵沟 ·· 103
103. 耳较小,耳长小于 10 mm,占后足长(连爪)的 1/3 左右
     ····················· 短耳沙鼠,分布于新疆、甘肃和内蒙古西部
    耳较大,耳长大于 10 mm,占后足长(连爪)的 1/2 左右
     ··· 沙鼠属种类,分布于北方干旱地区
104. 臼齿咀嚼面具左右交错排列的三角形齿环,多营地面生活,耳眼发育正常,如地
    下活动则体型较小,成体体长远小于 150 mm ····························· 105
    臼齿咀嚼面具块状孤立齿环,营地下生活,耳眼较退化,体型较大,成体体长远大
    于 200 mm ··· 111
105. 体型较大,成体后足长超过 65 mm,后足趾间具半蹼,尾侧扁,被圆形小鳞片····
     ·· 麝鼠,分布于新疆和黑龙江
    体型较小,成体后足长不及 35 mm,后足趾间无半蹼,尾轴圆形,被密而短的毛····
     ··· 106
106. 体型较大,成体体长一般不小于 150 mm,后足长不小于 30 mm ·············
     ·· 水鼠,分布于新疆北部
    体型较小,成体体长小于 150 mm,后足长小于 30 mm ············· 107
107. 营地下生活,眼很小,耳壳退化而不显露于毛被外,上门齿唇面白色,明显地向前
    倾斜而露出唇外 ···
     ············ 鼹形田鼠,分布于新疆、甘肃、陕西、宁夏和内蒙古的西部和中部
    营地面生活,眼正常,耳壳明显可见,上门齿唇面黄色,不向前倾斜,不露出唇外
     ·· 108
108. 尾很短,小于后足长,后脚掌全部覆盖以密毛
     ············ 兔尾鼠属种类,分布于新疆、甘肃和内蒙古的西部和中部
    尾较长,超过后足长,后脚掌仅跟部被毛,掌心裸露 ············· 109
109. 背部毛红棕色 ·· 110
    背部具其他毛色··················· 田鼠亚科其他种类,分布于全国各地
110. 耳壳内缘覆橘黄色或黄褐色毛,尾毛蓬松,尾背而有少数红棕色或黄褐色毛····
     ········· 红背鼠,分布于东北,内蒙古和新疆林区
    耳壳内缘覆灰褐色毛,尾毛较短,尾背毛色暗棕黄或黑褐色 ············
     ··················· 棕背鼠,分布于东北、华北和新疆林区
111. 体型大,成体体长大于 380 mm,颊部至眼周毛红棕色·······················
     ··· 大竹鼠,分布于云南西双版纳竹林中

　　　　体型较小,成体体长小于380 mm,颊部至眼周全无红棕色毛 ············ 112
112. 体背毛色灰棕,背毛全无白色毛尖,尾被毛稀疏 ····································
　　　　···················· 中华竹鼠,分布于南方各省的竹林中
　　　　体背毛色灰褐,部分毛具白色毛尖,尾几乎裸露无毛 ·····························
　　　　························ 银星竹鼠,分布于南方各省竹林中
113. 拇指与其余四指对生,能握 ························ 灵长目(Primate)(114)
　　　　拇指不能与其余四指对握 ·· 132

[灵长目]

114. 前肢比后肢长 ··· 115
　　　　前肢不比后肢长 ·· 118
115. 雄兽黑色,无白眉,雌兽金黄色,两性头顶上都有向上生长的黑色簇毛 ···· 116
　　　　雄兽暗褐色,眉白色,雌兽黄褐色,两性头顶上的毛向后长,无上述黑色簇毛 ···
　　　　·· 117
116. 体型略小,成体体长一般不超过500 mm,雄兽颊部无白色斑 ·················
　　　　························ 黑长臂猿,分布于云南南部和海南
　　　　体型略大,成体体长超过500 mm,雄兽颊部有白色斑
　　　　························ 白颊长臂猿,分布于云南西双版纳地区
117. 仅眉部白色 ··············· 白眉长臂猿,分布于云南省中缅边境地区
　　　　眉部、脸周及手、足背面毛全白色 ······ 白掌长臂猿,分布于云南省中缅边境地区
118. 体型小,成体体长小于350 mm,头圆眼大,体短粗,尾短,隐于毛被中,行动缓慢
　　　　·· 119
　　　　体型较大,成体体长大于400 mm,头略长,眼略小,体较细瘦,行动机敏,尾长,明
　　　　显露出毛被外 ·· 120
119. 体型较大,成体体长大于300 mm,背部自头顶至尾基部有棕褐色纹,腹毛棕灰色
　　　　···················· 蜂猴,分布于云南和广西南部
　　　　体型较小,成体体长小于250 mm,背部脊纹不明显,腹毛灰白色
　　　　···················· 倭蜂猴,分布于云南勐腊县
120. 尾长仅为体长的2/3左右或更短,口腔内有颊囊 ·································· 121
　　　　尾长大于体长,口腔内无颊囊 ·· 126
121. 尾长大于150 mm ·· 122
　　　　尾长小于100 mm ·· 125
122. 尾较短,约为体长的1/3左右,颜面部较长,头顶毛形成"漩"状或"帽"状
　　　　·· 123
　　　　尾较长,大于体长的1/3或更长,颜面部较短,头顶毛生长正常 ············· 124
123. 肩部毛比背部的长,头顶毛形成"漩"状,尾被毛密 ·································
　　　　···················· 熊猴,分布于广西、云南、贵州和西藏部分地区
　　　　肩部的毛不比背部的长,头顶毛短,辐射排列呈"帽"状,尾毛稀,仅端毛较长 ···
　　　　···················· 豚尾猴,分布于云南西南部

124. 体型较小,体长不大于 450 mm,尾长约为体长的 2/3,尾粗而蓬松 ……………
　　………………………………………… 台湾猴,分布于台湾省
　　体型略大,成体体长不小于 450 mm,尾长约为体长之半,尾细而覆毛较短 ……
　　………………… 猕猴,分布于我国南方各省和河南、山西、河北等地山区
125. 毛色较暗,背毛黑褐色,背腹面毛色分明,脸周与下颌生有络腮胡状长而厚的密
　　毛……………………………………… 四川短尾猴,分布于南方各省山区
　　毛色略浅,背毛棕褐色,背腹面毛色差别较小,腹周与下颌无络腮胡状长毛……
　　………………………… 短尾猴,分布于广东、广西、云南、贵州等地林区
126. 鼻端上仰,鼻孔朝上 ……………………………………………………… 127
　　鼻端向前,鼻孔朝下 ……………………………………………………… 128
127. 头顶中央有黑色锥形毛簇,背部毛黑褐色,无金黄色长毛,两肩间无任何浅色毛斑
　　………………………………… 滇金丝猴,分布于云南省西北部、西藏西南部
　　头顶中央无锥形毛簇,背部或灰褐色,有金黄色长毛,或灰色,在两肩间有一卵圆
　　形白色斑 …………………………………………………………………………
　　………… 金丝猴,分布于四川、陕西、甘肃(川金丝猴)以及贵州省(黔金丝猴)
128. 臀部和肛周毛色与体背不同,呈白色 ……………… 白臀叶猴,分布于海南
　　臀部和肛周毛色与体背相同,不呈白色 …………………………………… 129
129. 体毛灰色或灰黑色,头部无白色毛 ……………………………………… 130
　　体毛黑色,头部有白色毛 ………………………………………………… 131
130. 毛色较暗,体背银灰色或略带黄色 ……………… 菲氏叶猴,分布于云南南部
　　毛色略浅,体背灰黄褐色 ………………………… 长尾叶猴,分布于西藏南部
131. 头部毛除两颊部白色外,全为黑色 ……………… 黑叶猴,分布于广西和贵州
　　头、颈及上肩部毛都为白色 …………………… 白头叶猴,分布于广西南部
132. 门齿小,犬齿强大而尖锐 ………………………… 食肉目(Carnivora)(133)
　　门齿大,犬齿较小 ………………………………………………………… 185
[食肉目]
133. 趾行性,足面短宽,颊齿中无齿锋高而尖锐的裂齿……………………… 134
　　非趾行性,如趾行则足面狭长,颊齿中有明显的裂齿……………………… 134
134. 体型较小,体长在 650 mm 以下,尾长达体长的 70% 左右,毛色红褐,尾有色环…
　　………………………… 小熊猫,分布于四川、云南和西藏等地森林中
　　体型较大而肥笨,体长在 1 m 以上,尾短不到体长的 15%,体毛不为红褐色,尾
　　无色环 ……………………………………………………………………… 135
135. 体色黑白相间,头圆形,有黑眼圈,胸部无白色斑纹…………………………
　　…………………………… 大熊猫,分布于四川、甘肃和陕西的竹林中
　　体毛色单调,黑色或褐色,头长形,无黑眼圈,胸部有时有"V"形白色斑纹 ……
　　……………………………………………………………………………… 136
136. 体型较小,成体体长小于 1.5 m,耳短,仅 50 mm 左右 …………………………
　　………………………………………………… 马来熊,分布于四川、云南

体型较大,成体体长大于 1.5 m,耳长,大于 100 mm ………………………… 137
137. 毛色棕褐 …………………………………………… 棕熊,分布于北方林区和四川
全身黑色 ……………………………………………… 黑熊,分布于我国东部季风区
138. 四肢较长,体形匀称,趾行性 ……………………………………………………… 139
四肢较短,体形细长,半趾行性 …………………………………………………… 157
139. 爪锐利而能伸缩,口腔内 30 枚牙齿 ……………………………………………… 140
爪钝而不能伸缩,口腔内 42 枚牙齿 ……………………………………………… 152
140. 体型大,成体体长 1.2 m 以上,尾长超过体长之半 ……………………………… 141
体型较小,成体体长在 1.2 m 以下,多数种类尾长小于体长之半 ……………… 143
141. 体型甚大,成体体长 1.6 m 以上,体背具黑色横纹 ………………………………
………………………………………………………… 虎,曾分布于我国各山地林区
体型略小,成体体长小于 1.6 m,体背具环形和点状黑斑,而无横纹 ………… 142
142. 体背毛橙黄或黄色,黑斑的边缘清晰,尾较细短,尾长小于 85 cm,略超过体长之半
………………………………………………… 豹,分布于我国东半部各省的山地林区
体背毛浅灰色,斑纹的边缘不清楚,尾粗长,尾长 1 m 左右,超过体长的 2/3 …
……………………… 雪豹,分布于青藏高原及其周围山地,四川、新疆、内蒙古西部
143. 体背具大块云状斑纹,上犬齿特长,达上裂齿的 1.5 倍 …………………………
……………………………………………………………… 云豹,分布于南亚热带林区
体背无云状斑纹,上犬齿与上裂齿长度相等或仅略长 ………………………… 144
144. 眼角前内侧各有一条长约 20 mm 的白纹,在额部与棕色纹连接,直通至后头部,
棕色纹两侧各有细黑纹伴衬 ……………………… 金猫,分布于我国南方各省林区
脸面部无上述特殊花纹 …………………………………………………………… 145
145. 体型较大,成体体长在 850 mm 以上,尾短钝,小于体长的 1/5,仅端部 1/3 段毛
黑色 ……………………………… 猞猁,分布于我国东北、内蒙古、西北和西南等地
体型较小,成体体长小于 800 mm,尾细长,大于体长的 1/3,尾背面有多条棕黑
色横 ………………………………………………………………………………… 146
146. 额宽,两耳距离较远,尾粗圆,体背具数条黑色细横纹 …………………………
……………………………………… 兔狲,分布于我国华北、西北和西南地区的高原牧区
两耳距离如家猫,尾细,体背面无明显细横 …………………………………… 147
147. 尾较长,接近体长 ……………………………………………… 云猫,分布于云南景东
尾长约为体长之半或更短 ………………………………………………………… 148
148. 体背多斑点或花纹 ………………………………………………………………… 149
体背斑纹较少或不清晰 …………………………………………………………… 151
149. 尾明显短于体长之半,趾间具半蹼 ……………………… 渔猫,我国仅见于台湾
尾长约为体长之半,趾间无半蹼 ………………………………………………… 150
150. 体背基色棕黄,腹白色,耳背有白斑 ……… 豹猫,遍布于我国东部季风区
体背基色淡沙黄或沙灰色,腹面淡黄灰,耳背无白斑 ……………………………
…………………………………………… 草原斑猫,分布于新疆、甘肃、宁夏等省(区)

151. 颊部有两斜行暗褐色纹,眼周无黄白色纹,耳端无簇毛,体背具暗褐色长毛……
　　………………………………………………… 漠猫,主要分布于四川、青海、甘肃、陕西、宁夏等地
　　颊部无斜行暗色纹,眼周有黄白色纹,耳端有稀疏的短簇毛,体背无长毛……
　　…………………………………………………………………… 丛林猫,分布于云南和西藏
152. 全身毛赤棕色 ………………………………………… 豺,分布于大陆大部分省区的山地
　　全身毛不为赤棕色 …………………………………………………………………… 151
153. 体型较大,体长显然超过 950 mm,后肢较长 ……………………… 狼,分布于各地
　　体型较小,体长小于 950 mm,后肢 较短 ………………………………………… 154
154. 颊部有向两侧横生的长毛,颊毛黑色 ……………………… 貉,分布于东部季风区
　　颊部无向两侧横生的长毛,颊毛不为黑色 ………………………………………… 155
155. 体侧铅灰色与棕黄色体背明显区别……… 藏狐,分布于青藏高原及其边缘地区
　　体侧与体背毛色相似 …………………………………………………………………… 156
156. 体型较大,成体体长大于 600 mm,耳背黑色,尾端毛白色 ……… 狐,分布于各地
　　体型较小,成体体长小于 600 mm,耳背不黑,尾端毛灰黑色 ……………………
　　……………………………………………… 沙狐,分布于新疆、甘肃、青海、宁夏和内蒙古
157. 背上有 4 道宽阔的黑色横斑纹 ……………………… 长颌带狸,分布于云南南部
　　背上无横斑纹 ……………………………………………………………………………… 158
158. 尾有明暗相间的环纹 …………………………………………………………………… 159
　　尾无环纹 …………………………………………………………………………………… 162
159. 背脊部有长鬣毛 …………………………………………………………………………… 160
　　背脊部无长鬣毛 …………………………………………………………………………… 161
160. 体表有大型黑斑,尾后半段全黑,无环 ……… 大斑灵猫,仅见于云南和广西南部
　　体侧无斑,仅有波状纹,全尾有环 …………………………………………………
　　……………………………………………… 大灵猫,分布于台湾以外的我国南方各省(区)
161. 背部有 3~5 条暗色纵纹,阴部有香囊 …… 小灵猫,分布于淮河、秦岭以南各地
　　背部有纵纹,阴部无香囊 ……………… 斑灵狸,分布于广东、广西、云南、贵州、四川
162. 背部有 3~5 条暗色纵纹 …………………………………………………………… 163
　　背部无暗色纵纹 …………………………………………………………………………… 164
163. 背部仅 3 条纵纹 ………………………………………… 小齿狸,分布于云南西双版纳
　　背部有 5 条纵纹 ……………………… 椰子狸,分布于广东、海南、广西、云南南部
164. 尾端有缠绕性能,耳背毛很长,形成耳簇 ………… 熊狸,分布于云南和广西
　　尾端不具缠绕性能,耳无簇毛 ………………………………………………………… 165
165. 尾基部甚宽而端部尖,呈楔状,尾毛粗硬 ………………………………………… 166
　　全尾比较匀称,不呈楔状,尾毛较软 ………………………………………………… 167
166. 两颊红棕色,没有白色条纹 ………… 红颊獴,分布于广东、海南、广西、云南等地
　　两颊毛色不红,自口角经颊部到肩侧,各有一条白色条纹 ………………………
　　…………………………………………………………… 食蟹獴,分布于长江以南省(区)
167. 从鼻至头顶有一条连续的白色宽条纹 …………………………………………… 168

从鼻至头顶无连续的白色宽纹 …………………………………………………… 170
168. 体背暗棕黄色,不杂以灰白色调,鼻纹两侧有宽的黑色纵纹,尾甚长,仅略短于体长,善爬树 …………………………… 花面狸,分布于南方各省(区)与河北、河南等地
体背黑棕色,杂以很多灰白色毛,白色鼻纹两侧有宽的黑色纵纹,尾短,仅为体长的1/4左右,地面活动 ………………………………………………………………… 169
169. 喉部黑棕色,鼻唇间被毛 …………………………………… 狗獾,分布于我国东部季风区
喉部白色或黄白色,鼻唇间裸露 ………………………… 猪獾,分布于我国东部大部分省(区)
170. 背脊部有白色纵纹 ……………………………………………………………………… 171
背脊部无白色纵纹 ……………………………………………………………………… 172
171. 两眼间有白色纵纹,腹色不黄 ……………………… 鼬獾,分布于秦岭、长江以南各省(区)
头上无白斑,腹毛淡黄色 …………………………………………… 纹鼬,分布于云南南部
172. 被毛长,体侧有浅色半环状宽纹 ………………… 貂熊,分布于大兴安岭与阿尔泰山林区
被毛较短,体侧无浅色半环状纹 ………………………………………………………… 173
173. 体背杂有黄白色斑点 ……………………………… 虎鼬,分布于内蒙古、陕西、新疆等地
体背无黄白色斑点 ……………………………………………………………………… 174
174. 足掌裸露,趾间具蹼,水中生活 ………………………………………………………… 175
足掌被毛,趾间无蹼,营地面生活 ……………………………………………………… 176
175. 个体较小,成体体长仅略超过400 mm,下颏有稀疏的须色,趾爪甚细小 …………
…………………………………… 小爪水獭,分布于南亚热带地区的河、溪流中
个体较大,成体体长大约在500 mm以上,下颏无须,趾爪较大 ……………………
…………………………………… 水獭属种类,分布于全国各地河、溪中
176. 喉部毛色明显比腹色浅淡,形成喉斑 …………………………………………………… 177
喉部毛色与腹色无明显差别,无喉斑 …………………………………………………… 178
177. 尾长远小于体长之半 ………………………………… 紫貂,分布于东北和新疆阿尔泰山地
尾长约为体长之半或超过 ……………………………………………………………… 179
178. 喉斑黄色 …………………………………………… 青鼬,分布于东部季风区森林中
喉斑白色 …………………………………………… 石貂,分布于西北、西南、华北等地
179. 四肢黑色,腹毛色比背色深 …………………………………………………………… 180
四肢毛色与背色同,腹毛色比背色浅 …………………………………………………… 181
180. 背中段的毛比其他部位的毛明显长 ………………… 艾鼬,分布于北方干旱与半干旱地区
背中段的毛约与其他部位的毛等长 …………………… 小艾鼬,分布于黑龙江省北部
181. 腹毛白色,冬季全身变白 ……………………………………………………………… 182
腹毛不为白色,冬季不变白 …………………………………………………………… 183
182. 尾较长,接近后足长的2倍,尾尖永为黑色 …………………… 白鼬,分布于东北和新疆
尾较短,仅略大于后足长,尾尖不黑 ……………………………………………………
…………………………………… 伶鼬,分布于东北、内蒙古、河北、新疆、四川等地
183. 腹毛淡黄或橘黄色,腹背毛色界线分明 ………… 黄腹鼬,分布于南方各省(区)
腹毛与背毛色相近,皆为棕黄或淡黄色 ………………………………………………… 184

184. 体型较大,雄性成体体长超过 280 mm,雌性体长多超过 220 mm,尾粗大,毛长 ………………………………………………………………… 黄鼬,遍布于全国各地
    体型较小,雄性成体体长不超过 280 mm,雌性体长多小于 220 mm,尾较细,毛较短 ………………………………………………… 香鼬,分布于我国北方各省(区)
185. 在树上生活,外形似松鼠,具毛长而蓬松的大尾 ……………………………………
     …………… 树鼩目(Scandentia),我国仅树鼩一种,分布于南亚热带森林中
    在地上生活,外形不似松鼠,无毛长而蓬松的大尾 …………………………………
     …………………………………………………………… 食虫目(Insectivora)(186)

[食虫目]
186. 上白齿齿冠呈四方形,具 4 个大小相近的齿尖和中央一个小齿尖 ………… 187
    上白齿齿冠只有 3~4 个大小悬殊的齿尖,中央无齿尖 ………………… 188
187. 体披硬刺 ……………………………………………………………………………
     ……… 刺猬亚科种类,分布于我国东北、华北、西北、四川、浙江、福建等省(区)
    体披软毛 ………………… 鼩猬亚科种类,分布于云南、贵州、四川、海南等地
188. 下颌前门齿不向前平伸,颧弓细弱,有听泡 …………………………………… 189
    下颌前门齿向前平伸,无颧弓亦无听泡 ………………………………………… 191
189. 不适于地下生活,体型细瘦,吻鼻长,尾长,外耳廓发达,前足掌正常…………
     ……………………………………… 鼩鼱亚科种类,分布于云南、四川、陕西等地
    适于地下生活,体型短粗,吻鼻短,尾短,无外耳廓,前足掌宽大 ………… 190
190. 前门齿小于大齿,尾长约等于后足长,前足掌特别宽大 ……………………
     ………………………………… 鼹亚科种类,分布于我国东部季风区
    前门齿显然大于后门齿和犬齿,尾长接近或超过后足长的 1 倍,前足掌中度宽大
     ……… 美洲鼹亚科种类,分布于甘肃、青海、陕西、四川、云南等地
191. 齿尖栗红或黄褐色,尾均匀覆以短毛………………………………………………
     …………… 鼩鼱亚科种类,分布于东北、华北、西北、西南各省(区)和台湾省
    齿尖全白色,尾除覆以短毛外,还有稀疏的长毛 ……………………………………
     …………………… 麝鼩亚科种类,分布于我国东部季风区各省(区)

第二节 鸟 类

鸟类是体表被羽、有翼、恒温、产羊膜卵的高等脊椎动物。从生物学观点来看,鸟类最突出的特征是新陈代谢旺盛,具有飞翔能力,这也是鸟类与其他脊椎动物的根本区别。鸟类是种数(9 700 余种)仅次于鱼类、遍布全球的脊椎动物。

鸟类起源于古代的爬行类,在躯体结构和功能方面有很多类似爬行类的特征,以至于有人曾把鸟类归入蜥形类(Sauropsida)。但是,鸟类与爬行类有根本性的不同,表现在一些进步性的特征:1)具有高而恒定的体温(37.0~44.6 ℃),减少了对环境的依赖性。2)具有迅速飞翔的能力,能借主动迁徙来适应多变的环境条件。3)具有发达的神经系统和感官,以及与此相联系的各种复杂行为,能更好地协调体内外环境。4)具有较完善的

繁殖方式和繁殖行为(营巢、孵卵和育雏),保证了后代有较高的成活率。

一、栖息环境及生物学习性

(一)栖息环境

鸟类的分布范围极广,几乎遍及全球各地。它们栖息于多种多样的生态环境,在长期的进化过程中,鸟类在形态、结构、生理、行为、习性等方面,都表现出对栖息环境的适应性特征,并因此形成了不同的生态类群。依据鸟类的分布特点,可将鸟类的生境大致划分为如下类型。

1. 林灌

森林和灌丛环境为鸟类提供了丰富的食物资源,同时也是鸟类的隐蔽场所和营巢地点。林栖鸟类的种类较多,生态类型更为多样,其中包括鹨形目的攀缘种类、雀形目的鸣禽和鸡形目种类等。这些鸟类有很多共同特征:翼较短、宽而钝,小翼羽通常发达;能自由地在树林中起飞和降落,脚趾都在同一平面上,大多数种类都能抓握树枝,牢固地停息。这些鸟大致又可分成针叶林鸟类、阔叶林鸟类和灌丛鸟类。

(1)针叶林 栖息于针叶林的鸟类主要有鹨形目的啄木鸟;鸡形目中的松鸡、榛鸡、雷鸟等;雀形目中的许多种类,如大山雀、太平鸟、交嘴雀、黄雀、金翅雀等。

(2)阔叶林 在这类环境中,主要栖息着一些鸽形目鸟类,如珠颈斑鸠、厚嘴青鸠、绿鸠等;雀形目的许多种类,如红耳鹎、白头鹎、相思鸟、柳莺等;此外,鸮形目和鹃形目的鸟类也常出没在阔叶林中。

(3)灌丛 栖息于灌丛生境的鸟类主要有鸡形目的雉类;雀形目鸟类如伯劳、画眉、钩嘴鹛、红尾鸲、山雀、鹪鹩等。

2. 开阔地区

栖息于开阔地区的鸟类甚为复杂,大多数都有保护色。主要包括能在空中翱翔、盘旋的猛禽、飞行急速的毛腿沙鸡、善于奔跑的大鸨以及一些雀形目种类。这些鸟又可分成草原类型与平原类型。

(1)草原 草原面积辽阔,植被低矮,孕育着许多不同种类的鸟,如隼形目的草原雕、鹤形目的大鸨、鸽形目的沙鸡以及雀形目的百灵、云雀等。中国是草原资源非常丰富的国家之一,草原面积约占全国土地面积的1/5。

(2)平原 此类环境主要包括村镇、耕地、菜园、果园等。栖息于这类环境中的鸟类颇多,如隼形目的部分鹰类、佛法僧目的戴胜和雀形目的乌鸦、喜鹊、麻雀等。

3. 水域

栖息于水域环境的鸟类又称水鸟,包括潜鸟目、鸊鷉目、鹳形目、鹈形目、雁形目、鸥形目的鸟类,佛法僧目的翠鸟科亦属此类群。这些鸟类绝大多数被羽丰满而紧密,趾间有蹼,善于游泳或潜水,以水中的小型动物为食。根据栖息环境特征,这些鸟类可分成海洋鸟类和内河湖泊鸟类。

(1)海洋 海洋占地球表面积的71%,在海洋中生活着一些特殊的鸟类,主要是潜鸟目、鹳形目、鹈形目的鲣鸟和一些鸥形目的鸟类。这些鸟类终日生活在浩瀚的大海上,捕食水中的小动物,如鱼、虾及甲壳类,平时则在岛屿、近岸区域栖息。

(2) 江河湖泊　内陆地区的江河湖泊也是鸟类重要的栖息环境,栖息于此类环境的鸟类主要包括䴙䴘目鸟类、鹈形目的鹈鹕和鸬鹚、雁形目的鸭科鸟类、鹤形目的骨顶鸡和苦恶鸟、鸻形目的鸻类和鹬类、佛法僧目的翠鸟、鸥形目的大部分种类等。这些鸟类常年栖居在江河湖泊、水库等处,以水中的植物、动物为主要食物。

4. 湿地

湿地被誉为地球之肾,是地球上的三大生态系统(海洋、森林、湿地)之一,同时也是鸟类的重要栖息环境。见于湿地环境的鸟类主要有鹳形目鸟类,如鹭类和鹳类;鹤形目的鹤科鸟类;鸻形目的鹬类和鸻类,也可归于此类群。这些鸟类的脚和趾一般均细长,有些种类的趾间具蹼膜,适于在浅水或泥泞的水边行走;喙细长,适于在泥土、沙滩和沼泽中觅食。较为常见的有苍鹭、白鹭、灰鹤、白腰杓鹬和扇尾沙锥等,若论珍贵和稀有程度,朱鹮当名列前茅。

(二) 生物学习性

1. 鸟类的生态类型

不同类群的鸟类各有其特殊的形态特征和生物学习性,据此可把现生鸟类划分为8种生态类型。

(1) 走禽类　这类鸟的喙形扁短;多栖息于沙漠和草原地区;胸部不突起,没有龙骨突;翼几乎完全退化,因此不会或不善飞翔;后肢强健有力,善于奔跑,而且行动迅速。如鸵鸟、鸡形目的鸟类等。

(2) 涉禽类　此类鸟适应在沼泽和岸边生活,后肢和脚趾特别长,适应涉水行走;因为腿长,势必要低头啄食,所以生有较长的颈部。如丹顶鹤、白鹭等。

(3) 游禽类　这类鸟大多在水上生活。后肢短,趾间有蹼,喙阔而且扁平,喙缘有栉状突起,适合在水中滤取食物。如雁类、鸭类、天鹅等。

(4) 鹑鸡类　这类鸟多为定居型种类。一般身体健壮;有坚硬的喙和强有力的后肢,并生有适合挖土的钩爪;翅膀短小,不善于长距离飞行。雄鸟性好争斗,腿上生有距,是争斗时的"武器";雌雄羽色多数不同。如鹧鸪、马鸡、环颈雉等。

(5) 鸠鸽类　此类鸟一般喙较短,基部柔软;主要营树栖生活;擅长飞行;以植物性食物为主;嗉囊能分泌乳汁用来哺育雏鸟。如岩鸽、山斑鸠等。

(6) 攀禽类　此类鸟最明显的特征是其脚趾两个向前、两个向后,有利于攀缘树木。主要包括专食林木害虫的啄木鸟类、常年生活在水边靠捕捉水中小动物为食的翠鸟以及各种杜鹃等。

(7) 猛禽类　猛禽类的喙和趾端的爪锐利而钩曲;翼强大有力;有的种类翱翔能力很强,能巧妙地利用上升气流,长时间地盘旋在高空;一般性情凶猛,捕猎其他动物。如鸢、游隼、秃鹫、鸮类等。

(8) 鸣禽类　鸣禽类特指雀形目的鸟类,其种类和数量最多。鸣禽的个体都比较小;擅长鸣叫,能制作精巧的窝巢。如百灵、画眉、缝叶莺、织布鸟等。

2. 鸟类的昼夜活动规律

从活动的时间特征来看,现生鸟类可分为昼行性种类和夜行性种类。绝大多数鸟类都属于昼行性种类,它们于清晨开始外出活动之前,先在栖息处鸣叫,天亮或日出之后才离巢活动,傍晚时分陆续归巢休息。一般来说,食虫鸟类比食种子鸟类早出晚归。鸮形目、夜鹰目鸟类都属于夜行性种类,这些鸟类白天多隐匿于高大的树冠中,天黑以后外出觅食。但是,鸟类每天活动的开始与结束时间、活动高峰期、活动的距离、范围等,受到多种生态因素如天气状况、日照长短(季节)、食物资源的丰富程度等的影响。因此,要掌握不同鸟类活动的规律和特征及其与不同生态因素之间的关系,必须进行长期的观察。

3. 鸟类的迁徙

在北半球的暖温带地区,每年春天,常见到家燕忙着营巢筑窝,成群的雨燕在空中急速飞翔,并不时捕捉昆虫。初夏,布谷鸟"割麦割谷"似的叫声越来越响亮。进入秋季之后,随着气温逐渐降低,这些鸟类则日渐减少,最终销声匿迹。代之而来的则是野鸭和天鹅等。如此年复一年,这些鸟类也随着季节变化飞来或离开。鸟类在一年四季这种有规律的出没,即称为迁徙(migration)。依据迁徙的特征,可将鸟类分为3种类型。

(1) 留鸟　终年在同一地区生活,没有迁徙现象。如乌鸦、喜鹊、麻雀等。

(2) 候鸟　随季节不同而变更生活场所,冬季在南方越冬,春季又飞往北方繁殖,如家燕、大雁、野鸭、天鹅等。这类鸟在越冬区称为"冬候鸟",在繁殖区则称为"夏候鸟",而在往返迁飞途中过境某一地区的鸟则称为"旅鸟"。

(3) 漂鸟　这类鸟一般没有固定的栖息场所,可随食物变化而在同一地区的不同环境区间栖息、觅食、移动。如啄木鸟和山斑鸠,夏季生活在林中,冬季则迁到灌丛、农田等处栖息。

候鸟迁徙的途径、方向、距离和速度因种类而异。例如,有些种类仅在我国南北方之间或我国与周边邻国之间往返,如在我国东北繁殖的白鹭、白枕鹤,秋天只飞往日本国的南部越冬;有些种类则要飞行很远的距离,跨越高山,远渡重洋,才能到达目的地,如在我国东北繁殖的红脚隼,在迁徙时,途经辽宁、山东、河南、江苏、福建等省,再往南飞越印度洋,直到非洲的东部或南部越冬。鸟类在迁徙时飞行的高度一般在900 m以下,小鸟则在100 m左右。迁徙的速度为40~80 km/h,夜间比白天快,春季比秋季快。这是因为鸟类白天要觅食、饮水或因其他环境因素的干扰而停歇。这些鸟类在春天要尽快飞至繁殖地,寻找配偶、选择巢区、做巢、孵卵、育雏,开始繁殖活动。

4. 鸟类的运动

在鸟类的生活史中,主要的运动方式包括飞翔、攀缘、行走、游泳、潜水等。

(1) 飞翔　鸟类从身体的外部形态到内部结构,都表现出对飞翔生活的高度适应,只有少数鸟类失去了飞翔能力。翼是主要的飞翔器官,其上表面略凸出,而内表面凹入,当翼上举时,空气易从翼上流过,当翼下降时,翼下可形成推动鸟体向上的气流,整体流线型的外廓,减小飞行中的阻力。鸟类飞行的速度因种类不同而异,如雀类为32~40 km/h,鸥类为36~42 km/h,鸽为48~68 km/h,雁鸭类为68~89 km/h。鸟类有两种飞翔方式。

1) 鼓翼飞行　这是鸟类最为基本和普通的飞翔方式,借助于两翼有规律的上举和下降来实现。

2) 翱翔　即鸟类两翼展开不动,利用身体周围空气对流所产生的动能,使身体保持原有的高度或上升。如果空气平静或上升气流较弱,鸟将逐渐下沉。翱翔可分为静力翱翔和动力翱翔。前者是利用上升的温暖气流,见于翼端宽而浑圆的大型大陆型鸟类,如隼形目的鸟类;后者则是以两个气流的速度差为基础,并常利用风力和风向的不平衡性和空气的波动性,见于翼形长而狭的海洋性鸟类,如信天翁。

(2)攀缘　攀缘是指鸟类沿着树枝、树干或石壁的攀爬、跳跃活动。这些鸟类一般具有3前1后的趾型,跗蹠部短,爪强健有力。典型的攀缘鸟类具有对趾足,即两趾向前、两趾向后,如绿啄木鸟、鹦鹉类等。雨燕的四趾都向前并且具利爪,称为前趾型,能牢固地钩住岩石、墙壁、树干等的粗糙表面。

(3)行走　除雨燕、潜鸟等少数种类之外,绝大多数鸟类都可用足在地面上行走,有些种类如雀形目鸟类能在地面跳跃前进;鸵鸟的后肢长而有力,趾短而宽,因而善于奔跑。鹭类、鸡形目、鸽形目鸟类都善于行走。

(4)游泳和潜水　一般来说,从水中获取食物的鸟类都善于游泳和潜水,如鹈鹕、鸬鹚、潜鸟、雁鸭类、企鹅。这些鸟的后肢短,趾间具蹼,身体结构也有许多适于游泳的特点。但是,专以鱼类为食的鹗却不会游泳,而是由空中俯冲到水中捕获猎物。企鹅的前肢特化成桨状,后肢的位置后移,已完全失去飞翔能力。

5. 鸟类的食性

不同种类的鸟有不同的觅食方式。大多数雁形目鸟类(雁鸭类)有扁平而具梳齿的喙,常在水面浮游,用喙从水中滤取食物。绣眼鸟、太阳鸟喜食花蜜,经常倒悬身体,吸吮花朵里的花蜜。鸻科鸟类在沼泽地或泥滩活动,来回奔跑,急停啄食,如环颈鸻、小环颈鸻。鹬科鸟类则在浅水淤泥中觅食。瓣蹼鹬在水中不停地旋转身体让水流形成小漩涡,从中觅食。翠鸟静静地停在水边树干或石头上,看见小鱼浮出水面,即急速俯冲至水面以喙叼鱼。鹟类和卷尾科鸟类在停息点观察过往的昆虫,一旦发现食物,即迅速起飞,捕捉猎物后又回到停息点。燕子和雨燕则可在飞行中张嘴兜捕飞虫。

根据食物的性质和种类的不同,可把鸟类的食性分为动物食性、植食性和杂食性等3种类型。其中,动物食性可再分为食肉鸟类、食鱼鸟类、食虫鸟类和食腐鸟类。

(1)食肉鸟类　包括隼形目、鸮形目中的绝大多数种类以及贼鸥等少数其他鸟类。这类鸟的喙呈钩状,具利爪,两翅强健善飞,其中多为捕食者。

(2)食鱼鸟类　种类极多,主要为水鸟和海鸟,捕猎方式多样。这类鸟的喙多扁平且具栉状缘。另外,一些取食软体动物和节肢动物的涉禽也可归于此类。

(3)食虫鸟类　为鸟类中最多的一类,又以雀形目为最。这类鸟通常飞行迅速而敏捷,捕食飞行的昆虫,喙扁而宽,口裂大,嘴须发达。一般来说,这类鸟在育雏期间会大量捕食农林有害昆虫,所以这类鸟绝大多数为农林益鸟。

(4)食腐鸟类　主要以其他动物的尸体或残体为食的鸟类,如秃鹫。从广义来看,食腐鸟类也属于食肉鸟类。

(5)植食性鸟类　这类鸟主要取食植物种子、果肉和花蜜,故喙多呈短圆锥状;有些种类具储藏食物习性(如松鸦等)。鸦类(属雀形目)既食植物果实或种子,也取食昆虫。因此,所谓植食性鸟类多数并非严格的只取食植物性食物。但是,也有一些鸟类为狭食性种类,如蜂鸟终生以花蜜为食,某些硬嘴鸟类终生以植物为食,有的甚至是专食性的。一般来说,广食性鸟类的竞争能力强于狭食性鸟类。

(6) 杂食性鸟类　许多食虫鸟类和植食性鸟类都可列入此类,其中最典型者如乌鸦,其食性极为广泛。

6. 鸟类的繁殖

鸟类的繁殖具有明显的季节性,这是其在进化中形成的适应性对策。每年的春季开始之后,候鸟离开越冬地,漂鸟和留鸟也逐渐向巢区移动,多数鸟类逐渐进入繁殖期。伴随着繁殖的开始,许多鸟类出现了外部形态的变化,羽、喙、后肢的颜色较平时更为鲜艳。不仅如此,鸟类还形成了一系列复杂而各自相对稳定的繁殖行为,包括占区、求偶炫耀、筑巢、产卵、孵化和育雏等。

(1) 性成熟和婚配制度　鸟类性成熟的年龄因种类不同而异。大多数鸣禽、鸭类和鸡形目鸟类的性成熟较早,出生一年后即可从事繁殖活动;鹭类、雁类及鹬类的性成熟需 2~3 年;鹰类和大多数海鸟需 4~5 年;信天翁等海鸟则需要 10 年之久。一般来说,鸟类的体型越大,性成熟的时间也越长。性成熟的鸟类在进入繁殖期后,雄鸟和雌鸟常在个体大小或羽毛色泽等方面表现出明显的区别。

鸟类的婚配制度包括单配制、多配制和混交制等 3 种类型。

绝大多数鸟类都属于单配制(一雌一雄制)。但是,有些鸟类的单配制仅限于一个繁殖季节(如一些小型鸣禽类);有的则可以维持数年(如鸦类和大部分海鸟);有些鸟类一旦配对,即相伴终生(如天鹅、雁类等),若其中一只中途因故离开或死亡,另一只也不再另寻他伴。

多配制有两种情况:1) 一夫多妻制的"父系群聚"式种类,如鸵鸟、松鸡、蜂鸟、极乐鸟等。在这种情况下,一只雄鸟往往占有几只甚至数 10 只雌鸟,有的家庭生活可维持较长时间;有的只在从交配到产卵这一段时间共处,以后就各自分"家";有的甚至交配之后即彼此分开,各奔东西。2) 以雌鸟为中心的"母系群聚"式种类,如三趾鹑、彩鹬等。这些鸟的形态和繁殖习性都与一般鸟类恰好相反:雌鸟羽色艳丽、雄鸟羽色暗淡,一只雌鸟可以和数只雄鸟共同生活,雌鸟只管产卵,而孵卵、育雏等任务则完全由雄鸟承担。

混交制的婚配制度可见于杜鹃等鸟类。此类鸟在繁殖活动中没有固定的配偶,每只鸟都可以自由选择交配对象。这种婚配方式往往同自己不营巢、不孵卵、不育雏的寄生性繁殖方式相关联。

(2) 占区和营巢　鸟类在繁殖期间抢占活动区域的现象,称为"占区",所占的区域或地盘称为"领域"。一般来说,占区获胜的雄鸟,容易在很短时间内找到配偶。鸟类的"占区"有着重要的生物学意义。因为鸟类的新陈代谢十分旺盛,需要大量的食物才能维持生存,而在繁殖季节,雏鸟的食物需求量更大,一天中往往需要亲鸟饲喂数 10 次,甚至数百次,才能满足其生长发育所需。占领食物丰富的巢区有利于亲鸟就地取食,也便于育雏时满足雏鸟的求食需要。占区成功的个体在自己的领域内活动,减少了同类其他个体的干扰和彼此间的食物竞争。此外,雄鸟通过在领域内进行各种求偶炫耀和表演,可以对雌鸟的性活动产生重要影响,刺激它处于兴奋状态,积极参与筑巢、产卵等活动,最终提高物种的适合度,有利于物种的持续存在。

占区之后,鸟类即选定巢址,开始营巢。鸟类的营巢习性与繁殖本能有关。鸟类营巢的方式因种类而异,巢的形状、大小、结构、巢材等也不尽相同。多数种类营独巢,少数种类为群巢或松散的群巢,有些小型鸟类能在大的鸟巢的缝隙内筑巢繁殖,或在其他动物的洞穴内筑巢。鸟类所筑的巢只供当年繁殖一窝雏鸟之用,少数种类能利用当年筑造的巢继续繁殖第二窝,或连续数年修补使用旧巢。筑巢活动通常是由雌鸟与雄鸟合力完成,有些是以雌鸟为主或全由雌鸟承担,少数则以雄鸟为主或全由雄鸟承担。个别种类的雄鸟还能在配对之前建造一些"伪巢",这些粗劣的巢并不被雌鸟用以产卵,通常认为它是雄鸟求偶炫耀活动中的一种特殊形式。一般来说,鸟类的巢大都具有良好的隐蔽性或伪装性。

根据巢的位置、结构、巢材等特点,可将鸟类的巢分为如下几种类型。

1) 地面巢　这类巢结构简单,巢材主要是干草叶。卵壳的颜色与背景极为相似,孵卵亲鸟也具有类似的保护色。营地面巢的主要是一些地栖或水栖鸟类,如鸡类、雁鸭类、鹬类及某些雀形目鸟类。

2) 水面浮巢　某些游禽或涉禽能将水草弯折并编成厚盘状的巢,这种巢可随水面的起伏而升降。如䴙䴘的巢即是典型的浮巢。

3) 洞巢　此类巢有些筑于土洞中,如(崖)沙燕等;有些筑在石隙中,如白脸鹈鸪、红尾水鸲、白腰雨燕等;有些则筑在树洞中,如啄木鸟、山雀类、椋鸟等;有些鸟类将巢筑在建筑物的裂隙中,如楼燕、麻雀等。洞巢的巢材多为草叶、羽毛、布条等。

4) 编织巢　有些鸟可将树枝、草茎、动物毛发、羽等编织成巢,有杯状、袋状、吊巢等形状。鸠鸽类、鹭类、猛禽的巢型简陋。雀形目鸟类则能编织较为精致的巢,如红尾伯劳、金翅、家燕等的巢呈碗状;喜鹊等的巢呈球形;金腰燕的巢呈瓶状;攀雀的似花瓶,且非常柔软,高悬于水边的树梢。

(3) 求偶炫耀　求偶炫耀是鸟类在繁殖早期通过婉转的鸣唱,展示华丽多彩的被羽,通过婚飞、戏飞或以其他行为姿态吸引异性的一种活动。鸟类的求偶炫耀行为形式多样,非常复杂,一般包括伴随着性活动和作为性活动前奏的所有行为表现,如曲调多变的鸣啭、飞行中的特技表演、复杂的舞姿、华丽的婚装等;鸣禽的鸣唱、杜鹃的晨昏鸣叫、猫头鹰凄惨的悲鸣、啄木鸟用喙急促地敲打空心树干而发声,等等,不一而足。此外,有的鸟类还用炫耀被羽和特殊的姿态和动作向对方表演。如野鸭等水禽可在水面上做出各种钻水姿势,溅起很高的水花;雉鸡类求偶时,在舞蹈炫耀的同时常常伴随着打斗,当一只雄鸡正向雌鸡求爱之际,如有另一只雄鸡"插足",则会出现两雄格斗,它们常飞跃而起,互相抓啄。猛禽求婚炫耀时,多在空中做各种各样的特技表演;雄田鹨在发情时,展开尾羽从高空飘然而下,这时的气流会使其细薄的尾羽发出奇异的响声,借此吸引异性的注意;红尾伯劳的雄鸟常做摇头、摆尾及"鞠躬"等姿态,雌鸟则下垂双翅,做快速抖动,尾羽展开如扇,然后双方以喙相互摩擦。雄鸟为获得配偶,必须在雌鸟面前尽力展现自己色彩华丽的婚装、表演各种复杂的动作或者发出复杂的声音等,而雌鸟则静观雄鸟极为卖力地表演,但迟迟不做出选择。因此,强大的自然选择压力会促使雌鸟在雄鸟表演面前迟迟不做出反应,以便尽可能多地诱使雄鸟发展更多、更复杂的求偶行为。这种求偶炫耀可持续数小时甚至数天。

(4) 产卵与孵卵　在筑巢完成之后的 1~2 d 之内,雌鸟产出第一枚卵,绝大多数的鸟卵呈椭圆形或卵圆形,因为这种卵在巢内所占的空间面积小,一头钝圆,一头尖小,便于在巢内集中和孵化。卵壳多带有颜色、斑点或花纹;斑纹常在卵的钝端密集,有时构成深色的环轮。在同一种鸟,产卵的数目(窝卵数)以及色泽相对稳定,表现出种间差异。

鸟类通常在最后一枚卵产出之后0.5~1 d之内开始孵卵,少数种类于第1枚卵产出后即开始孵卵,也有些鸟在产卵结束前不久开始孵卵,因而各卵的胚胎发育程度有明显差别。

鸟类的孵卵活动主要有3种形式:1)由两性轮流承担,或两性轮流但以雌鸟为主;2)全部由雌鸟孵卵;3)全部由雄鸟承担。前两种方式较为常见,雄鸟通常主要负责保卫巢区并捕食饲喂孵卵的雌鸟。不同种类的孵化期长短不一,但同一种鸟类的孵化期则相对固定。小型鸟类卵的孵化期为13~15 d,中型鸟类为21~28 d,大型鸟类卵的孵化期更长。如大山雀约为15 d,山斑鸠约为18 d,雉鸡为23~24 d,天鹅为35 d。

(5)育雏 卵孵化期间,卵壳因失去部分钙质而变得比较薄弱。孵化期满后,雏鸟用上喙先端着生的角质齿啄破卵壳,随后出壳,有时亲鸟可协助雏鸟出壳。雏鸟出壳后的发育状况随种类而有所不同,有些鸟类的雏鸟发育良好,眼睛已经睁开,腿脚有力,体被绒羽,身体各部分已按比例发育,待绒羽风干后即可随亲鸟行动或独立活动。此类雏鸟称早成鸟,如雁鸭类、雉鸡类、鹤类等的雏鸟。有些鸟类的雏鸟出壳后身体裸露或微具绒羽,眼睛未睁开,四肢软弱无力,需继续留在巢内,经亲鸟饲喂一段时间后,才能完成生长发育、长出被羽,进而独立生活。此类雏鸟称晚成鸟,如鸽类、鹰类、雀形目等鸟类的雏鸟。

7. 鸟类的鸣啼

鸣啼是鸟类个体间相互通讯和交流的重要方式与途径。鸟类的鸣啼声音复杂多变,可分为鸣唱和鸣叫两大类。鸣唱又称鸣啭、啭鸣或歌唱,鸟类鸣唱所发出的"歌声"比叫声复杂多变,通常是在性激素控制下所产生的响亮而富于变化的多音节连续旋律,有些鸟类的鸣唱非常婉转而悠扬。繁殖期由雄鸟发出的婉转多变的叫声即是典型的鸣唱。鸣唱是占区鸟类用于划分和保卫领域、宣告此地已被占据、警告同种雄鸟不得进入、吸引雌性个体前来配对的重要方式。鸣叫的音节比较简单,但类型较多,通常是短促而单调的声音,用于个体间的联络和通报危险等信息活动,大致可分为呼唤、警戒、惊叫、恫吓等4种类型。

总体来看,鸟类的鸣啼包含5个基本要素:1)时间:即持续的时间。2)音调:即声调高低。3)响度:即音量的大小和强度。4)音质:即声音特质,常用与叫声音质近似的声音描述。例如叫声如同吹口哨或类似于金属摩擦声等。5)音节:即可明确区分的鸣声单元,通常用与叫声谐音的汉字或拼音表示。若几个音节重复出现则称几声一度,如杜鹃类鸣啼的两声一度、四声一度等。

二、主要实习内容

鸟类是陆生脊椎动物中的第一大类群,也是脊椎动物实习的主要观察对象。实习内容可从下列方面展开。

(一) 鸟类的活动规律观察

鸟类在野外自然条件下的活动规律是鸟类生态学研究的重要内容之一。在野外实习期间,应在指导教师或专业技术人员的指导下,进行观察并做好详细记录。需要观察和记录的内容主要包括:1)观察时间、地点、季节、气温、海拔、天气状况等;2)鸟类的栖息环境;3)鸟类每天活动开始与结束的时间,活动的高峰期;4)鸟类外出活动之前和停止活动之后的行为特征;5)不同鸟类开始活动的时间和顺序;6)鸟类活动的方式,是单个、成对还是成群;7)鸟类活动的内容(觅食、进食、饮水、休息等);8)鸟类停落时的位置(树干、树枝、树冠、岩石、建筑物等)、姿态;9)鸟类受惊后的反应,是否返回原地;10)鸟类起飞与降落时的姿态、飞行方向、飞行高度等。

(二)鸟类飞翔姿态观察

飞翔是鸟类最为主要的运动方式,除少数种类失去飞翔能力之外,绝大多数鸟类都具有很强的飞翔能力。鸟类的飞翔方式、速度与翼的形状有关。一般来说,善飞鸟类的翼长而尖,而飞翔灵巧、回旋能力较强的鸟类,多具有短而圆的翼。通过对鸟类飞翔姿态的观察,可以更充分地了解不同鸟类的鉴别特征、生物学、生态学习性。因此,在观察中应做好记录,如翼的形状、体形大小、飞翔方式(翱翔、鼓翼飞行、滑行等)等,同时记录观察时间、地点、季节、气温、海拔、天气状况等信息。

(三)鸟类觅食活动观察

觅食活动是动物为了生存所必需的,而食物资源的丰富度、分布状况、可获得性等与鸟类的数量、时间和空间分布、迁徙、行为和生理变化、种内、种间关系等有着密切的联系。就本质而言,鸟类在繁殖季节所表现出来的占区和领域行为,也是对食物资源竞争的结果和适应。不同鸟类觅食的时间、地点、方式不同,即使是一些同域分布、食性相近的近缘种类,也会在觅食时间、食物种类等方面表现出细微的差异,这就是生态位的分化。实际上,鸟类活动的大部分时间都花费于觅食活动。因此,在进行鸟类觅食活动观察时,除做好常规记录外,还应重点记录鸟类觅食活动的时间、觅食地点及植被类型、离巢距离、取食方式、单独或成群等。

(四)鸟类食性调查

食物资源的丰富程度和可获得性等直接影响鸟类的个体发育、繁殖、生理状况等,进而会影响鸟类的种群数量、出生率与死亡率、分布格局等,最终波及群落和生态系统的平衡与稳定。一般来说,鸟类的食性基本稳定。但是,也会随着季节、环境、繁殖状况、鸟类的年龄等因素而变化。因此,为充分了解不同鸟类的食性特点,短期的结果往往带有片面性,必须进行较长时间的调查与研究。常用的鸟类食性研究方法有下述几种,在实际工作中,这几种方法可结合使用。

1. 野外直接观察

在野外实习过程中,如果遇到鸟类,应注意观察其活动的环境、活动内容、停息场所、位置等。若鸟类正在取食,应详细观察并记录其取食的环境(地面、草丛、树上)和行为(停落、飞行中)特征、食物类型等,以便后续的归类、分析与比较。

2. 剖胃

这种方法是过去研究鸟类食性时最为常用和有效的方法。具体方法是,把鸟体解剖,取出胃,如有嗉囊可一并取出,进行剖检。剖检前,将胃、嗉囊称重,取出胃和嗉囊的内容物之后,再次称重,由此获得食物的总重量。检查时,应对食物进行分类记录、统计、分析。

如对昆虫类食物,可依据鞘翅、口器、翅脉等鉴别种类并清查只数,谷物种子类食物需分出种类并核查粒数。检查完成后,将食物项的标本以5%的福尔马林溶液或75%的酒精浸泡保存,以备查对。如果在野外难以鉴定种类或时间紧张,应详细记录样品的采集时间、地点、生境类型等,待回到实验室后再行检查。需要注意的是,从野生动物保护、生物多样性保护的角度来说,应提倡自然观察为主的方法,剖胃法应尽可能少使用或者不用,以减少对野生鸟类资源的影响。

3. 食物残块检查

一些肉食性鸟类,如鹰、鹗、鸮形目鸟类、鹃鹦、苍鹭、伯劳、夜鹰、雨燕等,所取食的食物中难以消化的部分如齿、羽、毛发、无脊椎动物的外骨骼等,常在嗉囊中形成残团并被吐出,散落于鸟类栖息处或进食处的下方。在野外实习期间和专项研究工作中,可定期到鸟的巢穴附近或取食后的进食处,收集鸟类的食物残块和吐出的食物残团,用来分析这些鸟类的食物组成,如果食物中包含啮齿动物残体,还可依据头骨和牙齿特征进行种类鉴定、年龄确定等。

4. 雏鸟拴颈

如果野外实习的时间恰好处于鸟类的繁殖期,可采用雏鸟拴颈法进行食性分析。具体方法是,以细绳或绒线打成活结,系于雏鸟的颈部,以雏鸟既不能将食物吞下,又不影响其呼吸为度,切勿系得太紧。然后在附近隐蔽处观察、记录亲鸟喂饲雏鸟的次数、时间和行为等。当亲鸟离巢后,或经过一定时间,用镊子将雏鸟口中的食物、散落于巢中的食物取出,进行称重、鉴定。拴颈时间一般为1~1.5 h,去掉绳子后,应给雏鸟喂以食物,以免其因过度饥饿而死亡。也可将巢内的雏鸟轮流拴颈,以获得更多的数据。

(五) 鸟类的繁殖特征观察

繁殖是鸟类生活史中一项非常重要的活动,并已经分化出了一系列复杂的繁殖行为。因为野外实习大多安排在暑假期间进行,鸟类繁殖的大部分过程已经完成,很难全面了解鸟类的繁殖习性和行为特征。因此,需要长期的观察和积累,方可获得鸟类繁殖的完整资料。尽管如此,只要安排得当,在短暂的野外实习期间,仍然可以观察到一些鸟类繁殖的习性和相关行为特征。

1. 鸟卵的观察

鸟卵的颜色、斑块/纹各自不同。大多数鸟类的卵表面有各种斑块/纹,如点状斑、块状斑、环状斑、条状纹等。这些斑块/纹与阳光照射进林内所产生的斑斑驳驳的阴影恰好混杂在一起,使鸟卵的轮廓被混淆,不易被捕食者发现。许多在地面营巢的鸟类,其卵壳的颜色与周围环境非常相似,有时即使站在巢边也不容易发现巢中的卵。而那些在洞穴中造巢的鸟,或巢窝筑在较隐蔽地方的鸟类,其卵壳缺乏保护色,一般颜色浅淡,没有斑块/纹。

在野外实习中,可到鸟巢所在处、鸟类栖息处附近搜集未孵化的卵或孵化过的卵壳,并尽可能称量卵(壳)重量、测量卵径、描述卵的色彩、斑块/纹,通过统计分析,了解不同鸟类卵的特征,比较其差异。

2. 幼鸟的观察

对于雏鸟发育和育雏活动,如能进行系统观察,以下内容可供参考。雏鸟的生长以日龄(天)为单位,出壳日为 0 d。记录出壳过程,如从啄壳到出壳所需时间,注意是否同时出壳。观察雏鸟羽的生长情况、体重变化(每日定时称量)及雏鸟的活动和行为,雏鸟留巢的时间和离巢时的活动等。关于育雏活动,可观察雌雄亲鸟育雏时有否分工、清除雏鸟粪便的方法、喂雏的方法、食物组成特点、亲鸟每日衔食往返的次数(记录某天清晨第一次喂雏至最后一次喂雏的具体时间,可在坐标纸上描绘出当日的喂雏活动曲线,根据曲线,可以分析亲鸟喂雏的高峰时间)。

如果在野外遇到离巢、掉落的雏鸟,不要随意捕捉、带走,因为这一时期雏鸟缺乏独立生活能力,还需要亲鸟的抚育。盲目捕捉或带回,特别是不熟悉雏鸟的食性或难以喂食时,则使雏鸟不能正常生长发育,最终可能导致其死亡。

3. 鸟巢的观察

鸟类的巢是研究鸟类生态和繁殖习性研究不可缺少的基础资料,也是开展鸟类保护和益鸟招引工作的依据。因此,在观察鸟类的同时,还应对鸟巢的特征进行观察和记录。鸟巢在鸟类的繁殖过程中起着非常重要的作用,它能够为卵的孵化、幼鸟的生长发育提供有效的保护,保持卵和幼鸟发育所需的最适温度。一般来说,鸟类的巢多筑于隐蔽之处,并常有巧妙的伪装或遮蔽。如山雀、林鹬、啄木鸟等在林中生活,其巢多位于林中的树洞或地面上。大多数鸟类的活动范围都在其巢穴附近,可根据鸟类的活动、鸣叫等寻找鸟巢。一旦找到鸟巢,应尽可能对巢的形状、大小、巢材、位置、环境等进行详细的描述、测量和记录,如果是废弃巢,可采集作为标本,并记录采集时间、地点等,以便核对、比较。通过对鸟巢的观察,可以更多地了解不同鸟类的繁殖特征。

(六) 鸟类鸣声的记录与分析

鸟类的鸣啼是其通讯行为的一种重要方式,具有重要的生物学意义。不同鸟类的鸣声差异极大,即使是同种个体,其雌雄之间、成体与幼体之间、繁殖期与非繁殖期之间也变化多样。"蝉噪林愈静,鸟鸣山更幽",在大自然中倾听鸟鸣,不仅能了解鸟类鸣啼的生态学意义,更可愉悦身心、激发保护鸟类的意识。在野外实习期间,可用下述几种方法来描述或记录不同鸟类的鸣声特征。

1. 用不同音节的拟音字

在自然环境中,静心守候、仔细倾听,最终用拟音字生动形象地描述和记录,可以掌握不同鸟类的鸣声特点。如大杜鹃的鸣叫似"布谷";斑鸠的鸣叫似"姑姑等";四声杜鹃的鸣声则似"光棍好苦""割麦割谷"等;鹰鹃的叫声类似"背背篓"或"催谷芽";小杜鹃的叫声好像"有钱打酒喝喝";锈脸钩嘴鹛的叫声好似"呀喝、呀喝";棕颈钩嘴鹛的叫声很像"找哥哥";方尾鹟的叫声好似"清清秀秀";黑卷尾的叫声似"吃杯茶",等等。

2. 用汉语拼音

有些鸟类的鸣叫没有或难以用拟音字来描述,可用汉语拼音来形容。如红尾伯劳的鸣叫可记为"Ga-,Ga-,Ga-"或"Zhiga-,Zhiga-"。

3. 音质描述

可用特殊的音质来描述某些鸟类的鸣叫声。如清晰的哨音、似长笛声、刺耳声、沙哑声等。如松鸦的鸣叫像小孩哭;夜鹰的鸣叫似敲梆子声;金翅(雀)的鸣叫似铃铛声。

4. 录音分析

如果有条件,可用录音机、录音笔等记录鸟类的鸣啼声音,带回实验室后用仪器进行声谱分析,将鸣叫特点用振幅、频率等指标或图像来表示;也可进行不同鸟类鸣声的比较等进一步分析。

(七) 鸟类的数量调查

在脊椎动物中,鸟类的种类多、分布广,是在野外自然条件下最容易见到的脊椎动物类群。但是,鸟类营飞翔生活,活动性强,移动速度快,因而给数量的调查与统计带来一定的困难。迄今为止,通过对鸟类的大量研究,研究者在实践中创立了一些可行、有效的鸟类数量调查方法,此处简要介绍几种常用的鸟类数量调查与统计方法。

1. 样方调查法

样方调查法在多种生态环境中如森林、草原、湿地、居民点等均可使用。样方面积一般选为 1 ha(100 m × 100 m)。这种方法主要用于鸟类繁殖期,通过样方中鸟巢的数量,推算出鸟的数量。一般情况下,一个鸟巢以 2 只鸟计算。在有些环境如森林中,若环境的郁闭度高,营巢鸟较为集中,可将样方划分成数块,分别进行调查,最终得出鸟的种类和数量。在一些特殊环境如孤岛、湿地中,因地形不规则,鸟类的营巢密度相对较大,可将样方面积缩小,但应增加样方的数量。最后,基于各样方调查结果进行统计分析。

2. 线路调查法

线路调查法是鸟类生态学研究中最为常用的一种数量调查方法,可用于各种生态环境。这种方法可在鸟类活动的高峰期进行。因此,在实习之前,应对实习地区鸟类的区系组成、主要鸟类的活动规律、鸣叫特点等有初步的了解。调查时,应选择具有代表性的地区和路线,首先详细记录调查时间、地点、海拔、天气状况、环境特征、植被组成等;随后,以表格形式,横列注明不同样线路调查的开始与结束时间,竖列按所观察到的鸟的顺序,依次记录。遇到 2 只以上的个体时,记录具体数目,若为单只,可用写"正"字来记录(每 5 只为一个"正"字)。调查中如遇鸟类由后向前飞,可计入表格,若从前向后飞,则不计入表格(或特别注明)。

采用线路调查法进行鸟类数量统计时,一般用步行前进,行进速度以 1~3 km/h 为宜,不能过快或过慢,并尽量减少调查途中的停留时间,以避免因个别鸟的往返飞行而引起统计误差。在较大范围的环境(林区公路、草原)中,还可利用自行车或机动车进行较长线路的调查与统计。同一线路可进行多次调查。回到驻地后,按不同要求重新制作表格,或将数据输入计算机,以便进行统计分析。根据调查中每种鸟所占的百分比,可将实习地的鸟类划分为几个数量级别:1% 以下者为稀有种,以"+"表示;1%~10% 为常见种,以"++"表示;10% 以上者为优势种,以"+++"表示。需要注意的是,划分鸟类的数量级别时,应视调查地区特征、季节、鸟类总体数量等实际而定,优势种不宜划分太多,否则,就显示不出优势种。一般来说,一个地区的优势鸟类和稀有种只是少数几种,大多数都属于常见种。

与线路调查法相近的还有线点调查法,即在基本掌握研究地区鸟类的分布和活动规律后,在特定的生境中选择一条线路,然后在该线路上每隔一定距离设观察点。调查时,沿线路调查行进至观察点时,再在观察点附近调查,以获得更为翔实的数据。观察点之间的距离不宜太近,一般应在 200 m 以上。

3. 遇见频次指数法

这种方法的基本原理是,在对某一地区或某一环境的调查中,详细记录每天(次)所遇到的鸟类。待实习或调查结束后,通过对这些数据的统计分析,得出调查期间所遇到的各种鸟的频次指数,并以此来反映不同鸟类的数量等级。频次指数的计算方法是:

$$R = 遇见某种鸟的天数(d) / 调查总天数(D) \times 100\%$$
$$B = 每种鸟的总数量 / 调查总天数$$

R 和 B 的乘积即为某种鸟遇见频次指数。指数值为 500 以上者,可定为优势种;指数在 200~500 之间者,定为常见种;指数小于 200 者则定为稀有种。与前述的数量等级划分原则类似,优势种和稀有种较少,常见种居多数。

4. 影像数量统计法

许多鸟类在越冬区栖息活动时常有集群现象,如某些水禽、涉禽在冬季往往集中活动于河湖滩地、沼泽等湿地环境;生活于高山林带的一些珍禽如雉类中的锦鸡等,入冬后由于中高山冰雪覆盖而使觅食困难,迫使其迁入中低山地带集群生活。对这些鸟类,可在其越冬期间进行数量统计,也可拍摄影像资料,带回室内进行详细查对、分析和统计。

(八) 常见种类识别

鸟纲传统上分为古鸟亚纲和今鸟亚纲等 2 个亚纲。古鸟亚纲包括始祖鸟,今鸟亚纲除了现存的 3 个总目外,还包括已经灭绝的齿颚总目。鸟类不易形成化石,因此史前鸟类的化石非常稀少而珍贵,这也引起了对鸟类起源和早期演化的很多疑问和争论。虽然已知的鸟类化石不多,但是现存的种类繁多。鸟纲是陆生脊椎动物中出现最晚,数量最多的一类。全世界现生鸟类有 9 700 多种,中国是世界上鸟类种类最为丰富的国家之一,共有鸟类 1 300 多种,隶属于 21 目 81 科。

在鸟类学研究中,主要依据外部形态特征如喙的形状、翼的形状、飞羽和尾羽的数目及排列、跗蹠部的被鳞、趾的构造特征等,间或根据骨骼等特点如胸骨、雏鸟类型对现生鸟类进行分类。

1. **鸟体的外部形态(图 3-13)**

(1) 头部

1) 羽冠   头顶上特别延长或耸起的羽。

2) 眼先   位于嘴角之后,及眼之前。

3) 耳羽   为耳孔上的羽毛,在眼的后方。

4) 面盘   两眼向前,具周围的羽毛排列成人面状,是称面盘。

(2) 颈部

1) 上颈   即颈项,或简称项。为后颈的前部,与后头相接。

2) 下颈   后颈的后部,与背部相接。

3) 前颈   位于喉的下方,颈部的前面。

4) 喉囊   为喉部可伸缩的囊状构造。

(3) 躯干

1) 背   位于下颈之后,腰部之前。并可再分为上背与下背;前者与下颈相接,后者与腰部相接。

2) 肩　位于背的两侧,及两翅的基部。此部羽毛常特别延长,而称为肩羽。

3) 肩间部　位于两肩之间。

4) 腰　为躯干上面的最后一部分,其前为下背,其后为尾上覆羽。

5) 胸　为躯干下面最前的一部分,前接前项(喉部),后接腹部。更可分为前胸或上胸及下胸。

6) 腹　前接胸部,后则止于肛孔。

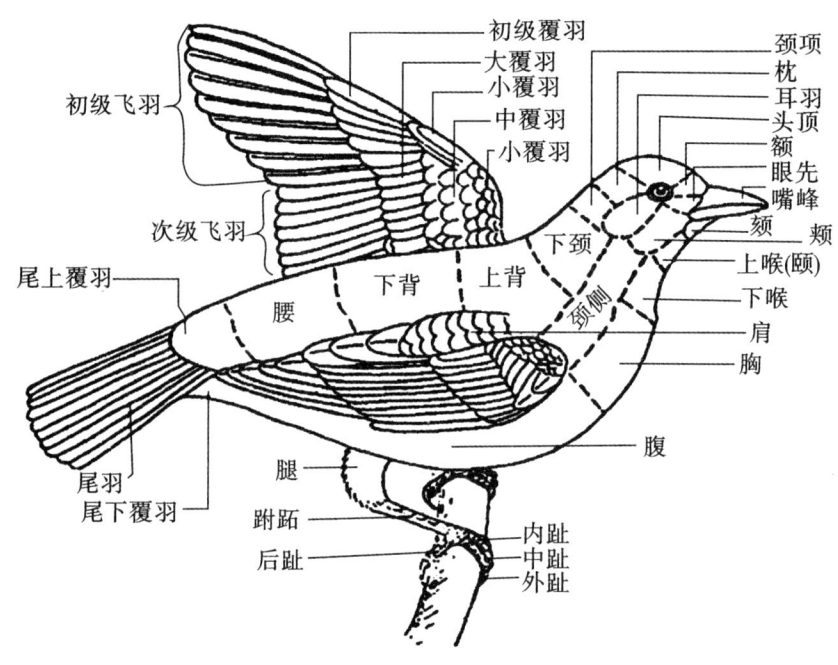

图 3-13　鸟类的外形

(4) 喙(嘴)

1) 上嘴　为嘴的上部,其基部与额(头的最前部)相接。

2) 下嘴　为嘴的下部,其基部与颏(位于下嘴基部的后下方及喉的前方)相接。

3) 嘴角　为上下嘴基部相接之处。上、下嘴张开时的距离,可称为嘴裂。

4) 嘴峰　即上嘴的顶脊。

5) 嘴端　为嘴的最先端。

6) 嘴甲　为嘴端甲状的附属物。

7) 蜡膜　上嘴基部的膜状覆盖构造。

8) 鼻孔　为鼻孔的开孔,位于上嘴基部的两侧。

9) 鼻沟　上嘴两侧的纵沟,鼻孔位于其中,故名。

10) 鼻管　上嘴基部的管状突,鼻孔开口于管的前端。

11) 嘴须　着生于嘴角的上方。

12) 嘴缘 为嘴的边缘。

(5) 翼(图3-14、图3-15)

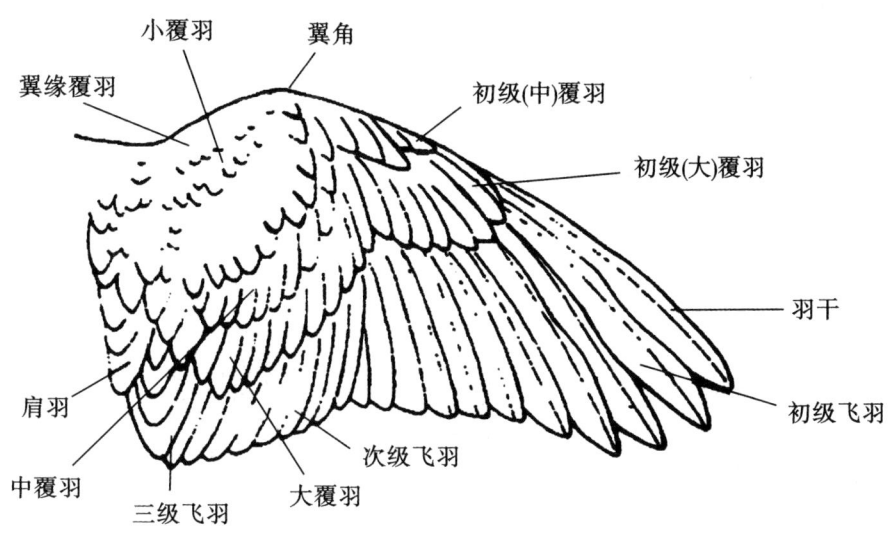

A. 翼上

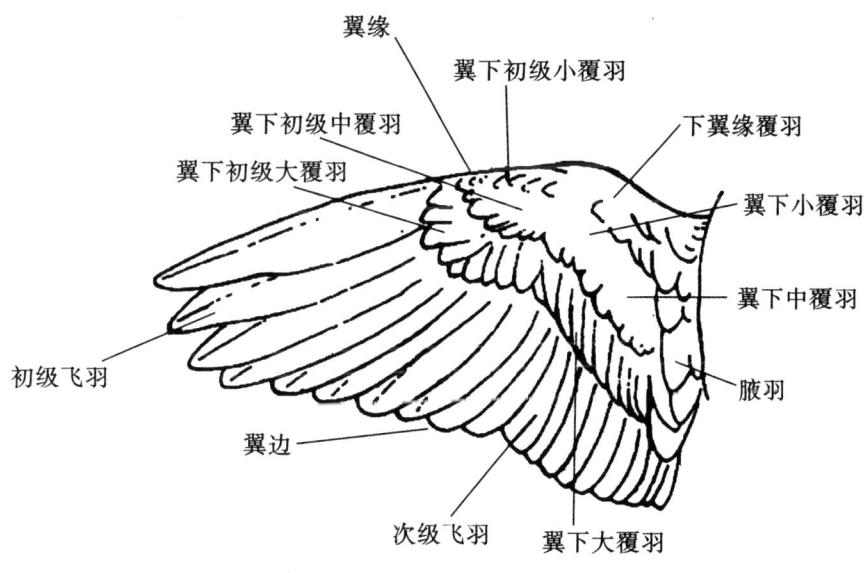

B. 翼下

图3-14 鸟类的翼

1) 初级飞羽 此一列飞羽最长,计有9~10根,均附着在掌指和指骨。其在翼的外侧者称外侧初级飞羽;内侧者称内侧初级飞羽。

2) 次级飞羽 位于初级飞羽之次,而且也较短,均附着于尺骨。依其位置的先后,也有外侧和内侧的区别。

3) 三级飞羽　为飞羽中最后的一列,亦附生于尺骨上,故准确地说,应称为最内侧次级飞羽。

4) 初级覆羽　位于初级飞羽的基部。

5) 次级覆羽　位于次级飞羽的基部。

6) 翼端　为翼的末端。依其形状的不同,又分为三种类型:尖翼(最外侧飞羽最长,其内侧数枚突形短缩,形成尖形翼端);圆翼(最外侧飞羽较其内侧短,因而形成圆形翼端);方翼(最外侧飞羽与其内侧数羽几乎相等长,形成方形翼端)。

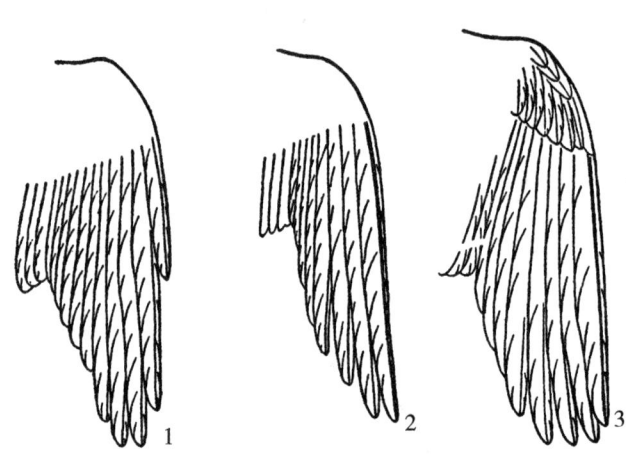

图 3-15　鸟类的翼形
1. 圆形翼;2. 尖形翼;3. 方形翼

(6) 尾羽及尾型(图 3-16)

1) 尾羽

尾上覆羽　覆于上体的腰部之后。

尾下覆羽　覆于下体的肛孔之后。

中央尾羽　尾中央的 1 对尾羽。

外侧尾羽　覆于中央尾羽的外侧;位于最外侧的,称为最外侧尾羽。

2) 尾型

平尾　尾的形状之一。中央尾羽与外侧尾羽长短相等。

圆尾　尾的形状之一。中央尾羽与外侧尾羽长短相差不显著。

凸尾　尾的形状之一。中央尾羽较外侧尾羽长,而且长短相差较大。

楔尾　尾的形状之一。中央尾羽较外侧尾羽长短相差更大。

尖尾　尾的形状之一。中央尾羽较外侧尾羽长短相差极甚。

凹尾　尾的形状之一。中央尾羽较外侧尾羽短,但相差甚少。

燕尾　尾的形状之一。亦称叉尾,中央尾羽较外侧尾羽短,相差较显著。

铗尾　尾的形状之一。中央尾羽较外侧尾羽短,而且相差极为显著。

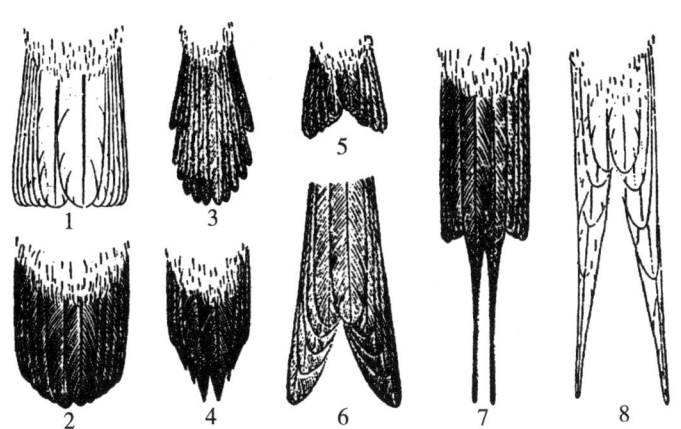

图 3-16　鸟类的尾形
1. 平尾；2. 圆尾；3. 凸尾；4. 楔尾；5. 凹尾；6. 叉尾；7. 尖尾；8. 铗尾

（7）后肢

1）股　与躯干部相接，常被羽所覆盖。

2）胫　在股之下，跗蹠之上，被羽或裸出。

3）跗蹠　位于胫和趾之间，被羽或为鳞片所覆盖。若为鳞片，可分为盾状鳞（鳞片横列）、网状鳞（鳞片呈鱼鳞状）和靴状鳞（鳞为一整体）。跗蹠后缘多为整片鳞。

4）距　为跗蹠后缘着生的刺状角质突起，见于鸡形目鸟类的雄性个体。

（8）趾型　鸟类通常具4趾，分别称为后、内、中和外趾（或第1、2、3、4趾），各趾的排列方式即为趾型，主要包括（图3-17）：

1）常态足　3趾向前，1趾向后，如红腹锦鸡。

2）对趾足　第2、3趾向前，第1、4趾向后，如鹦鹉。

3）异趾足　第3、4趾向前，第1、2趾向后，如咬鹃。

4）并趾足　基本为3趾向前，第1趾向后，但第2、3趾基部并合，如翠鸟。

5）前趾足　4趾均向前方，如雨燕。

6）不等趾足　基本为常态足，但第1趾特别强大，具利爪。见于隼形目鸟类。

7）离趾足　基本为常态足，但第3趾（中趾）与第1趾（后趾）等长，如雀形目鸟类。

（9）蹼型　游禽类和涉禽类趾间常有蹼膜相连，主要类型有（图3-17）：

1）全蹼足　4趾间均有蹼相连，如鸬鹚。

2）蹼足　前3趾间有蹼相连，如雁鸭类。

3）半蹼足　蹼大部分退化，仅在趾间基部有蹼相连，如鹬类、鹭类。

4）瓣蹼足　蹼位于趾的两侧，呈瓣状，如䴙䴘。

5）凹蹼足　蹼足相似，但蹼膜中部往往凹入，发育不完全，如燕鸥。

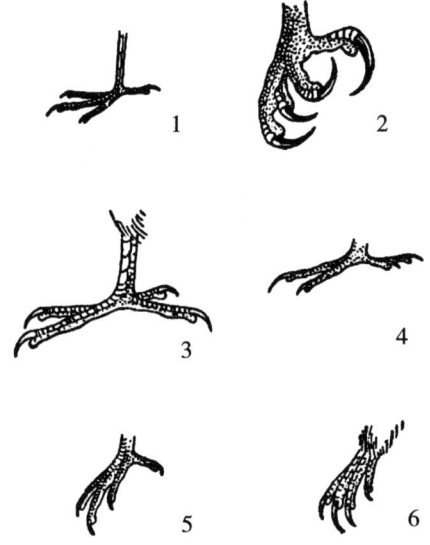

图 3-17　鸟类的趾型
1.常态足；2.不等趾足；3.对趾足；4.异趾足；5.并趾足；6.前趾足

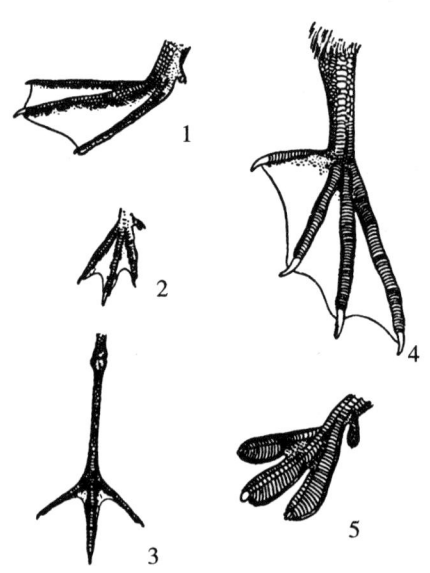

图 3-18　鸟类的蹼型
1.常态足；2.不等趾足；3.对趾足；4.异趾足；5.并趾足；6.前趾足

2. 鸟类的外部形态测量（图 3-19）

鸟类的各项形态测量数据是分类的重要依据之一，应准确测量并详细记录。测量时将鸟体平放，腹面向上，呈自然状态。主要测量项目如下。

1）体长　自喙端至尾端的长度。

2)嘴峰长 自上喙先端至喙基生羽处的长度。
3)翼长 自翼角(腕关节)至最长飞羽先端的长度。
4)尾长 自尾羽基部至最长尾羽先端的长度。
5)跗蹠长 自胫骨与跗蹠骨关节后面中点至与中趾关节前下方之整片鳞下缘的长度。
6)体重 鸟体的重量。

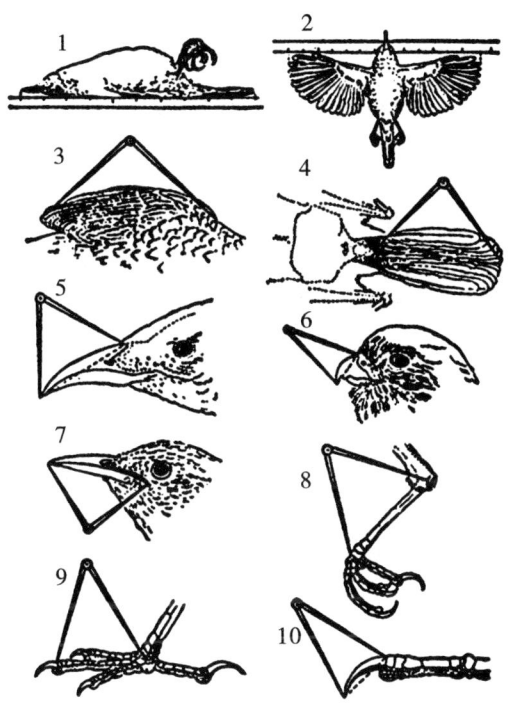

图3-19 鸟类外形测量
1.体长;2.翼展长;3.翼长;4.尾长;5.嘴峰长;6.嘴峰长;7.嘴裂长;8.跗蹠长;9.中趾长;10.中趾爪长

附1:中国鸟类目、科检索表

1. 脚适于游泳;有发达的蹼 ·· 2
   脚适于步行;无蹼,或不发达 ·· 15
2. 鼻呈管状 ·· 鹱形目(Procellariiformes)3
   鼻不呈管状 ··· 5
3. 大趾退化,但仍存在 ··································· 鹱科(Procellariidae)
   不具大趾 ·· 4
4. 鼻管位于嘴峰的左右两侧 ···························· 信天翁科(Diomedeidae)
   鼻管位于嘴峰上,左右合并 ·························· 海燕科(Hydrobatidae)
5. 趾间具全蹼 ·· 鹈形目(Pelecaniformes)6

趾间不具全蹼 …………………………………………………………………… 10
6. 趾间蹼呈深凹状,尾呈叉状 ……………………………………… 军舰鸟科(Fregatidae)
　　趾间不呈深凹状,尾呈圆形或楔形 ……………………………………………… 7
7. 中央尾羽特别长 …………………………………………… 热带鸟科(鹲科)(Phaethonitae)
　　中央尾羽不长 …………………………………………………………………… 8
8. 体形甚大;嘴平扁;喉囊大,伸达嘴的全长 ……………………………… 鹈鹕科(Pelecanidae)
　　体形居中;嘴侧扁,喉囊小,仅限于嘴基处 ………………………………………… 9
9. 嘴形细长;嘴端大都具钩 ………………………………………… 鸬鹚科(Phalacrocoracidae)
　　嘴形粗而稍呈锥状;嘴不具钩 ……………………………………… 鲣鸟科(Sulidae)
10. 嘴通常扁平,先端具嘴甲;雄性具交接器 ……………………………… 雁形目(Anseriformes)
　　嘴不扁平;雄性不具交接器 ………………………………………………………… 11
11. 翅尖长;尾羽正常发达 ……………………………………………… 鸥形目(Lariformes) 12
　　翅短,或尖或圆;尾羽甚短 ………………………………………………………… 13
12. 嘴非侧扁,下嘴较上嘴长,或几乎等长 ………………………………… 鸥科(Laridae)
　　嘴甚侧扁,下嘴不如上嘴长 …………………………………… 剪嘴鸥科(Rynchopidae)
13. 翅尖;无后趾 ……………………………………………………… 海雀目(Alciformes)
　　翅圆;后趾存在 …………………………………………………………………… 14
14. 向前的3趾间具蹼 ………………………………………………… 潜鸟目(Gaviiformes)
　　前趾各具瓣状蹼 …………………………………………………… 䴙䴘目(Podicipediformes)
15. 颈和脚均较短;胫部全部被羽;无蹼 …………………………………………………… 31
　　颈和脚均较长;胫的下部裸出;蹼不发达 ………………………………………… 16
16. 后趾发达,与前趾同在一个平面上,眼先裸出 …………………………… 鹳形目(Ciconiiformes) 17
　　后趾不发达或完全退化,存在时位置亦较其他趾稍高,眼前常被羽 …………… 19
17. 中趾之爪的内侧具栉缘 …………………………………………………… 鹭科(Ardeidae)
　　中趾之爪的内侧不具栉缘 ………………………………………………………… 18
18. 嘴粗厚而侧扁,不具鼻沟 …………………………………………… 鹳科(Ciconiidae)
　　嘴呈匙状或筒状,徐向下曲;鼻沟几乎伸至嘴端 …………………… 鹮科(Threskiorothidae)
19. 翅大都短圆,第1枚初级飞羽较第2枚短;眼先被羽或裸出;趾间无蹼,有时具瓣蹼
　　 …………………………………………………………………… 鹤形目(Gruiformes) 20
　　翅形尖或长或短,第1枚初级飞羽较第2枚长或等长(麦鸡属例外);眼先被羽,
　　趾间蹼不发达或付缺 ………………………………………………… 鸻形目(Charadriiformes) 23
20. 足仅具3趾 ……………………………………………………………………… 21
　　足具4趾 ………………………………………………………………………… 22
21. 体型大,翅长在200 mm以上,尾羽16~18枚,爪短扁如趾甲 …… 鸨科(Otidae)
　　体型小,翅长在100 mm以下,尾羽12枚,爪小而曲 …… 三趾鹑科(Turnicidae)
22. 头顶被羽,后趾几乎与前趾平置 …………………………………… 秧鸡科(Rallidae)
　　头上有裸出部,后趾位置较前趾高 ………………………………… 鹤科(Gruidae)
23. 鼻骨呈全鼻型,跗蹠前后缘均被以网状鳞 …………………… 石鸻科(Burhinidae)

鼻骨呈裂鼻型,跗蹠具网状鳞或盾状鳞 ··· 24
24. 鼻孔卵圆形,无鼻沟,嘴形宽阔,中爪具栉缘 ················· 燕鸻科(Glareolidae)
    鼻孔直裂,有鼻沟,嘴形细狭,中爪不具栉缘 ··· 25
25. 脚趾均特别延长,后爪较长于后趾 ······························ 雉鸻科(Jacanidae)
    脚趾正常,后爪不长于后趾 ·· 26
26. 趾具瓣蹼 ·· 瓣蹼鹬科(Phalarodidae)
    趾不具瓣蹼 ··· 27
27. 跗蹠后侧具盾状鳞,前缘亦被以盾状鳞 ··· 28
    跗蹠后侧具网状鳞,前缘亦常具网状鳞 ··· 29
28. 鼻沟长度不及上嘴之半,嘴近先端处突向下曲,雌鸟较雄鸟大而鲜丽 ···················
    ··· 彩鹬科(Rostratulidae)
    鼻沟长度远超过上嘴之半,嘴形直,有时徐向下曲,有时微向上曲,雄雌羽色、大小
    相同 ·· 鹬科(Scolopacidae)
29. 嘴端隆起 ·· 鸻科(Charadriidae)
    嘴端不具隆起 ·· 30
30. 跗蹠较中趾(连爪)长数倍 ····································· 反嘴鹬科(Recurvirostridea)
    跗蹠较中趾(连爪)仅稍长些 ····································· 蛎鹬科(Haematopodidae)
31. 嘴爪均特强锐且弯曲;嘴基具蜡膜 ··· 32
    嘴爪形或平直或仅稍曲;嘴基不具蜡膜(鸽形目例外) ·· 37
32. 足呈对趾型,舌厚而且为肉质,尾脂腺被绒羽 ················ 鹦形目(Psittaciformes)
    足不呈对趾型,舌正常,尾脂腺被羽或裸出 ·· 33
33. 蜡膜裸出,两眼侧置,外趾不能反转(鹗属例外),尾脂腺被羽 ·······························
    ·· 隼形目(Falconiformes)34
    蜡膜被硬须掩盖,两眼向前,外趾能反转,尾脂腺露出 ··· 鸮形目(Strigiformes)36
34. 外趾能反转,趾底多刺突,无副羽 ································· 鹗科(Pandionidae)
    外趾不能反转(渔雕属除外)趾底不具刺突,具副羽 ·· 35
35. 上嘴左右两侧各具单个齿突 ··· 隼科(Falconidae)
    上嘴左右两侧无齿突,或具双齿突 ·································· 鹰科(Accipitridae)
36. 头骨狭长,宽度不及长度的2/3,面盘完整,下方变狭,呈心脏形、耳突或存或缺,
    中爪具栉缘 ·· 草鸮科(Tytonidae)
    头骨较宽,宽度等于长度的2/3,面盘或存或缺,存在时几乎呈圆形,无耳突,中爪
    (除噪鸮属外)不具栉缘 ··· 鸱鸮科(Strigidae)
37. 3趾向前,1趾向后(有时无后趾),各趾彼此分离(除极少数外) ························ 50
    趾不具上例特征 ··· 38
38. 足大都呈前趾型,嘴短阔而平扁,无嘴须 ·················· 雨燕目(Apodiformes)39
    足不呈前趾型,嘴强而不平扁(夜鹰目例外)常具嘴须 ·· 40
39. 头无羽冠,跗蹠较第一趾(不连爪)长,或与等长 ··············· 雨燕科(Apodidae)
    头上具羽冠,跗蹠较第一趾(不连爪)短 ················· 凤头雨燕科(Hemipoocnidae)

40. 足呈异趾型 …………………………………………… 咬鹃目(Trogoniformes)
    足不呈异趾型 ………………………………………………………………… 41
41. 足呈对趾型 ……………………………………………………………………… 42
    足不呈对趾型 …………………………………………………………………… 44
42. 嘴强直呈凿状,尾羽通常坚挺尖出 …………………… 䴕形目(Piciformes) 43
    嘴端稍曲,不呈凿状,尾羽正常 ………………………… 鹃形目(Cuculiformes)
43. 嘴形直长而尖,呈楔状,跗蹠前缘被盾状鳞,尾羽12枚,羽干通常坚硬 …………
    ……………………………………………………………… 啄木鸟科(Picidae)
    嘴形短强,嘴峰稍曲,不呈楔状;跗蹠前后缘均被盾状鳞;尾羽10枚,羽干柔软…
    ……………………………………………………………… 须䴕科(Capitonidae)
44. 嘴长或强直,或细而稍曲,有时更具盔突,鼻不呈管状,中爪不具栉…………
    ………………………………………………… 佛法僧目(Coraciiformes) 45
    嘴短阔,鼻通常呈管状,中爪具栉缘 …………… 夜鹰目(Caprimulgiformes) 49
45. 嘴形粗厚而直 …………………………………………………………………… 46
    嘴形细长而下曲 ………………………………………………………………… 48
46. 嘴上无盔突 ……………………………………………………………………… 47
    嘴上通常具盔突 ……………………………………………… 犀鸟科(Bucerotidae)
47. 嘴短,翅形长圆,仅有10枚飞羽,尾脂腺裸出 ……… 佛法僧科(Coraciidae)
    嘴长,翅形短圆,有11枚飞羽,尾脂腺被羽 …………… 翠鸟科(Alcedinidae)
48. 头具羽冠,尾脂腺被羽,尾羽10枚,后爪远较中爪为长 … 戴胜科(Upupidae)
    头无羽冠,尾脂腺裸出,尾羽12枚,后爪较中爪短 …… 蜂虎科(Meropidae)
49. 口盖为索腭型,无尾脂腺,嘴形较大而坚健,上嘴甚曲而具钩端鼻孔上有羽须掩盖
    着 …………………………………………………………… 蟆口鸱科(Podargidae)
    口盖为裂腭型,尾脂腺裸出,嘴形短弱,鼻孔呈管状 …… 夜鹰科(Caprimulgidae)
50. 嘴基柔软,被以蜡膜,嘴端膨大而具角质(沙鸡除外) ……………………… 51
    嘴全被角质,嘴基无蜡膜 ……………………………………………………… 52
51. 嘴基柔软,被以软膜,翅端不呈尖形,跗蹠裸出,后趾正常 …………………
    ……………………………………………………………… 鸠鸽科(Columbidae)
    嘴基无软膜,翅端尖形,跗蹠被羽,后趾退化或全缺 …… 沙鸡科(Pteroclidae)
52. 后爪不比其他趾的爪长,雄者多具距 ………………… 鸡形目(Galliformes) 53
    后爪较其他趾的爪长,无距 …………………………… 雀形目(Passeriformes) 54
53. 鼻孔被羽掩盖着,跗蹠完全或局部被羽,无距,趾或裸出而具栉缘,或则被羽……
    ……………………………………………………………… 松鸡科(Tetraonidae)
    鼻孔不被羽掩着,跗蹠不被羽,雄常具距,趾裸出,不具栉缘 …………………
    ……………………………………………………………… 雉科(Phasianidae)
54. 嘴形粗厚而宽阔,向前3趾的基部相并着,跗蹠大部由单列大形的卷形鳞所包被着
    ……………………………………………………………… 阔嘴鸟科(Eurylaimidae)
    嘴形不呈上列特征,趾不并合,跗蹠不由单列卷状鳞所包被着 …………… 55

55. 跗蹠后缘钝,具盾状鳞 ··· 百灵科(Alaudidae)
    跗蹠后缘侧扁成棱状,光滑无鳞 ·· 56
56. 上、下嘴前段的嘴缘具细形锯齿 ·· 57
    嘴缘无锯齿 ·· 58
57. 翅端圆形,初级飞羽10枚 ·· 太阳鸟科(Nectariniidae)
    翅端方形,初级飞羽仅9枚(仅有1种例外) ····················· 啄花鸟科((Dicaeidae)
58. 翅端圆形,初级飞羽10枚,其第1枚较最长者略短 ··································· 59
    翅端尖形或方形,初级飞羽大部9枚,若为10枚时,其第1枚特别短小,通称为退化飞羽,其长度一般不超过初级覆羽(少数例外) ································· 76
59. 足攀型,后趾(连爪)与中趾(连爪)等长,或则更长,嘴下不具缺刻 ············· 60
    足非攀型,后趾(连爪)较中趾(连爪)短,嘴常具缺刻 ······························· 61
60. 嘴形直或下曲,无嘴须,鼻孔裸出,尾羽坚挺 ························ 旋木雀科(Certhiidae)
    嘴形直,有嘴须,鼻孔有稀疏羽须掩覆着,尾羽短而且软 ············· 䴓科(Remizidae)
61. 跗蹠被以靴状鳞(除少数例外) ·· 62
    跗蹠前缘具盾状鳞(有时不甚明显) ·· 66
62. 体羽柔长而疏松,颈项具纤羽如发,跗蹠短弱 ······················ 鹎科(Pycnonotidae)
    体羽稠密而结实,颈项不具发状纤羽,跗蹠粗长 ··· 63
63. 嘴形较粗,最外侧初级飞羽达其内侧者4/5的长度 ····················· 八色鸫科(Pittidae)
    嘴形似鸫或较细,最外侧初级飞羽较短,不及其内侧者4的长度 ····················· 64
64. 无嘴须,尾短 ··· 河乌科(Cinclidae)
    有嘴须,尾较长 ·· 65
65. 嘴粗健而侧扁,缺刻明显,翅长而平 ······ 鹟科:鸫亚科(Muscicapidae:Turdinae)
    嘴形细尖,缺刻不显著,翅短而凹 ······· 鹟科:莺亚科(Muscicapidae:Sylviinae)
66. 鼻孔全被羽或须掩盖着 ·· 67
    鼻孔裸露,或仅被少数羽或须遮蔽着(除少数例外) ····································· 70
67. 第1枚初级飞羽超过第2枚长度的一半 ·· 68
    第1枚初级飞羽不及第2枚长度的一半 ·· 69
68. 体型较大,翅长超过120 mm,嘴形粗长,体羽结实而有光泽 ······ 鸦科(Corvidae)
    体型较小,翅长不及100 mm,嘴形短厚,呈似鹦鹉嘴状,体羽较松 ················
    ··· 鹟科:鸦雀属(Muscicapidae:Paradoxornis)
69. 巢呈杯状,营于树洞或岩隙间 ······································ 山雀科(Paridae)
    巢呈囊状,悬于树枝梢端 ·· 攀雀科(Remizidea)
70. 鼻孔完全裸露 ·· 71
    鼻孔多少有羽或须遮蔽着(莺亚科中有例外) ··· 72
71. 体型较大,翅长超过100 mm,尾长超过60 mm,嘴须存在 ······ 黄鹂科(Oriolidea)
    体型较小,翅长不及60 mm,尾长不及50 mm,无嘴须 ······ 鹪鹩科(Troglodytidae)
72. 腰的羽轴坚硬 ··· 山椒鸟科(Campephagidae)
    腰羽的羽轴正常 ·· 73

73. 嘴强壮而侧扁,上嘴具钩与缺刻,并常有齿突 …………………… 伯劳科(Laniidae)
    嘴形较细,常具缺刻,钩与缺刻均存在时,嘴多少呈平扁状 …………………… 74
74. 体羽纯黑或暗灰,尾羽10枚,呈深叉状 ………………………… 卷尾科(Dicruridae)
    体羽非纯黑成暗灰,尾羽12枚,不呈深叉状 …………………………………… 75
75. 体羽主要为蓝色,或为绿或黄绿色,颈项常有纤羽如发,跗蹠较嘴(从嘴角量起)短
    ……………………………………………………………………… 和平鸟科(Irenidae)
    羽色各异,颈无发伏纤羽,附蹠较嘴(从嘴角量起)长 ……………………………
    …………………………………… 鹟科(主要为画眉亚科)(Muscicapidae:Timaliinae)
76. 第1枚飞羽(最外侧的退化飞羽若存在时,亦不计入)最长,其内侧数羽突形短
    缩,因而成尖形翼端 ……………………………………………………………… 77
    第1枚飞羽(最外侧的退化飞羽除外)与其内侧数羽几相等长,因而成方形翼端
    ……………………………………………………………………………………… 80
77. 嘴短阔而平扁,初级飞羽仅9根,脚细弱 ……………………… 燕科(Hirundinidae)
    嘴短强而且不平扁,初级飞羽10枚,其最外侧者非常退化,脚正常 ………… 78
78. 翅长达于尾羽之后 ……………………………………………… 燕鵙科(Artamidae)
    翅长不达于尾羽之后 ……………………………………………………………… 79
79. 翅与尾无辉斑 …………………………………………………… 椋鸟科(Sturnidae)
    翅与尾均具辉斑 ………………………………………………… 太平鸟科(Bombycillidae)
80. 初级飞羽9枚,最长的次级飞羽接近翼端,后爪常特长 …… 鹡鸰科(Motacillidae)
    初级飞羽10枚(雀科及部分文鸟科例外),其最外侧者非常退化,最长的次级飞
    羽仅达翅长之半或稍超过,后爪正常 …………………………………………… 81
81. 嘴粗短,呈圆锥状 ………………………………………………………………… 85
    嘴不呈圆锥状 ……………………………………………………………………… 82
82. 嘴形平扁 ………………………………………… 鹟科:鹟亚科(Muscicapidae:Muscicapinae)
    嘴不呈平扁状 ……………………………………………………………………… 83
83. 体型纤小,翅长不及60 mm,退化飞羽形小而具锐端,并呈镰刀状,上体几纯绿色,
    眼周具白环 ……………………………………………………… 绣眼鸟科(Zosteropidae)
    体型适中,翅长超过60 mm,退化飞羽稍大而具圆端,上体无绿色,眼周无白环…
    ……………………………………………………………………………………… 84
84. 鼻孔被以盖膜,完全裸露,嘴须存在 …………………………… 岩鹨科(Prunellidea)
    鼻孔盖膜被羽掩覆着,无嘴须(鹩哥属除外) …………………… 椋鸟科(Sturnidae)
85. 初级飞羽10枚(麻雀等属例外),巢不呈曲瓶状,即营置于窟窿或树洞内 ………
    ……………………………………………………………………… 文鸟科(Ploceidae)
    初级飞羽9枚,嘴粗短,呈圆锥状,巢无覆盖,置于地面上 ……… 雀科(Paridae)

附2:中国隼形目鹰科分属检索表

1. 头顶被绒羽或裸出 …………………………………………… 秃鹫属(*Aegypius*)
   头顶被羽 …………………………………………………………………………… 2

2. 胫与跗蹠等长 ………………………………………………………………… 3
　胫较跗蹠为长 ………………………………………………………………… 4
3. 跗蹠长约为嘴峰长的2倍,跗蹠后缘无盾状鳞 ………………… 鹞属(*Circus*)
　跗蹠长度中等,后缘具盾状鳞 ………………………………… 鹰属(*Accipiter*)
4. 跗蹠后缘具盾状鳞 …………………………………………………… 鵟属(*Buteo*)
　跗蹠后缘具网状鳞 ……………………………………………………………… 5
5. 嘴形强而有力 …………………………………………………………………… 6
　嘴形较弱 ………………………………………………………………………… 9
6. 跗蹠部全部被羽 ………………………………………………………………… 7
　跗蹠下部裸出 …………………………………………………………………… 8
7. 头部无羽冠 ……………………………………………………………… 雕属(*Aquila*)
　头部具纵行羽冠 ……………………………………………………… 鹰雕属(*Spizaetus*)
8. 跗蹠裸出部分长度不及中趾长 ……………………………… 海雕属(*Haliaeetus*)
　跗蹠裸出部分长度超过中趾长 ……………………………… 鵟鹰属(*Butastur*)
9. 尾呈叉状,外侧尾羽较中央尾羽为长 ………………………… 鸢属(*Milvus*)
　尾稍圆,外侧尾羽较中央尾羽为短 …………………………… 蜂鹰属(*Pernis*)

第三节　爬行动物

　　大多数爬行动物体表被以角质鳞片,缺乏皮肤腺。除蛇类和少数蜥蜴外,均具发达的五趾型附肢。爬行类所产的卵具坚硬的卵壳或革质的卵膜,在胚胎发育过程中出现羊膜、尿囊等胚膜,故称羊膜卵。羊膜卵的出现使胚胎发育不再受外界水环境限制和束缚。爬行动物因此而发展成为第一批真正摆脱对水环境的依赖、真正征服陆地的脊椎动物,能够适应不同的陆地环境。

　　爬行动物在中生代曾盛极一时,种类繁多,留存至现代生存者仅为少数。现存爬行动物按体形可分为蜥蜴型、蛇型和龟鳖型。

一、栖息环境与生物学习性

(一)栖息环境

　　爬行动物广泛栖息于各种环境中,大致可分为水体和陆地两大类群。龟鳖类和部分蛇类栖息于淡水水体和海洋,大多数爬行动物则栖息于陆生环境,森林、荒漠、农田、洞穴、乱石堆、灌草丛等,为爬行动物提供了良好的栖息环境。

(二)生物学习性

　　爬行动物的种类和数量少于鸟类,它们占据了多种栖息环境,表现出多样化的生活习性。根据动物对环境的适应性特征,可将爬行动物划分为下述几种生态类型。

1. 陆栖种类

　　包括大多数蜥蜴类、蛇类、部分龟鳖类。除龟鳖类外,一般身体细长;蜥蜴类、龟鳖类具有较发达的四肢,而蛇类的运动则主要依靠腹鳞的活动和身体左右弯曲来完成。

2. 穴居种类

这类爬行动物身体多呈蛇形,头小,四肢不甚发达或完全退化消失;眼不发达,无活动的眼睑,眼或隐于鳞下;听道退化;鳞片平滑,腹鳞未分化或不发达,如盲蛇、蛇蜥等。

3. 沙地生活种类

这类爬行动物后肢的趾上覆有角质小齿,可使足部不易陷入流沙中,如沙蜥、某些石龙子、壁虎、蜥蜴等。

4. 树栖种类

包括飞蜥、避役和树栖蛇类等,身体一般呈绿色。飞蜥的体侧有翅状的皮膜;避役具有适于握持树枝的指和趾,尾具有一定的缠绕性;树栖蛇类一般身体细长,尾部也较长,适于缠绕,如绿瘦蛇。

5. 水栖种类

栖于淡水中的蛇类一般体型较粗而短,海蛇及鳄类均有侧扁的尾,适于游泳。在水中生活的淡水水蛇、海蛇、鳄类,鼻孔开口于吻之背面,且往往具瓣膜,动物入水后可将鼻孔关闭;水栖龟类的四肢变为桨状,适于划水;海蛇与缺鳞超科的龟鳖类的咽部有许多富有血液的突起,这些突起在动物的口张开时,与水流接触,从而成为辅助呼吸器官。此外,许多水栖龟鳖类具有1对富有血管的泄殖腔盲囊(亦称副膀胱),可用于辅助呼吸。

在爬行动物中,有许多种类具有保护色,如生活于沙漠地区的种类,体多呈黄色;生活于草地及树栖的种类,则多呈绿色;有些种类还可随环境背景颜色而改变体色,如避役等。有些种类在防卫时,常表现出恐怖姿态,如生活于沙漠中的一种沙蜥($Phrynocephalus\ mystaceus$),受惊时常展开体侧的翼膜(翼膜内侧呈玫瑰色),并张口发出咝咝声、扑向来者;眼镜蛇在遇到危险或准备捕捉猎物时,常将身体前部抬起,颈部膨大以显示出颈背部的眼镜框状斑纹;某些龟鳖能从鼠蹊腺释放出恶臭气味;毒蛇类所具有的毒牙等结构都是保护性的适应。

爬行动物的繁殖方式可分为卵生和卵胎生。卵生种类占多数,如鳄蜥、多数蜥蜴类、蛇类、所有龟鳖类和鳄类等。鳄蜥、龟鳖及鳄的卵均具有石灰质的硬壳,而蜥蜴类和蛇类的卵则被以柔软的革质卵膜。栖息于寒冷地区的蜥蜴、蛇、所有的海蛇、大多数穴居的爬行类、树栖种类、大多数毒蛇均以卵胎生方式繁殖,即胚胎在输卵管后段(子宫)内发育,但与母体并无营养联系,完全以卵黄为能量来源。仅有某些石龙子的卵黄囊血管与母体子宫血管有一定联系。为查清某种爬行动物是否为卵胎生,可在野外捕获繁殖期的雌性个体,进行解剖观察,或将活体带实验室饲养观察,即可获得可靠的第一手资料。

爬行动物多一年繁殖一次,其交配期一般在春末夏初。蜥蜴类的雄性在交尾前追逐雌体,然后在树阴下或草丛中完成交尾。虫纹麻蜥的交尾时间可持续10 min左右。蜥蜴类多在夏季产卵于温暖、潮湿而隐藏处,产卵数因种类不同而异(1~10枚)。壁虎科种类的卵近圆形,卵壳钙质,硬而脆,其他种类的卵多为椭圆形,壳为革质,较柔韧。如北草蜥的卵壳为白色,每产6枚,大小平均为12.03 mm×8.64 mm,于8月上旬孵出幼蜥,幼蜥体长约25 mm,尾长57 mm,出壳后即可爬行、活动。蛇类的交尾期在出蛰后的春夏之交,每次交尾可持续10 min至数小时,长者可达24 h。一次受精后精子可在输卵管内存活4~5

年。蛇卵多为乳白色,呈椭圆形,卵壳柔韧,常粘结在一起。产卵数从数枚到数十枚。大多数蛇卵主要依赖自然界热量孵化,但少数种类如蟒蛇、眼镜蛇等尚有孵卵行为。卵的大小、孵化期的长短因种类和环境条件的不同而异,如王锦蛇每次产卵约6枚,大小平均为48.33 mm×27.66 mm,白条锦蛇每次产卵7枚,卵径最大可达56.5 mm×21.2 mm;眼镜蛇卵的孵化期为45 d,虎斑游蛇为30 d左右。

爬行动物属于变温动物,缺乏完善的体温调节机制,对环境温度变化的耐受性较低。因此,温度是影响爬行动物活动的主要因素,而温度的变化与季节更替密切相关。如分布于南方的眼镜蛇,终年均可见其活动,并在每年的5~10月份保持较长时间的活动高峰期;而北方的蝮蛇则在每年的5~6月份和10月份出现两次活动高峰,在温度最高的7月份活动显著下降。栖息于温带地区的爬行动物,在冬季进入冬眠状态,借此度过不利的环境条件。

二、主要实习内容

爬行动物是真正地适应了陆地生活的脊椎动物类群。根据陆生爬行动物的种类组成、活动规律、分布特征等,此部分的实习可从下述几个方面展开。

(一)爬行动物的活动规律观察

爬行动物的活动规律可分为季节性活动规律和昼夜活动规律。季节性活动规律主要研究动物在一年之中的不同季节的休眠、出蛰、活动时间、范围等方面的变化特征。而昼夜活动规律则是在较小的时间尺度上,探讨动物的活动时间、活动高峰等特征。实际上,昼夜活动规律与季节性活动规律有内在联系。一方面,在不同季节,动物都会表现出特有的昼夜活动规律;另一方面,在一个季节或一段时间之内,动物的昼夜活动规律又是相对稳定的。由于野外实习的时间主要集中于夏季,且时间相对较短,故可着重观察爬行动物的昼夜活动规律。

根据活动的主要时间段的不同,可将爬行动物分为昼行性(如眼镜蛇、乌梢蛇、王锦蛇等)、夜行性(如烙铁头、金环蛇等)和晨昏型(如蝮蛇等)等3种活动类型。但是,爬行动物的昼夜活动规律并不十分严格,常受到温度、湿度、光照、降雨、风力、季节等因素的影响。如菜花烙铁头虽为夜行性种类,但在日出之后,仍可见其活动。对大多数蛇类来说,雨天一般不活动,但在雨过天晴之后,活动甚为频繁。爬行动物的活动范围较小,如树栖的蜥蜴,往往只在几株树间活动;地面活动的蜥蜴,多在以洞穴为中心的范围内活动。

在野外实习和专项研究工作中,要掌握不同爬行动物的昼夜活动规律,应选择合适的研究样地,定时(一般间隔1~2 h)对样地中的爬行动物种类、数量、活动情况、活动范围等进行详细的观察和记录,同时测量、记录温度、天气、湿度、风力、海拔、地理坐标、季节等信息,经过长期的积累,既可了解动物的昼夜活动规律,也可分析探讨上述因素与动物活动规律之间的生态学关系。研究表明,天气晴好时,蓝尾石龙子于7:00左右出洞,随着气温升高,至10:00左右最为活跃。北草蜥在夏季的昼夜活动出现两次高峰,而在早春、晚秋只出现一次活动高峰,这种情况显然与温度的影响有关。因为夏季中午气温较高,故动物的活动减少,表现出上、下午两个活动高峰;而在早春和晚秋,早、晚气温偏低而中午气温升高,所以仅有一个活动高峰期。蛇类属于变温动物,体温随环境温度的高低而变动,故蛇类冬蛰春出、夏秋活跃。蛇的活动的适宜温度为 10~35℃，活动规律还因种类不同而异，如眼镜蛇、眼镜王蛇喜在白天活动，故为昼行性蛇类；金环蛇、银环蛇、铬铁头偏好于夜间活动，故为夜行性蛇类；尖吻蝮、蝮蛇多在光线较弱的情况下（夜晚及阴雨的白天）活动，故为晨昏性蛇类。

（二）爬行动物的食性

绝大多数爬行动物属于肉食性种类。龟鳖类主要以鱼、虾为食；鳄类多以软体动物、小鱼、小虾等为食；大多数蜥蜴取食昆虫、蛛形类、蠕虫类和软体动物；夜间活动的壁虎类则以鳞翅目昆虫等为食；体型较大的巨蜥则捕食蛙类、鱼类甚至小型哺乳动物。有些蜥蜴也兼食植物，如生活于荒漠地区的虫纹麻蜥取食白刺（一种植物）的浆果。蛇的食性很广，但因种类而异，其食物包括蚯蚓、蛞蝓、蜘蛛、昆虫及其幼虫、鱼、蛙、鼠、蜥蜴、鸟、兔等。金环蛇主要摄食其他蛇类以及鱼、蛙、蜥蜴、鼠或其他哺乳小动物；银环蛇摄食鱼、蛙、蜥蜴、鼠或其他小型哺乳动物；眼镜蛇还摄食蜥蜴和鸟卵；蝮蛇捕食鱼、蛙、蜥蜴、鼠和其他哺乳动物；有些蛇（如赤链蛇）还可吞食其他蛇类；大型的蟒蛇甚至吞食野兔、小型鹿类等哺乳动物。

要充分了解爬行动物的食性，除直接观察外，还可采用下述几种方法，或者几种方法结合使用。

1. 剖胃法

在野外实习中采到动物后，立即进行解剖，如为活体可先用乙醚麻醉。蛇类的胃多位于体中段稍后处，剖开后，将胃容物收集于干净容器内，置放大镜或体视显微镜下观察、鉴定。若野外条件不具备，可将胃容物（或动物整体）保存于5%的福尔马林溶液或75%酒精中，带回实验室分析。若浸泡动物整体，应先向体内注射一些固定液，以免组织腐烂（详见爬行动物标本制作部分相关内容）。

2. 压胃法

用左手握住动物的腰带处及尾部，右手的拇指和食指分别垫于腹部背面，随后用拇指由后向前推进并挤压腹部，使胃内容物由口吐出。取得胃容物后，可根据其中某些特定结构或器官及其数量进行种类鉴定、数量统计，如昆虫的头、下颚、翅，鱼类的头、尾鳞，蝌蚪的角质颌、蛙或蜥蜴的指（趾）、鸟羽、鼠类的门齿等。此法适用于蜥蜴类等小型爬行动物。

3. 检查粪便法

根据动物的粪便中未消化的食物残渣，来鉴定动物的种类。如鳖类的粪便中常含有一些破碎的螺壳。此法仅适用于少数种类。

4. 饲喂法

对捕获的活体动物，可在实验室投喂以多种食物，以了解其对食物的选择性。但是，应该注意，人工投放的食物种类远不如自然条件下丰富。

在分析爬行动物食性的同时，还应对食物的种类、组成等进行记录、统计和分析，以了解不同食物种类在动物食谱中所占比例，探讨动物的食物选择和取食偏好，进而分析群落中的物种组成和种间关系。

(三)爬行动物的繁殖生态

爬行动物为雌雄异体,大多数种类雌、雄个体在外形上的区别并不十分显著,但若细心观察,仍有可供鉴别的特征。如蝮蛇的雌性个体较雄性粗壮,尾较雄性为短;雌性乌龟的甲略带黄色,纵棱明显;尾短而尾基部粗,躯干短厚,无臭味,而雄性的龟甲为深黑色,尾长,尾基细,躯干部长而薄,有异臭。鳖的雌性尾较短,不突出于甲外,雄性尾长并突出于甲外。蜥蜴类雄性个体因具半阴茎,使尾基部较雌性宽大,用拇指、食指从尾基向两侧挤压,即可见半阴茎从泄殖腔孔伸出。蛇类雄性的尾基部一般略膨大,尾亦较雌性略长,用挤压法或用注射器在尾基稍处注射液体加压,亦可使其半阴茎伸出泄殖腔孔。

在野外实习期间,如果遇到处于繁殖期的爬行动物,应记录其产卵时间、卵所在的微环境、卵的数量、大小、形态等,并记录气温、湿度、采集时间、采集地点等信息。如遇到正在交尾的动物,应保持安静,观察、记录其交尾的姿态、环境、气温、湿度、持续时间等。如采集到卵或幼体,可将其部分带回实验室,使其孵化或继续发育,以了解动物种类、孵化期、幼体发育各阶段的特征等。在实验室内应定时观察、测量,并做好详细记录。关于爬行动物的人工养殖,可参阅有关专著和文献资料。

(四)爬行动物的数量统计

数量统计是爬行动物生态学研究的基本内容,常以密度来表示,即在单位面积内的动物个体数量。但是,爬行动物多营穴居生活,难以得到其准确的种群数量。在实际工作中,一般以相对数量(密度)即动物在调查阶段所出现的频次来表示。对不同种类进行数量统计时,应根据其活动规律,分别在白天或夜间的不同时段进行,也可与动物的分布调查相结合,同时进行,以获得更多的基础资料。现就常用的调查统计方法简介如下。

1. 样方统计法

选择一定面积的地段作为样方,样方的面积可根据研究地区的具体条件来确定,如 100 m², 300 m², 500 m² 等。在调查过程中,于样方内见到的、从石块下找到的爬行动物个体均记入调查表。用样方法调查时,最好由数人站成一排,统一向相同方向搜索、前进,以免遗漏。

2. 样带统计法

根据实习地区的地形特征和人员情况,选择一定宽度和长度的长带状地块为研究样方,调查人员站成一排,从样带的开始端边搜索边前进,直到样带终端。若遇到草丛、灌丛或树林,能见度较小时,调查人员的间距可适当缩小。调查中所见到的动物均应如实记录,并分别分析。

调查所获得的结果可用各种动物所占的百分率来表示,也可划分为不同的数量等级。调查表的样式、数量等级的划分可参照本书中两栖动物的相关部分制定。

(五)常见种类识别

全世界现生爬行动物超过 4 500 种,中国已知约 320 多种。现生爬行动物可分为喙头目、龟鳖目、有鳞目和鳄目等 4 个目。龟鳖目体型特殊,形态各异,其他 3 个目形态相似,其中鳄目是爬行动物中进化最为高等的一类。

1. 爬行动物常用分类术语

现生爬行动物各类群具有明显的形态学差异。在爬行动物分类研究中,各类群均有一些特定的分类学术语,现分别简介如下。

(1) 龟鳖类

1) 背甲　为背部隆起部分,由外面的角质盾片和下面的骨质甲组成(图3-20)。

A. 背甲的盾片

椎盾　背甲正中的一列盾片,沿脊柱纵列,通常为5枚。

颈盾　椎盾前方嵌入左右缘盾的1枚小盾片。

肋盾　椎盾两侧的宽大盾片,通常左右各4枚。个别种类为5枚或更多。

缘盾　肋盾外缘、背甲边缘的小盾片,绕体侧排列。除前面正中1枚为颈盾,后面1枚为臀盾外均为缘盾。

B. 背甲的骨板

椎板　在椎盾之下,一般为8枚,板缝并不与盾缝相吻合。

颈板　颈盾部位之下的1枚较大骨板。

臀板　椎板之后的1~3枚骨板。从前到后依次为第1上臀板、第2上臀板和臀板。

肋板　椎板两侧的骨板,通常左右各8枚。

缘板　缘盾之下的骨板,通常左右各11枚。鳖科无缘板。

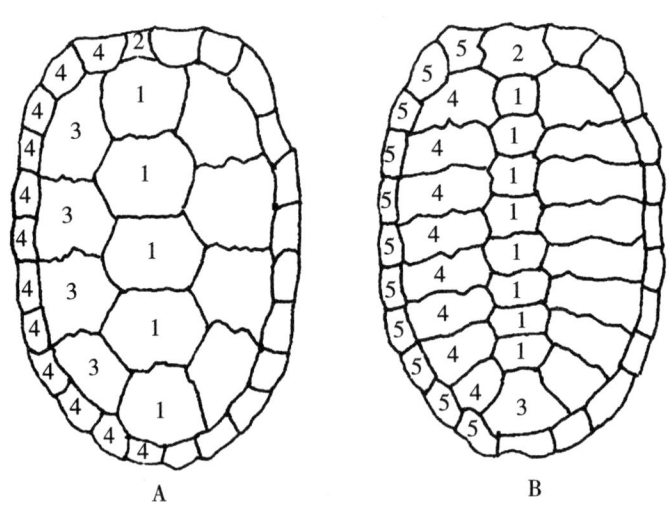

图3-20　龟背甲的盾片和骨板
盾片(A) 1.椎盾;2.颈盾;3.肋盾;4.缘盾
骨板(B) 1.椎板;2.颈板;3.臀板;4.肋板;5.缘板

2) 腹甲　为躯干腹面的盾甲,外为角质盾片,内为骨质板。角盾和骨质甲缝并不吻合。

A. 腹甲的盾片(图3-21)

喉盾　为腹部最前方的1对盾片。

肱盾　为喉盾后的1对盾片。
胸盾　为肱盾后的1对宽大盾片。
腹盾　胸盾后的1对宽大盾片。
股盾　腹盾后的11盾片，呈前宽后窄的倒梯形。
肛盾　腹部最后1对盾片，两盾片愈合处的后缘向内凹入。
喉盾沟　左右喉盾相连的沟。
喉肱沟　喉盾与肱盾之间相连的沟。余依此类推。

B. 腹甲的骨板

上板　1对，位于腹甲前部前外缘，外缘平滑。
内板　1枚，以"人"字缝接上板，后缘接舌板，介于上板和舌板内中央。
舌板　1对，上接上板，上内侧接内板，外侧缘有腋凹，后接下板。
下板　1对，位于舌板之后。外侧缘有胯凹。
剑板　腹甲最后1对骨板，上宽下窄。
上板缝　左右上板间的骨缝。
上舌缝　上板与舌板间的骨缝。

3) 甲桥　腹甲舌板及下板伸出与背甲以骨缝或韧带相连的部分。其外的盾片有：
腋盾　腋凹处的1枚小盾片。
胯盾　即鼠蹊盾，位于胯凹处的1枚小盾片。
下缘盾　即腹甲的胸盾、腹盾与背甲缘盾间的数枚小盾片。

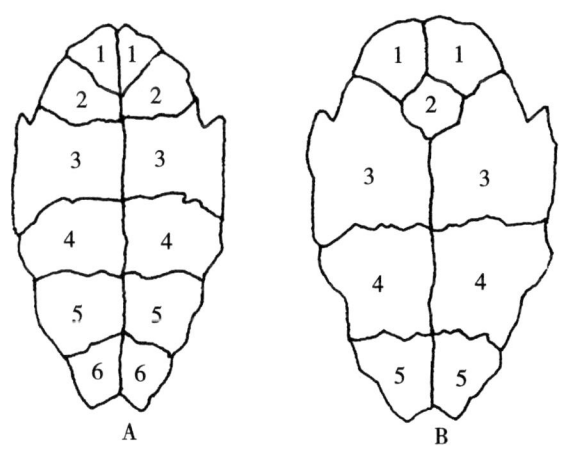

图 3-21　龟腹甲的盾片和骨板
盾片(C) 1. 喉盾；2. 肱盾；3. 胸盾；4. 腹盾；5. 股盾；6. 肛盾
骨板(D) 1. 上板；2. 内板；3. 舌板；4. 下板；5. 剑板

(2) 蜥蜴类
1) 鳞片类型
方鳞　体腹面近于方形或长方形的较大鳞片。

圆鳞　体背面近于圆形的较大鳞片。
粒鳞　鳞小而略圆,平铺排列。
疣鳞　介于粒鳞间的疣状小鳞。
棱鳞　具有棱状突起的鳞。
棘或刺鳞　鳞耸立呈刺状(眶后刺)。
鬣鳞　颈、背中央的一列竖立、纵行的鳞片。

2)头背部的鳞片(图3-22)。

鳞片的名称从前向后依次为：

吻鳞　吻端中央的单片大鳞。
上鼻鳞　吻鳞后方左右鼻鳞之间的成对鳞片。在有些种类缺如。
额鼻鳞　吻鳞正后方的单枚鳞片,少数成对。
前额鳞　额鼻鳞后方的1对大鳞,彼此分离或相接,或多于1对,或为单枚。
额鳞　两眼之间、额鼻鳞正上方的1枚长形大鳞。
额顶鳞　紧接地额鳞之后的1对大鳞。
顶鳞　额顶鳞后的1对大鳞。
顶间鳞　左右顶鳞间的1枚大鳞。顶眼如存在,常位于此鳞片处。

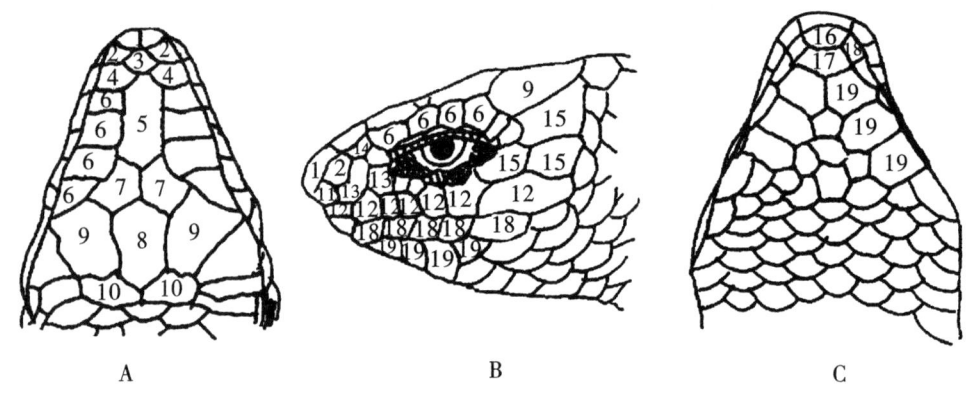

图3-22　蜥蜴类头部的鳞片

A 背面　1.吻鳞;2.上鼻鳞;3.额鼻鳞;4.前额鳞;5.额鳞;
6.眶上鳞;7.额顶鳞;8.顶间鳞;9.顶鳞;10.颈鳞
B 侧面　11.鼻鳞;12.上唇鳞;13.颊鳞;14.上睫鳞;15.颞鳞
C 腹面　16.颏鳞;17.后颏鳞;18.下唇鳞;19.颔鳞

3)头部侧面的鳞片(图3-22)

鼻鳞　围绕鼻孔的鳞片,由1~3枚切鼻孔的鳞片组成。
后鼻鳞　鼻鳞后方的小鳞,有时缺如。
颊鳞　鳃鳞或后鼻鳞之后的1~2枚鳞片。
眶上鳞　眼眶上方、额鳞及额顶鳞两侧的对称大鳞,通常为2~4对,或为5对。
上睫鳞　眶上鳞外缘的一排小鳞。

颞鳞　眼后部、顶鳞与上唇鳞之间的鳞片。有些较大，按次序前后排列，在前者为前颞鳞，在后者为后颞鳞。也有未分化出颞鳞者。

上唇鳞　吻鳞之后、沿上唇缘排列的鳞片。

4）头部腹面的鳞片（图3-22）

颏鳞　下颌前方正中的1枚大鳞，与上颌的吻鳞相对。

后颏鳞　颏鳞之后、左右不对称的鳞片，前后排列，或单枚或不存在。

下唇鳞　颏鳞之后、沿下唇缘排列的鳞片。

颏片　颏鳞（或后颏鳞）后方左右排列的大鳞，位于下唇鳞内侧，通常为2～4对。

5）其他术语

睑窗　下眼睑中央的无鳞透明区域。

瓣突　耳孔边缘鳞片突出部分所形成的叶状物。

喉囊　喉部皮肤突出所形成的囊状结构。

喉褶　喉部横行的皮肤褶，褶缘具一列突出的大鳞。

肩褶　为肩前所形成的皮肤褶。

肛前窝　为肛前部分鳞片上的小窝，呈一横排。

鼠蹊窝　为鼠蹊部分鳞片上的小窝，1对或数对。

股窝　股腹面部分鳞片上的小窝，数对至数十对成行排列。

指扩张　即指、趾侧缘横向伸展。

指下瓣　即指、趾腹面排列成行的褶襞。

栉状缘　指、趾侧缘的鳞片突出形成锯齿状结构。

（3）蛇类

1）头部鳞片（图3-23）

A. 头背面鳞片

吻鳞　位于吻部正中的鳞片，单片或2列。吻鳞下缘有一缺刻，口闭合时，舌可由此伸出。

鼻间鳞　位于吻鳞之后、两鼻鳞之间的鳞片，2枚。

前额鳞　鼻间鳞后的1对鳞片，左右对称，通常较鼻间鳞大。

额鳞　在前额鳞之后，两枚眶上鳞间的1枚鳞片。

顶鳞　为额鳞之后的1对鳞片。

枕鳞　顶鳞之后的1对较大鳞片。通常缺如，仅眼镜王蛇有此。

鼻鳞　为鼻间鳞两侧的鳞片，1枚，或其上有一裂缝，将鼻鳞完全分成前后两部分。鼻孔开口于此。

颊鳞　位于鼻鳞和眶前鳞之间的鳞片，1枚，形小，或多于1枚。有些种类无眶前鳞或眶前鳞较小，则颊鳞后延参与眼眶构成。

眶前鳞　为眼眶前缘的1枚或数枚鳞片。

眶上鳞　位于眼眶上缘，额鳞之两侧，通常1枚。

眶后鳞　位于眼眶后缘的鳞片，1枚至数枚。

眶下鳞　位于眼眶下缘的鳞片。如靠近眼前下方则构成眼前下缘，称为眶前下鳞，或在眼后下方构成眶后下缘,为眶后下鳞。

颞鳞　位于顶鳞与上唇鳞之间,分前、后 2 列,前列为前颞鳞,后列为后颞鳞。

上唇鳞　位于吻鳞的外后方、上颌缘的鳞片数目和是否入眶,为分类依据之一。

B. 头腹面的鳞片

颏鳞　下颌前缘正中央的 1 枚呈三角形的鳞片。

颔片　颏鳞之后、咽头中部的两对狭长鳞片。前对称前颔片,后对称后颔片,左右颔片间形成的鳞缝为颔沟。左右颔片相嵌排列者无颔沟。

下唇鳞　即下颌缘的鳞片,其数目为分类依据之一。

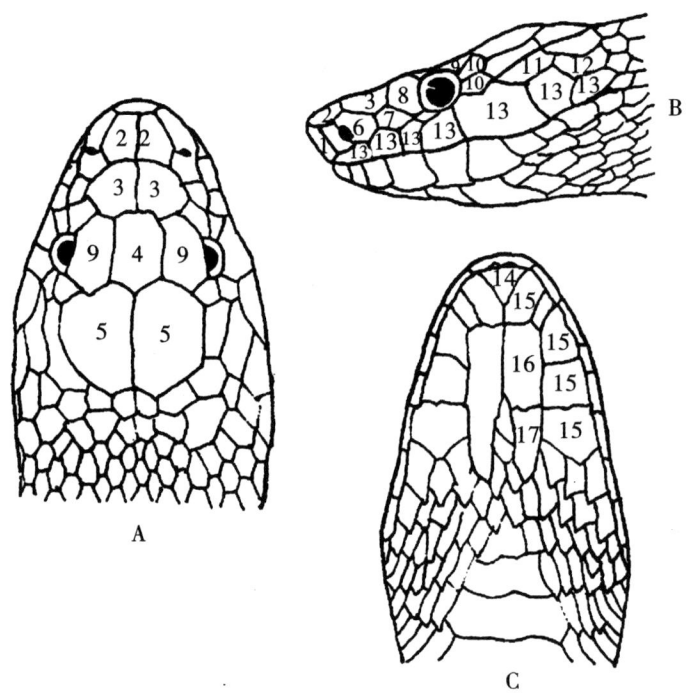

图 3-23　蛇头部鳞片

A(背面)　1 吻鳞;2 鼻间鳞;3 前额鳞;4 额鳞;5 顶鳞

B(侧面)　6 鼻鳞;7 颊鳞;8 眶前鳞;9 眶上鳞;10 眶后鳞

11 前颞鳞　12 后颞鳞　13 上唇鳞

C(腹面)　14 颏鳞　15 下唇鳞　16 前颔鳞　17 后颔鳞

2)躯干部的鳞被

背鳞　被覆于躯干部的鳞片,除腹鳞和肛鳞外,统称背鳞。背鳞的排列略呈纵行的行,常需统计行数(图 3-24)。一般按颈部(头后 2 倍于头长处)、中段(吻端至肛孔间的中点)、肛前(肛孔前 2 倍于头长处)三段进行统计,并以数字分别表示。数字间连以"-",如写作 21-19-17,即表示背鳞在颈部为 21 行,在中段为 19 行,在肛前为 17 行。如果只注明背鳞 19 行,系指中段的行数。背鳞的行数一般为奇数,乌梢属的背鳞为偶数。除行数之外,背鳞的形状(菱形、披针形、六角形、圆形等)、排列方式(覆瓦状或镶嵌式)、起棱或平滑以及起棱程度等,都有鉴别意义。背鳞的正中1行又称脊鳞。

起棱 体鳞背面纵行的隆起,无棱者则背鳞光滑。

腹鳞 腹面正中的1行宽大鳞片,向后直达肛鳞前。其数目、大小可作为分类特征之一。

肛鳞 覆盖在肛孔之外,被纵分为两部分或为完整的1片(图3-25)。

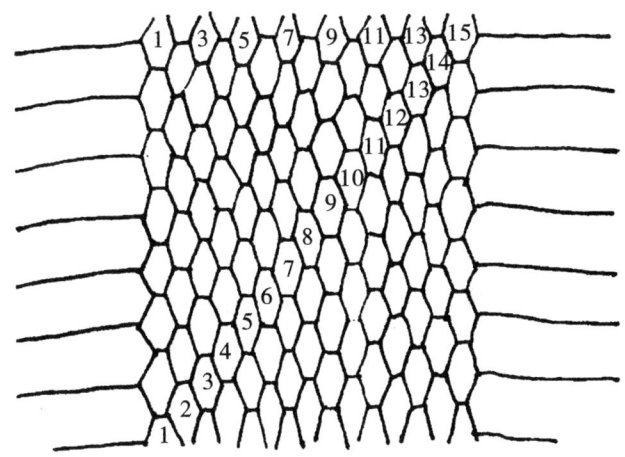

图3-24 蛇背部鳞片计数方法

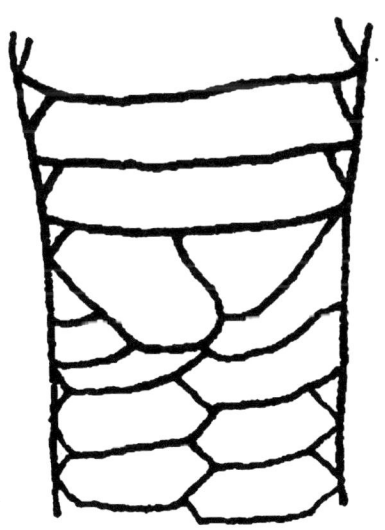

图3-25 蛇类的肛鳞和尾下鳞

3)尾部鳞片 一般指尾下鳞,双行或单行。双行者则左、右交错排列,但最后1枚为单片,少数种类单行或单、双变化不定。尾下鳞数目常用于种、亚种的区别、鉴定。

4)蛇类的长度测量 常用的有下述几个指标。

全长　吻端至尾端的直线长度。
体长　吻端至肛门前缘的直线长度。
尾长　肛门后缘至尾末端的直线长度。
5) 蜥蜴类的长度测量　可参照有尾两栖动物进行。

附1：爬行纲主要目(亚目)检索表

1. 体短而略扁,有背、腹甲,上、下颌无齿而覆以角质鞘 ………… 龟鳖目(Testudinata)
   体较长,无背腹甲,具颌齿……………………………………………………………… 2
2. 齿着生于齿槽内,体外被以角质皮,在躯干部的背腹面及尾部的体表被有略呈方形的角质鳞,肛孔纵裂,交接器单枚 ………………………………… 鳄目(Crocodilia)
   齿着生于颌骨表面,体表覆以覆瓦状或镶嵌排列的鳞片,肛孔横裂,交接器成对……
   ………………………………………………………………………………………… 3
3. 具四肢,如无四肢亦有带骨及胸骨,有鼓膜,尾长大于头体长………………………
   …………………………………………………………………… 蜥蜴亚目(Lacertilia)
   无四肢,无带骨及胸骨,无鼓膜,尾长远短于头体长………… 蛇亚目(Serpentes)

附2：蜥蜴亚目常见科检索表

1. 头顶无对称排列的大鳞……………………………………………………………… 2
   头顶有对称排列的大鳞……………………………………………………………… 3
2. 无活动眼睑(睑虎属除外) ………………………………………… 壁虎科(Gekkonidae)
   有活动眼睑……………………………………………………………………………… 4
3. 体全长 1 m 以上,背鳞颗粒状 ……………………………………… 巨蜥科(Varanidae)
   体全长 1 m 以下,背鳞不呈颗粒状,鳞常具棱 ……………………… 鬣蜥科(Agamidae)
4. 有股窝或鼠蹊窝,腹鳞近方形 ……………………………………… 蜥蜴科(Lacertidae)
   无股窝或鼠蹊窝,腹鳞近圆形 ……………………………………… 石龙子科(Scincidae)

附3：蛇亚目常见科检索表

1. 体较小,呈蚯蚓状;通体被覆大小相似的鳞片,眼不发达…… 盲蛇科(Typhlopidae)
   体型中等或较大,体腹面一般有1行较大的腹鳞,眼较发达………………………… 2
2. 肛孔两侧有爪状的后肢遗迹 ………………………………………… 蟒科(Boidae)
   肛孔两侧无爪状的后肢遗迹………………………………………………………… 3
3. 上颌骨前端无毒牙 …………………………………………………… 游蛇科(Colubridae)
   上颌骨前端有较大的毒牙…………………………………………………………… 4
4. 头部三角形而颈细,体粗而尾短,毒牙为管状 …………………… 蝰科(Viperidae)
   头部椭圆形,体态匀称,毒牙为沟状 ………………………………………………… 5
5. 尾形圆,陆栖 ………………………………………………………… 眼镜蛇科(Elapidae)
   尾侧扁,终生海栖 ……………………………………………………… 海蛇科(Hydrophiidae)

2. 常见种类简介

(1) 乌龟(*Chinemys reevesii*) 属龟科。又称金龟、草龟、泥龟和山龟等。头背前部平滑,鼓膜明显,后端呈细粒或细鳞状,乌龟壳略扁平,背、腹甲固定而不可活动,背甲长10～12 cm、宽约15 cm,有3条纵向的隆起。头和颈侧面有黄色线状斑纹,四肢略扁平,指间和趾间均具全蹼,除后肢第5枚外,指趾末端皆有爪。乌龟一般生活在河、湖、沼泽、水库和山涧中,有时也上岸活动。在自然环境中,乌龟以蠕虫、螺类、虾及小鱼等为食,也取食植物的茎、叶。乌龟属变温动物,当气温超过15 ℃时,活动正常且大量摄食,而气温低于10 ℃时则进入冬眠状态。乌龟于每年4～10月份活动频繁,在此期间,每天日落时,乌龟即开始在水中游动觅食,直到天亮前才停止觅食,潜入水中。在天气晴好时,多于10:00～16:00时上岸,静伏于岸边晒太阳。6～8月份为乌龟盛食期,自10月份开始食量逐渐下降,11月至翌年3月份处于冬眠状态。乌龟分布于国内各地,但以长江中下游各省的产量较高,在河南省见于各地。

(2) 黄缘盒龟(*Cistoclemmys flavomarginata*) 属龟科。又称断板龟、闭壳龟、呷蛇龟、夹板龟、黄板龟。壳长约130 mm。头中等大小,头背皮肤光滑。背甲高隆;壳高几为壳长的1/2,脊棱明显。背、腹甲以韧带相连,盾片均具清晰的疣轮及平行于疣轮的同心纹。腹甲平,前、后二叶亦以韧带相连,故可动,能向上完全闭合于背甲。肛盾大,单枚,有一不达末端的中央沟。成体沟长约占盾片的1/2,幼体仅末端沟不显。四肢略扁,指、趾间具微蹼。尾短。头背橄榄绿色,体背棕红色,脊棱淡黄色,腹甲棕黑色,唯背甲外侧缘、缘盾腹面及腹甲外缘鲜黄色,因之得名。常活动在林缘及河流、湖泊等潮湿地区。伏于倒木、岩石及落叶下。下雨时常外出,也可入水活动。多栖于林缘或杂有稀疏灌木丛的杂草山上,活动地离水源不远,旱时多活动在有流水的溪谷附近。夏季以夜间活动为主,白天隐蔽于荫凉的柴草或溪谷边的乱石堆中。冬眠地多在阳坡、有杂草及细枝落叶覆盖较厚之处。分布于中国东洋界的华中、华南区,包括河南、湖北、上海(青浦)、江苏、浙江、湖南、安徽、福建、台湾等地,在河南省主要见于大别山区,已被列为河南省重点保护野生动物。

(3) 鳖(*Trionyx sinensis*) 属鳖科。又称甲鱼、水鱼、团鱼、王八、元鱼等。体躯扁平,呈椭圆形,背腹具甲。通体被柔软的革质皮肤,无角质盾片。体色基本一致,无鲜明的淡色斑点。头部粗大,前端略呈三角形。吻端延长呈管状,具长的肉质吻突,约与眼径相等。眼小,位于鼻孔的后方两侧。颈部粗长,呈圆筒状,伸缩自如。颈基两侧及背甲前缘均无明显的瘰粒或大疣。背甲暗绿色或黄褐色,周边为肥厚的结缔组织,俗称"裙边"。腹甲灰白色或黄白色,平坦光滑,有7个胼胝体,分别在上腹板、内腹板、舌腹板与下腹板联体及剑板上。尾部较短。四肢扁平,后肢比前肢发达。前后肢各有5趾,趾间有蹼。内侧3趾有锋利的爪。四肢均可缩入甲壳内。生活于江河、湖沼、池塘、水库等水流平缓、鱼虾繁生的淡水水域,也常出没于较大的山溪。在平静、清洁、阳光充足的水岸边活动较频繁,有时上岸但不能离水源太远。能在陆地上爬行、攀登,也能在水中自由游泳。喜晒太阳或乘凉风。每年10月至翌年3月为冬眠期,潜于水底泥沙中。杂食性,取食各种小型无脊椎动物、水草等。每年4～8月份为繁殖期。通常首次产卵仅4～6枚。体重在500 g左右的雌性一次可产卵24～30枚,多者可达40枚。雌性在繁殖季节一般可产卵3～4次。卵为球形,乳白色,卵径15～20 mm,卵重为8～9 g。卵在自然温度下的孵化期大约为2个月。在国内分布于除宁夏、新疆、青海和西藏之外的大部分省（区），在河南省主要见于豫南地区。

(4) 无蹼壁虎（*Gekko swinhonis*） 属壁虎科。又称守宫、蝎虎等。全长约12 cm，体长与尾长几乎相等。头扁宽；吻斜扁，比眼径长；鼻孔近吻端；耳孔小。头、体的背面覆以细鳞，躯干部圆鳞交错成12～14纵行；尾背面的鳞多排列成环状。指、趾端膨大，指、趾间有蹼，除第1指、趾无爪外，其余均有小爪。体背灰棕色；尾易断，能再生。喜栖于墙壁间、屋檐下等隐僻处，夜间出没于天花板及墙壁上，主要捕食蚊、蝇等昆虫。冬眠前多向室内移居。当气温降至11～13 ℃时，仅见幼体活动；低于9 ℃时无活动个体。冬眠时有集群现象，在国内分布于华北、华东及西南等地，在河南见于全省各地。

(5) 丽斑麻蜥（*Eremias argus*） 属蜥蜴科。又称麻蛇子，体型较小，吻较窄，吻端纯圆；耳孔椭圆形；鼓膜裸露；头背具对称大鳞；额鳞成盾形；顶鳞后缘齐平，略成方形；颊鳞2枚，前小后大；有两枚大的眶上鳞。颈、躯干、四肢背面粒鳞；肩前方两侧和腹面有一明显皮肤皱褶形成的领围；腹鳞较大，平滑，略近方形；尾部有窄长凌鳞排列成环；四肢均具五指（趾），有爪。雌蜥背面色较灰黄，斑纹较暗淡，腹面及四肢内侧灰黄白色；雄性体色较鲜艳，背面青褐色，眼斑黄心围以黑圈十分醒目。腹面和四肢内侧常有鲜艳的红晕，尾显著长于雌蜥。丽斑麻蜥一般喜栖于温暖、干燥、阳光充足的砂土质环境。秋季在田边、路旁、耕翻地及草丛间更为多见。丽斑麻蜥行动敏捷，攻击力强，当发现猎物时即迅速疾行猛冲。如猎物较大，则先咬一口，退回来，再冲上去咬一口，再退回来，如此反复数次，方才吞食。小型猎物可一次捕食；其食物包括昆虫纲、蛛形纲、甲壳纲、多足纲等，其中以昆虫纲的动物最多。在农田环境对蚱蜢、粘虫、地老虎、蝼蛄、金针虫、拟地甲、叶蝉等农业害虫有很强的捕食能力。丽斑麻蜥的捕食与环境和季节有一定关系，温度低，湿度大，捕食频次较低，反之则高。在夏熟作物收获以前，主要捕食蝼蛄、金龟子和金针虫等鞘翅目昆虫，以及粘虫、地老虎等鳞翅目昆虫。8月下旬后主要捕食粘虫、叶蝉类、蟋蟀、蚱蜢等。丽斑麻蜥的捕食活动距所栖息的洞穴、草丛或灌丛很近，一般不超过5 m范围。在国内分布于华北、西北、东北等地，在河南见于全省各地。

(6) 蓝尾石龙子（*Eumeces elegans*） 属石龙子科。体型较小，吻端钝圆，吻长度与眼耳间距大致相等；鼻孔略大，呈卵圆形，开口于鼻鳞中央；鼓膜深陷。背鳞呈覆瓦状排列，光滑，体侧鳞小；尾长不到体长的1.5倍，尾部鳞片宽大，前、后肢贴体相向时，指、趾不相遇或仅相遇。前肢贴体向前时，指端不达眼后；指端侧扁。成体背面棕黑色，幼体深黑色，吻端及上、下唇灰黑色，体背有5条黄色纵线，正中一条由顶间鳞向前分叉，经额鳞两侧到达上鼻鳞后缘，向后伸至尾部，体侧最外两条纵线起自头侧眶下，穿过耳孔及后肢基部背面，至肛孔后渐消失。尾部蓝色，体腹面浅灰色，5条黄色纵线不明显。蓝尾石龙子栖息于山区林间草丛、道旁杂草间及岩石缝中，多活动于沙质地、田间等处；杂食性，主要食物包括植物叶、昆虫等。在国内分布于华中、华南、西南地区，在河南省主要见于太行山区、伏牛山区、大别山区等。

(7) 蝮蛇（*Agkistrodon halys*） 属蝰科蝮亚科。又名土沟子、土布袋、土公蛇。体长60～70 cm，头略呈三角形。背面灰褐色到褐色，头背有一深色"∧"形斑，腹面灰白到灰褐色，杂有黑斑。平时行动迟缓，当受到惊扰时尾尖颤动。常栖于平原、丘陵、低山区或田野溪沟有乱石堆下或草丛中,弯曲成盘状或波状。夜间活动频繁,捕食鼠、蛙、蜥蜴、小鸟、昆虫等。蝮蛇的繁殖、取食、活动等都受温度的制约,气温低于 10 ℃时蝮蛇几乎停止捕食;5 ℃以下进入冬眠;20～25 ℃为捕食高峰;超过 30 ℃时一般不取食,而是钻进洞穴休息。春暖之后陆续出蛰寻找食物。分布于国内各地,在河南省主要见于各山区。

(8)红点锦蛇(*Elaphe rufodorsata*) 属游蛇科。前面淡红褐色,背中央的 1 列鳞片及两侧的半列鳞片呈橙色的纵行线,体侧有 2 条带暗黑褐色斑的纵行线,腹部鳞片有较大的斑点,头部有人字形黑斑。广泛分布于国内各地,在河南省也属常见种类。

(9)黑眉锦蛇(*Elaphe taeniurus*) 属游蛇科。眼后有两条明显的黑纹伸向颈部,状如黑色的眉毛,故此得名。体背面棕灰色或土灰色,有横行的黑色梯状斑纹,前段较明显,中段开始有 4 条纵行的黑色纵带伸至尾端为止。常在丘陵、山地、平原等处活动,主要食物为蛙类、鼠类。广泛分布于华北、西北、华南、西南等地。在河南省见于各山区。

(10)乌梢蛇(*Zaocys dhumnades*) 属游蛇科。又称乌蛇、青蛇、黑花蛇、乌风蛇、乌风鞭等。成蛇体长一般在 1.6 m 左右,较大者可超过 2 m。此蛇头较长,呈扁圆形,与颈有明显区分;眼较大,瞳孔圆形;鼻孔大,呈椭圆形,位于两鼻鳞间,有一较小的眼前下鳞。此蛇躯体较长,背鳞平滑,中央 2～4 行起棱。腹鳞呈圆形,腹面呈灰白色。尾较细长。体背绿褐或棕黑色及棕褐色,背部正中有一条黄色的纵纹,体侧各有两条黑色纵纹,至少在前段明显(成年个体),至体后部消失(有的个体是通身墨绿色的,有的前半身看上去是黄色,后半身是黑色)。乌梢蛇广布于国内各省(区),在河南省亦为常见种类。

(11)王锦蛇(*Elaphe carinata*) 又称大王蛇、蛇王、菜花蛇等。王锦蛇的主要特征是头部有"王"字样的黑斑纹,故此得名。鳞缘为黑色,中央呈黄色,似油菜花样,体前段具有 30 余条黄色的横斜斑纹,到体后段逐渐消失。腹面为黄色,并伴有黑色斑纹。尾细长,全长可超过 2.5 m。成蛇与幼蛇的色斑差别很大,头上没有"王"字形斑纹。主要生活在山区和丘陵地区,在平原的河边、库区及田野也可见到。王锦蛇动作敏捷,性情较凶狠,爬行速度快,会攀岩上树。主要取食鼠类、蛙类、鸟类及鸟卵等,在食物短缺时甚至捕食同类。王锦蛇在国内的分布较为广泛,在河南省见于全省各地。

(三)毒蛇与蛇伤急救

1.毒蛇的特征

(1)毒牙 毒蛇与无毒蛇的最大区别在于前者口腔中有毒牙。毒牙着生于上颌骨前部或后部,根据其结构特征,可分为管牙和沟牙。管牙较长,着生在上颌无毒牙的前方,内有管腔,上端接输毒导管,下端开口于牙尖,毒液从毒腺沿管腔从牙尖小孔流出,如蝮蛇、蝰蛇的毒牙。沟牙较短,牙上有输毒沟,根据着生部位,沟牙可分前沟牙和后沟牙,前者着生于上颌骨无毒牙的前方,如眼镜蛇、海蛇;后者着生于上颌骨无毒牙的后方,如游蛇科的水蛇、林蛇等。

毒腺 毒腺位于毒蛇头部两侧、眼的后方,能分泌毒液。毒腺通过导管与毒牙相连(图 3-26)。

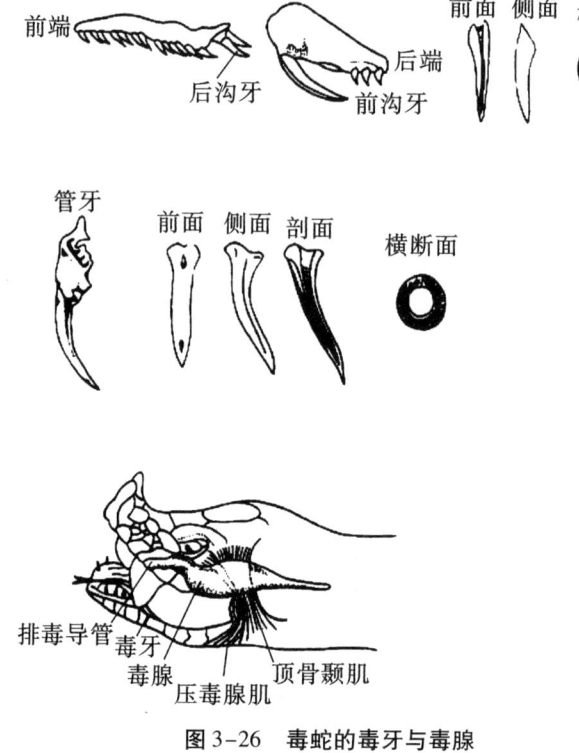

图 3-26 毒蛇的毒牙与毒腺

(3)其他特征 毒蛇除具毒牙外,尚有其他特征可供识别。为便于比较,将毒蛇与无毒蛇的鉴别特征列表于后(表3-4),并见图3-27、图3-28。

表 3-4 毒蛇与无毒蛇的比较

特征	毒蛇	无毒蛇
体形	较粗短	较细长
头形	较大,多呈三角形	较小,多呈椭圆形
毒牙	有	无
眼间鳞	两眼之间有大型和小型鳞片	两眼之间无大型鳞片
颊窝	蝰亚科蛇类有	均无
瞳孔	直立或圆形	圆形
尾	短,自泄殖孔后骤然变细	长,自泄殖腔孔后逐渐变细
肛鳞	多为一片	多为两片
生殖方式	多为卵胎生	多为卵生
动态	栖息时常盘曲,爬行较慢	栖息时不盘曲,爬行敏捷

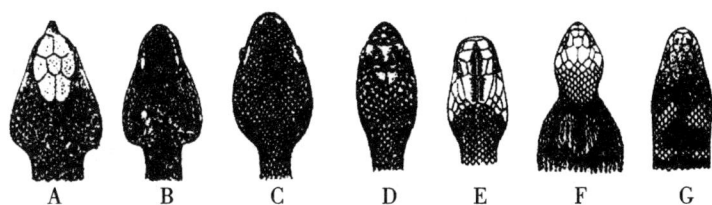

图 3-27　几种常见毒蛇的头部特征

A. 尖吻蝮；B. 烙铁头；C. 竹叶青；D. 草原蝰；E. 白头蝰；F. 眼镜蛇；G. 海蛇

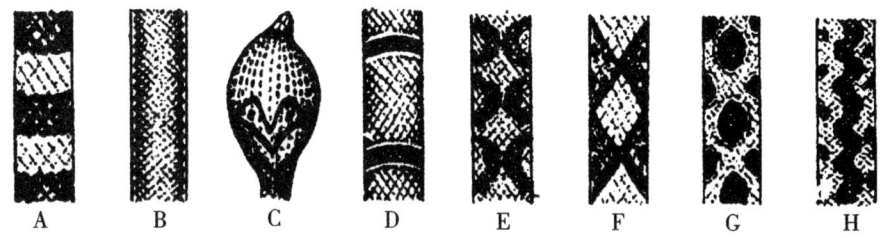

图 3-28　几种常见毒蛇的体纹特征

A. 银环蛇；B. 竹叶青；C. 眼镜蛇；D. 丽纹蛇；E. 蝮蛇；F. 尖吻蝮；G. 蝰蛇；H. 草原蝰

2. 蛇毒的类型

迄今为止的研究表明，毒蛇所分泌的毒液（蛇毒）可大致分为 3 种类型。

(1) 神经毒　此类毒液能阻碍运动神经和骨骼肌的传导功能，中毒表现主要为神经系统功能障碍，有时可无特殊表现。中毒过程特点是，通常要经过一段潜伏期，一般在咬伤后约 1～4 h 才出现全身中毒症状。一旦发作，就急剧发展，并难以控制。严重者昏迷，呼吸停止，但此时心跳及血压尚好，若坚持人工呼吸，仍有抢救希望。分泌神经毒的蛇有银环蛇、金环蛇等。

(2) 血循毒　此类毒液主要是对造成血液及循环系统损害。中毒表现复杂，特点是潜伏期短，病势发展快，局部坏死溃烂，伤口大量出血，甚至七窍流血。固有"五步致死"的说法。但实际上只要及时抢救，数小时之内就近送医，仍可以治愈。分泌血循毒的蛇有五步蛇、竹叶青、蝰蛇等。

(3) 混合毒　此类毒液既有神经毒，又有血循毒。中毒表现和特点主要是呼吸麻痹和循环衰竭。因此，即使进行人工呼吸也难以抢救。其中以眼镜王蛇咬伤引起死亡的危险性比较大，死亡大多发生在咬伤后几分钟到 2 h。被眼镜蛇咬伤后若处理及时、救治得当，度过 48 h 危险期后，一般均能治愈。除眼镜蛇之外，蝮蛇、眼镜蛇、眼镜王蛇等也可分泌混合毒。

3. 毒蛇的种类

全世界目前已知的毒蛇约 500 多种，其中前沟牙类 200 多种，后沟牙类 100 多种，管牙类近 200 种。中国已知毒蛇 48 种，其中较为常见、对人畜有一定危害者有 10 余种。将其中 10 种毒蛇的形态特征、生态习性、分布等列表于后（表 3-5）。

表 3-5　中国主要毒蛇简介

种类	形态特征	生态习性	分布	毒牙	毒性
金环蛇	头形椭圆,背面具对称大鳞,体有黑黄相间环纹,尾端钝圆	山区水域附近,夜间不活动	华南各省及云南	前沟牙	神经毒为主
银环蛇	头形同上,体有黑白相间的环纹,尾端尖细	平原、丘陵或山地水域,夜间活动	长江以南大部地区	前沟牙	神经毒为主
眼镜蛇	头部同上,体黑褐色,有白色横纹,颈背有似眼镜框状斑纹	山区森林,昼夜活动	长江以南大部地区	前沟牙	神经毒为主
眼镜王蛇	头部同上,体灰黑色,有多数窄淡横纹	丘陵及山地田野,昼夜活动	华南各省及浙江、云南	前沟牙	神经毒为主
圆斑蝰	头部略呈三角形,背面有具棱小鳞片,体背有3行镶白边的黑圆斑	丘陵及山区田野,昼夜活动	两广及福建南部	管牙	血循毒为主
尖吻蝮	头部三角形,具小鳞片,吻突翘起,有颊窝,体背有大方形斑纹	丘陵及山区阴湿环境,夜晚活动	长江以南大部地区	管牙	血循毒为主
蝮蛇	头部略呈三角形,有颊窝,头部有一深色"Λ"形斑,体有深色圆斑	平原、丘陵、低山区等,夜晚活动	全国各地	管牙	血循毒为主
烙铁头	头部三角形,具小鳞片,有颊窝,体背脊两侧暗褐色斑	丘陵及山区,夜晚活动	长江以南地区及陕西等	管牙	血循毒为主
竹叶青	头部同上,体背纯绿色	山区竹林和溪旁树林,昼夜活动	长江以南地区及甘肃等	管牙	血循毒
白唇竹叶青	头部同上,体背纯绿色,唇缘具白斑	平原、丘陵、灌木丛	华南及云南	管牙	血循毒
青环海蛇	头形椭圆,具对称大鳞,体背面有青色环纹,尾侧扁	海洋	东部沿海	前沟牙	神经毒

4. 蛇伤的急救

在进行野外实习和野外考察时,应了解当地毒蛇的种类、分布、活动规律等,做好防护工作,尽量减少被蛇咬伤事件的发生。但是,"智者千虑,必有一失"。既为意外,往往在所难免。因此,参与野外实习或野外工作的相关人员都应该掌握一些急救知识,以应不时之需。

应首先分清是被有毒蛇还是无毒蛇咬伤。被毒蛇咬伤后,在伤口处通常见 1~3 个较大而深的牙痕,而被无毒蛇咬伤则为 4 排细小牙痕。但是,有时伤口可能模糊而不易辨认、确定,此时应按毒蛇咬伤处理。如受伤者单独在野外时,不要惊惶失措地奔跑,而应使伤口部位尽可能放低,并保持局部的相对固定,以减慢身体对蛇毒的吸收。同时应设法联系救援,尽快就医。

(1)早期结扎　用绳子、布带、稻草等,在伤口上 3~5 cm 处结扎,不要太紧或太松。结扎要迅速,在被咬伤后 2~5 min 内完成。此后每隔 15 min 放松 1~2 min,以免组织因血液循环受阻而坏死。注射抗毒血清后,可去掉结扎。

(2)冲洗伤口　用清水、冷开水或肥皂水冲洗伤口。

(3)排毒　经过冲洗处理后,用已消毒的刀片划破两个牙痕间的皮肤,同时在伤口附近的皮肤上,用小刀挑破米粒大小数处,这样可使毒液外流。不断挤压伤口 20 min。被蝰蛇咬伤后,一般不作刀刺排毒,因其毒液对血液有损害,并造成出血不止。直接用口吮吸排毒时,实施者须无口腔黏膜溃疡、龋齿等病症。

(4)局部用药　依地酸钠注射液可螯合金属蛋白酶,抑制一些水解酶的活性,故对蝮蛇、蝰蛇咬伤的局部组织坏死有效。如果要在野外进行较长时间的调查工作,建议携带蛇伤药。

(5)人工呼吸　对被银环蛇、金环蛇咬伤后昏迷的重症病人,可采取人工呼吸等方式维持伤者的呼吸。

(6)抗蛇毒血清治疗　在初步处理之后,应尽快将伤者送往医院进一步救治。建议注射抗蛇毒血清等药物,这类药物应用越早,疗效越好。

第四节　两栖动物

两栖动物是最先由水生环境登上陆地生活的脊椎动物类群,在脊椎动物进化史上居于非常重要的地位。在其生活史中,保留着水生阶段;经过变态,获得了在陆地上的生活能力。因此,变态是两栖动物的一项重要特征。

由水中生活转为陆地生活,两栖类动物必须解决许多关键问题,如从水中呼吸改变为在大气中呼吸、从水中游泳改变为在陆地爬行、防止体内水分从皮肤蒸发等。两栖动物有了较为简单的肺和五趾型附肢,可算是对前两个矛盾的初步解决,但尚未从根本上解决第三个问题,使其不能完全摆脱对外界水环境的依赖。

一、栖息环境与生物学习性

(一)栖息环境

由于皮肤裸露、无鳞片、缺乏保温和防止水分蒸发的机制等特征,与真正的陆生脊椎动物相比,两栖动物的地理分布显得狭窄,栖息环境仅局限于温暖、潮湿地区。海洋也限制了两栖动物的分布。随着纬度和海拔高度的增加,两栖动物在地球上的种类和数量递减。

在现生的两栖动物中,无足目仅限于热带和亚热带地区;有尾目分布于北半球,且大多数局限于山区;无尾目则分布于除海洋和极冷地区之外的大部分地区,可见于平原、丘陵等环境。

(二) 生物学习性

根据栖息环境的不同,可将两栖动物分为水栖型、陆栖型、树栖型、土中穴居型等主要的生态类型。

大多数有尾两栖动物属于水栖型,几乎很难离开水而生活。所有的有尾类都是借助于尾和躯干的左右扭曲而运动,成对的附肢在游泳时紧贴身体,故足间无蹼。在陆地上运动时,有尾类主要靠向两侧伸出的后肢推动身体前行,前肢仅用于改变运动方向。

无尾目是陆生两栖动物的主要成分。除生殖期外,大多数无尾两栖类都在水外生活,通常隐藏于潮湿之处,仅在黄昏或阴天时才外出觅食。在陆地上多以跳跃运动,而蟾蜍则常以四肢轮流移动,缓慢前行。进入水中后,无尾两栖类主要以具蹼的后肢游泳,而将前肢紧贴于身体。

树栖生活的种类一般身体细长而扁,前、后肢的指(趾)端具有吸盘,吸盘中有黏液腺。利用这些吸盘和黏液,使其能够停息于树叶或光滑的植物表面。

营穴居生活的主要是无足目的两栖动物。这类动物无四肢及肢带,身体长圆形,多呈蠕虫状。似蚯蚓或蛇,皮肤裸露,有多数环状皱纹和黏液。

一般来说,两栖动物的体色与其栖息环境的色调相近。如金线蛙的体色与池塘中的荷叶、浮萍等颜色相近;蟾蜍的体色近于土色;雨蛙的体色很像树叶的绿色;大树蛙的体色可随环境快速变化。有些两栖动物有警戒色,如铃蟾,其腹面呈鲜红色,当遇到捕食者且难以逃脱危险时,就将四肢向背方弯曲以露出身体腹面的颜色,以此阻止或吓退来者。两栖动物的皮肤毒腺和保护色是其主要的保护性适应。蟾蜍的毒腺(耳后腺和皮肤上的毒腺)可对人或其他动物的口腔黏膜产生强烈的刺激作用。

每到秋末冬初,两栖动物即寻找适宜场所,进入冬眠。蛙类不能耐受寒冷,要潜伏在较深的泥洞里。在南方地区,黑眶蟾蜍多蛰伏于石块之下;在北方较冷地区的河底可以找到大蟾蜍。两栖动物在冬眠期间停止进食,新陈代谢降至最低,主要依靠皮肤进行气体交换,体温只是略高于环境温度。生理活动的能量主要是体内所贮存的脂肪。在热带地区,许多种类在一年中的酷热时期,寻找潮湿、隐蔽之处,静伏不动,此称夏眠。

两栖动物为雌雄异体,绝大多数种类为体外受精。有尾两栖类多在流水中的石块下产卵,也有将卵产于陆地者,但雌性产卵后将身体弯曲以围绕卵带;多数无尾两栖类产卵于水中。树蛙的卵块呈泡沫状,或粘附于田埂边的杂草上,或粘附于树枝上。在有尾两栖类,除较原始的鲵科和隐鳃鲵科为体外受精外,其余各科的种类都是雌性用其泄殖腔唇把雄性排出的精包纳入泄殖腔中。东方蝾螈的雌性将精包内的精子纳入泄殖腔,储藏于输卵管中,以备在输卵管与卵结合、受精,而将精包遗弃于体外。

二、主要实习内容

两栖动物在脊椎动物的演化过程中居于重要地位,已初步适应了陆地环境,但仍受到诸多生态因素的限制。两栖动物的实习内容主要包括如下几个方面。

(一) 两栖动物的活动节律

两栖动物属于变温动物。因此,随着环境温度、湿度的变化,动物也表现出明显的昼夜活动规律。栖息于森林或其他陆地环境的两栖类,如斑腿树蛙、华西大蟾蜍、中华大蟾蜍、花背蟾蜍、饰纹姬蛙等,多在晚上活动。在水中及其附近活动的种类如金线蛙、黑斑蛙等,昼夜都可见其活动;泽蛙主要在白天活动。一般来说,蛙类的活动时间主要在黄昏,于18:00~21:00达到高峰,持续时间可延长至凌晨2:00左右。随后,活动逐渐减少,至黎明时分活动又有所恢复。遇到阴雨天气时,许多夜晚活动的种类如大蟾蜍、花背蟾蜍等,白天也可见其活动。

有尾两栖类多在夜间活动,如大鲵于傍晚时分或夜间外出觅食,它们常游至溪边浅水区,待机捕食。当白天气温升高、天气闷热即将下雨时,也爬到岸边或伏于倒树之上。两栖动物动物昼夜活动规律是复杂的生物学适应,与许多因素特别是温度、湿度、降水和风力、风向等的变化密切相关。当气温升至 30 ℃时,青蛙多潜入水底或浸入水中,或隐居于水生植物之下;蟾蜍则钻入土壤裂隙、洞穴,甚至鼠洞中。研究表明,把青蛙和蟾蜍置于沙漠环境中,当气温升至 39 ℃时,青蛙将先于蟾蜍死亡。

研究两栖动物的昼夜活动规律时,应选择一定的生态环境,在固定的路线上经过数次、每次 3~4 h 的调查统计,把昼夜不同时间所遇到的种类及个体数量或百分比列入表内,以了解某种动物的昼夜活动规律及其变化。如果调查对象为一些半水生种类,应对陆上与水中所遇到的个体分别进行统计分析。

长期适应于特定地区的气候、降水等生态因子的变化,两栖动物表现出明显的季节性活动周期。在低纬度地区,一年之中的气温变化幅度很小,月均温全年变幅(1~6 ℃)小于日均温变幅,年均温不低于 18 ℃。因此,生活在这一地区的两栖动物并不表现明显的季节性活动周期。在温带和高纬度地区,光、热及其他气候条件在不同季节有较大差别,月均温的全年变幅常超过最大日温变幅。由于两栖动物对环境温度变化适应性差,其活动往往受到气温的较大限制,它们常以冬眠等方式度过不利时期。

在我国北方地区,无尾两栖类一般于 4~5 月份才从冬眠中复苏,在南方地区,苏醒时间可提前 1 个月左右。在宁夏银川平原,两栖动物冬眠的苏醒时间最早在 3 月末 4 月初,并且蟾蜍早于青蛙。春夏和早秋季节是两栖动物繁殖、觅食活动的最佳时期,活动极为频繁。于 9 月中旬即开始入蛰,很难见到野外活动者。当然,不同种类会选择不同的冬眠地点。如青蛙、林蛙多在水底越冬,中华大蟾蜍多利用土壤裂隙、废弃的鼠洞,聚集成群在沙土中越冬,洞口外常以虚土掩盖,也有个别个体钻入草垛或粪堆卜越冬。

要深入了解两栖动物的季节性活动规律,应首先观察和分析气温变化与冬眠和复苏之间的关系,明确其冬眠"阈值温度"。在动物入蛰和苏醒阶段,应坚持每天观察冬眠现场,对雌、雄、老、幼个体的状况与数量分别进行观察、记录,以便比较分析。同时,还应记录观察时间、地点、环境特征、光照、温度、湿度、栖息、海拔、地理坐标等信息。

(二) 两栖动物的食性

除个别种类的幼体阶段为杂食外,所有两栖动物的成体都表现为动物性食性,食物来源包括环节动物、软体动物、蜘蛛类、甲壳类、多种昆虫(包括卵和蛹)、鱼苗、蝌蚪、蜥蜴卵等很多类群。在棘胸蛙的胃内甚至发现了五步蛇的幼体;大鲵胃中发现有小型水鸟。根据对北京地区蛙类的调查,在黑斑蛙 7 月份的食物成分中,有害动物占 63%,有益动物占 24%,其他占 13%。其中,动物性食物中有鞘翅目、直翅目、双翅目、同翅目等类群。在一个夏季,一只黑斑蛙可取食15 000只昆虫,其中80%都是农业害虫。

调查和研究两栖动物的食性,有助于了解它们与农、林业和人类的益害关系,还可进一步理解这些动物在生态平衡中的重要意义。两栖动物食性分析的主要方法简述如下。

1. 剖胃法

选择有代表性的采样点,在每年的不同季节(最好是从出蛰到冬眠各月),捕获一定数量的个体(每点、每次应不少于20只),在2~3 h内用乙醚将动物处死,取出胃内容物称重,随后将胃内容物置培养皿内并加少许清水,进行识别、鉴定。对细碎的昆虫头、翅、后肢等进行数量统计。有时野外条件难以满足观察和分析需要,可将胃及其内容物一起用5%福尔马林固定,贴上标签,带回实验室再行分析,并将分析结果填入记录表,记录表的参考样式如表3-6所示。

表3-6 两栖动物食性记录表

编号	时间	地点	海拔	生境	天气	动物性食物	植物性食物	其他

2. 挤胃法

两栖动物特别是无尾目的种类,都是有益于人类的小型动物。在野外实习和专项野外调查研究工作中,应尽量减少对这些动物的捕获和损伤。为此,进行两栖动物食性检查时,挤胃法值得推荐。方法是:用一只手握住动物的后肢,使其腹面向上,以另一只手的拇指按压动物的腹部,以食指紧贴动物背部,然后两指相向并施加适当的压力,从体后向前推,胃即由口腔翻出,并将胃内的食物团吐出。然后将手指放松,并协助动物把胃退回原位。对食物团的分析参照前述方法进行。

3. 饲喂法

将动物带回室内并人工饲以多种食物,亦可了解其取食情况,如食物种类、数量、频次、捕食方法、捕食行为等。但是,由于人工给食的局限性,难以获得动物在自然条件下的食谱和食性,因此只能作为前述方法的补充和参考。

通过对食性的综合分析,可以掌握两栖动物食性随季节和不同环境的变化特点。如中华大蟾蜍,在5~8月份主要取食鞘翅目昆虫,占到食物总量的34%;到秋季(10月份)时,食物中的直翅目昆虫可占到40%,而鞘翅目昆虫显著减少;每年春季进入繁殖期后,则以水生动物为食。在生活史中的不同时期,两栖动物栖息于不同的环境中,因而主要食物也会有所不同。如在甜菜地主要取食小地老虎、甜菜潜叶蝇幼虫;在小麦地,其食物成分则以粘虫居多;在阴雨天则可能取食较多的蚯蚓。

在对两栖动物食性分析的基础上,可用有益系数这一指标来评价其益害关系。

$$有益系数 = \frac{有害昆虫数 - 有益昆虫数}{动物总数量(有害、有益、不明)}$$

$$食物种类百分比 = \frac{该类食物数量}{各类食物总数}$$

$$频次百分比 = \frac{该种食物在胃中出现的次数}{检查胃的数目}$$

(三) 两栖动物的繁殖

1. 外形特征和习性观察

在非繁殖期,某些两栖动物的雌雄个体从外形上难以区分,当进入繁殖期后,雄性个体因为第二性的发育而易于辨认。如大多数无尾两栖类雄性第一指背部或第二、三指同样部位形成婚垫;棘胸蛙、棘腹蛙雄性个体的胸、腹部有黑色婚刺;锄足蟾科不少种类雄性个体胸部有1对扁平的胸腺;沼蛙上臂基部有一扁平的肱腺;不少雄性蛙类在口角或咽下有成对的外鸣囊或内鸣囊,或咽下有单一的内鸣囊;髭蟾类雄性个体的上颌缘有锥形角质黑刺。另外,与雌性相比,多种蛙类雄性个体的前肢一般略显粗壮。

从习性来看,无尾两栖类在春、夏季节最明显的变化就是频繁鸣叫,这也是其进入繁殖状态的标志。通过鸣叫可以确定蛙类的繁殖开始日期及持续时间。在此期间,可在其繁殖区域选择一定面积的样方,对种群数量、抱对数、产卵期、鸣叫开始与结束时间等进行统计和比较。例如,在繁殖期间,黑斑蛙和花背蟾蜍早晚都有鸣叫,每天的鸣叫从18:00左右开始,20:00左右达到高潮,可延续到次日凌晨;花背蟾蜍每天开始鸣叫的时间较黑斑蛙略晚,停鸣也较早,间隔约1 h。

2. 两栖类卵的识别

各种两栖动物的卵略有差异,在进行野外实习和专项调查研究时,掌握这些差异有助于确定动物的种类。两栖动物卵主要包括下述类型。

(1) 胶囊状卵　卵被包于1对略呈弧形的筒状胶囊袋中,每个胶囊袋中有7~8枚卵。如小鲵科的卵。

(2) 念珠状卵　卵被包裹于长达数米的胶质囊中,囊前后相连,外观呈念珠状,与其他类型的卵极易区别。这类卵一般被产于洞口或石缝间有回流水处。如大鲵的卵。

(3) 单粒卵　卵为单粒,外包以狭长的胶质囊。如蝾螈的卵。

(4) 带状卵　卵粒排列在长圆筒状的胶质卵带内,卵带长可达数米。卵带内卵的排在不同种类略有差异。如各种蟾蜍的卵。

(5) 块状卵　常由 2 000～3 500 枚卵粘结成块状，这类卵多漂浮于静水中的水草上。如黑斑蛙等许多蛙类的卵。

(6) 泡沫状卵　有些种类将卵产于水边的树叶或草上，呈泡沫状。如树蛙的卵。

3. 两栖动物繁殖特征调查

生殖器官的形态观察　要掌握两栖动物繁殖状况，应首先了解其生殖器官在生活史，特别是繁殖期间变化与特征。为此，需要解剖一定数量的成体和亚成体，对雄性个体，应测量精巢大小和重量，并在显微镜下观察精子的发育情况；对雌性个体，应测量卵巢大小和重量、卵径大小，并观察输卵管的发育状况、测量长度、管径等。在解剖之前，必须做好常规的测量和记录，包括采集时间、地点、水温、气温等，主要测量内容见后叙部分。

繁殖开始日期及持续时间的确定　春夏时节，在野外听到雄蛙鸣叫，或在现场观察到雌雄抱对现象时，即标志着繁殖期的开始。因为多数两栖类在夜晚产卵，所以应于每天早、晚到繁殖区统计抱对数、产卵量等指标，以便确定产卵盛期和繁殖持续时间。

受精卵孵化率及变态观察　从野外采集已卵裂的卵块或卵带，置于盛少许清水的培养皿中。从中将未卵裂的卵（即未受精卵）挑出。经过抽样统计后，即可得到受精率。选取部分受精卵，置于人工孵化箱中孵化。根据孵化出的蝌蚪数量即可推算其孵化率。将孵出的蝌蚪置于模拟自然环境的条件下，使其完成胚后发育。在此过程中，了解其变态过程的分期与时间等。

（四）两栖动物的数量统计

在两栖动物的生活过程中，气温、湿度、盐度等生态因子起着非常重要的作用。因此，进行两栖动物数量调查与统计时，应根据种类、环境、采集时间等实际情况，酌情采用不同的方法。

1. 线路统计法

线路统计法一般用于非繁殖期两栖动物的数量统计，因为在这一时期，许多种类的个体都处于分散的活动状态。具体方法是，选择长 1～2 km、宽 3～8 m 的带状典型环境作为样带，由不少于 2 人组成调查组，沿着一定方向、以一定速度前进，仔细观察并记录行进中所遇到的所有种类和数量。数据的统计和分析可用只／h、只／距离或面积为单位表示。由于许多两栖动物主要在夜间活动，调查工作应于上午、下午、傍晚和夜间分别进行，以便综合分析和比较。

2. 样方统计法

选择一定面积的生境如池塘、稻田等，于一昼夜内进行连续统计，而后算出单位面积内的数量（只／m^2）和不同种类所占的百分比，结果记入统计表内（表 3-7）。在此基础上，还可进行性别、性比、年龄组成等的分析。样方面积可根据实际情况确定，但一般应不小于 100 m^2。

上述统计方法在水边、开阔地区和山区均可使用。统计的结果可划分为若干数量等级，以显示在不同生态环境中各个种类的相对数量。数量等级一般为 4 个等级：如以 1 000 m^2 内有 1 000 只以上的黑斑蛙为最多，表示为"++++"；100～1 000 只为数量较多，表示为"+++"；10～100 只为数量一般，表示为"++"；10 只以下为数量稀少，表示为"+"。

表3-7 无尾两栖动物数量统计表

生境	面积（m²）	总数（只）	大蟾蜍		黑斑蛙		花背蟾蜍	
			数量	%	数量	%	数量	%
池塘								
稻田								
玉米地								

（五）常见种类识别

全世界现生两栖动物超过4 000种，我国约有290种。根据四肢和尾的有无等特征，现存两栖类可分为无足目、有尾目和无尾目等3个目。

1. 两栖动物常用分类术语

在两栖动物分类研究中，经常会遇到一些名词和术语，为方便使用，简介如下。有关测量部分，见图3-29，图3-30。

（1）有尾类（图3-29）

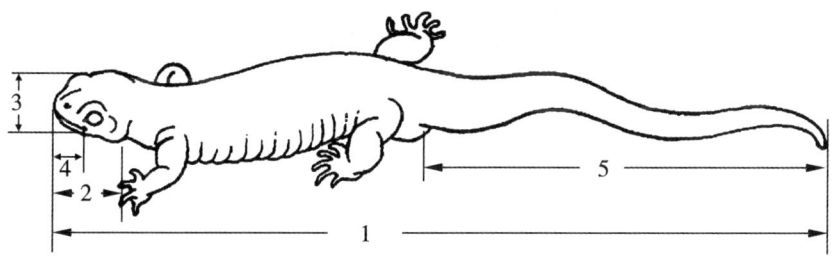

图3-29 有尾两栖动物的测量
1.体长；2.头长；3.头宽；4.嘴长；5.尾长

1) 幼态性熟 已具有生殖能力，但保留幼体形态特征的现象，如山溪鲵。
2) 卵胶囊 成熟的卵外一层由蛋白质形成的胶质结构，被产于体外。
3) 犁骨齿 口腔内着生于犁骨上的细齿，具有分类意义。
4) 唇褶 颌缘皮肤和肌肉组织的突出部分，多见于上颌的后半部或后角，如肥螈、山溪鲵。
5) 额鳞弓 额骨向后的突起与鳞骨的前突相互连接的部分，如蝾螈类。
6) 体全长 自吻端至尾末端长度。
7) 头长 自吻端至颈褶的长度。
8) 吻长 自吻端至眼前角的长度。

9）眼径　与体轴平行的眼径长。

10）尾长　自肛门后缘至体末端的长度。

11）尾高　尾部背、腹最高处的直线距离。

12）尾宽　尾基部最宽处的直线距离。

(2) 无尾类(图 3-30)

1）颞褶　自眼后经口角背侧达肩部的皮肤隆起部分。

2）背侧褶　位于躯干背部，起自眼后，向后达胯部的 1 对纵行皮肤隆起，如黑斑蛙。

3）跗褶　位于蹠部的皮肤隆起部分，居内侧者称为跗褶，位于外侧者称为外跗褶。

4）瘰粒　皮肤腺聚集成团，不规则地分布于体表的皮肤隆起，如蟾蜍类。

5）疣粒　皮肤腺聚集成团，但较瘰粒小且光滑，如西藏齿突蟾。

6）痣粒　皮肤腺略聚集，较疣粒更小的皮肤隆起。

7）婚垫　雄性第 1 指背面基部的暗褐色隆起，有些种类在第 2、3 指背面也有婚垫。

8）婚刺　为着生于婚垫上的角质刺。

9）指（趾）序　用阿拉伯数字表示指（趾）的长度顺序，如 3, 4, 2, 5, 1, 意为 3>4>2>5>1。

10）马蹄形横沟　有些具指（趾）吸盘的种类有此结构，即沿吸盘游离缘的一条凹沟，将指（趾）分为背腹两面，如树蛙。

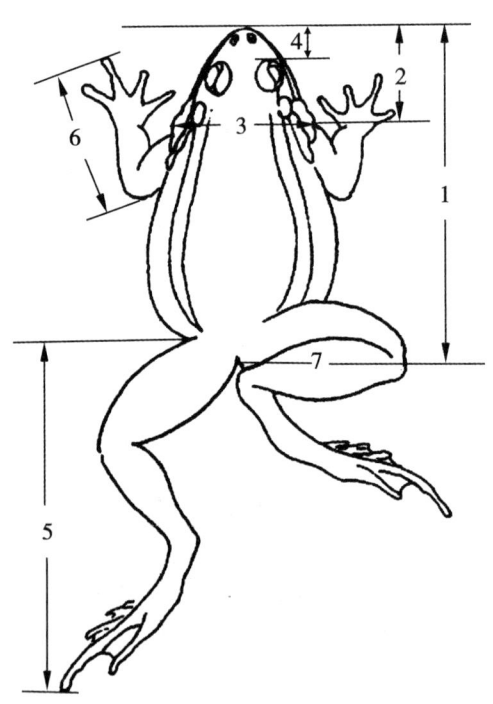

图 3-30　无尾两栖动物的测量

1.体长；2.头长；3.头宽；4.吻长；5.后肢全长；6.前臂及手长；7.胫长

11) 间介软骨　指(趾)远侧端最末两节之间的1块软骨或已骨化的小骨。如雨蛙科和树蛙科。

12) 掌突　前肢掌面基部的突起。

13) 蹠突　后肢蹠面基部的突起。

14) 咽鼓管孔　位于口咽腔顶壁、口角处的1对小孔,与中耳腔相通。

15) 单咽下内声囊　1个,位于咽喉腹面,为皮肤所掩盖。如小树蛙等。

16) 成对咽侧下外声囊　位于两口角腹下方,该处皮肤呈皱褶状,突出时呈袋状。如虎纹蛙。

17) 成对咽侧外声囊　恰位于两口角处,紧贴下颌缘,该处皮肤突出似袋状,如黑斑蛙。

18) 成对咽侧内声囊　位于两口角处、下颌腹面,为皮肤所掩盖,鸣叫时两口角腹面略膨大,如中国林蛙。

19) 出水孔　位于蝌蚪体左侧(蛙科、锄足蟾科),或腹面中部(盘舌蟾科),或腹面后部(姬蛙科)。

20) 角质颌　蝌蚪口部下缘的黑色角质物。角质颌的游离缘有锯齿状突起。

21) 唇乳突　蝌蚪角质颌的周围有宽的薄唇,唇的游离缘上的小突起。

22) 副突　位于蝌蚪上、下唇连合的两口角处的若干小突起。

23) 唇齿及唇齿式　蝌蚪的上下唇一般都有横行的突起,称齿棱,其上着生有角质齿,称为唇齿。唇齿的行数及排列方式称为唇齿式,因种类不同而异,故可作为蝌蚪分类的依据。唇齿式以罗马数字表示连续的唇齿的行数,以阿拉伯数字表示间断的唇齿的行数。

24) 体长　自吻端至体末端的长度。

25) 头宽　左右颌关节间的距离。

26) 吻长　自吻端至眼前角的距离。

27) 鼻间距　左、右鼻孔间的距离。

28) 眼间距　左、右上眼睑内侧组之间最窄处的距离。

29) 上眼睑宽　上眼睑之间的最大宽度。

30) 眼径　与体轴平行的眼纵长长度。

31) 鼓膜宽　鼓膜最宽处的距离。

32) 前臂及手长　自肘关节至第3指末端的直线距离。

33) 后肢全长　自体后端至第4趾末端的长度。

34) 足长　自内蹠关节的近端至第4趾末端的长度。

附1:中国两栖动物主要科检索表

1. 成体具尾 ·· 2
　成体无尾 ·· 4
2. 犁骨齿排列呈"∧"形,体侧肋沟明显,头骨具额鳞弓 ······ 蝾螈科(Salmandridae)
　犁骨齿排列不呈"∧"形,体侧肋沟明显或有粗大皮肤褶,头骨无额鳞弓 ········ 3

3. 无眼睑,沿体侧有纵行皮肤褶,犁骨齿位于犁骨前端 ·· 隐鳃鲵科(Cryptobranchidae)
   有活动眼睑,体侧肋沟明显,犁骨齿不位于犁骨前端 ········· 小鲵科(Hynobiidae)
4. 舌为盘状,周围与口咽腔粘连,不能自如伸出 ······ 盘舌蟾科(Discoglossidae)
   舌不呈盘状,舌端游离,可自如伸出 ·· 5
5. 上颌无齿 ··· 6
   上颌有齿 ··· 7
6. 耳后腺发达,背部皮肤粗糙,有大小不等的瘰粒,肩带弧胸型 ···························· 蟾蜍科(Bufonidae)
   无耳后腺,背部皮肤一般较光滑,无大的瘰粒,肩带固胸型 ···························· 姬蛙科(Microhylidae)
7. 舌卵圆形,舌后端微具缺刻,口部略呈三角形,肩带弧胸型 ····· 雨蛙科(Hylidae)
   舌卵圆形,舌后端缺刻深,口部不呈三角形 ··· 8
8. 指(趾)端有宽大吸盘,在其背面多可见"Y"形骨迹,肩带固有型 ···························· 树蛙科(Rhacophoridae)
   指(趾)端无吸盘,或有吸盘其背面有横凹痕 ·························· 蛙科(Ranidae)

附2:中国蛙属(Rana)常见种类检索表

1. 体背无侧皮褶 ··· 2
   体背具侧皮褶 ··· 4
2. 趾端具小型吸盘;背及两腿具疣突,老年雄蛙于繁殖季节其疣上覆有小刺 ···························· 棘胸蛙(R. spinosa)
   趾端不具吸盘;背及两腿具纵行皮肤褶 ·· 3
3. 趾间具半蹼 ··· 泽蛙(R. limnocharis)
   趾间具全蹼 ··· 虎纹蛙(R. tigerina)
4. 膝不互交 ··· 5
   两膝互交 ··· 6
5. 大腿后面不具白色纵纹 ··································· 黑斑蛙(R. nigromaculata)
   大腿后面具有一条白色纵纹 ···································· 金线蛙(R. plancyi)
6. 两肋明显具黑斑 ··· 沼蛙(R. guentheri)
   两肋无明显黑斑 ··· 7
7. 趾端不具吸盘 ··· 8
   趾端具吸盘 ··· 10
8. 背侧褶自眼后角直达胯部,成一直线褶,雄蛙无声囊 ······ 日本林蛙(R. japonica)
   背侧褶在颞部成曲折状,先与颞褶相连再达胯部,雄蛙有或无声囊 ················· 9
9. 体扁平稍小,胫跗关节不达眼部,雄性无声囊 ··········· 黑龙江林蛙(R. amurensis)
   体略粗圆而大,胫跗关节前达眼部,雄性有声囊 ········· 中国林蛙(R. chensinensis)
10. 吸盘圆形;两肋后部平滑;雄无臂腺 ···························· 阔褶蛙(R. latouchii)

吸盘呈披针形,尖端向后两胁后部呈颗粒状 ………… 弹琴蛙(*R. adenopleura*)

附3:中国蟾蜍属(*Bufo*)常见种类检索表
1. 头部有黑色角质棱;鼓膜大而显;耳后腺不紧接于眼后 ……………………
  ……………………………………………………………… 黑眶蟾蜍(*B. melanostictus*)
  头部无黑色角质棱………………………………………………………………… 2
2. 腹部有明显的黑斑;雄性无声囊;背部无花纹 ……………………………………… 3
  腹部无黑斑,背部有花纹;雄性有单一的咽下内声囊 ……… 花背蟾蜍(*B. raddei*)
3. 背正中有一条蓝灰色的宽纵纹;胫部无大的瘰粒 ……… 西藏蟾蜍(*B. tibetanus*)
  背正中无宽纵纹,即使有也很细;胫部有大疣……………………………………… 4
4. 上眼睑内侧有球状疣突;吻棱上有长疣 ……………… 岷山蟾蜍(*B. minshanicus*)
  上眼睑内侧无球状疣突;吻棱上无显著的疣突 ……………………………………… 5
5. 一般无蹼褶;成体瘰粒多而密,腹面及体侧一般无土红色的斑纹 ………………
  ………………………………………………………… 中华大蟾蜍(*B. gargarzans*)
  一般有蹼褶;成体瘰粒少而稀,腹面及体侧有土红色的斑纹 ………………………
  ………………………………………………………… 华西大蟾蜍(*B. andrewsi*)

2. 常见种类简介

(1) 大鲵(*Megalobatrachus davidianus*) 俗称娃娃鱼,为隐鳃鲵科在我国的唯一种类,是现存两栖动物中体型最大者。体长可达180 cm。头部扁平、钝圆,口大,上、下颌具细齿,眼不发达,无眼睑。身体前部扁平,至尾部逐渐转为侧扁。体两侧有明显的肤褶,四肢短扁,指、趾前五后四,具微蹼。尾圆形,尾上下有鳍状物。体表光滑,布满黏液。身体背面为黑色和棕红色相杂,腹面颜色浅淡。栖息于山区的具有温度较低、阴暗、清澈的溪流中,以鱼、虾、蟹、蛇以及昆虫等为食。洞穴位于水面下。每年7~8月份间产卵,每尾可产卵300枚以上。雄鲵将卵带绕在背上,或者把身体弯曲成半圆形,将卵圈围住,加以保护,直至2~3周后孵化出幼鲵。15~40 d后,小鲵分散生活后,雄鲵才离去。大鲵分布于华北、华中、华南和西南各省,在河南省见于各主要山区,以伏牛山区最多。大鲵已被列为国家二级重点保护野生动物。

(2) 东方蝾螈(*Cynops orientalis*) 属蝾螈科。头扁、口大,躯干近似圆形,尾部侧扁,前后肢均发达,前肢4指,后肢5趾。圆眼,眼睑发达。身体呈紫黑色,腹部朱红色,有不规则的黑色斑点。皮肤有光泽。喜静,多栖息于清流静水的塘中或石隙间。以蠕虫、甲壳动物、蝌蚪等为食。春末夏初产卵于水草间。分布于浙江、安徽、福建、江西、湖北、湖南等省,在河南省见于豫南大别山区。

(3) 商城肥鲵(*Pachyhynobius shangchengensis*) 属小鲵科。体型肥壮,最大体长184 mm。从吻端至头顶明显逐渐隆起,躯干浑圆;尾基部粗壮,略呈方形,往后渐侧扁,末端钝;四肢短弱,前肢尤甚;尾长短于头体长;皮肤光滑,头顶有不明显的"V"形嵴;眼后有一纵沟达颈褶。生活时头体背面深褐色,腹面灰褐或灰白色。商城肥鲵以水中小型动物为食。据调查,5月份在野外可采到带外鳃的幼体。分布于安徽、湖北等省,在河南省见于大别山区商城县,此地亦为该种的模式标本产地。

(4）虎纹蛙（*Rana tigerina*） 属蛙科。体长 8~12 cm，体重 250~500 g。头部呈三角形。皮肤极为粗糙，头部及体侧有深色不规则的斑纹。背部呈黄绿色略带棕色，有数十行纵向排列的肤棱，肤棱间散布小疣粒。腹面白色，也有不规则的斑纹，咽部和胸部还有灰棕色斑。四肢为明显的横纹。雄性头部腹面的咽喉侧部有 1 对囊状突起的声囊。前肢短，具 4 指；后肢较长，具 5 趾，趾间具蹼。栖息于丘陵地带的水田、沟渠、水库、池塘、沼泽地等处，以及附近的草丛中。夜间外出活动。跳跃能力很强。雄性鸣声如犬吠。性情凶猛。在气温低于 12 ℃时进入冬眠。当气温或水温较高时，即使在冬季也不冬眠。以昆虫为食，也取蜘蛛、蚯蚓、多足类、虾、蟹、泥鳅、动物尸体等。繁殖期为 5~8 月份。怀卵数 580~7 000 粒。产卵场所为水库、田间、水沟等处。分布于江苏、浙江、湖南、湖北、安徽、广东、广西、贵州、福建、台湾、云南、江西、海南、上海、四川和陕西南部，在河南省主要见于豫南大别山区。虎纹蛙已被列为国家二级重点保护野生动物。

(5）黑斑蛙（*Rana nigromaculata*） 属蛙科。体长 7~8 cm。头稍长。吻钝圆。鼓膜大。前肢短，趾端钝尖，关节下瘤明显；后肢较短而肥硕，趾间几为全蹼。背面皮肤不光滑，有一对较粗的背侧褶。腹面皮肤光滑。雄蛙颈侧有 1 对外声囊。背面的基色为黄绿、深绿或带灰棕色，具有不规则的黑斑。腹面鱼白色。栖息于河流、池塘、稻田的水中及岸边草丛中。蝌蚪以矽藻、绿藻等植物性食物为食，变态后的成体营水陆两栖生活，主要以陆栖昆虫、蠕虫等为食。冬季则钻入水边泥土中呈休眠状态（蛰眠），翌年春季出蛰后即回到水中抱对产卵。黑斑蛙与金线蛙极为相似，但其股后不具白色纵纹。黑斑蛙是医学和生物学领域的重要实验动物。分布于华南、华东、西北、西南等地，在河南省见于全省各地。

(6）金线蛙（*Rana plancyi*） 属蛙科。体型大，略肥硕，雄性体长 5~8 cm。头长与头宽约相等，吻端尖。鼓膜大而明显，呈棕黄色，而颞褶不显著。背面绿色或橄榄绿色，有 2 条棕黄色的背侧褶，股后方有 1 条黄色的和 1 条褐色的纵纹，腹面为黄色。背面和体侧有分散的疣粒。趾间近全蹼。雄蛙在咽侧有 1 对内声囊。第 1 指基部内侧有指垫。栖息于池塘、湖沼等水体。分布于河北、山西、山东、湖南、湖北、安徽、江苏、浙江等省，在河南省见于各地。

(7）中国林蛙（*Rana chensinensis*） 属蛙科。体态匀称，体背为棕灰色，鼓膜区有一三角表黑斑。冬眠期典型体色为黑褐色，少数为土黄色，夹杂黑斑，背部有"∧"形黑斑，四肢有环行黑斑。雌蛙腹部黄色，并存云状淡红色斑纹，或浅灰色斑纹。雄性腹部白色，夹杂黑斑。夏季体色为浅灰色或土黄色，腹面为白色。体侧及体背皮肤有疣突，2 岁龄个体的疣突细小，随着年龄增长而增大。雌性卵巢于秋季取出风干即为"哈士蟆油"，为名贵中药。分布于东北、华北、西北地区，在河南省主要见于各山区。

(8）泽蛙（*Rana limnocharis*） 属蛙科。小型蛙类，体长不超过 60 mm。生活时体色变异较大，背面为灰橄榄色或深灰色，并有许多不规则分散排列、长短不一的纵行皮肤褶，褶间具小疣粒。上、下颌有 6~8 条深色纵纹，两眼间有横斑，在背部肩部中央有一"YY"形深色斑纹。雄性有单咽下外声囊，咽部色深，余皆为白色。泽蛙是丘陵地区水田里常见的种类，对环境适应能力很强。以小型水生动物为食。分布于华北、华南、华东和西北部分地区，在河南省主要见于豫南地区。

(9) 北方狭口蛙(*Kaloula borealis*) 属蛙科。俗名气鼓子。体小,体长一般在 40 ~ 45 mm。头小,头的宽度大于长度,口狭小,略呈三角形,宽大于长。吻短而圆。鼓膜不明显。多栖息于水坑或房屋附近的草丛中、土穴内或石下,吞食白蚁和小型昆虫。平时很难见到。蝌蚪吞食浮游生物,发育迅速,大约 3 周即完成,这是对易于干涸水体的适应。皮肤厚,背部较光滑,雄性有单咽下外声囊,胸部有一个发达的皮肤腺,雄性腺显著。繁殖季节在北方一般 7 月第一场大雨之后。产卵在静水水域。卵单生,借漂浮器浮于水面。国内见于东北三省、河北、河南、陕西、安徽、湖北、浙江、江苏、山东、山西等地。

(10) 隆肛蛙(*Rana quadrana*) 属蛙科。成体栖息于河流、水沟和积水坑,也见于河边的山林中,白天多伏于较大石块下或水边的洞中,极少外出活动。傍晚和黎明为其活动高峰期,爬于石块上或水坑旁,受惊后迅速跳入水中。嗜食蚊、大蚂蚁、叩头虫等。每年 11 月底至次年 3 月为其冬眠期,主要静卧于河流水中较大石块下,4 月初开始活动并准备产卵繁殖。其卵相互粘在一起呈团块状,卵径 2.5 ~ 3 mm,卵胶囊透明、较坚韧,粘附于水流缓慢处的较大石块之下。7 月份即可见到孵化出的小蝌蚪。国内分布于湖北、四川、山西、河南等,在河南省见于太行山地、伏牛山、大别山等地。

(11) 中华大蟾蜍(*Bufo gargarzans*) 属蟾蜍科。体型大,体长 79 ~ 120 mm。有明显的吻棱,皮肤粗糙,背面密布大小不等的圆形瘰粒。有耳后腺。头背平滑无疣,无骨质棱,胫部有明显的大瘰粒,腹面黑斑极显著。除生殖季节外,白天多隐栖居于草丛、石下或土洞中,黄昏爬出捕食。早春出蛰后,抱对产卵于静水池塘内。产卵季节因地而异,卵在管状胶质的卵带内交错排成四行,卵带缠绕在水草上,每雌产卵可达 2 000 ~ 8 000 粒。成蟾在水底泥土或烂草中冬眠。蝌蚪喜成群朝同一方向游动。广泛分布于全国各地,在河南省境内也普遍分布。

(12) 花背蟾蜍(*Bufo raddei*) 属蟾蜍科。体长一般 60 mm 左右,雄蟾蜍背面呈橄榄黄色,皮肤粗糙,密布大小瘰疣,上有许多小白刺。雌蟾蜍背面浅绿色,有深褐色或酱黑色花斑,瘰疣稀疏,皮肤较光滑。腹面乳白色,满布扁平小疣。口后有大疣。耳后腺大而扁平。白天隐栖于洞内,黄昏外出觅食。冬季集群在沙土中冬眠。在北方地区,每年 4 ~ 5 月份开始繁殖,多产卵于静水或缓流沟溪中,卵在卵带内呈 2 ~ 3 行排列,每雌产卵约 3 000 枚。分布于西北和华北地区,在河南省主要见于豫北、豫东地区。

(六) 两栖动物的年龄鉴定

年龄是反映动物种群变化和生活史特征的一个重要指标。当生长发育达到一定年龄后,许多两栖动物的体长等表观指标已不能准确反映其年龄特征。两栖动物的生长表现出年周期性,并因此在其骨组织中留下年龄标记。在快速生长阶段,其骨骼上形成较宽的疏松区带,在停止生长期(冬眠或夏眠期间),其骨骼上形成较窄的致密区带(lines of arrested growth,LAGs)。通过对两栖动物骨组织上的 LAGs 数量的观察、统计和分析,即可对其年龄进行准确的鉴定,此即骨骼年龄学(skeletochronology)鉴定技术。应用这一技术不但可以对两栖动物年龄进行鉴定,也可粗略判断在动物生长过程中,环境因子(如温度、湿度等)变化对动物的影响。另外,此项技术也可用于两栖动物化石种类、爬行动物等的年龄鉴定。

基于骨骼的年龄鉴定技术所用的研究材料为动物的部分指(趾)骨,而不必处死动物。所以,从野生动物保护的角度来说,这种方法具有明显的优势,具有较大的实用价值。在实际工作中,为验证 LAGs 数量与年龄的对应关系,还可采用标志重捕技术,对同一个体进行 2～3 年的跟踪观察,以确定年周期与新增 LAG 的对应关系。一般来说,当年完成变态的个体,其趾骨横切面上没有 LAGs,仅有变态线(Metamorphosis Line,ML),而成年个体的 LAGs 则与其所经历的越冬次数即年龄相一致。

采用骨骼年龄学技术鉴定两栖动物年龄的方法操作的主要步骤简要介绍如下。在实际操作过程中,可根据实际情况,不断改进、完善。

(1) 取材　首先,将两栖动物置于含 2% MS-222（Ethyl 3-aminobenzoate methanesulfonic acid salt）的水溶液中进行麻醉。然后,剪取动物后肢的第 4 趾趾骨,置于事先编号的固定瓶中。

(2) 固定　以福尔马林为固定液,于常温下固定 24 h。

(3) 脱盐　固定后的材料,用流水冲洗 24 h,清理骨骼表面的皮肤和结缔组织等,置于 6% 硝酸中 20～30 min,旨在脱去骨骼中的钙等矿物质。取出后以流水冲洗 24 h。

(4) 脱水、包埋　将材料经上行浓度梯度酒精进行脱水处理,每个步骤 20～30 min,然后经二甲苯透明、浸蜡和包埋等步骤,将材料包埋于石蜡中,备用。

(5) 切片　采用常规石蜡切片技术制作切片,切片厚度 10 μm。

(6) 染色　采用 H-E 染色。

(7) 镜检　在显微镜下仔细观察 LAGs 的数量,并按动物分组(如年龄、性别等)做好记录,选择较好的切片拍照留存。

第五节　鱼　类

鱼类是体表被鳞、以鳃呼吸、用鳍作为运动器官和以上、下颌摄食的变温水生脊椎动物。鱼类分布范围广、种类繁多,是现生脊椎动物中种类最多的一个纲,包括硬骨鱼和软骨鱼两大类群。在现生鱼类中,海洋鱼类占 58.2%,淡水鱼类占 41.2%。鱼类的身体大小因种类而异,最大的鲸鲨体长可达 20 m,最小的邦达克鰕虎鱼体长仅 20 mm。

一、栖息环境与生物学习性

(一) 鱼类的栖息环境

"鱼儿离不开水。"因此,水体是鱼类和其他水生生物的栖息环境。根据水中含盐量的不同,可将地球表面的水体分为 3 种类型。

1. 咸水水体

含盐量 16‰～47‰,一般为 33‰～38‰,如海洋水体,生活于其中的鱼类称为海洋性鱼类。

2. 淡水水体

含盐量 0.01‰～0.5‰,即陆地上的江河、湖泊、水库、池塘等水体,生活于这类水体中的鱼类称为淡水鱼类。

3. 半咸水体

含盐量0.5‰~16‰,多为江河入海处和内陆咸水湖,或有大量淡水排入的近海区,生活于其中的鱼类称为咸淡水鱼类。

(二) 鱼类的生物学习性

鱼类栖息于水环境,水体中的各种因素如水温、含氧量、含盐量、酸碱度、水的深浅和水压、光照强度、水的流速、食物的多样性与丰度等,都会影响鱼类的身体形态、结构、体色、活动、生长和繁殖等。

1. 鱼类对主要生态因子的适应

(1) 水温 水的比热较大,水温的变动速度慢且幅度较小。水温的变化与鱼类的活动有密切的关系。鱼类的体温随着水温的变动而变化,但均有一定的范围,超过极限可能导致鱼的死亡。在一定限度之内又有其最适宜的温度。基于对水温的适应,可将鱼类分为冷水性、温水性和热带性种类。冷水性鱼类在0~20 ℃能正常生活,如大麻哈鱼、鳟鱼类等。温水性鱼类的适温范围较大,可在4~30 ℃的水体中生活,如常见的鲤、鲫、四大家鱼(青鱼、草鱼、鲢鱼、鳙鱼)等。热带性鱼类对低温的耐受力差,如罗非鱼在水温降至15 ℃时即停止活动,当水温低于19 ℃时则不能存活。

(2) 溶氧量 水中的溶氧量对鱼类的生活至关重要。如果水中缺氧,鱼类会集体游向水面,养殖学上称为"浮头"。缺氧严重时会使鱼陷入麻痹状态,导致鱼的身体平衡能力变差甚至死亡。水中溶氧量的多少与水温、水中含盐量、水生植物、水的流速等有关。水温高则溶氧量低,水温低则溶氧量高;此外,溶氧量还与含盐量成反比,如海水中的溶氧量约为淡水的80%。

(3) 盐度 水体中的盐度能影响鱼体的渗透压。在海产硬骨鱼类,其体内渗透压低于外界环境;在软骨鱼类和淡水硬骨鱼类,其体内渗透压高于外界。大多数鱼类已适应于在一定渗透压的水体中生活,若将其移入另一种渗透压的水中,则会引起死亡。在生活史的一定时期,洄游性鱼类有适应不同盐度的能力,当其在淡水中生活时,通过肾小体排出大量浓度极低的尿液;入海生活时,则由鳃上的排盐细胞排出多余的盐分。

(4) 酸碱度(pH值) 水体的酸碱度会对鱼类产生直接或间接的影响。在自然条件下,水体pH值取决于水中CO_2的含量。一般来说,淡水鱼类较适于弱碱性水体(pH7~8,极限范围6~10)。四大家鱼对pH值的变动有较强大的适应能力。当pH值的变动超出最适范围时,将影响鱼类的新陈代谢,若超出极限范围,则会损伤鱼的鳃和皮肤的黏膜。

2. 鱼类的食性

根据鱼类所取食的主要食物的差异,可将鱼类大致分为肉食性、植食性和杂食性等类型(详见后续的鱼类食性及其分析部分)。如青鱼栖息于水体底层,主要取食螺类、蚌类等软体动物;草鱼栖息于水体中层,主要取食水生植物;鲢、鳙鱼等栖息于水体上层,主要取食水中浮游生物;鲤鱼栖息于水体底层,属杂食鱼类,但以动物性食物为主。在自然条件下,许多鱼类的食性随季节和发育时期的不同而有所变化。

3. 鱼类的繁殖

鱼类为雌雄异体动物,大多数为体外受精,卵生;少数为体内受精,卵胎生。在繁殖期,鱼类的产卵量多少不等,从数万枚到数10万枚,多者可达千万枚(如鳕鱼),翻车鲀

(*Mola mola*)的产卵量甚至可达数亿枚。鱼卵为多黄卵,在动物极常有一小孔,精子即由此孔进入卵内,进行受精。鱼类的卵可分为沉性卵和浮性卵。沉性卵形大而重,含卵黄较多,不透明,外卵膜具黏性,如鲤科鱼类,由此类卵孵出的幼鱼,一般体大而长。浮性卵形小而轻,卵黄较少,具浮性永不黏着,卵内均具一大的油滴,如大多数海洋性鱼类的卵,由此类卵孵出的幼鱼多体小且发育不全。

二、主要实习内容

鱼类是脊椎动物中适应于水生生活的类群,在内陆野生动物实习时,一般不作为主要内容。根据实习地的水系特征和实际条件,可从下列方面展开相关实习内容。

(一)重点水域调查

1. 概况

包括水域的地理位置、面积、范围、水深、基质(石、泥、沙底)、水生植物或流域内的植被类型、水质或污染情况等。这些基础资料可通过文献或向有关部门查阅获得。

2. 水文状况

包括径流量、水位(最高水位、平均水位)、汛期和枯水期、泥沙含量、流速流量等。掌握这些资料,有助于了解鱼类的活动规律,可通过文献获得,亦可自行测量。

3. 气象条件

包括气候类型、特点、年均温、月均温、极端温度、无霜期、降水量、蒸发量、日照时数等。

对水库型水体,还应记录或测量水库类型(山谷型、平原型、丘陵型等)、坝型(土坝、砌口坝)、水位、库容、面积、高度、水库的主要用途(发电、灌溉、供水、养殖)等。

(二)水体物理特征

1. 水温

鱼类生长期的长短和水温的变化规律是估算水体生产潜力的重要依据,深水湖泊和水库的水温分层现象影响水生生物和鱼类的分布。测定水体温度时应包含表层、中层和底层,并注意温跃层(斜温层)的位置。温度测定时间一般为8:00和14:00。

2. 透明度

用测绳的透明度盘在背光处的水域测定。

3. 水色

根据观察如实记录。

(三)水体化学性质

所有水体中都可能溶解有不同的化学物质,这些物质可直接或间接影响生活于其中的鱼类的种类、数量、分布、生长和繁殖等。由于野外实习时间短,任务繁杂,这部分内容仅供选择。如属必要,可单独实施。

1. 水样的采集

采集水样时,一般用硬质玻璃瓶或聚乙烯瓶。但是,如果水样拟用于酚和总磷的测定,则不能用聚乙烯瓶。采样前,先用水样将盛样瓶冲洗2~3次,一般不要将盛样瓶装满,水样距瓶塞不少于 2 cm。取测氧用水样时,采样瓶中应盛满水样(250~300 mL),勿使空气进入。若水样是供一般水质分析,取样量为 1 000~2 000 mL。采样时,水深不足 2 m 时在 0.5 m 处采样;水深 2~10 m 时尚需在距水底 0.5 m 处增加采样;水深超过 10 m 应在中层采样。水样采集后应贴上标签,注明采集日期、地点、用途等。

2. 水样的保存

水样采集后,除 pH 值应即时测定外,其余项目应在 3~5 d 内测定完成,其中营养盐、化学耗氧量(COD)、生物耗氧量(BOD)等应优先测定并尽快分析。水样的保存方法视分析项目不同而异。水样分析项目和推荐方法如表 3-8、表 3-9 所示,具体操作方法可参考有关资料进行。

表 3-8 常规测定项目及方法

序号	测定项目	推荐方法
1	pH 值	目视比色法、pH 计测定法
2	溶解氧	碘量法
3	耗氧量	碱性高锰酸钾法
4	碱度	盐酸滴定法
5	硬度	EDTA 滴定法
6	氯化物	摩尔滴定法
7	硫酸盐	EDTA 滴定法
8	氨氮	纳氏比色法
9	亚硝酸盐氮	盐酸 a-苯胺比色法
10	硝酸盐氮	二磺酸酚比色法
11	总氮	K 氏定氮法
12	总磷	磷钼酸铵比色法
13	总铁	邻菲罗啉比色法
14	钙	EDTA 滴定法
15	镁	差减法(硬度、钙差减法)
16	硅酸盐	硅钼黄比色法
17	钠	火焰光度法
18	钾	亚硝酸钴钠比色法

表 3-9　水体污染测定项目及方法

序号	测定项目	推荐方法
1	化学耗氧量(COD)	$K_2Cr_2O_7$ 滴定法
2	生物耗氧量(BOD)	5 日 20 ℃培养法
3	酚	4-氨基安替吡啉比色法
4	氰化物	异烟酸吡唑酮比色法
5	铬	二苯胺基脲比色法
6	砷	二乙基二硫代氨基甲酸银比色法
7	汞	双硫腙比色法、汞蒸气测定仪法
8	铜	二乙基二硫代氨基甲酸钠比色法
9	铅	双硫腙比色法、极谱法
10	锌	双硫腙比色法、极谱法
11	镉	双硫腙比色法、极谱法
12	有机磷	盐酸 N-萘基代乙二胺比色法

(四)鱼类的食性及其分析

在对栖息环境的长期适应中,不同类群的鱼类的成体都形成了基本稳定的食物组成,即食性。鱼类食性研究旨在掌握鱼类资源的变动特征,并对其进行短期或长期的动态监测,在渔业生产和引种驯化方面具有一定的理论和实践意义。根据在自然条件下所取食物种类,可将鱼类大致分为如下类型。

1. 食浮游生物鱼类

以浮游的甲壳类、轮虫、鱼卵、幼鱼和各种浮游藻类为食的鱼类,一般具有长而密集的鳃耙。如鲢、鳙等。

2. 草食性鱼类

以水藻和水生维管束植物为主要食物的鱼类。此类鱼用口缘切断水生植物,以具栉状突的下咽齿磨碎食物。草鱼为淡水草食性鱼类的典型代表。

3. 肉食性鱼类

以其他鱼类或水生动物为食的鱼类。这类鱼的吻坚强,具有锐利的锥形齿。代表种类如乌鳢、鳜鱼等。

4. 食底栖生物鱼类

以环节动物、软体动物等底栖生物为食的鱼类。此类鱼的咽喉齿呈磨形,能磨碎软体动物的硬壳。淡水中的青鱼为典型代表。

5. 杂食性鱼类

有些鱼的食性较广,动物、植物、底栖或浮游生物均可作为其食物,称混合食性鱼类。这类鱼的取食器官形态多样,齿或为圆锥状,或为臼齿形。鲤鱼为典型代表。实际上,大部分鱼类都可归于杂食性。

在野外实习期间,在采集标本之后,应尽快解剖以便对鱼类食性进行分析。如果时间过长,可能引起食物过度消化而不易观察。对肉食性鱼类可即时鉴定,其他鱼类则需取出肠管,将两端扎紧,固定于4%的福尔马林溶液,如为小鱼可整体固定,并做好标记,带回室内镜检,做进一步分析。

(五)鱼类的繁殖

繁殖是动物维持种族延续、扩展物种分布区的重要环节,鱼类的繁殖包括性腺成熟、繁殖力、繁殖特征、胚胎发育、胚后发育等一系列复杂的过程。在野外实习期间,往往难以系统观察。此处仅简要介绍雌鱼生殖腺成熟度等级的划分。相关详细内容可参阅鱼类学著作,或者在鱼类的繁殖季节安排专项野外调查工作。

1. 卵巢的分期

Ⅰ期:生殖腺细而透明,呈线状紧贴于鳔两侧的体腔膜上,在低倍镜下观察可见卵粒,见于年龄较小的幼体。鱼类一生中仅有1次Ⅰ期。

Ⅱ期:未产过卵的个体卵巢为扁带状,粉红色或透明。产过卵的个体经一段时间的肥育之后,其卵巢可恢复到Ⅱ期,进而再发育到Ⅲ期。

Ⅲ期:卵巢血管密集,卵细胞半透明,有少量卵黄沉积,肉眼可见卵粒。

Ⅳ期:卵黄沉积完成,卵粒大而饱满,挤压鱼体腹部可见少量卵粒流出,或不流出而可露出生殖孔外。

Ⅴ期:卵粒游离于卵巢腔内,提起鱼体,卵粒会从生殖孔流出。

Ⅵ期:当年已产过卵的雌鱼,卵巢体积大为缩小,表面充血,外表呈紫红色,卵巢中残留有少量卵粒,退化成半透明的橘黄色不规则结构。

2. 成熟系数

雌鱼卵巢重量占体全重或去内脏后的体重的百分比,称为成熟系数,可依下式计算:

$$成熟系数 = 生殖腺重 / 体重 \times 100\%$$

3. 繁殖力(怀卵量)

计算鱼类繁殖力时,先称取1 g的Ⅵ期卵巢,浸泡于开水或4%的甲醛溶液中,使之固定,然后计数。

$$绝对繁殖力 = 性腺总重量 \times 1 \text{ g}性腺卵粒数$$
$$相对繁殖力 = 绝对繁殖力 / 体重$$

(六)生态学习性观察

鱼类长期生活于各种水生环境中,其觅食方式、繁殖行为、游泳方式、越冬、种内种间关系等均表现出对水生生活的适应。但是,由于水体环境的特殊性,对鱼类的这些生态学习性进行观察和研究的难度比陆生脊椎动物要大得多,加之野外实习时间短,有些项目几乎无法完成。如果条件允许,可以将活体带回室内,进行较长时间的饲养与观察。

(七)鱼类的数量统计

种群是一个物种在自然界延续和存在的标志,种群的大小或数量反映了动物对环境的适应程度。在动物生物学尤其是鱼类学的教学和研究工作中,对鱼类的数量调查非常重要,其目的在于估计资源的状况,从而了解分布区内不同鱼类的数量及其变动规律,为资源的可持续利用提供科学依据。常用的数量指标有绝对数量和相对数量,有关详细内容可参阅动物生态学或鱼类生态学方面的专著,此处仅介绍常用的面积法。

面积法的原理是:以一定水域面积、一定捕捞努力下所得到的某种鱼的捕获量来推算整个水域或其分布范围内的数量。或者在一定捕捞努力下,某种鱼的捕获量占全部种类的百分比来表示其相对数量。为准确起见,可多设几个取样点,求其平均值。通过对不同季节、不同年份间捕获数据、影响因素的比较分析,可基本掌握一定水域鱼类数量的变动规律,找出能促进种群增长的有利因素,为资源的合理利用提供依据。

(八)常见种类识别

在现生脊椎动物亚门中,鱼纲的种类最多。根据鱼类骨骼的性质,将鱼类分为软骨鱼系和硬骨鱼系两大类。实际上,从有化石记录开始,软骨鱼和硬骨鱼即沿着两条进化路线各自发展。因此,目前较新的材料都将这两类升为两个独立的纲,即软骨鱼纲和硬骨鱼纲。

全世界现生鱼类约 24 000 种,分布于地球表面的各种水体中。我国有鱼类 2 500 多种,海产种类有 1 500 多种,淡水种类约 800 种。据《河南鱼类志》记载,河南现生鱼类约 102 种,隶属于 9 目 15 科 62 属。根据最新的梳理和统计,河南鱼类计有 123 种(赵海鹏,未发表数据)。

1. 鱼类形态术语

在进行动物分类学研究时,科学、统一、规范的形态术语非常重要。否则,可能会给检索表的编制、使用带来极大的麻烦。因此,要正确鉴定和识别鱼类。必须首先熟悉一些常用的鱼类形态术语(图 3-31)。

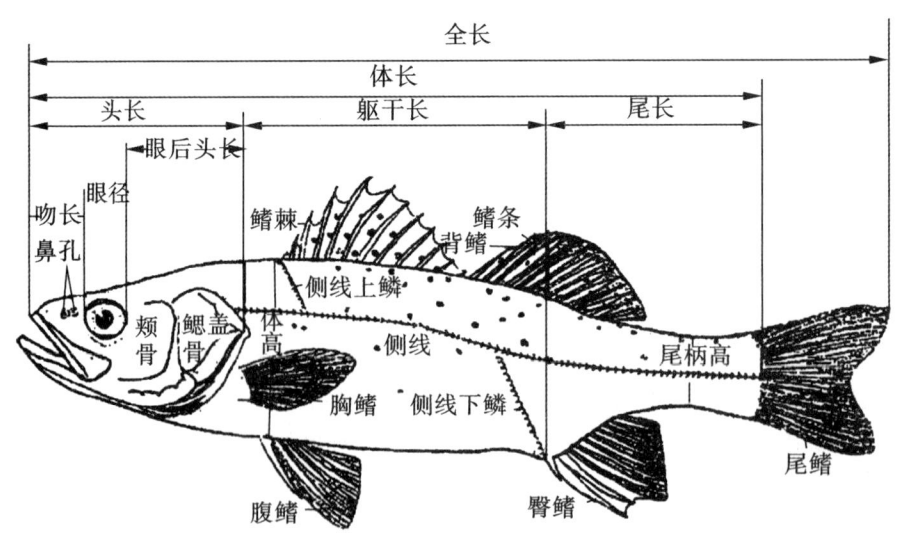

图 3-31 鱼类的外形

(1)头部 自上颌前端或吻端至鳃盖骨后缘部分。

(2)躯干部　自鳃盖骨后缘至肛门部分。

(3)尾部　自肛门至尾基部分。

(4)吻部　眼前缘以前的头部。

(5)颏部　头部腹面下颌联合部之后靠前部为颏部,其后为峡部。

(6)颊部　眼的后下方、鳃盖骨之前的部分。

(7)侧线鳞　自鳃孔上角上方向后沿体侧中央至尾柄基部,有一行具细管或小孔的鳞片,称侧线鳞。

(8)侧线上鳞　由背鳍起点处的鳞片开始,向后下方斜查到紧邻侧线的一枚鳞片时的鳞片数。

(9)侧线下鳞　由紧邻侧线一个鳞片向后下方斜查到腹鳍起点时的鳞片数。

(10)鳞式　表示侧线鳞、侧线上鳞和侧线下鳞数目的式子。一般写作:

侧线鳞数目$\frac{侧线上鳞数目}{侧线下鳞数目}$

如鲤鱼的鳞式为

$$33 \sim 39 \frac{5 \sim 6}{5 \sim 6}$$

(11)纵列鳞　没有侧线或侧线不全的鱼类,由鳃孔上角上方沿体侧中轴的一列鳞片的数目。

(12)横列鳞　没有侧线或侧线不全的鱼类,由背鳍起点处的一个鳞片向后下方斜查到腹缘为止的鳞片数目。

(13)背鳍前鳞　背鳍起点前方沿背中线的一纵列鳞片数目。

(14)围尾柄鳞　环绕尾柄最低处一周的鳞片数目。

(15)圆鳞　鳞片后部边缘光滑。

(16)栉鳞　鳞片后缘呈锯齿状。

(17)棱鳞　腹面中沿中线的一列具棱脊或刺突的鳞片。

(18)鳍条　鳍的支持物,分支或不分支。分支鳍条数目用阿拉伯数字表示,不分支鳍条数目以小写罗马数字表示,鳍棘数目则以大写罗马数字表示。鳍为1个时,鳍棘与鳍条数目以"-"连接,如背鳍Ⅲ-8,表示由3根鳍棘和8根鳍条组成;鳍为两个时,则前后以","隔开,如背鳍Ⅳ,Ⅰ-6,表示第一背鳍由4根鳍棘组成,第二背鳍由1根鳍和6根鳍条组成。

(19)鳃盖　覆于鳃室之外的骨质构造,由4块骨片组成,即后鳃盖骨、前鳃盖骨、下鳃盖骨和间鳃盖骨。

(20)鳃弓　鳃室内着生有鳃的骨质条。

(21)鳃耙　着生于鳃弓内缘的突起,其形态、数目可作为分类依据。

(22)下咽齿　也称咽喉齿,为着生于最内侧一对鳃弓(下咽骨)上的齿,其形状、数目排列方式因种类而异,亦可作为分类依据。

(23)端位口　口位于吻端,上、下颌等长。

(24)上位口　口裂与身体纵轴垂直,下颌前突。

(25) 下位口　口裂位于头的腹面。
(26) 吻须　为着生于口之前部须的总称。
(27) 口角须　着生于口角的须,或称颌须。
(28) 颏须　着生于颏部的须。
(29) 鼻须　前鼻孔先端延长成须。
(30) 幽门垂　为着生于胃的幽门部和肠起始处的指状盲囊,其数目可作为分类依据。
(31) 鳔　某些鱼体内调节身体比重和辅助呼吸的囊状构造,其形状、分室情况、与肠管相通与否因种而异,故可作为分类依据。
(32) 全长　自吻端至尾鳍末端的长度。
(33) 体长　自吻端至尾鳍基部的长度。
(34) 体高　躯干部最高处的垂直高度。
(35) 头长　自吻端至鳃盖骨后缘的长度。
(36) 躯干长　自鳃盖后缘到肛门的长度。
(37) 尾长　自肛门至最后一枚尾椎的长度。
(38) 吻长　自上颌前缘至眼前缘的长度。
(39) 眼径　自眼眶前缘至后缘的直线距离。
(40) 眼间距　两眼间的直线距离。
(41) 口裂长　自吻端至口角的长度。
(42) 眼后头长　自眼后缘至鳃盖骨后缘的长度。
(43) 尾柄长　臀鳍基部后缘至尾鳍基部的长度。
(44) 尾柄高　尾柄最低处的垂直高度。
(45) 背鳍基长　自背鳍起点至背鳍基部后缘的直线距离。
(46) 臀鳍基长　自臀鳍起点至臀鳍基部后缘的直线距离。

附：常见种类检索
附1：中国主要淡水鱼类目的检索表

1. 体细长如蛇状 ··· 2
   体不呈蛇状 ··· 3
2. 左右鳃孔分离；胸鳍存在；体被席纹状细鳞 ················· 鳗鲡目(Anguilliformes)
   左右鳃孔愈合；胸鳍缺如；体裸露无鳞 ······················· 合鳃目(Synbranchiformes)
3. 体通常被鳞,或体大部裸露无鳞,但在臀鳍基部和肛门两侧各有较大的鳞片一行
   ··· 4
   体完全裸露无鳞,通常有脂鳍 ·································· 鲇形目(Siluriformes)
4. 腹鳍腹位；通常无鳍棘,但部分种类的背鳍、臀鳍或胸鳍有由不分支的鳍条骨化所成的硬刺 ··· 5
   腹鳍胸位；背鳍和臀鳍常有鳍棘,第1背鳍存在时完全由鳍棘组成 ·············
   ·· 鲈形目(Perciformes)

5. 背鳍1个,其后另有脂鳍;或背鳍分为前后2个 ··· 7
    背鳍后方无脂鳍 ·· 6
6. 上下颌一般具细齿;背鳍起点通常位于臀鳍上方 ······ 鳉形目(Cyprinodontiformes)
    上下颌不具细齿;背鳍起点通常在腹鳍上方或稍后 ······ 鲤形目(Cypriniformes)
7. 颏部具须;背鳍2个;脂鳍缺如;体被圆鳞 ····················· 鳕形目(Gadiformes)
    颏部无须;背鳍1个;脂鳍常存在;体被栉鳞 ············· 鲑形目(Salmoniformes)

附2:鲤科常见鱼类检索表

1(4) 有呈螺旋形的鳃上器官,眼稍偏于头纵轴的下方
2(3) 鳃耙细密,互相交错成多孔的膜质片;腹棱从胸鳍基部前方直达肛门,体银白色
    ·· 鲢(*Hypophthalmichthys molitrix*)
3(2) 鳃耙细密,但互不相联;腹棱从腹鳍基部伸延至肛门,体表有许多黑色斑点 ···
    ··· 鳙(*Aristichthys nobilis*)
4(1) 无呈螺旋形的鳃上器官,眼的位置偏于头纵轴的上方
5(8) 背鳍有硬棘(假棘),其后缘有锯齿
6(7) 下咽齿3行,磨形。触须2对 ································· 鲤(*Cyprinus carpio*)
7(6) 下咽齿1行,形侧扁。无触须 ···························· 鲫(*Carassius auratus*)
8(5) 臀鳍有或无硬棘,若有,其后缘不具锯齿
9(18) 臀鳍较长,分支鳍条在14根以上(个别例外),腹面通常具发达的腹棱
10(15) 腹棱完全,自胸部达胸门
11(12) 臀鳍分支鳍条在20根以下。侧线在胸鳍上方急剧向下弯曲。口端位,鳃耙
    15~18 ··· 鳘条(*Hemiculter leucisculus*)
12(11) 臀鳍分支鳍条在20根以上。侧线纵贯体侧中央,无显著弯曲。口端位或上
    位。鳃耙15~22
13(14) 臀鳍分支鳍条27~35。口端位;鳃耙15~20;体长为体高的2.5~2.9倍···
    ·· 长春鳊(*Parabramis pekinesnsis*)
14(13) 臀鳍分支鳍条24~29。口上位;鳃耙25~29;体长为体高的3.3~4.4倍···
    ·· 红鳍鲌(*Culter erythropterus*)
15(10) 腹棱不完全,仅自腹鳍基部至肛门
16(17) 口端位;鳃耙短钝,16~22枚。臀鳍分支鳍条24~32;侧线鳞50~60
17(16) 口上位;鳃耙细长,24~28枚。臀鳍分支鳍条21~25;侧线鳞78~93
18(9) 臀鳍较短,分支鳍条在14根以下;腹部通常无腹棱,若有也不发达
19(20) 下颌有薄而锐利的角质边缘,无须。臀鳍分支鳍条8~10,多数为9。腹部无
    腹棱,若有也不超过肛门至腹鳍基部距离的1/5
20(19) 下颌无薄而锐利的边缘,有或无须。腹部无棱
21(32) 臀鳍中等长,分支鳍条7~14
22(31) 体通常较长,臀鳍起点在背鳍基部之后。雌鱼不具产卵管
23(24) 下咽齿1行,呈白齿形 ································· 青鱼(*Mylopharyngodon piceus*)

24(23) 下咽齿 2 行或 3 行

25(26) 下咽齿 2 行,呈梳状 ……………………………… 草鱼(*Ctenopharyngodon idellus*)

26(25) 下咽齿 3 行

27(30) 无须,眼上无红斑

28(29) 侧线鳞 110~120;臀鳍分支鳍条 10~12。下颌前端无缺口 ……………………
………………………………………………………………… 鳡(*Elopichthys bambusa*)

29(28) 侧线鳞 41~50;臀鳍分支鳍条通常为 9。下颌前端有一缺口,恰与上颌的突起
相吻合 ………………………………………… 马口鱼(*Opsariichthys uncirostris*)

30(27) 有须,眼上有红斑 ……………………………………… 赤眼鳟(*Squaliobarbus curriculus*)

31(22) 体通常较短,呈卵圆形。臀鳍起点在背鳍基部之下;雌鱼具有长的产卵管…
…………………………………………………………………… 鳑鲏(*Rhodeus sinensis*)

32(21) 臀鳍短,分支鳍条 5~6

33(34) 下咽齿 3 行;侧线上有 7~14 个大黑斑 ………… 花䱻(*Hemibarbus maculatus*)

34(33) 下咽齿 1 行

35(36) 唇薄而简单,不分叶 ………………………………… 麦穗鱼(*Beccderasbera pava*)

36(35) 唇厚且发达,下唇分叶,中叶为一对椭圆形的突起 ………………………
………………………………………………………………… 棒花鱼(*Abbottina rivalaris*)

2. 标本的描记

在野外实习期间,对采集到的鱼类,可利用检索、图谱等手段进行详细的分类和鉴定,此项工作非常必要,是进一步研究的基础。同时,由于鱼类种类多,在每个分类阶元,都有一系列检索表可供查阅,限于篇幅,此处不再赘述。在分类鉴定过程中,可参阅相关的鱼类分类学专著。下面仅以鲤为代表,简单介绍如何对鱼类进行描记。

鲤(*Cyprinus carpio* Linnaeus)

地方名:红鱼、红鲤鱼、鲤拐子。

测量标本 438 尾,体长 138~390 mm,采自黄河、丹江、淮河、南阳寨。

背鳍Ⅳ-16~20;臀鳍Ⅲ-5;腹鳍Ⅰ-8;胸鳍Ⅰ-15。下咽齿 3 行,1·1·3-1·1·3。鳃耙 19~24。脊椎骨 4+33~35。背鳍前鳞 11~12;围尾柄鳞 16。

鳞式:$33 \sim 39 \frac{5 \sim 6}{5 \sim 6}$

体长为体高的 3.0~3.7 倍,为头长的 3.5~4.4 倍。头长为吻长的 2.6~2.8 倍,为眼径的 4.4~6.6 倍,为眼间距的 2.2~2.7 倍,为尾柄长的 1.3~2.0 倍,为尾柄高的 1.8~2.2 倍。

体呈长纺锤形,侧扁。头中等大,吻较钝。口小,端位,口裂呈马蹄形。须 2 对,后一对较长。眼中等大,位于头前部侧上方。下咽齿呈臼齿状。鳃耙短而密集。鳃孔宽大,鳃盖膜连于峡部。背鳍形长,其起点腹鳍起点之前。臀鳍短,起点与背鳍第数第 4~5 分支鳍条相对。背鳍、臀鳍最后一根硬刺后缘均具锯齿。胸鳍末端不达腹鳍,腹鳍末端不达肛门。尾鳍叉状。鳔 2 室,前室长大而后室末端稍尖。腹膜白色。

身体背部灰黑色或黄褐色,腹部白色,体侧带金黄色光泽。体侧鳞后缘具许多小黑点

组成的新月形灰黑色斑。背鳍与尾鳍基部灰黑色,尾鳍下叶橘红色,胸、腹鳍淡红黄色,唇黄红色,虹彩金黄色。鲤的体色随生活水体之不同而有所变异,栖息在混水中者体色偏黄,生活于清水中者则背侧较暗。

性成熟年龄因环境和气候不同而有差异。生活在黄河的鲤雌性的成熟年龄最早为2冬龄,一般为3冬龄;雄性最早为1冬龄,一般为2冬龄。繁殖季节,雌、雄个体在外形上容易区别,雄性腹部狭窄,肉硬粗糙,鳃盖表面和胸鳍上有珠星,泄殖腔孔椭圆形,略凹;雌性腹部膨胀,柔软润滑,泄殖腔孔圆形且稍突出,颜色发红,轻压腹部可见有卵粒流出。雌性怀卵量随个体大小和年龄略有变化,初次性成熟者,绝对怀卵量约2.5万粒,8~10龄鱼可达160万~250万粒。产卵时要求水温为18~25 ℃,豫南地区在4月上旬,豫北地区在4月下旬。卵为浅黄色,黏性,可黏附在水草上。受精卵在水温20~25 ℃条件下,3~4 d即可孵化出鱼苗,3 d后开始摄食,约40 d后,小鱼的体形与成鱼相似。

鲤多生活于水体下层,食性杂,以软体动物、水生昆虫及其幼虫、虾、小鱼、高等植物的种子和碎片等为食。

分布于河南省内各水系。

第四章 动物标本制作

在传统的动物学、动物生物学乃至整个生物学研究中,标本具有极其重要的意义。标本是动物分类学研究的主要对象和材料,同时携带着物种的遗传信息。因此,标本的制作是动物生物学野外实习的一项重要内容。本章将根据不同类群动物标本制作的特点和要求,分别介绍主要类群动物标本的制作方法。需要特别注意的是,任何一件标本制作完成后,应详细登记造册,做好相应记录,最好同时录入电脑,以便管理、核查和进一步研究。

第一节 节肢动物

节肢动物是动物界第一大类群,其种类多样、分布广泛、栖息环境复杂。在现生节肢动物中,昆虫纲的种类、数量、分布无疑排在第一位,也是内陆地区动物生物学野外实习的主要内容所在。为此,将节肢动物标本制作分为非昆虫纲动物和昆虫纲动物两部分,予以重点介绍。

一、非昆虫纲动物

1. 动物的采集

在对动物栖息环境进行初步调查和了解的基础上,即可开始野外采集工作。对蛛形纲、甲壳纲、多足纲等非昆虫类节肢动物,可用捕虫网、水网、扫网、镊子、玻璃管等工具进行采集,尽量不要直接用手捕捉,以免被有螯肢、毒刺的动物夹伤或螯伤。

2. 标本制作

采集到非昆虫纲的节肢动物后,应先将其身体冲洗干净,然后移入75%~80%的酒精中进行固定和保存。对于体型较大者,可先将其置于毒瓶中处死,然后清洗,向其体内注入一些固定液,再行保存。为避免动物的肢体在浸泡过程中变脆、损坏,可在酒精中加入少量甘油。

最后,在标本瓶外贴上标签,用碳素墨水钢笔注明编号、采集时间、采集人、采集地点、环境特征等,并在记录本上做好详尽记录,以备核查和进一步研究。

二、昆虫纲动物

1. 动物的采集

野外采集是昆虫学研究最基础的工作。初学者往往因为缺乏经验,以致无法发现虫踪,败兴而回;或者盲目滥捕,却因为保存方法不当,导致动物体损坏或废弃;或者无采集记录,失去研究价值。

(1) 注意事项

采集昆虫时,应注意下列几个方面的问题。

1) 全面采集　昆虫的身体形态复杂多样,有的身体微小,或者具有保护色而不易被发现。同一种昆虫的雌雄个体、幼虫、卵或巢、网等都是重要的研究材料,可一并收集。

2) 材料完整　如果采集的动物或材料破损不堪,翅破肢残,其价值将大为降低。要获得高质量的标本制作原材料,对采集、毒杀、包装、保存、运送、制作等每一环节都必须认真对待。

3) 正确记录　所有的动物或材料都应有详细而正确的采集记录,记录项目至少包括日期(年、月、日)、采集地和采集者姓名等3项内容。年、月、日中的月份最好用罗马数字来写,如1995年5月4日,可写作1995-V-4,若写为"5/4"或"4/5",由于各人习惯不同,容易造成混淆和误解。此外,还应测定并记录气温、相对湿度、寄主、采集地、海拔高度、地理坐标、采集方法、昆虫生活习性等信息。记录表的参考样式如图4-1所示。

4) 详细观察　发现昆虫之后,往往有稍纵即逝之虞。因此,在采集之前,应先对动物进行仔细观察,如飞行的方式、步行方式、生境、求偶或交配行为等。如有可能,可进行拍照或录像。

5) 保护动物　野外采集昆虫时,除实习和研究所需之外,不要滥采滥捕。有些昆虫分布区域很小,数量稀少,采集时更应特别注意。另外,一些有明文规定禁止采集的动物,应特别予以保护。

学名：	俗名：
采集对象:♂□,♀□。成虫□,蛹□,幼虫□,卵□,其他:	
时间:　年　月　日　　日间(晴□阴□雨□),夜间(星空□乌云□),晨□,昏□	
采集地:　　温度:　℃,湿度:　%,风速:　m/min,海拔:　m	
生态地:草原□湿地□水田□旱田□阔叶林□针叶林□矮树丛□池塘□湖泊□溪流□沙地□室内□其它:	
栖所:有巢□自由游走□群聚□　巢型:　　所利用材料:	
寄主:　　采集方法:　　采集者:	
标本暂时编号:　标本编号:　　照相编号:	
其他记载:	

图4-1　昆虫采集及观察记录表参考样式

(2) 采集工具　由于昆虫种类繁多,生态类型多样,而且大部分昆虫活动性强,善于飞翔或跳跃,必须借助专门的工具来捕捉。要达到满意的实习效果,必须借助于特定的采集工具。常用的野外采集工具在第一章第三节已有介绍,此处不再赘述。

在野外采集时,还可能用到其他工具,如采集袋、采集箱、小镊子、折刀、枝剪和小锯、放大镜、刷小虫用的毛笔、标签纸、记号笔、铅笔和记录本等其他用具,这些都需提前准备。如果要保存害虫危害植物的被害状或寄主植物的标本,还应准备植物标本夹、吸水纸、采集箱、烘干器等。

(3)采集方式　在昆虫学调查和专项研究中,通常采用以下两种方式采集昆虫:1)随机采集。预先无计划,遇到可采的昆虫,随时捕捉。2)定点采集。根据需要,有目的有计划地定好重点采集对象,并依据采集对象发生地点和时间,选择最佳的采集方式和工作方案实施作业。

动物生物学野外实习是一项教学实践活动,实习的主体是学生,特点是参与人数多、管理难度大。因此,通常以定点采集为宜。在选择采集场所时,主要考虑以下几点:1)注意虫源。不论是专项采集或多种普采,选择场所至关重要,场地适宜可以收到事半功倍的效果。例如采集菜粉蝶,宜到种植甘蓝、萝卜、白菜等十字花科蔬菜的田块;采集花椒凤蝶,宜到种有花椒树的地方;采集各种蝶类,宜到花朵盛开之处。凡此种种,均要事先掌握好采集对象的生活习性,选定最佳场地,如此才能达到理想效果,不致落空。2)适时采集。昆虫种类繁多,不同季节种类发生情况不同,在选好采集场所后,还要针对欲采集的昆虫发生季节和时间进行采集。季节是指月份,时间是指作业当天的早、中、晚。只有针对昆虫的发生月份和活动习性,不失时机地选择最佳时机进行采集,才能达到虫种吻合、虫量适度,收获显著的目的。例如,每年5月下旬左右,甘蓝采收前后,在甘蓝地块中有大量粉蝶飞舞,叶片上可以同时采到卵、幼虫和蛹,通过集中采集可一举多得,获得菜粉蝶生活史整套标本所需的各个虫态。3)保证安全。不论是个人还是组织学生集体到野外采集昆虫标本,除应注意安全操作、避免被虫蜇、蛇咬外,还要注意避开危坡陡路,以免发生意外;此外,还应严格遵守作业区有关自然生态和生物多样性保护的相关法规,尤其是进入林区、自然保护区后,应高度重视防火。

(4)采集时间　不同种类的昆虫在一年中的发生世代、生活史长短、开始出现和停止活动的时间等都不尽相同。即使是同一种昆虫,在不同地区、不同环境条件下,体色、虫态、数量、分布等也会有所不同。因此,采集昆虫的时间很难一致,应该因虫、因地制宜。

在一天当中,最佳采集时间亦有所不同。对昼行性昆虫来说,一般以10:00~15:00较为合适,这是昆虫最为活跃的一段时间,可见的种类多、数量大,宜于网捕。如利用振落等方法采集,则以昆虫不活动的时间为佳。扫捕法也不限于以上时间段。另外,许多昆虫到黄昏时才开始大量出现,或成群飞翔,易于网捕。对夜行性昆虫而言,其种类更多,可用灯光诱集。总之,在不同季节、不同的时间段都可能发现并采集昆虫。

(5)采集方法　昆虫种类繁多,习性各异,应根据不同种类的生活习性,分别采用不同的方法、技术进行捕捉。常用采集方法及其操作要点如下。

1)捕虫网捕虫法

观察虫情　不论是定点的专项采集还是随机采集,均不可操之过急,仓促出手。初到采集现场,应先冷静观察虫情。尤其是在虫量不多时,更应仔细观察动静,摸清昆虫飞行或活动的特征与规律,包括飞行的高度、速度、方向等,结合当时的风向、风带等因素,再尽快做好准备,开始挥网捕捉。

顺势兜捕　所谓顺势兜捕,就是在静观不动情况下,摸清虫情后,采用目测法,判断其飞临方向、高度和速度以及风向、风速等瞬间具体条件,手握网柄、瞄准方位,待其进入有效距离后,或迎面或旁侧及时调整最佳方位,出其不意,顺势举网一挥,虫即入网。若一捕不成,不必尾追,应以逸待劳,注意观察,等待机会,再行捕捉。

翻封网口　一旦捕虫入网,要立即翻转网袋,把网底甩向网口,使其封住网口。以免入网的昆虫逃逸。挥网捕虫和翻封网口是连续、快速的两个动作,是用昆虫网捕虫的一项基本操作。

取虫入袋　捕获入网的昆虫需立即取出。取虫时,先慢慢收缩网袋,减少昆虫在网内挣扎活动的范围,待其稍停时趁势隔着网袋轻捏其胸部,使其静止,再用小镊子伸进网内,夹持翅基,将虫子取出,放入毒瓶处理后再转移到三角纸袋内。对于螯人的蜂类和刺人的猎蝽(食虫蝽象)等昆虫,取时切勿用手触碰,可用毒虫镊夹取,或者将连虫带网的一部分塞入毒瓶,待熏杀之后再取出。那些翅较大的昆虫(如蝶类)在网中挣扎易使翅损坏,可先隔网捏住其胸部,使其不易活动时再取出。

扫捕　扫捕法主要用于在大片的草丛和茂密的小灌丛中采集。采集者可用扫网在植被的上层来回拖动,同时慢行前进,以将栖息或活动于植被中的昆虫收集入网。扫网不但可用于低矮植物,如接上长柄也可在较高的树丛中扫捕,但网袋应加长。采集一段时间后,用左手握住网袋中部,右手放开网柄,打开网底的绳,将扫集物倒入毒瓶中,待动物被熏杀或麻醉后,置于白布或白纸上进行分拣和初步归类。

2) 诱集　利用昆虫对光线、食物的趋性来采集昆虫,是既省力又有效的方法,一般采用的有如下方法。

A. 灯光诱集　夜出性昆虫白天隐蔽,不易采到,而在夜间出来活动,此时,可利用昆虫行为中的趋光性原理进行诱捕。可选择一个合适的地点,安置好诱虫灯。在天黑之后,夜出性昆虫就会从四面八方飞来,循着灯光,自投罗网。这种方法可以省时省力地采集很多不同种类的昆虫。常用的诱虫灯可分为固定式和支柱式两种。灯光诱集法在天气闷热的夏夜效果最好,阴天或雨后,甚至在小雨天,只要把灯和布遮好,也可照常进行诱集。目前,市场上已有一些可充电式的 LED 灯具,因其轻便易携、移动灵活、亮度高、寿命长,建议尝试使用。

定式诱虫灯　可安装在一个固定位置,在昆虫活动期都可应用。将灯安装在驻地附近、农田、空地等处,但在距灯不远的周围一定要有树木、菜田、农田、灌丛或杂草等植物群落,因为昆虫取食植物,没有植物就意味着没有虫源或虫源很少,诱虫效果可能不理想。诱虫灯由灯伞、漏斗、毒瓶或集虫箱、灯泡和电线等组成。灯伞用以遮雨挡风,可用白铁皮制作,伞口直径约 60 cm,伞顶呈锥形,伞顶到伞口呈坡状,下雨时雨水可以向下流,伞顶端应留一个小孔,以便电线通入;漏斗也是用铁皮制作,漏斗口的直径应小于伞口直径,约 40 cm,锥形漏斗的底部应连接一个直径为 5~5.5 cm、长为 5 cm 的圆筒,以便插入毒瓶或集虫箱;灯伞与漏斗用 4 根铁棍连接固定,并有 25 cm 左右的距离;电源线从灯伞顶部小孔通入,使灯泡吊在灯伞与漏斗之间,光线则可向周围照射。将灯安装在一个固定的位置,接通电源,并将毒瓶或集虫箱装好固定。于每晚开灯诱集,昆虫就会飞向光源,落入漏斗进而掉入毒瓶或集虫箱,于翌日清晨关灯、收集动物,进行后续工作。

柱式诱虫灯　这种诱虫灯可根据需用随时拆装和变换诱集地点,适合野外实习中人数较多时采用。这是一种幕布式诱虫方式,使昆虫落在幕布上,便于老师讲解和学生观察识别。用一块长方形的白色幕布(大小无严格限制,一般长 3 m、宽 2.5 m 即可),准备几根木棍或竹竿和绳子,以备挂幕布使用,也可以根据当地情况将幕布挂在建筑物或树上。

根据电源远近准备好足够的电线和灯具,灯具可用 150~200 W 左右的高压汞灯(或用普通灯泡或汽灯)。幕布挂好后,将灯吊在幕布居中偏上的位置,灯泡应离开幕布约 40 cm,以免将幕布烤坏。于天黑后接通电源,点亮灯泡。随后,昆虫即向幕布云集,即可组织学生进行观察、识别、采集。

B. 糖蜜诱集　蝶类和蛾类喜欢吸食花蜜,许多甲虫和蝇类也有访花行为,或集聚在树干流出的液体上,据此可用糖蜜诱集。一般是用红糖加酒和醋(比例一般为酒占 1/10,红糖和醋各半),在微火上熬制成较浓的糖浆。用时涂在树林边缘的树干上,白天常有蛱蝶等蝶类飞来取食,夜间可以诱到许多蛾类和一些甲虫。在不同的树干上,多涂几条糖浆带,用手电筒照着巡回检查,遇有昆虫即可采集。"糖醋诱蛾法"已被作为一种有效方法,普遍用于害虫防治。

C. 搜索采集法　除活动性的昆虫之外,许多昆虫常在树皮、树洞等一些隐蔽之处藏身。因此,在野外实习中,对一些身体较小或栖息地点较为隐蔽的昆虫,需要根据它们活动的迹象,经过仔细观察、搜索才能采到。食痕、蛀孔、虫粪、鸣声等都是有效的线索。如,在石块下面常有肉食性甲虫;雨后积水的树洞等处常有蚊子的孑孓;天牛、吉丁虫、玉米螟等昆虫的幼虫往往在其寄主植株上留有蛀孔和粪迹。树皮下面和朽木里面都是极好的采集处。用刀剥开有裂缝的树皮或腐朽的树桩、倒木等,可以采到多种甲虫。搜索蚁巢,可采集并观察与其共生的昆虫。其他如蜂、鸟、兽的巢穴中都有许多昆虫栖息,值得仔细搜索采集。但是,搜索采集时必须注意安全,谨防藏匿在树洞里、石块下、草丛中的蛇、蝎等动物因惊吓而突然攻击采集者。

D. 振落采集法　通过振动、敲打植物等方法,也可以发现许多昆虫。可用塑料布或白布等接在树的下方,然后摇动或敲打树枝、叶,则有许多具有假死性的昆虫会掉落下来,随后用镊子采集。另外,有些昆虫一经振动并不落地,但由于起飞、跑动等而暴露了方向,可以用网捕捉。

E. 微小昆虫刷取法　有些体型微小的昆虫如蚜虫等,多栖息于植物且不甚活跃。这类昆虫用捕虫网很难采集,用振落法亦不奏效。此时可用普通毛笔,将其直接刷入瓶、管内,刷取时要选择虫体密集的小群落,一次即可刷取很多个体。需注意用笔尖轻轻掸刷,不可大笔刮刷,否则可能使虫体损毁。

2. 标本制作

(1)工具

1)展翅板　最好选用轻而软的木材制作,以利插针和固定标本(图 4-2)。将三合板或薄木板锯成长 30 cm、宽 15.5 cm,作为底板;锯两条长 15.5 cm、宽 1 cm、高 2.4 cm 的木条,固定在底板的两端;锯两块长 30 cm、宽 7 cm、厚 0.8 cm 的木板,分别固定在木条上,四边均与底板平齐,两板之间空出一条 1.5 cm 的空缝;锯一长条厚 1 cm,宽 1.5 cm、长 28 cm 的软木板或泡沫板,并将其粘在空缝的下底板上,以便将展翅标本昆虫针插在上面。这种展翅板的空缝宽度固定不变,只适合对身体宽度与展翅板空缝宽度大致相等的昆虫展翅时使用。此外,还有一种展翅板,其空缝宽度可以随意调节,左边的木板固定不动,右边的木板可用螺丝钉随意调节空缝宽窄。

在实际操作过程中,也可就地取材或利用废物,如可用泡沫板制成简易展翅板。方法是取厚度约 4 cm 的泡沫板,裁切成长约 60 cm、宽约 40 cm 的长方体。根据虫体的大小、宽度等特征,在泡沫板表面刻划出不同宽度和深度的沟槽,以供展翅时选择使用。这种展翅板易于取材,制作简单,使用方便。

2)三级台　这是针插虫体时所使用的工具(图 4-2)。制作完成的昆虫标本,不论虫体大小,昆虫在针上的高度都应当一致。因此,使用三级台可以达到标准化。三级台是用木材制作,分为三个高低不等的阶梯,每一级的高度为 0.8 cm。换言之,最低的一级为 0.8 cm,第二级为 1.6 cm,第三级为 2.4 cm。在各级中央穿透一个与 5 号虫针针帽大小相等的小孔。使用时按规定部位穿刺虫体后,将针连虫体倒过来,把有针帽的一端插入三级台第一级小孔到底,使虫体背面紧贴台面,即为标准的虫体在针上的位置。将写有采集地点、时间和采集人姓名的标签,插在虫体下三级台的第二级小孔到底。昆虫的学名标签插在三级台的第三级小孔到底。

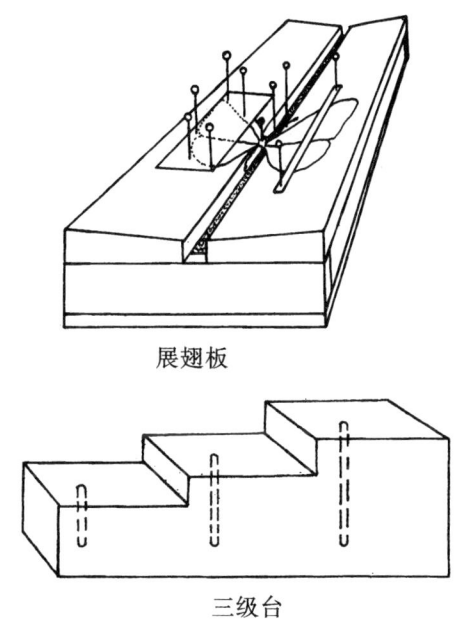

展翅板

三级台

图 4-2　常用昆虫标本制作工具

3)还软器　采集后未能及时制作的动物,随着时间推移会因干燥而硬化,在后期制作标本时极易损坏,需先用标本还软器使之还软,才能进行后续操作。还软时,可用普通的玻璃干燥器作为还软器。在容器底部铺一层洗涤干净的砂粒,滴上少许清水,并加少量石炭酸以防霉变;把拟还软的动物置于瓷隔板上,在盖子周围涂以凡士林,然后盖好。数天之后,干硬的动物即可还软,用于标本制作。

4)标签　每个昆虫标本都应附有标签,否则将失去科学研究价值。标签上应注明采集地点、采集日期、寄主植物和采集人姓名。在野外实习前,应印制好标签卡,制作标本时用绘图墨水笔填写即可。

5)昆虫针　昆虫针主要用来支持和固定虫体和标签。目前市售的昆虫针多用优质不锈钢制成。针的顶端以铜丝或塑料制成针帽,便于拿取、移动标本。按针的长短、粗细,昆虫针有数种型号,可根据虫体大小分别选用。昆虫针有 7 种型号,即 00、0、1、2、3、4、5 号。0～5 号针的长度为 39 mm,以 0 号针最细,直径 0.3 mm。编号每增加一级,针的直径增加 0.1 mm。另外,还有一种没有针帽很细的短针为 00 号针,把 0 号针自尖端向上 1/3 处剪断即成 00 号短针,一般将其插在小木块或小纸卡片上,以制作微小型昆虫标本。

6) 其他用品　在制作昆虫标本时,还需配备一些小工具,如大小镊子、小剪刀、手持小放大镜、软毛笔、铅笔、记录本、粘虫胶、大头针等。

(2) 制作方法

昆虫具有较坚硬的外骨骼,经过处理之后,动物的内部组织、器官虽然干缩,但身体仍保持原来的外形。因此可将其制作成标本,以供进一步研究或展示之用。掌握标本的制作方法,可以有效地保存标本的完整性,为进一步研究奠定基础。根据昆虫身体结构特征的不同,常采用不同的方法将其制成标本,以针插法最为常见。

制作标本应在昆虫被毒死后 10～16 h、趁虫体及附肢尚柔软时进行。根据虫体大小选用适当型号的昆虫针,体型中等的昆虫(如夜蛾类)一般用 3 号针;天蛾等大型昆虫一般用 4 号或 5 号针;叶蝉、小蛾类等小型昆虫则用 1 号或 2 号针。把昆虫针插入虫体时,应根据昆虫类群的不同,选择适当的插针位置(图 4-3)。同时注意,务必使昆虫针与虫体成 90°,垂直插入并穿透昆虫身体,以免插斜而造成标本前后、左右倾斜,损伤虫体中间部分的特征而影响后续的鉴定和分类。

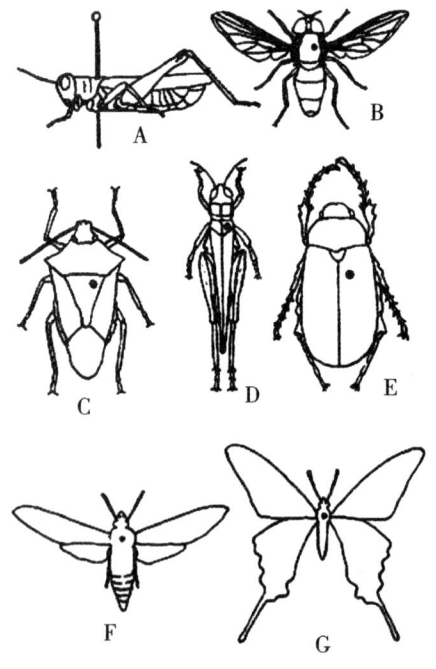

图 4-3　不同类群昆虫插针的位置
A、D. 直翅目;B. 双翅目;C. 半翅目;E. 鞘翅目;F、G. 鳞翅目

1) 展翅类昆虫标本制作

鳞翅目、蜻蜓目等类群昆虫翅上的斑纹、斑点、翅脉是分类与鉴定的重要依据,因此,这类昆虫一般需制作成展翅标本,使昆虫的翅尽量伸展、平铺。将针插入虫体时,需从中胸背面正中插入,通过中足中间穿出来。虫体在昆虫针上有一定的高度,将插有昆虫的针倒过来,放入三级板的第一级的小孔,使虫体背部紧贴板面,其上部的留针长度为0.8 cm。

制作展翅标本的主要工具是展翅板。展翅板可用质量轻软的木板或用较为密实的泡沫板制作(详见前述部分),展翅标本制作的主要步骤如下(图4-4)。

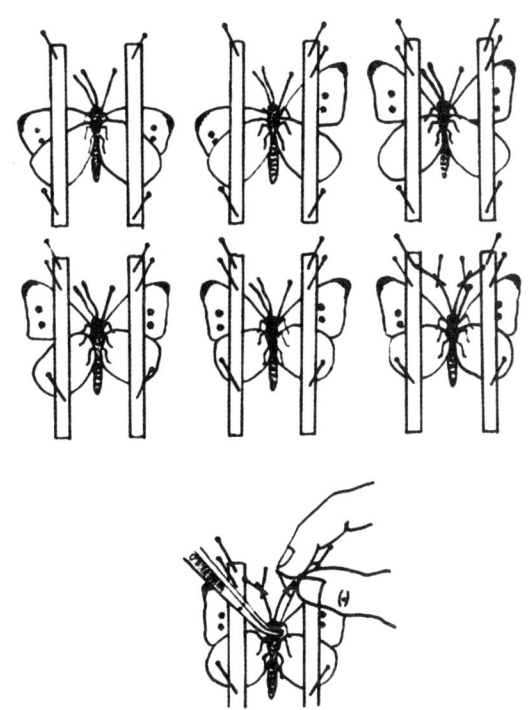

图4-4 展翅标本制作示意图

移虫入槽 把已插针的昆虫放进展翅板的沟槽中,插在底板上(底板上粘一条软木板,易于插针)。用小镊子调理虫体,使体背与沟槽口面相齐。使用移动式展翅板展翅时,需先根据虫体(头、胸、腹)的粗细移动板面,使虫体正好纳入槽内,以左右两侧不触及板体为准,然后拧紧旋钮。

挑翅固定 把虫体固定于展翅板沟槽之后,先展左侧的前、后翅,再展右侧前、后翅;同侧前后翅先展前翅,再展后翅。先用纸条在前翅基部附近把虫翅压在板面上,纸条上端用大头针固定在翅前方稍远处,左手拉住纸条向下轻压,右手用解剖针(或大头针)向前轻挑前翅前缘与虫体体轴垂直,再稍向前挑一点,可使虫翅干燥后回缩时,正好与体轴相垂直。然后把左侧触角沿前缘平行地压在纸条下面;紧接着挑展后翅,在不掩盖后翅前缘附近的主要斑纹特征的情况下,把后翅前缘挑在前翅内缘的下面,并拉紧纸条,平压后翅的翅面上,用大头针固定纸条下端。同上法再展右侧前后翅。为了稳固翅位,保持翅面平整,在左右两对翅的外缘附近,再各加压一纸条。随后,对昆虫的触角、足、身体等的姿势进行整理。整理时尽量保持虫体的自然姿态,整好后用纸条或虫针加以固定。

长期保存 将展翅完成的标本连同展翅板置于烘箱中或烤灯下烘干。待标本完全干燥后,从展翅板上取下,将针插入已写好的标签,放入三级台的第二级的小孔内,使标签保持在第二级高度的水平。做到标本与标签各就各位、层次分明、规格一致、便于移动、利于观察。如果标本在昆虫针上的位置过高,即针帽至虫体距离过短,手指移动标本时极易触伤虫体;虫位过低又会影响其下方的小标签。所以,必须使虫体与针帽、标签保持适当距离。最后,将标本登记造册、移入标本盒,并在标本盒中投放少量樟脑球,在外面贴上标签,即可装箱运回学校,入标本馆长期保存。

2) 非展翅类昆虫标本制作

除鳞翅目、蜻蜓目昆虫之外,其他类群的昆虫一般制成针插标本即可,但在把昆虫针插入虫体,应选择适当的位点(图 4-3),以插针之后不会破坏或影响昆虫的鉴定特征为原则。对膜翅目、同翅目的昆虫,昆虫针应从中胸背面正中插入,从中足的中间穿出来;蚊、蝇等双翅目昆虫则从中胸的中间偏右处插针;蝗虫、蝼蛄等直翅目昆虫则从前胸背板的后部、背中线稍右处插入;鞘翅目昆虫插在右鞘翅基部距翅缝不远处;半翅目昆虫插在中胸小盾片的中央略偏右处(图 4-3)。

针插完成后,标本的烘干、收纳、登记、保存等可参照展翅类昆虫标本进行。

3) 贴翅标本制作

在教学活动中,蝶蛾类的插针标本常因经常取放、传递观察颇易损伤,同时蝶蛾类昆虫的主要特征又多取决于翅面,因此用透明胶带粘贴双翅制成贴翅标本,在教学中有一定应用价值。贴翅标本的制作方法较多,但大同小异。此处介绍一种单面贴翅法。

根据昆虫的翅面大小,选用宽适当的透明胶带和与翅面主色近似的一小块电光纸;用小镊子分别从翅基部取下 4 个翅,任取一翅,翅面朝上放在电光纸上,用胶带盖贴。盖贴时先把胶带一端粘在翅前方的电光纸上,然后向下徐徐把胶带拉平,先贴住翅缘,再盖贴翅面,最后粘贴在翅面下的电光纸上,把胶带剪断。依上法,用胶带把 4 个翅逐一贴妥。用小圆头镊子的端部沿翅边周围加压,使翅边的胶带牢固地粘在电光纸上。把已压边的 4 个翅逐一沿翅边剪下。剪边时最好用小弯头剪刀,以便于弯转剪边。剪边要宽窄适度,过宽则会失真,过窄则胶带和纸边不易粘牢。把已剪好的 4 翅,按展翅位置用胶水粘贴在一张大小适中的卡片纸上,再把触角粘妥。在卡片的下方,注明物种的学名、中文名、分类地位,采集地点、采集人等,贴翅标本即告制成。

贴翅标本以观察虫翅形态特征为主要目的,而虫体的其他部分如头、胸、腹附肢,也是分类与鉴定的重要依据。因此,贴翅标本多用普通种类来制作,对一些珍稀濒危的蝶蛾类,仍是以整体插针保存为宜。

4) 幼虫标本制作

昆虫的幼虫一般身体柔软,通常采用浸制法制成浸制标本保存,有时也可用干制法。

A. 幼虫标本浸制法

制作昆虫幼虫浸制标本的方法和步骤简述如下。

排空肠道 采集或饲养的活动虫,须先停食致饥,待其肠道里的食物消化完毕,排尽残渣之后,再加工浸制。目的是防止虫体污腐不洁,污染浸渍溶液而损坏标本。

热水浴虫　为防止虫浸渍后皱曲变形,需在浸渍前用热水浸烫,使虫体伸直,充分显露出虫体特征,然后再投入浸渍水溶液中。用热水浸烫时要注意火候,时间过长则会使虫体破损。比较稳妥的方法是把热水(约90 ℃)倒入玻璃容器内,以蒸汽将虫处死,使虫体伸直,此法称"热浴"。一般体小而软嫩的幼虫可热浴约2 min,大而粗壮者则需5~10 min。一旦虫体伸直,即开盖取出,稍凉后再浸入标本浸渍液保存。

浸渍液选择　浸渍液不仅适于各种幼虫标本的浸制,其他多种昆虫的各态标本也可选用。昆虫标本浸渍液的配制方法较多,各有优点和不足,关键是根据虫体结构和药物原理,分别采用不同的浸渍液,并在实践中摸索和积累经验,不断提高浸渍标本的质量。通常使用的浸渍液有以下几种。

酒精浸渍液:把纯酒精加蒸馏水稀释成75%溶液。酒精对虫体起脱水和固定作用,如直接投入75%酒精中,会使虫体变硬发脆。可先将虫体放进30%酒精中停留1 h,然后再逐次放入40%、50%、60%、70%酒精中,各停留1 h,最后移入75%酒精浸渍液中保存。用酒精浸渍液保存的标本比较干净,动物肢体完整舒展,便于观察(尤其是附肢较长的昆虫标本用此法效果很好),缺点是虫体内部组织仍然较脆,解剖时容易碎裂,妨碍系统观察。大量标本初次投入酒精浸渍液后,由于虫体内部脱出的水会把浸渍液冲淡,应在15 d后更换一次,经久不换会使某些标本变黑走形。为缓解虫体在酒精中浸渍变脆,也可在酒精中滴入0.5%~1%的甘油,使虫体壁变得较为柔软。

福尔马林浸渍液:把甲醛用蒸馏水稀释成2%~5%的溶液即可用于浸渍液保存标本。此法简单、经济、防腐性能好,缺点是易使虫体肿胀,肢体易脱落(保存蚜虫标本不用此液)。

醋酸、福尔马林、酒精浸渍液:此种浸液可缓解单用酒精或单用福尔马林的不足,易使标本保持常态。使用时,可将幼虫一次投入,然后密封容器长期保存,注意适时更换或添加浸液(蚜虫一般不用此浸液)。配制方法见本书第一章。

醋酸、白糖浸渍液:用此浸渍液浸渍标本,可在一定时间内对绿色、红色、黄色的幼虫体色起到保色作用。配制方法见本书第一章。

B. 幼虫标本干制法

制作昆虫幼虫的干制标本时,先将躯体完整的幼虫活体,平放在较厚的纸上或解剖盘中,腹面朝上,使其头朝向操作者,尾端向前展直。用一玻璃棒(或圆木棍、圆铅笔杆)从头胸连接处向尾部轻轻滚压,使虫体内含物由肛门渐渐排出,逐次用力滚压数次,直到虫体内的内含物全部压出,只剩一个空的虫皮时为止。

取医用注射器,抽空针管,将针头插入幼虫的肛门(不宜过深,但过浅又易脱落),然后用一细线将肛门与尾部插针处扎紧,剪断余线。将已经插入针头的虫体连同注射器一起移到烘干器上加热。操作时,一边加热一边徐徐推动针管,向虫体内注入空气,此时需注意,边注气边查看虫体伸胀情况,并反复转动虫体使之烘匀,待虫体恢复至自然状态时,即停止注气。待虫体被彻底烘干后移出,在尾部的扎线处,滴少许清水,用小镊子把扎线褪下。用一粗细适当的小木棍从肛门插入虫体,以能支撑虫体为度,然后在小棍的外端插上昆虫针,用三级台固定虫位,插上标签,一副幼虫干制标本即告完成。

5) 微小昆虫标本制作

在野外实习和专项调查工作中,可能采集到一些体型微小的昆虫,为观察、研究和长期保存的需要,亦应制成标本。常用的制作简述如下。

A. 微虫针刺法　微虫针的针体细而短,尖端锐利,无针帽,对于微小而坚硬的小昆虫极为适用;一般微小型昆虫如跳甲、跳蝉、飞虱等不能直接插针,需用微虫针穿刺或用胶液粘在小三角纸卡上,然后用昆虫针间接固定。此法又名"二重针刺法",操作步骤是:用小镊子夹起虫体,按规定针位用微虫针垂直刺穿,并把标本插在小软木块上。然后再用昆虫针插小木块。用三级台固定虫位,加插标签,标本和标签均位于昆虫针的左边。

B. 纸卡胶粘法　把普通卡纸剪成底边长 0.4 cm,高为 1 cm 的小型三角卡,用昆虫针针尖醮一点乳胶,轻轻点在三角卡尖端,然后用针尖把虫体粘起,放在点有胶液的三角卡尖端,并迅速向后撤针,以免把虫带起。这一步操作非常关键,其要点一是针尖上胶液不能过多,二是需要熟练的技术。粘好的标本如需调姿,可用昆虫针尖拨挑。最后在三角卡的宽端穿插昆虫针,用三级台固定虫位,加插标签。待干燥后即可移入标本盒(柜)并登记造册,长期保存。

6) 成虫剖腹标本制作

有些成体腹部较粗壮的昆虫如蝗虫、螽斯之类,如拟制作干制标本,需将其内脏及脂肪等清除干净,填充脱脂棉,才能长期保存。

用小解剖剪从虫体腹面中央的第 2 至第 5 节剪一开口,用镊子把胸腔、腹腔的内脏和脂肪等内含物全部清除,再用脱脂棉把胸腔和腹腔的内壁擦拭干净。将脱脂棉撕成若干小块,用小镊子夹起小块脱脂棉黏上少许樟脑粉,向胸、腹腔内填入,直到充满体腔,恢复原来虫态为止。把开缝处的棉纤维用镊子摊平,再把开缝两侧的虫体表皮拉回原位展平,使开口吻合。无须用线缝合开口,以后随着虫体干燥,表皮会逐渐回缩,自然吻合。

把虫体用昆虫针插针固定在展姿板(厚纸板或聚丙乙烯板)上,以便整理虫姿。首先用昆虫针将 3 对足固定。一般情况下,使昆虫的前足向前伸,中足中立、后足伸向后方,摆出前足冲、中足撑、后足蹬的姿势,显示出跃跃欲跳的神态。然后,用昆虫针把触角向两侧展开,连同整姿板平放干燥。待标本干妥后,撤去固定姿势的昆虫针,用三级台固定虫位,加插标签后,即可将标本收入标本盒、登记造册,长期保存。

7) 昆虫生活史标本制作

生活史标本是进行教学和展览的理想教具,因为它包括同种昆虫的各个不同虫态(卵、幼虫/若虫、蛹、成虫),同时还包括该昆虫的寄主植物和被害状等。

用于制作生活史标本的昆虫可自野外采集,也可以自行饲养并保留各虫态标本。雌、雄成虫标本若需展翅,则应及时展翅,但方法不同于针插展翅标本,只需一块薄泡沫平板即可。首先用昆虫针从昆虫的胸部腹板垂直插入,不必插得太深,使虫体腹面朝上,移到泡沫平板上,把针插入泡沫板固定,虫体背面紧贴板面,然后用针将前、后翅分离,用纸条固定,最后拔出插入虫体的昆虫针,待虫体干燥后取下昆虫(这种标本不带昆虫针)。若不需展翅,待昆虫身体干燥后即可作为标本。卵、幼虫和蛹可装入小指形管,用75%的酒精浸渍,以石蜡或塑胶套密封管口。至于寄主植物的被害状标本,可从野外采集,也可在室内饲养过程中获得。

待所需的相关标本材料准备齐全后,即可装入昆虫生活史标本盒。按照卵、幼虫/若虫、蛹、雌、雄成虫、被害植物的顺序排列,并附以标签。昆虫生活史标本盒可购置,也可自制。昆虫生活史标本盒一般为扣盖式设计,分为盒底与盒盖两部分。盒底常铺以脱脂棉以防标本滑动,盒盖为透明玻璃以便观察,其规格大小并无统一标准和要求。

在长期存放之后,标本盒(柜)中的插针标本往往出现虫姿、触角、附肢变形等问题,故需做必要的处理和校正。将标本取出置于还软器中,待软化后再重新调整姿态。为避免标本在保存过程中发生霉变、损坏,可在标本盒底面投放适量樟脑粉(丸)和干燥剂,并注意及时补充。

第二节 其他无脊椎动物

在野外实习过程中,除节肢动物特别是昆虫纲动物之外,也会采集到一些其他类群的无脊椎动物。这些动物的标本制作过程相对简单,易于操作,故将相关内容归并在一起予以介绍。

一、软体动物

(一)水生软体动物

本书主要针对内陆地区,故此处所指为水生软体动物特别是一些淡水种类。淡水软体动物多分布于清澈、水流缓慢、水草丰富的水体中,常匍匐于水草或其他物体上,以夏、秋季节数量较多,可直接于水中捞取、采集,同时做好相应的记录。

淡水软体动物一般都被制作成浸泡标本保存。制作标本时,应预先对动物进行固定处理,处理方法因种类不同而异。以河蚌为例,首先将动物清洗干净,放入60 ℃的热水中,待其足伸出、两壳分开时,在两壳间插入一个小木块,然后将动物投入福尔马林或酒精中固定保存。如遇较大个体,可向其内脏团中注射适量的固定液,以避免内部组织腐烂、变质,影响标本质量。对腹足类软体动物,可用10%酒精对其进行麻醉,待其身体舒展后,快速移入固定液中;或将动物活体放入一盛满清水的容器中密闭,使其因窒息而亡,随后将动物移入固定液长期保存。同时,在标本容器外贴卜标签,并登记造册。

(二)陆生软体动物

陆生软体动物主要栖息于森林、灌丛、农田、潮湿的草丛、农作物、石块下和土石缝隙间。对采集到的动物,应注意记录其生活环境特征。大型种类可直接用镊子拾取;对栖息于土壤中的小型软体动物,则可用小铁铲取适量泥土置于土壤筛中过筛,然后用镊子轻轻将动物装入塑料袋或标本瓶中。同时,记录标本的色泽和形态特征及生活环境特点,填好标签,并与采集标本的塑料袋一起存放。对数量较多的种类或农林业受害较严重的地方,应测量单位面积内的种类和数量,一般选取4、8或16个样方,取其平均值,统计得到动物种类、分布、密度等生态学数据。

制作标本之前,应先将动物洗刷干净。清洗时要注意保持动物身体完整,特别是个体较小的种类或表面长有肋、刺和毛的种类,操作更应仔细。对于无外壳的种类如蛞蝓,还应先测量体长和宽等指标。陆生软体动物标本制作有浸制和干制两种方法。

1. 浸制法

浸制标本的制作方法有两种：一种是把动物活体放入盛满水的瓶中并密闭，使其慢慢窒息，或置于清水中，徐徐加入热水，使其伸头爬行。待动物身体舒展后，移入固定液中保存。第二种方法是将动物活体置于清水中，缓慢加入适量硫酸镁或薄荷脑等药物，使动物梯度麻醉，随后将动物移入70%酒精，使之固定并保存。如为大型种类，需向其体内注射5%的福尔马林，以免内部组织器官腐烂。最后封好瓶口，以便长期保存。

2. 干制法

对具有贝壳的软体动物，一般保存其外壳为标本，方法有两种：其一是使标本腐烂或将其晒干，清洗干净、晾干后保存；其二是先将动物进行蒸煮，然后除去肉体部分，仔细用镊子剔净贝壳上的肌肉，晾干后保存。

无论采用何种方法，标本制作完成后，应在标签上记录标本的编号、采集日期、采集地点、采集人等，与标本一起存放。同时对动物的栖息环境、生活习性、经济价值等内容逐项登记，以备进一步研究和核查。

二、环节动物

（一）采集

蚯蚓类环节动物多栖息于各种类型的土壤中，在潮湿、有机质丰富的地方较多，可用挖掘法采集；采集蛭类时，则可根据其特殊的生物学习性，通过诱集、寻找寄主、生境检查等方式，发现并获取动物。在采集过程中，对所有的采集对象，均应做好采集时间、环境特点、天气状况等基础资料的记录。

（二）标本制作

蚯蚓类　在制作标本之前，应先用清水把动物身体冲洗干净，然后用10%的福尔马林或70%的酒精固定保存。对于个体较大者，可向体腔内注入适量的固定液。为获得伸展的标本，可向放有蚯蚓的清水中加入数滴三氯甲烷，或将酒精徐徐加入水中，当水中的酒精浓度达10%时，蚯蚓即可进入麻醉状态。此时，其肌肉松弛。随后清除动物体表的黏液，移入固定液保存即可。

蛭类　蛭类经清洗后，即可进行麻醉与固定处理。方法有二：一是在广口瓶中加入1/3容积的10%酒精，将动物放入，盖紧瓶盖，用力振荡3~5 min，动物即充分展开。然后将动物取出，除去黏液，平放于培养皿中，缓慢加入固定液。稍后移入标本瓶长期保存。第二种方法是，在98 mL水中加入2 mL甲醛溶液，再通入CO_2使溶液饱和。此法耗时短、效果也好。然后将标本瓶密封，长期保存。

标本制作完成后，在标本瓶外贴上标签，注明编号、采集时间、采集地点、环境特点、采集人等，并做好相应的详尽记录，以备核查。

三、假体腔动物

对野外实习中采集到的假体腔动物（主要是线虫类），一般可制作成浸泡标本保存。

将动物清洗后投入含有5%甘油的70%酒精(70 ℃),或加入数滴冰醋酸的70%酒精中进行固定,冷却后转入80%酒精中长期保存。对轮虫类动物,可在带回实验室后,制作成整体装片标本。

标本制作完成后,在标本瓶外贴上标签,注明编号、采集时间、地点、环境特点、采集人等信息,并做好相应的详尽记录,以备核查。

四、扁形动物

采集到涡虫类扁形动物后,可在野外实习期间制作成浸泡标本。在制作标本之前,可先向水中加入少量薄荷脑,或将动物取出,投入10%的铬酸溶液中,使动物体因麻醉而伸展,随后加入固定液(如5%的福尔马林)进行固定。为防止标本卷曲,可在固定约10 min后将动物取出,展压于载玻片上,待动物身体定型后,移入保存液(5%福尔马林或75%酒精)中长期保存。

根据实际需要,也可将涡虫带回室内饲养,用于实验教学和科学研究。在饲养涡虫时,可采用晾晒2 d后的自来水,把猪肝、瘦肉、凝血块等剪成小块投喂,每周2次。饲养期间,应经常换水,保持水质清洁。

标本制作完成后,在标本瓶外贴上标签,注明编号、采集时间、地点、环境特点、采集人等,并做好相应的详尽记录备查。

五、腔肠动物

采集到腔肠动物后,应首先在活体状态下,观察动物的体色、形态特点、运动与行为特征等,并做好记录。如需长期保存,可制作成浸泡标本或整体装片标本。在制作标本之前,应先将动物麻醉。麻醉时可向盛放动物的容器中缓慢加入硫酸镁溶液,待刺激动物时其身体和触手不再有反应,然后加入固定液。整体装片标本的制作方法,可参阅有关实验指导,或结合动物生物学实验课程进行。

标本制作完成后,贴上标签,注明编号、采集时间、地点、环境特点、采集人等信息,并做好相应的详尽记录备查。

六、海绵动物

采集到海绵动物后,需先用清水仔细清洗,然后放入80%的酒精中进行固定,随后转入70%的酒精中长期保存。标本制作完成后,在标本瓶外贴上标签,注明编号、采集时间、地点、环境特征等,并做好必要的记录和描述,以备核查。此部分内容可根据实习的时间、地点等酌情安排。

七、原生动物

原生动物个体微小,为便于观察和长期保存,常将其制作成整体装片标本;或用70%的酒精将其制成浸泡标本保存。因为野外实习一般时间较紧,也不可能携带大量显微镜、载玻片、盖玻片、树胶等玻片标本制作工具。故而此部分实习内容可根据实际情况,酌情取舍。有关原生动物的采集、培养和标本处理、制作等细节,可结合动物生物学实验课程进行。

第三节 脊椎动物

现生脊椎动物各类群在栖息环境、身体形态结构、生物学习性、行为特征等方面差别极大,制作不同类群动物标本时的方法与要求亦不尽相同。故按类群分别予以介绍。

一、哺乳动物

(一)哺乳动物的采集

在野外实习中,对野生动物应以观察为主,为满足教学需要,可有控制地采集一些中小型种类如各种啮齿动物。采集时,应根据目标动物的生活习性、活动规律、觅食地点等特征,选择适当的采集方法和工具。常用的小型哺乳动物采集方法主要有下述几种。

1. 夹/笼捕法

夹/笼捕法多用于啮齿动物和小型食肉类的捕捉。啮齿动物多在夜间活动。因此,捕鼠夹、活捕笼等应在傍晚布放,翌晨检查、回收(以免误伤其他昼行性动物或丢失)。布放前,要检查捕鼠夹、活捕笼是否反应灵敏,并选用新鲜、对动物有一定吸引力的诱饵。采集可与动物的数量调查结合进行。在收取捕获动物特别是啮齿动物时,每只动物应单独保存于专用布袋中,以便后续进行寄生虫、流行病等方面的检查和采集。

2. 套捕法

套捕法是用细钢丝、绳子等做成活套,布放于动物的活动路线或区域内,套子一端固定于树干或其他物体上,使动物一旦入套不易逃脱。此法结构简单,使用方便,也较为安全,可用以捕捉多种哺乳动物。活套的直径大小、布放位置、距地面高度等,视拟采集对象而定。如对野兔,活套直径约为12 cm,距离地面10～15 cm即可。为便于定位和检查,可在布放活套处设置明显标记。

3. 压板法

在动物的活动区域内,选一石板并将其倾斜支起,在支撑物上系以诱饵。当动物取食诱饵时,因触动支撑物,使石板落下,即可将动物捕获。此法可用于采集啮齿动物和小型食肉类动物。

4. 网捕法

用结实、网眼大小适宜的网制成网具以捕捉动物。可采用两种布网方式:1)用网口围住洞口,然后向洞内吹入烟雾(熏烟),当动物向外逃窜时,误入网中即被捕获。2)将大网的一端置于地面,另一端用可活动的竹竿撑起。随后由多人从四周驱赶动物,动物被迫向撑网方向移动,一旦触网,则竿倒网落,动物即被罩入网中而被捉。

5. 枪击法

对一些白天活动的种类如松鼠、鹿类、旱獭、野兔等,也可采用猎枪捕获,但应严格遵守国家有关枪支管理的法律法规,猎枪应专人专用。开枪前应注意观察周围环境,确保人身安全,不伤害非目标动物。

6. 其他方法

除上述方法外,在实际工作中,还可通过其他方法和途径获取动物,如前述的沟道埋筒法(参见哺乳动物数量调查部分)、水灌法、挖洞法(用于鼢鼠、田鼠类)、地箭法等。对翼手类动物,可在其休息或冬眠的洞穴中直接捕捉,但应严格控制采集量。

(二) 标本制作

将装有被捕获哺乳动物特别是啮齿动物的布袋带回驻地,放入一密闭容器或塑料袋内,将吸有乙醚或氯仿的脱脂棉投入容器中,使动物的体外寄生虫麻醉。于 3～5 min 后,将动物自布袋取出,收集袋内和动物体表的寄生虫,浸泡于盛有 75% 酒精的标本瓶中,贴上采集标签,以供进一步研究。选择头骨完整、皮肤没有变质、脱毛的动物个体用于制作标本。哺乳动物标本大致可分为剥制标本、骨骼标本、浸泡标本和附属标本(如足迹、巢材、咬啮痕迹、粪便等)等 4 种类型。此处主要介绍剥制标本的制作方法。

1. 采集记录

在野外实习和动物生态学研究中,采集记录是非常重要的第一手资料,对采集过程中的相关信息、数据和内容等均应详尽记录,以便进一步研究和查对。必须记录的内容包括采集时间、采集地点、植被类型、微环境、海拔、地理坐标、气温、天气状况、布夹数等(参阅前述相关部分。制作标本前,应检查、补充、完善采集记录。

2. 测量记录

前已述及,外部形态、头骨测量是哺乳动物分类学、种群生态学研究的重要内容。因此,在制作标本之前,应首先对所采集的动物进行外部形态测量和记录。测量时应使动物恢复自然状态,腹部向上,头尾伸直。待标本制作完成后,将头骨经剔肉、脱脂、漂白、晾干等过程制成骨骼标本。然后,对头骨的重要指标进行精确测量并记录,以备核查。

3. 剥皮

开始剥皮之前,应先从口部、肛门处各塞入一团脱脂棉,以防动物体内的污物流出,若皮毛已沾染污物应洗涤干净。然后,将动物头部向左、仰置于解剖盘(台)上。用手术刀沿胸骨后缘至腹部正中线剖开皮肤,注意刀头不应插入过深,以免割破腹壁肌肉使内脏溢出,污染皮张。用镊子顺次提起剖口两侧的皮肤,以解剖刀向体侧剥离。待一侧股骨露出时,用一手从外面将其向内推出。随后将腿部周围皮肤与肌肉剥离,在膝关节处剪断(图4-5),将胫腓骨周围的肌肉清理干净。用相同方法切断另一侧的后肢。

图 4-5 后肢的切断位置

剥离两后肢内侧和尾基部周围的皮肤,把生殖器、直肠从内侧剪断,清理尾基部周围的结缔组织,使尾椎基部露出。然后,用一手或镊子卡住尾基部的皮缘,以另一只手的拇指与食指紧扣尾椎基部,将尾椎徐徐抽出(图4-6)。注意不能操之过急、用力过猛,以免拉断尾椎。

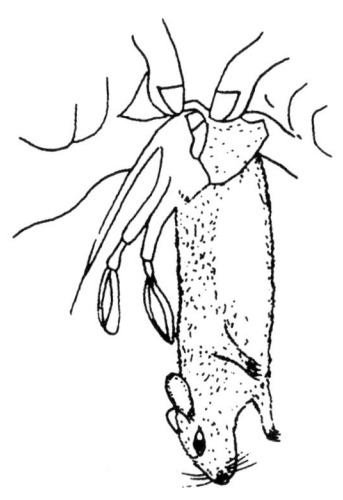

图4-6 抽出尾椎的方法

将已剥离尾椎的皮张向背部翻转,向前剥离至前肢,在肘关节处剪断,清除桡骨、尺骨上的肌肉,继续向前剥离。当剥至耳基软骨处时,用剪刀或手术刀从与头骨相接处切断。至眼部时,应仔细地沿着眼睑边缘剖割,以保持眼睑的完整。继续向前剥至唇部,在鼻尖的软骨处切断。此时,皮肤与躯体完全分离。

如果要制作姿态标本,应将头骨留在皮张上,并在上、下唇皮肤之间保留少许唇皮,使之头骨相连。从枕骨大孔与脊椎之间剪断,去掉眼球,除去舌头,清除附着于头骨的肌肉。从枕骨大孔处,用镊子向颅腔内填入棉花,将脑组织排挤出来。由于头骨在哺乳动物分类中极为重要,对一些稀有种类,必须将头骨取下,以备后续研究。为保持动物的头部形态,可用木头、石膏等雕刻成头骨模型,以代替被取出的头骨。

4. 剔肉和去脂

剥制后的皮张为一个毛里皮外的皮筒。首先,仔细地将残留于皮张内侧、四肢骨上的肌肉、脂肪等组织剔除干净。否则,制成标本后,可能会因这些残存组织的腐烂、变质,影响标本质量和长期保存。随后,用已配好的防腐粉或防腐膏均匀涂抹于皮张内侧表面。最后将皮张翻转复原(使之呈毛外皮里状),即可进行后续填充。

对体型较大的动物,可采用食盐、明矾溶液进行防腐处理。其中各成分比例为:水50 kg,食盐15 kg,明矾2~5 kg。配制时,将水、明矾、食盐依次按量加入容器中,同时加热、搅拌,使其充分溶解。待溶液温度降低后,将需处理的皮张浸没于溶液中并经常翻动。浸泡时间的长短视动物体型大小酌定。一般来说,小型动物为5~10 d,中型动物10~15 d,大型动物20~40 d。

5. 填充与缝合

哺乳动物的剥制标本可分为假剥制标本(研究标本)和真剥制标本(生态标本、姿态标本),其主要区别在于填充过程的不同。哺乳动物标本的填充方法主要有逐步填充法、捆扎法和躯架法等。一般选择重量较轻、柔软、蓬松的材料作为填充物,如脱脂棉、木屑、竹木刨花、竹丝、棕丝等。目前,已有一些商用的轻质合成材料(如发泡材料),可酌情选用。

逐步填充法是将支架和标本假体所用的填充物,逐步填充到上述已剥制好的动物皮张内,以代替被去掉的躯体和肌肉,此法多用于中小型动物。捆扎法是把支架和标本假体和填充物捆扎成略似动物躯体的形状(即假体),再装入皮张内。躯架法是根据动物的大致形状,用木板、木条做成中空的躯架,并在其周围缚上一层填充物,使其形状、大小与原来躯体相近,再装入体内,此法多用于大型动物。

(1) 假剥制标本的填充 取一根与体长相近的铅丝(或竹签),参照动物的躯体形态,缠上棉花制成假体,并在保留于皮肤上的四肢骨上缠以少许棉花,以代替被去掉的肌肉。将假体前端与皮筒的头部相对,翻转皮筒即可包住假体。另取一根与尾长相近的竹签,用刀削成与尾椎相似的形状(向末端渐细),涂以防腐剂,将较细的一端徐徐插入尾鞘内,使尾挺直,其余部分置于腹腔内,或与假体连在一起。如果假体有不丰满处,可用填充物继续填充。在填充过程中,应随时观察并及时调整各部位的形态,使之尽量与动物原来的体态相似。

填充完成之后,即可将腹部的切口缝合。注意针脚均匀,运针时应从皮内侧向外,否则易使毛皮卷入,影响标本外观。

(2) 生态标本的填充 要制作生态标本,需先用 4 根适宜的铅丝做一支架。量取头至腹部两倍长度的铅丝一根(铅丝的直径视动物体大小而定,一般啮齿动物可选用 18~22 号)。于中点处折转,在折转处的端部嵌入少许棉花,然后将不连接的两端分别从两鼻孔中向后穿入,由枕骨大孔穿出。在枕骨大孔处用钳子夹住铅丝,将两根铅丝顺铰数圈,使头骨固定于铅丝上,以免头骨晃动(图 4-7)。再用竹丝或棉花填充脑颅腔,将头骨后端的铅丝缠以竹丝或棉花,与颈部原来粗细相近即可。眼眶中用两团脱脂棉填满,以代替被挖去的眼球。两颊部也可裹入少量棉花以代替原来的肌肉。随后将头部和皮张翻转复原。

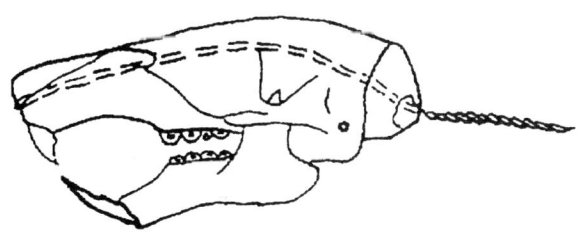

图 4-7 哺乳动物头骨支架的固定

量取比前肢至后肢爪端最大长度长 10~15 cm 的铅丝两根,用锉刀或砂轮将铅丝两端磨尖。先取其中一根铅丝,将其一端从体内靠近后肢的后侧,由缠绕在肢骨上的棉花中插入,并由脚底穿出;铅丝的另一端由同侧的前肢骨旁插入,从脚底穿出(前后两脚底穿出的铅丝的长度应大致相等,以便将标本固定于台板上)。依此法将另一根铅丝穿入另一侧的前、后肢中。

量取与胸部至尾端长度相等的铅丝一根,其一端用棉花缠绕,与原来尾椎大小和形状相似(棉花要缠绕均匀、结实,否则棉花遇到阻力后,无法插入尾端),在棉花上涂以防腐剂后,插入尾鞘中。最后,在胸部将头部、四肢和尾部所用的 5 根铅丝捆扎在一起(图4-8),注意使头、尾保持足够的长度。

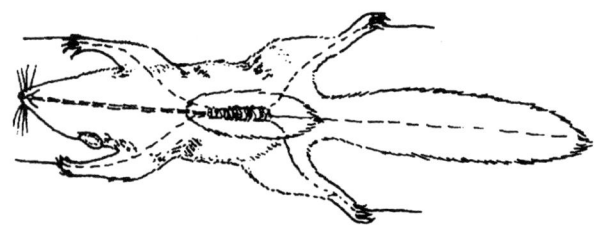

图 4-8　哺乳动物标本躯体支架的安装

待支架安装好后,即可进行填充。先用镊子在支架背面的前后填入适量棉花,再向头、颈、胸部周围及下颌处依次填充。填充时务必均匀、饱满、对称,边填充边观察。然后填充前、后肢及其周围,尤其应注意腿部的大小,胫跗关节应填充均匀、适度,并突出关节曲度。最后依次填充胸、腹部。填充完成后,参照前述部分,缝合切口。

选取一块适当大小的台板或树干,在台板上量取与四肢掌心相对应的位置,用直径稍大于支架铅丝直径的钻头钻 4 个孔,然后将由四肢掌心穿出的 4 根铅丝插入孔中,在台板下面弯曲成"L"状,以使四肢固定于台板或树干(图4-9)。

图 4-9　哺乳动物生态标本的固定和姿态

6. 整形

把剥制皮张时的切口缝合后,即可对标本的姿态进行调整,即整形。用小镊子张鼓眼睑,竖直两个耳壳。如果耳壳较大,可用小硬纸板和回形针夹持固定,待标本干燥后取下。摆顺触须,将皮毛梳理平顺。最后整理四肢,使前足向前,足背向上,但不宜拉伸过长;后足拉直向后,足背向上。尾部应平放于两后肢之间。或用大头针于前、后足掌部将标本固定于硬纸板或木板上,置于通风处阴干。

整形是生态标本制作成功与否的关键步骤,整形的内容主要包括调整姿态、整理毛发、嵌装义眼等。先用镊子将眼眶整圆,并将眼眶中的充填物压实,填入少许油泥或白胶,取一对与原来眼球颜色相同、大小较眼睑稍大的义眼,嵌入眼眶中,并用尖镊子调整使眼睑遮盖义眼的边缘。用手揿、捏,整理面部表情,使之与生活时的神态相似。最后从整体上仔细反复检查,至各部位形态逼真后,置于通风处阴干。

在制成的标本的右侧后肢上,系上已填写好内容的专用标签(图4-10),将标本置于通风处,阴干后即可移入标本柜,长期保存。若为生态标本,可将标签粘贴于台板或支架的醒目位置。

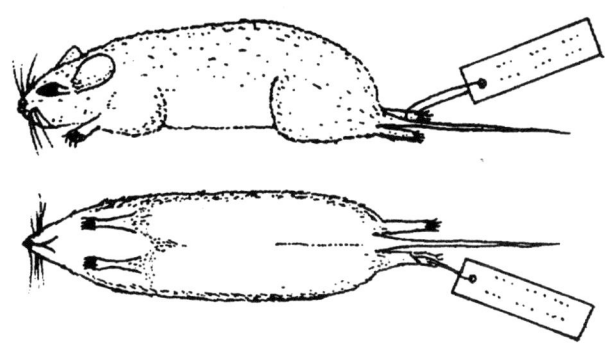

图4-10 哺乳动物的假剥制标本姿态及标签

7. 内脏检视

标本制作完成之后,应对取出的内脏进行剖检,特别是雌性个体的繁殖状况、雄性个体精巢(睾丸)的位置、发育程度。通过对胃的剖检,还可了解动物的食性。对剖检结果应详细记录,以备后续的比较与分析。

(三)头骨标本制作

头骨对哺乳动物分类、鉴定具有极为重要的意义。剥制皮张时剪下的头骨,需做进一步处理,制成头骨标本,并长期保存。首先将眼球、舌及附着于头骨上的肌肉、结缔组织剔除干净。剔肉时可生剔或烧煮后熟剔,而以生剔效果为好,因其易于漂白且不易返黄。用小勺或小镊子将脑髓掏出,刷洗干净即成。如果煮后再剔肉,则水煮时间不宜过长(小型种类5 min即可),以免头骨骨片分离。如果是较大的头骨,其上所附着的筋腱不易煮烂,可酌加少量NaOH(氢氧化钠)。此外,也可将小型哺乳动物的头骨连同附着的肌肉浸泡于清水中或埋在土中,数日后肌肉即自行腐烂,然后用清水漂洗干净。如需漂白,可置烈日下曝晒或在4%的双氧水中浸泡5~6 d,取出后用清水冲洗干净,晾干收存。

武永华和杨奇森(2009)基于碱性蛋白酶消化法,提出了一种新的兽类头骨标本制作方法。该方法可有效清除骨骼上所附着的软组织,且耗时短,可用于骨骼标本的批量制作。具体步骤是:1)在恒温水箱中加入纯净水,并调温至约 60 ℃(碱性蛋白酶作用的最适温度)。2)从动物体取下头骨,剔除所附着的大块肌肉、眼、舌等;用镊子自枕骨大孔插入使脑髓破裂,以便消化液进入。3)将碱性蛋白酶与自来水按 1∶200(体积比)的比例,配制成消化液(可反复使用)。4)将已预处理的头骨放入解剖盘,倒入消化液至淹没标本。然后将解剖盘置于水浴箱内。注意勿使水浴箱内的水进入解剖盘。5)约 7~8 min 后,用镊子取出一个头骨,查看消化效果。若有软组织残留,则需继续消化并及时查看。至软组织基本干净时取出全部骨骼,用自来水冲刷、清洗干净。6)经常规脱脂、漂白之后,即可晾干并登记、保存。

头骨经过蒸煮、浸泡等处理之后,牙齿往往松动、易脱落。可用白乳胶(或其他黏合剂)从齿槽缝隙中滴入,使其与齿槽黏合牢固。

制成的头骨标本应系于剥制标本上,为防止发生错乱,可将头骨标本放入专用袋中,并标注与标本相同的编号,或将编号用碳素墨水笔书写于颅骨顶壁外表面,与剥制标本放在一起,以备后续研究和核对。

(四)浸泡标本

在野外实习或研究工作中,对采集到的哺乳动物胚胎、幼体、内脏、生殖系统或难以剥制的成体等,可制成浸泡标本保存。常用方法是,将材料直接浸于 75% 的酒精或 5%~10% 的福尔马林或二者各半的混合液中。对幼体或内脏材料,浸泡液浓度可适当降低,以免标本硬化。贴上已详细登记的专用标签,并长期保存。

(五)附属标本

对野外实习中所采集的哺乳动物的粪便、足迹、巢材、取食痕迹等相关材料,可制成附属标本保存。需要注意,这些附属标本亦应贴上统一的标签。如果有条件,可拍摄成影像资料保存,以便核对。

(六)毛皮的鞣制

许多哺乳动物的真皮发达,因而其皮张多具一定的应用价值。但是,生皮干燥后,往往质地坚硬,不能直接使用,且容易因吸潮而霉变、腐烂。所以,生皮必须经过鞣制,使蛋白质固定,毛皮柔软且耐磨。哺乳动物皮张的鞣制方法很多,但以明矾鞣制法较为简易实用,特简介如下。

1. 准备

鞣制毛皮前应首先将皮张软化,恢复至鲜皮状态,然后将残留的皮下组织、结缔组织、脂肪等尽可能剔除干净。这一过程主要包括如下步骤。

(1)软化　即将毛皮浸泡于 15~18 ℃的清水中,使皮张软化。若水温较低,则浸水时间应适当延长;温度较高时,则易滋生细菌。生皮、盐干皮的浸水时间一般为 5~6 h。

(2)削里　将浸水软化后的皮张平铺于(里向外)半圆木上,用弓形刀剔除附着于皮张上的残肉、脂肪等。为不致损害毛根,可在半圆木上预先铺一层较厚的布,边刮边压,使皮张内的脂肪被挤压到表面。

(3)脱脂　脱脂时,先在一较大容器中加入 4~5 倍于湿皮重量的温水(约 40 ℃),再加入约为湿皮重5%~10%的脱脂液。然后将经过削里的皮张投入其中,充分搅拌,5~10 min后更换新液,再搅拌,直到除去皮张上的油脂气味,并且脱脂液的肥皂泡沫不再消失时为止(此过程需30~60 min)。如发现皮张腹部有脱毛现象,应立即从溶液中取出皮张,用清水漂洗1~2次,沥干水分,备用。脱脂液的配方法是:取肥皂3份、碳酸钠1份、水10份,将肥皂切成薄片,投放水中煮开,使其完全溶解,然后加入碳酸钠搅拌均匀,待温度适宜时,即可使用。

2. **鞣制**

取4~5倍于湿皮重量的鞣液倒入容器,将漂洗干净的皮张投入其中,充分搅拌。于24 h后,每天早、晚各搅动一次,每次搅动约30 min。此过程需7~10 d。鞣制时的水温应保持在30 ℃左右。判断皮张鞣制质量的标准是,折叠后挤净水分,折叠处呈现白色不透明的棉纸状。皮张鞣制好之后,可用清水冲洗其毛面(勿冲洗内面!),沥干水分。配制鞣制液时,取明矾4~5份、食盐3~5份、水100份,先用温水将明矾溶解,然后加入所需的食盐和水,充分搅拌,使各种成分混合均匀。

3. **整理**

(1)加脂　取蓖麻油10份、肥皂10份、水100份,将肥皂切成薄片,加水煮沸,使其完全溶解,随后徐徐加入蓖麻油,并搅拌使其充分乳化,即成加脂液。将加脂液均匀涂抹于半干状态的皮张内面,使内面相对折叠,放置约24 h,继续干燥。

(2)回潮　加脂干燥后的皮张较硬,可用毛刷在内面涂抹少量鞣液,然后内面相对折叠,用油布或塑料布包裹,压以重物,放置约24 h,使皮张均匀吸收水分而回潮。

(3)刮软　将回潮后的皮张铺于半圆木上,毛面向下,用钝刀轻刮内面,使皮张变得柔软并呈白色时即可。

(4)整形　为使刮软后的皮张平展,可将毛面向下钉在木板上使其伸展,置于通风处阴干。待皮张完全干燥后,用细砂纸将内面磨平。最后将毛面依毛向梳理,并对边缘进行修整,使皮张整洁美观,备用。

二、鸟类

(一)鸟类的采集

在鸟类学研究、野外考察中,必须采集一定数量的动物用于鉴定、比较、保存。但是,应该注意,在野外实习中,应坚持"观察为主、采集为辅、保护珍稀种类、严禁乱捕滥猎"的原则。确有必要进行鸟类采集时,要严格遵守《中华人民共和国野生动物保护法》等法律法规,有的放矢、适量捕获,不能乱捕滥杀,更不能一网打尽。不严肃的狩猎动机可能导致鸟类资源的极大破坏。一般来说,鸟类的采集方法主要有以下几种。

1. **枪击法**

枪击法是过去最为常用的一种采集方法。用装有霰弹的猎枪杀伤拟采集的动物,根据猎捕对象的不同而采用不同型号的霰弹。用枪击法可以进行有目的的采集,成功率较高。但在近距离时容易使动物大面积受创。用枪击法采集鸟类时,猎枪要专人专用,规范操作,注意安全,避免事故的发生。

2. 网捕法

网捕法是利用捕鸟网进行采集，网的规格和网眼大小可视捕捉对象的不同酌情选用。实施时，可将用尼龙丝织成的网垂直地架设于灌丛、林间、林缘等处，用人力驱赶或使鸟自行撞入网眼，即可捕获。采用网捕法时，应该及时观察和清理，获取所需种类后，其余者在登记或拍照后应立即放生。采集结束后，网具应及时拆除。

3. 其他方法

在野生动物救护、管理机构、动物园等单位，偶然会有受伤或伤重不治的鸟类，可经常与之保持联系，以便及时获取相关信息，做到既不能破坏资源，也不要浪费资源。

在野外采集到鸟类后，应立即查看并记录虹膜的颜色，供种类鉴定、装配义眼时参考。在口腔部、泄殖腔口塞上棉花，以防止秽物外流。若动物受伤有血液流出，可用脱脂棉拭净，以免污染被羽，影响制成标本的外观。

（二）标本制作

在野外工作中所采集到的鸟类，除了幼鸟和极个别种类外，一般都应制成剥制标本保存，以供后续研究，发挥标本的最大效用。鸟类的剥制标本主要包括3种类型：①假剥制标本，也称平置标本，剥制后填充、缝合，不装义眼，使标本呈仰卧姿态；②真剥制标本，也称生态标本，装填后将鸟整理成生活时的姿态，可供陈列、展览之用；③半剥制标本，如果动物受损严重，不能制成完整标本，但又有保存价值，剥制后可只涂防腐剂，不填充。由于野外实习时间较短，一般将采集到的鸟类制成假剥制标本。

1. 采集记录

采集记录是鸟类学研究的第一手资料，也是进一步研究、核查、考证的依据。因此，在进行野外实习和专项研究时，应随时做好准确、规范的记录，包括采集时间、采集地点、海拔、环境、气温、天气状况等。制作标本前，应检查、补充、完善采集记录。

2. 测量记录

鸟类的外部测量数据是分类学研究的主要依据之一，在制作标本之前，要仔细测量并记录，即便是破损的个体，亦应测量以获得更多的基础数据。此外，还应描述鸟的体色特征、虹膜色彩等，有关的测量项目见前述的鸟类外部形态部分。对一些特殊的个体，还应测量爪长、趾长、嘴裂长、翼展长等。

3. 剥皮

尽管鸟类体型大小相差很大，但剥皮方法基本相同。标本制作是一项细致的工作，需耐心、谨慎操作，初学者切勿操之过急。制作鸟类标本时，有两种常用的剥皮方法。

（1）胸剥法　把鸟体仰置于操作台上，从胸腹正中央将被羽向左右分开，露出皮肤。用手术刀自龙骨突所在位置的中线将皮肤切开，以见肉为度。切口自颈部下端至胸骨龙骨突起中点为止。然后将皮肤向两侧剥至腋部。把头连颈向后上方推出，使颈部外突。然后一手握住头部，分开附着于颈部的皮肤，剪断颈部。将肩部皮肤向下翻至两翼的基部，剪断肱骨与躯干部的连接处，翼内的肌肉可在整个内脏剥去后再剔除。在剥皮过程中，可随时撒以少许滑石粉，以免血液、秽物等污染被羽。继续向后剥离背部和腰部的皮肤。剥至后肢时，推出股骨，翻至胫跗骨与跗蹠骨的关节处，将附着在胫跗骨上的肌肉除去，从膝关节处剪断。再向下剥离皮肤至尾部时，仔细剪断直肠末端，剔除尾脂腺。从尾基部剪断尾椎,并清除肌肉。注意此处应谨慎操作,勿剪断尾羽轴根,以免尾羽脱落。至此,鸟的躯干与皮肤完全分离。

随后,开始两翼的皮肤剥离。先将肱骨拉出,逐渐剥离肱骨处的皮肤。剥至尺骨时,因飞羽轴根牢固地着生于尺骨上,可用一手拉住肱骨,另一手的拇指(或借助于工具)紧贴飞羽轴根,将皮肤向下推压,即可露出尺、桡骨。继续剥至尺腕关节处,剔除尺、桡骨及其附近的肌肉,剪去桡骨,只保留尺骨。如果拟制作两翼展开的飞翔姿态标本,应在尺、桡骨外切开皮肤,剔除肌肉,并注意不要把着生于尺骨上的羽轴根切断,并保留肱骨、尺骨和桡骨。

两翼剥皮完成后,开始剥离头部皮肤。一手拉住颈部,用另一手的拇指和食指将皮肤慢慢向头部方向剥离,即可使头部翻出。此处操作应仔细、谨慎,用力均匀,不能强行拉扯,否则容易损坏皮肤。剥至耳裂时,轻拉即可与头骨分离,或用手术刀紧贴头骨切断。剥离至眼周时,用手术刀仔细割开,注意勿伤及外皮及眼睑,随后向前一直剥至嘴基部。自枕骨大孔处剪去颈部。将枕骨大孔稍扩大,将脑髓取出。若某些鸟类雁鸭类,头大颈细,头部不易翻出,可在其前额上方剪一纵口,将头翻出并去掉眼球、剔肉后,再将皮肤缝合。

当皮肤完全剥离后,将附着于四肢骨、头部、尾部等处的残留肌肉、脂肪等剔除干净。否则,标本制成后,脂肪渗出、残肉腐烂会污损被羽,加速皮质损毁。对于体型较大的种类,如鹭类、鹰类、鹳类、鹤类等,还应抽去脚腱。

(2)腹剥法　与上述胸剥法不同,腹剥法是从腹开口。自龙骨突位置中点向后切开皮肤,直到泄殖腔孔前(图4-11)。向左、右剥离皮肤,分别推出后肢,从膝关节处剪断,并除去胫跗骨上的肌肉。随后,向尾部逐渐剥离,至尾基时剪断尾椎骨。再将皮肤向前翻,如脱衣状剥离。至肱骨时,从肘关节处剪断。再继续向前剥出颈部及头骨,自枕骨大孔后端剪断颈部。最后,除去脑、眼球,剔除四肢骨上的肌肉及皮肤上的脂肪(图4-12)。一般来说,以腹剥法制成的标本胸部丰满美观,但初学者不易掌握。

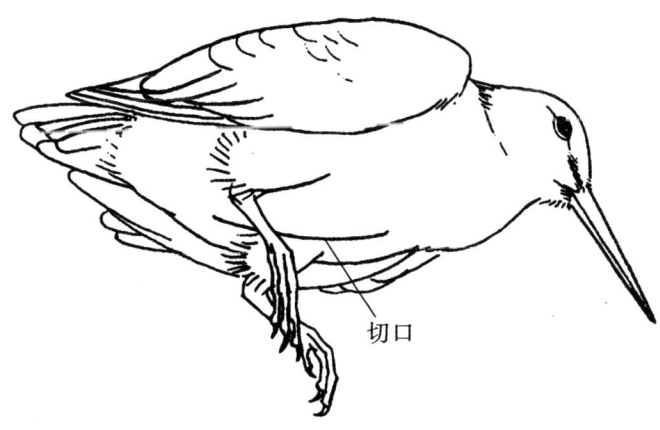

图4-11　鸟类的剥皮开口方法(腹剥法)

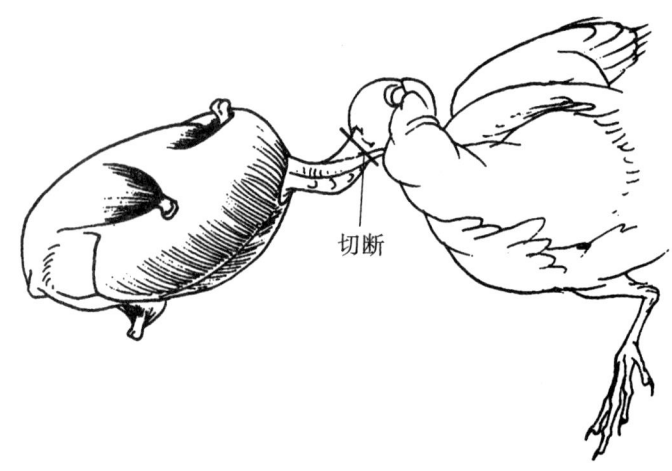

图 4-12　鸟类标本的剥皮方法（腹剥法）

（3）皮张防腐　剥离好的鸟皮，必须进行防腐处理。否则，不利于标本的长期保存。方法是用亚砷酸防腐膏均匀地涂抹于皮肤内表面。由于头部、颅腔、下颌骨、尺骨、尾综骨等处的肌肉和脂肪不易完全清除干净，为提高防腐效果，可在涂抹防腐膏之前，用苯酚（石炭酸）酒精饱和液涂抹上述各部位。在高温季节制作标本，此点尤其必要。然后用棉花搓成与眼窝大小相当的小球塞入眼窝。在尺骨和胫骨上涂抹防腐剂，缠以脱脂棉使之与原来带肌肉时的粗细相当。然后，将头骨由颈部皮肤处送入，轻轻使头部恢复原状。

（4）填充与缝合

1）假剥制标本的填充　取一长度约等于自嘴基至泄殖腔孔长度的竹签，在一端纵切一小口，使其分叉。在分叉基部缠以脱脂棉，粗细与颈部相仿。将竹签分叉端嵌入头骨，从枕骨孔向颅腔内填以脱脂棉或竹丝，使竹签和头骨连接牢固。竹签的另一端置于腹部，在其背腹两面均铺垫一层脱脂棉，以使竹签稍加固定。若是小型鸟类，也可不用竹签，而用一条棉花直接填入脑腔作为颈部。两翼的尺骨平放在竹签背方，勿使尺骨随意活动，这样可使两翼紧贴于体侧不致下垂。若为较大的鸟类，须用线或细铅丝将尺骨系紧，以增加其牢固性，再用棉花或符丝填充。填充材料可选脱脂棉或竹丝，以竹活丝为好，因其有弹性，且价廉、方便。填充时，用胸剥法的鸟从尾部开始，依次向前填充，最后填充颈部。若为腹剥的鸟，则应先填充颈部和胸部，最好用一块三角形棉花，其形状与去掉的躯干部相似，前端用镊子夹紧，送填到颈部和胸部，不足部位可随时补填或调整，最后填充腹部。

2）真剥制标本的填充　用两根不等长的铅丝制成支架，铅丝直径以能充分支持鸟体重量为度。其中一根铅丝的长度为鸟喙至趾端长的 1.3 倍，另一根比前一根长 3~6 mm。将两根铁丝一端并齐，然后在铁丝中点扭绞 5~6 圈（图 4-13）。扭绞的长度相当于自胸部前端至后端的长度。然后将二铁丝向外呈直角分开（图 4-13）。视鸟体大小，将其中两支铅丝向上、再向后方折回，做成左、右脚的支柱。另外两根铅丝中较长的一根折向后方作为尾的支柱，较短的一根作为头部的支柱，缠上棉花，粗细与去掉的颈部相当。

如果要将标本做成飞翔姿态的标本，可再用一根铅丝作为展翅的支架，其长度比展翼时两指骨间的直线长度长 4 mm。使该铅丝中部弯曲,即成翼的支架(图 4-14)。将装入支架皮内时,先穿入两翼,随后依次为头部、两脚及尾部(图 4-15)。支架装好后,可依次填装胸部两侧,尾部腹面、腿部内侧以及下颌和颈项腹面。各部分填充要适量而均匀(图 4-16)。将展翅支架两端,由两翼腕掌骨腹面插入,直至指端(图 4-17)。展翅支架的中央弯曲部分要紧扎在支架的扭绞处。

填充完成后,即可开始缝合。缝合时,应自前向后沿被羽的生长方向,由内向外运针,斜向进行,针脚不必太密(图 4-18)。

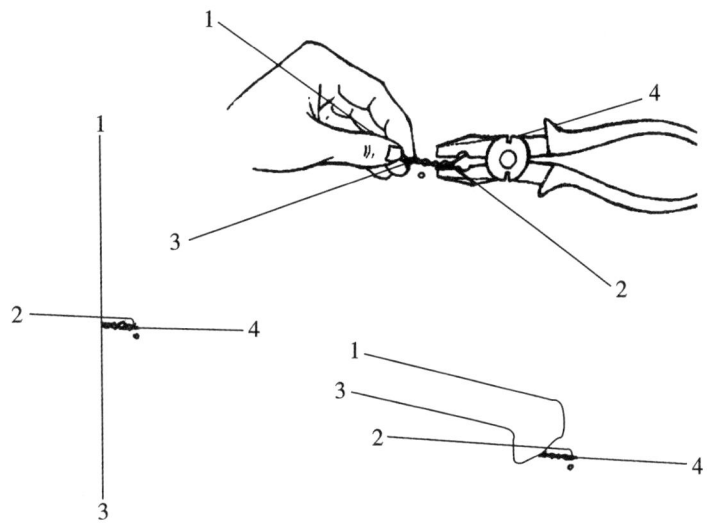

图 4-13　鸟类标本支架的制作方法

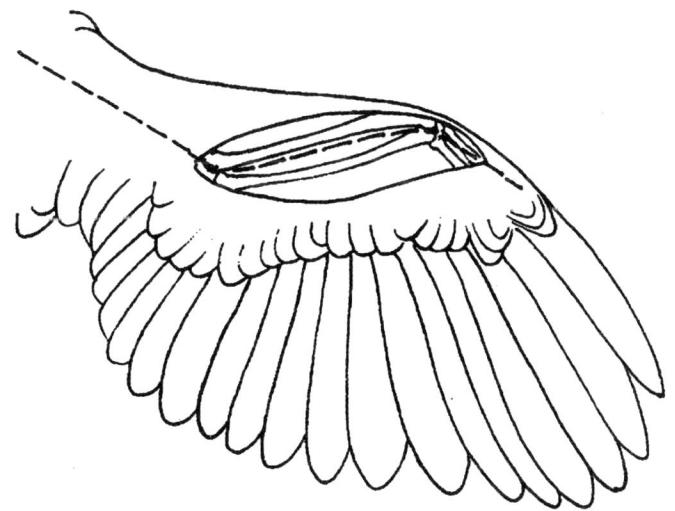

图 4-14　鸟类标本翼部铅丝的串连方法

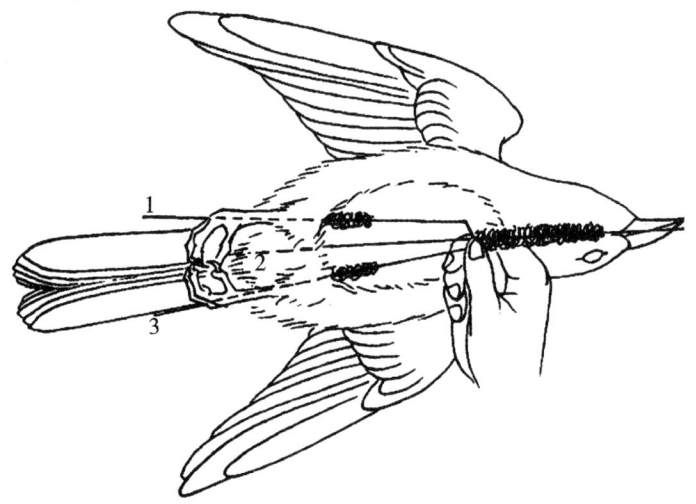

图 4-15 鸟类标本躯体支架安装方法

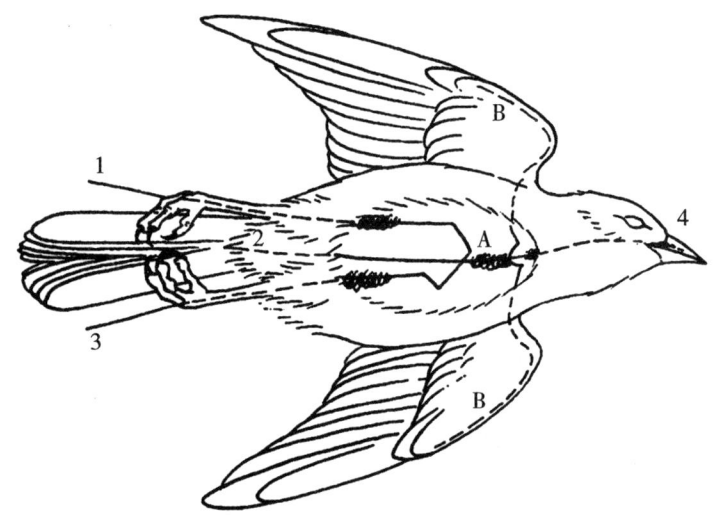

图 4-16 鸟类标本的充填方法

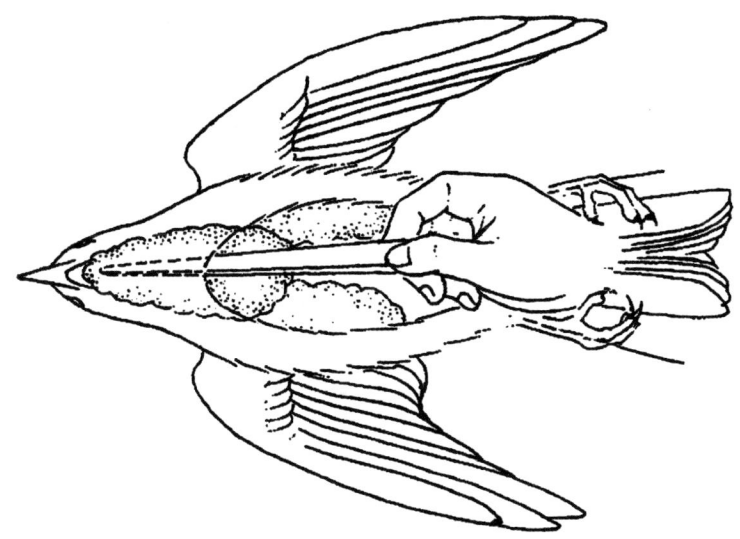

图4-17 鸟类标本脚、尾支架安装方法

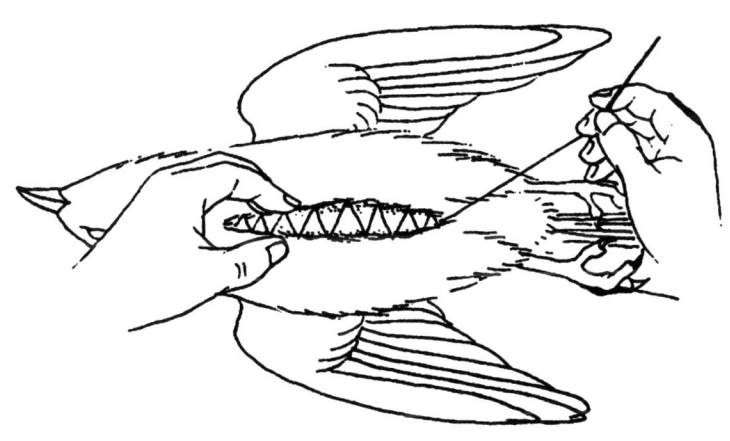

图4-18 鸟类标木开口的缝合

(5) 整形 切口缝合后,需对标本进行整形。先用刷子去掉羽上的杂物,再用镊子将羽片调顺,使颈部略为缩短。用羽片将颈部裸区和肩部裸区遮盖,使背部平直,胸部丰满且呈流线型。将两翼收紧平压于背部,后肢交叉摆平。最后,将尾羽展开,用一薄层脱脂棉把标本包裹固定,待干燥后去掉。制作完成的假剥制标本,应保持背部平直、胸部丰满、颈部稍短、脚趾舒展、尾呈半扇形、自然平伸的姿态。若为颈部较长的鹭类、鹤类等,整形时,可将其头颈弯向体侧。后肢特长的种类,整形时将脚弯向腹部。头顶具冠羽的种类,应将其头部侧转,使冠羽突出显现。

若为真剥制标本(生态标本),则鸟类的栖止、飞行、展翅、观望等各种姿态应力求与生活状态相似。为此,水鸟和陆栖鸟类可直接固定于台板上,树栖鸟类应选一合适的树枝,先将树枝固定在台板上,再将标本固定在树枝上。用石炭酸、酒精饱和液涂抹标本的喙、后肢及肉垂等裸露部分。向眼窝中填入少量油灰,选取一对大小适中、虹彩颜色标本与原来眼相似的义眼,装入眼眶内。最后,在制成的标本后肢上,系上已填写好内容的专用标签,也可将标签粘贴于台板的醒目位置。将标本置通风处阴干后,即可收入标本柜长期保存。

(三) 附属标本

在野外实习和野外考察中,往往会发现或采集到一些鸟类的巢、卵(壳)、羽等附属标本,对这些鸟类生活史中的相关材料,均应妥善处理,作为附属标本,以丰富和补充说明鸟类的生态学习性。

对所采集的鸟巢,可先用消毒液消毒,置通风处阴干。然后,在其中放入樟脑丸(粉),系上标签,于标本盒(柜)中长期保存。对大型的鸟巢,可在野外绘图、拍照后,只取少量巢材保存。鸟卵标本的制作较为简单。可先在鸟卵侧钻一小孔,用一金属丝由此孔插入,将卵黄搅碎。然后,用注射器经小孔向卵内注水,依靠水的压力将卵黄逐渐排出,用清水冲洗数次,直到卵的内容物被冲洗干净为止。最后,用75%酒精消毒,待卵壳完全干燥后,移入垫有脱脂棉的标本盒(使钻孔向下),贴上标签,即可长期保存。

三、爬行动物

(一) 爬行动物的采集

爬行动物的栖息环境复杂,不同种类的生态学习性差异较大,有些种类还有剧毒。因此,应在熟悉动物基本知识的基础上,准备好适当的采集工具如蛇杖、蛇夹、水桶、采集袋等之后,再进行采集。现就不同类群的采集方法,简介如下。

1. 蜥蜴类的采集

蜥蜴类的生态类型有穴居、树栖、半水栖等,但大多数种类为陆栖性。在不同纬度地区和不同季节,其活动高峰有差异。在阴雨天和气温较低时不甚活动,而在气压较低的雨前、雨后初晴时活动频繁。采集时可用网捕,或用带少量树叶的小树枝轻轻拍打,使其因振动而暂时麻痹,也可直接用手捕捉。蜥蜴类的尾多有自断现象,使所获标本失去完整性,采集时应尽量避免触碰其尾部。

2. 龟类的采集

龟类一般生活于稻田、小河等环境中,有时也上岸觅食,雨天出洞活动较多。可用动物的内脏为饵诱捕,或从其洞穴中直接捕捉,或使用特制的捕捉器捕捉。捕捉龟类的漏斗捕捉器以筒形最为有效。可用铝管制成圆形骨架,内装铁丝网笼,网眼大小约2 cm,网笼直径约50 cm,长约80 cm。笼端连以狭颈,颈长约30 cm,宽约20 cm,高约10 cm,颈口大小以所捕捉的龟类能够进入为宜。笼内悬以小型饵网器,网眼大小亦为2 cm,内置活鱼作饵。使用时,一般把捕捉器放在近岸的浅水处,其颈部距水面约20 cm。

在水中捕捉龟类时,可把一只内放石块的大桶沉入水中,使桶口和水面相平,桶口一边系一木板,在朝向桶口中央一端的木板上放一些肉作为诱饵。当木板失去平衡时,龟即落进桶内。或者在一个长方形木架的下面固定一个铁丝筐,木架内缘四周钉上尖端朝向内下方的钉子,然后置于水中,龟类一旦落入即不易逃脱。

3. 鳖类的采集

鳖类广布于多种水域,营底栖生活。夏季夜晚爬到松软的沙滩、泥土等处掘坑产卵。天气酷热时,可见于岸边倒木或树根下,或钻入泥下 3 ~ 4 cm 处。秋季多钻入沙石下或石洞中,可跟踪足迹搜寻。若在平缓的沙滩上出现弯月状或"八"字形的隆起,极可能就是鳖类的潜伏处。可用带倒钩的叉进行探测。若触到鳖甲,即有光滑感觉,并有响声。此时应迅速用脚踩住,以防其逃逸。

4. 蛇类的采集

根据栖息环境和习性,可将蛇类分为多种生态类型。穴居的如盲蛇;树栖的如游蛇的过树蛇属、林蛇属、蝰科中的蝮蛇、竹叶青等;半水栖的如乌游蛇等游蛇属种类;水栖的如水蛇属种类;陆栖者如游蛇属的脊蛇属、小头蛇属、斜鳞蛇属、蝰科的烙铁头属及蝮属的一些种类等。蛇类一般在雨前雨后、空气湿度较大时外出活动,气温太低或太高、雨天活动较少。中午烈日曝晒时,多隐藏于阴凉处。蝮属、烙铁头属的蛇类多为夜行性,眼镜蛇等则主要在白天活动。

部分蛇类有剧毒,如果经验不足,徒手捕捉容易发生危险。所以,采集蛇类时要有辅助工具,如蛇杖、蛇钳、采集袋等。蛇杖由柄部和顶部组成,柄长约 100 cm,顶端用以压住蛇的颈部,可做成"人"字形。这种蛇杖在软地上使用效果较差。如果把顶端做成"⊥"形或"J"形,既可用以压住蛇颈,也可用来挑起蛇体。从身体中部把蛇挑起之后,多数蛇可以平衡地悬在空中,不致逃脱。蛇钳是比较方便的捕蛇工具,可用金属制作,柄长约 100 cm,前端做成"( )"形,便于夹住蛇颈而不致损伤蛇体。在紧急情况下,也可用捕虫网、木棍、树枝等辅助捕蛇。采集袋是用双层白布做成的盛装蛇的袋子,袋口备有细绳以便扎紧袋口。

在野外实习或野外调查过程中,遇到蛇之后,无论其是否有毒,均应按有毒蛇对待。因为蛇类一般不会主动攻击人,故既不能麻痹大意,也不必惊慌失措。如果决定采集,应保持镇静,慢慢靠近目标,用蛇杖或蛇钳压住或夹住蛇颈,动作应快、准、稳,确定没有危险后,用手抓住蛇头后部,松开蛇杖或蛇钳,将蛇装入采集袋,并将袋口扎紧。装蛇入袋时,应先放入尾部,最后将头部用力送入袋中,不可先松开头部,以免其逃逸或伤人。初学捕蛇时可多人配合,如果没有把握,宁可放弃,也不要单独行动。

(二) 标本制作

为满足分类研究和资源调查的需要,在野外实习中采集到的爬行动物,应尽可能制成标本,以利长期保存。除大型种类如鳄类、海龟类、蟒蛇等可制成剥制标本外,大多数爬行动物都以浸泡的方式,制成浸泡标本。

1. 采集记录

爬行动物的采集记录主要包括采集时间、采集地点、栖息环境、活动状态、体色特征、活动节律等。经过固定液的长期浸泡后,动物标本的体色会发生不同程度的变化。因此,如果条件允许,应拍摄照片留存,以便以后的核查比较。制作标本前,应检查、补充、完善采集记录。

2. 测量记录

在制作标本之前,应对动物进行相关测量并登记。不同类群的测量内容略有不同,龟类的测量项目包括:1)背甲和腹甲的长和宽:均自最宽处量起,用弯角规取直线距离,不计龟壳的曲度;2)头长:头长从吻端量到和颈相接处;3)体长:从和头相接处量到和躯干相接处的长度;4)尾长:从肛门量到尾端的长度。蛇类、蜥蜴类的测量项目主要有:1)体长:沿身体腹面自吻端量到肛门的长度;2)全长:自吻端量到尾端的长度;3)尾长:自肛门至尾端的长度。

3. 浸泡标本的制作

(1)预处理 对于已经死亡的动物,在清洗之后,即可用于制作标本。如果是活体动物,应先将动物深度麻醉,操作方法可参照前述两栖动物部分。

(2)固定 除特别小的种类外,所有爬行动物都应向皮下注射浸泡液。蛇类可沿身体全长,每隔一段注射一次;蜥蜴只需进行腹腔注射;龟类应从每个附肢的基部插针注射。如果没有注射器,可用刀剪在动物身体上切口,使药液进入体内,并将头和四肢拉出。对蜥蜴类应在腹中线的一侧作切口。蛇类在身体腹面作多处 3 cm 或更长的切口,每个切口相距 5 ~ 7 cm,在尾部腹中线一侧也可作一切口。雄性的蛇和蜥蜴在浸泡之前,要用手指挤压它们的尾基,使一侧的半阴茎翻出体外,再从尾基进行药液注射使半阴茎保持伸展状态,然后用线固定在玻璃条上。注射完成后,将标本置于浓度较高的固定液中,把标本调节成生活时的姿态,蛇类也可盘曲,并随时观察,不断调整,经过一段时间(数小时至数天,视动物大小而定),待标本基本固定后,系上标签,标签可用针、线穿刺固定于后肢或下颌部位,即可长期保存。

(3)保存 经过固定处理的标本,可保存在 10% 福尔马林或 75% ~ 80% 酒精中,注意勿使药液在容器内有蒸发的可能。如果在福尔马林中的贮存时间超过两个星期,需要加入硼砂予以缓冲(每 4 500 mL 固定液加一茶匙硼砂),可防止福尔马林产生的少量酸性物质腐蚀骨骼,使标本变软。在浸泡之前,还需要用棉花把标本的上、下颌撑开,以便以后检查牙齿和口腔中的其他构造。最后,在标本瓶外部显著位置贴上标签。在保存过程中,需要定期检查、添加或更换保存液。

用酒精浸泡标本时,最好由低浓度向高浓度逐步更换浸制液,使标本逐步失水,最后保存在 80% 的酒精中。经过这样处理的浸制标本,虽经长期保存,标本始终能保持柔软,不失原形,取出后仍然可以进行解剖、制作组织切片等。

4. 剥制标本的制作

爬行动物也可制作成剥制标本保存。因为现生的 4 类爬行动物外形差异极大,剥制方法有所不同,一般可归为 3 种类型:龟类的剥制、鳄类的剥制和蛇类的剥制。此处仅简要介绍蛇类剥制标本的制作。如确属必要,龟类和鳄类剥制标本的制作可参阅有关资料。

(1)测量与记录 在制作蛇类的剥制标本之前,应仔细做好采集记录,进行必要的测量、鳞片核查,并如实记录,对于珍稀种类,最好拍摄成照片,以备查对。

(2)剥皮 蛇类身体呈圆筒形,主要以腹面着地,匍匐前进。剥制蛇类标本时,开口一般选在身体腹面。使蛇体仰卧伸直,在腹面中央剖开一长 10 ~ 15 cm 的纵行开口,沿剖口两侧剥至背部,用骨剪从内部将脊柱切断,并将身体分为两段。然后把前面一段逐渐翻转剥离至头部的鼻端为止,在颈椎与枕骨大孔之间切断,将附生于头骨下侧的肌肉剔除干净,去掉眼球和脑髓。与此类似,将后面一段翻转剥离至尾端,并尽可能将皮肤内侧附生的肌肉剔除干净。至此,剥皮过程基本完成。

(3)防腐　将剥离好的蛇皮浸于75%~80%的酒精中1~2 d。取出后用清水冲洗干净,用棉布拭干水分。在皮肤内面均匀涂以亚砷酸防腐剂,取两团棉花做成球状,嵌入眼眶中以代替被去掉的眼球,随后将头部皮肤翻转复原。

(4)填充　量取一段与体长相等的铅丝,从剖口处置入躯体,一端插入尾部,另一端由脑颅腔中插入头骨,使头部固定。因为蛇体形细长,为便于填充,可用两段铅丝,先将一段插入尾侧,取一根竹签作为填充器,将木屑(可加入少量防腐粉并搅拌均匀)填入尾部,待尾侧填充接近完成时,将另一段铅丝插入头骨,并在剖口处把两根铅丝牢固铰合,随后填充头、颈部和身体前段,至整体充实饱满、与原来身体大小相似时为止,不宜过度填充以免变形。在剖口处和口腔中填入少量脱脂棉,以防填充物外漏,最后,将剖口缝合。注意缝合时将针由鳞下穿入,既可隐蔽线痕,又免使鳞片脱落。也可于缝合之前在剖口两端的铅丝上预装两根细铅丝,以此将标本固定于台板上。

(5)整形　在自然条件下,蛇类多身体弯曲、俯伏于地面,或盘曲于树枝上。因此,填充完成后,可根据不同蛇类的生活特征,将标本初步整理成生活时的姿态,装入相应型号的义眼。然后,继续调理使体表圆润,勿使出现凹凸不平现象。整理完成后,将标本置通风处。待标本完全干燥后,可在表面涂抹一薄层透明漆(清漆),可增加光泽,也有利于长期保存。

四、两栖动物

(一)两栖动物的采集

两栖动物可划分为不同的生态类型,不同类群栖息于特定的环境中。有尾类多生活于山区溪流、稻田或池塘中;无尾类大多数栖息于丘陵和平原地区。少数有尾类和大多数无尾类营半水栖、半陆栖生活,但有些种类如中华大蟾蜍、花背蟾蜍等在繁殖期过后,常离开水域,长期在林下、草丛下等阴湿处生活。许多两栖动物在每年春季初暖时聚集于水池。生殖活动发生在鸣叫最强烈的时候,而强烈的鸣叫常在夜间进行。如果天气持续温暖,则有些无尾类和有尾类的生殖季节可在短期内完成,从第一个个体抵达水域到最后一个个体离开水域的时间,约15 d。在天气逐渐变暖过程中,不同种类的无尾两栖动物可能依次进入生殖活动。水栖蛙类的生殖活动开始得最晚。

每年春季,两栖类聚集在水域中进行繁殖,此期是动物采集的较好时期。因为许多种类只在天黑后开始活动,在白天很难或不可能找到,故可于夜晚采集。在采集之前,应在白天选择好采集环境、行进路线、方向、标记物等,以免夜间迷失方向、发生危险;出行时需携带必要的照明工具(如头灯、强光手电筒等)。采集时,应根据不同种类的栖息环境、活动规律、活动时间等,到其特定的栖息环境中寻找。如在溪流中采集,应逆流而上,捕捉时行动不能草率,力求准确、迅速。

1. 有尾类的采集

在有尾两栖动物中,栖息于静水水体的种类有蝾螈属和瘰螈属种类。在池塘旁边、溪流中常可发现集群的、有尾类的幼体和变态中的个体;有些变态个体或者活动在地面或者隐在覆盖物之下。蝾螈主要栖息于池塘、稻田等处,瘰螈类大多数栖息于沼泽环境中。分布于溪流型水体中的有尾类包括小鲵属、北鲵属、巴鲵属、山溪鲵属、大鲵属等类群。大鲵一般昼伏夜出,可于夜晚采集,或用蛙或蚯蚓为饵钓取。需要指出的是,应严格控制捕捉的数量。

2. 无尾类蝌蚪的采集

蝌蚪阶段是无尾类两栖动物个体发育过程中的一个重要时期。与其成体的生活环境相适应,蝌蚪也可分为不同的生态类型。有些生活于静水水体,其显著特征是:躯干粗而短,尾鳍较高。一般来说,大多数蛙类的蝌蚪在当年即完成变态,个别种类可见蝌蚪越冬现象,如棘蛙类、锄足蟾科的许多种类。狭口蛙属种类的蝌蚪在雨后形成的临时性积水塘中发育,仅需数日,即可完成变态过程,应把握好采集时机。个别种类如日本林蛙在秋末产卵,因而有蝌蚪越冬现象。也有一些种类的蝌蚪栖息于溪流型水体,多见于流速较慢、水底多乱石、有缝穴或回水湾的地方,一般体型圆滑而修长,略扁平,尾肌发达,尾鳍低窄,动作极为敏捷,捕捉时要准而快。可将水网架设于水流下游,快速掀起石头,使蝌蚪顺流进入网内。

3. 无尾类成体的采集

根据栖息环境的不同,可将无尾两栖动物大致分为静水型、溪流型、树栖型等生活类型。与各种生活环境相适应,无尾两栖类的体型、附肢构造、体色等会发生变化。尽管在栖息环境和繁殖习性等方面差异较大,但它们仍不乏共同特征。首先,大多数种类每年春季都聚集于各自的产卵水域。此时,动物密度大、活动、鸣叫频繁,因而是最佳的采集时期。雨季来临或产卵期过后,多数个体离开繁殖地,分散活动,不利于采集。其次,无尾两栖动物多有昼伏夜出习性,在夏季天气晴朗、闷热无风的夜晚,大多数无尾类的活动、鸣叫尤其活跃。在此期间,可组织学生外出采集,一般可安排在黄昏至22:00进行。

4. 卵的采集

两栖动物行体外受精,体外发育,且不同种类的产卵时间、产卵场所、卵的形态、发育过程往往有较大差异。因此,卵及其发育过程也是两栖类研究的一项重要内容。如果条件允许,应在野外采集各种两栖动物的卵,以便进行比较研究。采集时,对于静水型的卵可用网具捞取,溪流型的卵则可用镊子或其他工具从其附着物上刮取,如果遇到树蛙类的卵,可连同树叶一起摘下,以分析其栖息植物,进行生境分析。

(二) 标本制作

两栖动物皮肤薄而柔软,体表缺乏其他覆盖物。在专业研究和野外实习中,对两栖动物一般采用浸泡法制成标本。

1. 采集记录

采集记录是动物生物学、生态学研究的第一手资料,在制作标本之前,应对动物的采集时间、采集地点、栖息环境、活动状态、体色特征和地理坐标、海拔高度等做详细记录。因为经过浸泡后,动物的体色会发生一定程度的变化,所以此项记录非常必要,如有可能,应拍摄照片留存,以便以后核查比较。制作标本前,应检查、补充、完善采集记录。

2. 测量记录

在制作标本之前,还应对动物的常用分类和形态指标进行测量记录,不同类群的常用术语和指标略有不同,操作时可参阅前述内容。

3. 浸泡标本制作

(1) 预处理 如果采集到的是活体动物,应首先对动物进行深度麻醉。可将动物装入一密闭容器,用脱脂棉蘸取适量乙醚,投入容器。待动物被麻醉后取出,用清水将体表冲洗干净,备用。

(2) 固定 将处理好的动物放置在解剖盘上,先向腹内注射适量 5%～10% 的福尔马林溶液,再放入盛有 5%～10% 福尔马林的标本瓶中进行固定。固定时应将标本的背部朝上,四肢调整成生活时的匍匐状态,并使其指、趾伸展。固定时间约需数小时至 1 d。制作成的标本应系上标签,标签可用针、线穿刺固定于后肢或下颌部位。

卵和蝌蚪的固定处理相对简单,可将其装入标本瓶中,直接加入 5% 的福尔马林溶液或 70% 的酒精,较大型的蝌蚪应使其在标本瓶中呈头下尾上姿态,以免标本变形。

(3) 保存 将标本放入 5% 福尔马林或 70% 酒精中保存,并在标本瓶外部显著位置贴上标签。在保存过程中,应定期检查、添加或更换保存液。

4. 骨骼标本制作

在两栖动物分类鉴定研究中,有时要用到其内部骨骼的结构特征,因此需要制作骨骼标本。骨骼标本的制作过程比较复杂,需要经过剔除软组织、腐蚀、脱脂、漂白、整形和装架等步骤。

(1) 剔除软组织 包括剥皮、去内脏和剔肌肉三部分内容。剥皮应从腹部开始,用剪刀剖开腹部皮肤,陆续剥向身体各部。在剥皮过程中,注意不要用力过猛,以免拉断指骨和趾骨。皮肤剥净后,再挖掉内脏和眼球,随后进行剔肉。剔肉时,不要将头骨、肩带和四肢骨的各个关节相连的韧带剔掉,以借助韧带保持各关节的联系。当肌肉基本剔净后,在颈椎和枕骨之间的缝隙中,向颅腔中插入适当粗细的铅丝,将脑组织破坏,再将铅丝插入椎骨,将脊髓挤压出来。然后用水将标本冲洗干净。

(2) 腐蚀 将已剔除软组织的骨骼浸入 0.5%～0.8% 氢氧化钠溶液中,以腐蚀残存的软组织。1～3 d 后,骨骼上的软组织已被腐蚀干净。取出后用清水冲洗。

(3) 脱脂 将经过腐蚀的骨骼,放入汽油中进行脱脂。脱脂时间需 1～2 d。

(4) 漂白 将已脱脂的骨骼浸泡在 3% 的过氧化氢溶液中,进行漂白。漂白时间需 1～4 d,在漂白期间要经常检查,一旦标本洁白,即应及时取出。

(5) 整形 将已漂白的骨骼平放在木板或泡沫板上,将躯体和四肢按自然姿态整理好,并用卡片纸条和大头针固定在板上,以防止标本在干燥过程中变形。在下颌和胸椎骨下面,要用纸团垫起,使其呈生活时头部抬起的状态。将两个上肩胛骨附着在第二、三颈椎横突的两侧,待骨骼干燥后,用胶水粘住,使全副骨骼连成一个整体(图 4-19)。

(6) 装架 将上述已整形的骨骼,放在标本台板上,用胶水将前肢的腕骨和后肢的蹠骨粘在标本台板上,贴上标签,写明编号、名称、采集时间、采集地点、采集人、制作人等,即可保存备用。

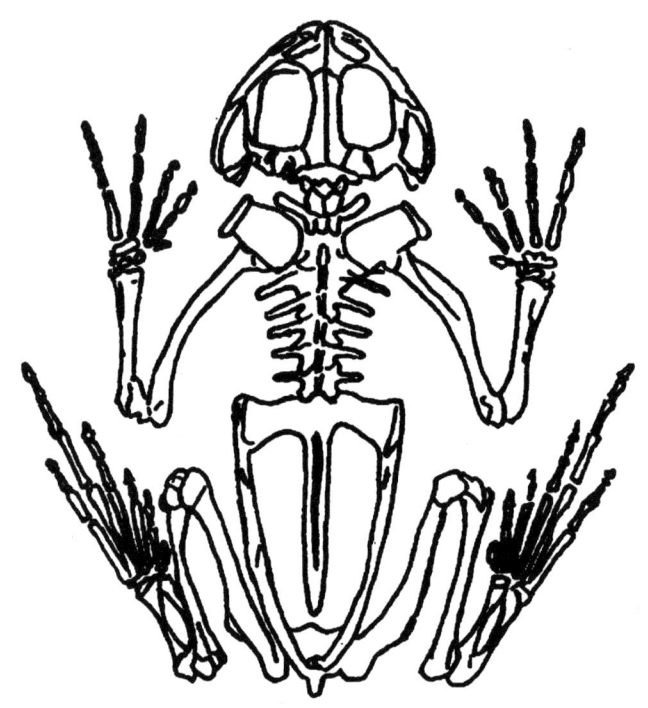

图 4-19 青蛙的骨骼系统

五、鱼类

对野外实习中或野外调查中所采集的鱼类,特别是那些具有一定科学研究价值的种类,应制作成标本,供以后研究和观察之用。鱼类标本可分为浸泡标本和剥制标本。对中小体型的鱼类,可制成浸泡标本;而大型种类可用剥制标本保存。必须注意,无论采用哪种方式,都要首先对标本进行清理,然后编号、测量、记录,记录的项目包括名称、采集时间、地点、虹膜色彩、体色、性别等,尽量详细,并填好标签备用。制作标本前,应检查、补充、完善采集记录。

(一)浸泡标本的制作

浸泡液的配制　福尔马林和酒精是常用的两种浸泡液,由于酒精大量使用花费较高,所以仅用于一些体型较小、珍稀种类的保存。具体的配制方法可参阅前述内容(第一章)。

装瓶　根据标本大小,选择合适型号的标本瓶,用清水洗干净,再准备一块与标本瓶高度和内径相应的玻璃板,将线用针在鱼体靠近玻璃的一侧穿过,并系于玻璃板上。将标本装入瓶中,加入5%的福尔马林溶液至浸没鱼体,盖紧瓶盖,为延长保存期,可用蜡密封瓶口,最后贴上标签即可。

(二)剥制标本的制作

一般来说,只要采集到的鱼体新鲜,皮肤和鳞片完整,都可制成剥制标本。鱼类的鳞片在剥皮时极易脱落,且脱落后难以修补。所以,对于各种有鳞鱼类,可用布将鱼体表拭干,置阴凉处 2~3 h,待鳞片略为干燥后再行操作。

1. 开口

选择开口位置时,应根据不同鱼类的体形特点有所区别,一般选在腹面。操作时,用纱布包裹鱼体,以免破坏鳞片。将鱼体向上,用解剖剪从泄殖腔向前剪,注意剪刀尖向上略提起,剪开皮肤。在尾基部剪一纵口,由此向前剪至泄殖腔孔。

2. 剥皮

用解剖刀从开口处两侧逐渐分离皮肤与肌肉,以获得完整的外皮。剥离至腹鳍和臀鳍时,从体内将其鳍棘基部剪断,然后沿尾柄两侧继续分离,至尾基部时,再切断尾椎末端,将尾部皮肤与肌肉分离,然后把尾部皮肤向上翻起,从后向前,用剪刀把背鳍的鳍棘剪断,仔细分离背脊部的皮肤与肌肉。头部是剥皮的关键,可将小号螺丝刀由口腔伸入,铲除脑颅底部的骨骼直至顶部的上耳骨处。剥离至头部两侧时,将螺丝刀从鳃孔伸入,向前清除眼周围的肌肉,并将眼球去除。最后,将鳃盖拉起,用螺线刀剔除脑颅的两侧,使脑颅与皮肤完全分离,并铲除两侧鳃盖内面的肌肉,将鳃弓与头后部剪断。至此,皮肤与头骨和内脏等完全脱离。由于肩带的锁骨、乌喙骨等与头骨连接较紧,不能切除,将未与皮肤相连的部分骨骼及附于其上的肌肉除去即可。

3. 防腐

将剥离的皮肤浸于 75%~80% 的酒精中,并注意经常翻动。1~2 d 后取出,用水冲洗数小时,使皮肤由硬变得柔软,沥水后,在皮肤内侧均匀涂抹亚砷酸防腐剂。

4. 填充

在填充之前,应做一鱼体支架以支撑鱼体。大型鱼类可用铅丝和木板制作支架,小型鱼类可只用铅丝制作,具体方法是:截取一段约为鱼体全长 2 倍的铅丝,扭曲成鱼体形状,前端卡在口腔中,后端插入尾鳍中。另用两根钢细筋或铅丝连于支架上,并固定于木板或底座上(图4-20),注意勿使松动。支架做好后装入鱼体,然后由后向前缝合,至支撑铅丝时暂停,从剖口装入锯末或竹丝等填充物。填充物的量以显示出动物活体时的体态为宜,装好继续缝合完整。

5. 整形

填充缝合后的标本,应立即清除鱼体表面的杂物、血迹等,并查填充是否均匀平整、饱满。若填充不足,可从口部补填。然后将标本整理成生活时的姿态。用草纸或较厚的纸,剪成略似各鳍展开的形状,用回形针将两片纸固定于每个鳍的两侧,以防其干燥后卷曲皱缩。使口部略张开,显露牙齿。最后,给标本装上义眼,在底座上贴上标签,置避光通风处。待标本完全干燥后,去掉纸片。在标本体表均匀涂刷一层透明漆,可起到一定的保护作用。

最后,在标本底座或台板的适当位置贴上标签,即可长期保存。

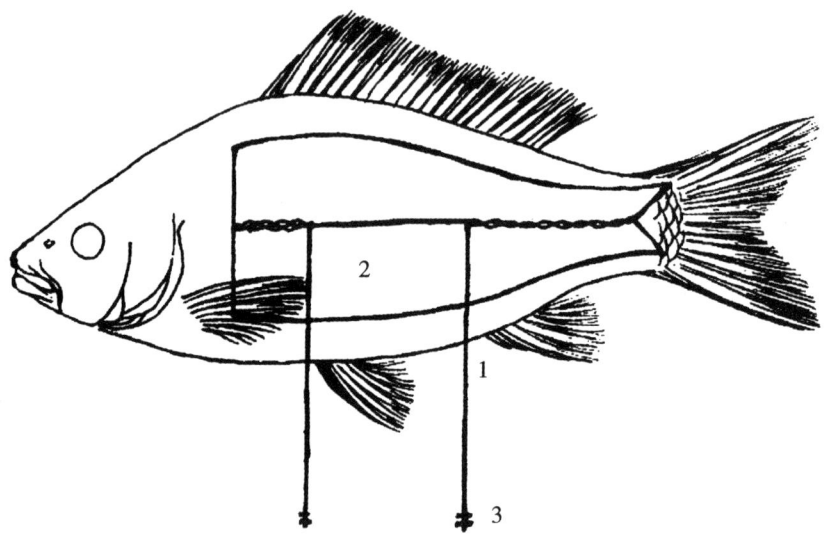

图 4-20　鱼类剥制标本的充填
1. 铅丝；2. 木板；3. 螺丝

第五章　野外实习的总结

孔子曰:"学而不思则罔,思而不学则殆。"

动物生物学野外实习既是一次综合性的实践教学活动,也是深入自然界、了解和认识自然的一次难得的实践机会。通过实习期间的实地考察和野外观察,不仅学到了许多书本上所没有、课堂上没讲过的知识,而且对自然环境中所生存的各种动物及其生活习性、活动规律等有了初步的了解,获得了一些有价值的研究资料。要使这些感性认识能够上升到理论知识,必须进行科学的归纳、分析和总结。通过对野外实习的总结,不仅可以获得成功的经验,更重要的是为以后的实习提供借鉴。因此,当野外实习结束之后,应进行全面的总结,撰写一份具有一定水平的实习报告。

对野外实习进行全面总结,实际上也是一次重新思考、提升理论知识、归纳经验教训的过程,有助于以后的教学与实习工作,提高教师和学生的业务能力。

第一节　野外实习总结的类型与要求

野外实习是动物生物学课程教学的重要环节,是一项必要的教学任务,也是人才培养的必须环节,其牵涉面广、参与人员多。因此,一次野外实习结束之后,有许多方面都需要、也值得进行总结,以便不断改进和完善动物生物学野外实习计划,提升野外实习的组织管理水平和实际效果。

一、实习总结的类型

动物生物学野外实习的主体是学生,每一位参加实习的人员,都应该结合自己在野外实习中所承担的责任、目标、任务等,提交相应的总结报告。

(一)学生个人总结

个人实习总结是学生在野外实习中必须完成的一项任务,也是实习队对学生实习成绩考核的主要内容之一。通过总结报告,不仅会使学生在感性上对野外实习产生条理化的认识,同时在理性上也将得到进一步的提高。

(三)专题报告

根据教学和科研工作的需要,可以利用野外实习的机会,安排部分同学完成一些具有研究和探索性质的小课题,如某种昆虫生活史观察、活动规律调查、某种鸟的育雏行为观察、两栖爬行动物的食性分析等。课题研究进行到一定阶段或完成之后,就应撰写课题研究报告。报告的内容针对性强,一般可参照论文的格式来撰写。因此,专题报告也可称为小论文或实习论文。

(三) 实习队总结

实习带队教师代表学校和院系组织并实施野外实习,完成了动物生物学教学活动中非常重要的一环。从教学管理的角度来说,应以实习队的名义对野外实习进行全面总结。通过总结,可以从中得出野外实习的主要成绩、成功经验,同时发现实习中的问题和不足之处,以供以后组织野外实习时参考,从而不断提高野外实习的效果,促进和完善教学和实践环节的探索与改革,并逐渐形成具有自身特色的动物生物学野外实习课程体系。

二、实习总结的要求

野外实习结束之后,无论从哪个角度进行总结,都应该从下述几个方面来把握。

(一) 重点突出

无论是个人总结、专题报告还是全面总结,在撰写之前,均应首先通盘考虑,列出提纲,确定哪些问题应详述,哪些部分略写,并使结构合理。这样,在撰写过程中,才会抓住重点,紧扣主题,主次分明。因此,在撰写过程中,要对现有材料进行综合分析,有所取舍,一些与主题无关或关系不紧密的部分应予简述或者舍去。

(二) 简明扼要

总结报告应结构严谨、文字简练,切忌言之无物、语言空洞,尤其是专题报告,更应言简意赅,字斟句酌,语言流畅,表达准确,不能随意夸大。

(三) 真实可信

所谓真实可信,就是要求总结报告要有科学性,所反映的数据、实验结果、结论等,一定要实事求是,经得起推敲和验证,切忌弄虚作假,或臆造观察和实验结果。如系阶段性结果,应在文中予以说明。

第二节 野外实习总结的撰写

野外实习结束之后,对实习全过程的回顾、反思、分析和讨论,也是一个总结经验、汲取教训、深化认识的过程,对动物生物学野外实习教学的不断改进与完善具有重要意义。根据侧重点的不同,野外实习总结的内容、格式等略有差异。

一、学生个人总结

勿庸置疑,学生是野外实习的主体。对每位学生来说,野外实习是一种新的学习方式,也是课堂学习的扩展和继续。所以,学生个人的实习总结应主要侧重于专业知识的学习方面,也可附带总结一下通过野外实习对自身综合素质培养和提高的作用。一般而言,学生个人的实习总结应包括下述几个方面。

(一) 概述

简要介绍实习的时间、实习地点、实习内容、实习的组织形式、个人在实习中所承担的任务等。

(二) 实习地区简介

通过查阅相关的文献资料,全面了解实习地的地理位置、地形地貌、河流、水文、气候、降水量、植被等特征,以及农林业、社会经济发展、自然保护等,以便报告评阅人和读者对实习结果的比较分析。

(三) 动物种类的组成特点

通过野外实习期间的观察、调查、访问、采集等活动,对实习地动物的种类组成有了初步的了解,可以按照分类阶元(门、纲、目、科、属、种)对实习地的动物种类进行列表、统计和分析,并在数量调查的基础上,划分出优势种、常见种、稀有种等数量级别。如果有足够的资料,还可根据动物的食性,对其益害关系做出初步评价。

(四) 其他

实习参与者可以根据自己在野外实习中的切身感受,对野外实习中实习内容、实施、组织管理等方面的优点和不足进行分析,特别是针对存在的问题与不足提出合理化建议,以便在今后的野外实习中加以改进,使动物生物学野外实习的质量和效果不断提高。

二、专题报告

专题报告就是一个研究报告,因而可以参照科技论文的格式和规范来撰写。撰写之前,应对有关资料进行初步整理。野外调查得到的大量原始资料数据首先检查、审核、去伪存真,修正补充。

对野外实习得来的第一手原始资料,不能直接全部编入专题报告,需要进行统计、分析、归纳和整理。在一般情况下,按下列三方面的要求进行梳理和取舍:①保留的资料重在阐明、证实科学理论;②注意各个资料间的联系,把分散、零乱的资料按科学思维的逻辑和科技论文写作规范进行调整,使分散的材料在实习报告中保持其内在联系,为报告的论点服务;③科学、慎重地处理一些非正常资料和数据。

一般来说,专题报告应该包括下述内容。

(一) 题目

与一般的科技论文类似,专题报告亦应有明确的题目,题目应简明、精炼,明确表达研究内容。

(二) 引言

在这一部分,应简要介绍本专题研究的理论意义或实践意义,必要时还应对以往的研究历史加以介绍。

(三) 研究地区简介

参照个人实习中总结部分(实习地区简介)。

(四) 研究方法

主要描述研究工作中所采用的技术路线和操作方法,应表明研究方法的科学性、可靠性和可行性。如果是自己首创的方法,应尽可能详细介绍,以便他人论证和引用。

(五)研究(观察)结果

这一部分是专题报告的核心内容,应在分析、归纳、统计的基础上,以文字、图表、照片等形式,对研究(观察)结果进行描述和展示。对结果的叙述应尽可能客观,也可在结果描述的基础上,把研究中所得出的重要结论逐项列出。

(六)讨论

讨论部分是针对本研究的结果进行进一步的阐述和提高,并将其与类似的研究结果进行比较,从而正确评估本研究结果的意义和价值,论证所得出的结论,并进而提出新的观点和见解。

为了分析比较的方便,或可将结果与讨论部分合并撰写,既有对结果的展示,也有对重要现象与结果的分析与讨论。

(七)参考文献

在专题报告的最后,应列出主要的参考文献。

三、实习队总结

野外实习是动物生物学教学过程中的重要环节,因此,在野外实习结束之后,实习队负责人应组织全体参与实习的教师,对本次实习进行总结,总结成功的探索和经验、实习的收获,同时指出所存在的问题,为以后的野外实习提供参考与借鉴。实习队的总结报告应全面反映实习的各个方面,除介绍实习时间、实习地点、组织形式等一般内容外,还应着重考虑以下两个方面。

(一)实习的主要成绩和收获

在这一部分,应反映野外实习中调查、观察所得到的动物的种类、数量、地理分布、动物行为、活动规律,标本的采集情况等方面的基础资料。为使结果更为明晰、简洁、可信,应有必要的图表、照片、统计结果等,以便比较分析。

(二)实习中存在的问题和改进建议

野外实习虽然时间较短,但却涉及野外调查与研究方法、动物的分类与识别等专业知识传授、组织管理、后勤保障等多个方面,头绪较多。在实习过程中可能存在诸多不足和问题。实习队应从学科发展的角度,在认真反思、全面总结的基础上,实事求是地反映问题,并提出切实可行的改进建议。

附录 1

野外观鸟活动

生态旅游这种贴近自然、使人愉悦的旅游方式一经出现,就蓬勃发展,广为接受。在众多的生态旅游活动中,观鸟已得到了许多自然生态、鸟类爱好者、保护者的喜爱和关注,且方兴未艾。

一、鸟类概述

从分类学角度来说,鸟类隶属于动物界、脊索动物门、脊椎动物亚门、鸟纲。鸟类是自然生态系统的重要组成部分,对自然生态平衡的维持具有重要意义。已知的现生鸟类约有 9 700 多种,广泛分布于全球的各种环境中。随地理区域、种类、性别、年龄等的不同,鸟类在形态、习性等方面千差万别。鸟类以其美丽的被羽、优雅的体态、婉转的鸣声,赋予大自然蓬勃的生机和活力,同时为人类的生活环境增添了绚丽色彩和诗情画意。鸟类与人类的关系极为密切,在科学研究、控制虫害、鼠害、植物保护、生物医药、人类文化等方面起着独特的作用。

中国的自然环境类型多样,生物多样性极为丰富,现生鸟类有 1 300 余种,是鸟类资源极为丰富的国家之一,超过整个欧洲与整个北美,为世界各国之冠;有特有鸟类 100 多种,如绿尾虹雉、褐马鸡等。中国政府十分重视对鸟类资源的保护。截至 2016 年 5 月,全国共建立自然保护区 2 740 个,总面积 147 万 km^2,约占陆地国土面积的近 15%。许多保护区都致力于鸟类栖息地和自然生态系统的保护,并在资源调查、鸟类环志、濒危鸟类繁育等方面取得了显著成效。

随着经济社会的快速发展和观念转变,人们的旅游方式已悄然发生变化,从单纯的休闲、娱乐提升到新的层次,即特色旅游,旅游更多地与个人的专门兴趣和爱好相结合,以达到丰富知识、陶冶情操、增加乐趣之目的。基于人们回归自然的生活情趣和意向,观鸟(bird-watching,或简称 birding)这一特色活动已成为丰富文化生活、提高热爱大自然的科学兴趣的一种特有的精神享受和新时尚。

二、观鸟

观鸟特指用肉眼或借助望远镜观察自然状态下的野生鸟类。在观鸟活动中,人们在认识鸟类、观赏鸟类的同时,体会鸟类的不同品质与精神。如鹰的锐意进取、天鹅的专一爱情、鹤的高风亮节、鹭的高雅纯洁……当如此充满诗情画意的景色呈现于眼前,无不使人心情愉悦、精神振奋。

观鸟是一项怡情养性、获取知识的科学实践活动。鸟类是人类生存环境中最为多姿多彩、活泼灵巧,也是最容易发现和观察的动物。现代生活方式节奏快、压力大,人们越来越愿意回到大自然中去寻求缓解。观鸟活动反映了现代人对大自然的热爱和需求。观鸟活动的蓬勃发展,观鸟人数不断增加,不仅得益于爱好者的推动,还进一步反映出观鸟是一项充满乐趣、有益健康的知识性活动。在观鸟活动中,人们置身于鸟语花香的自然界,静心观看、识别、欣赏鸟类,倾听鸟类的鸣唱;同时,增加对鸟类形态、行为、生活习性的了解,进而探索建立鸟类保护的最佳途径。

作为人类的一项休闲活动,观鸟最早兴起于英国和北欧地区,迄今已有100多年的历史。观鸟活动受达尔文精神的影响,在科学与经济较发达的国度,由上层社会人士推崇而形成时尚,逐渐在欧美国家普及。随后,日本、泰国以及中国的台湾、香港等国家和地区的观鸟活动也逐步兴起。20世纪60年代以来,观鸟活动已成为仅次于园艺的第二大"消遣式运动",每年有超过100万的鸟类爱好者远涉重洋,到非洲、亚洲、墨西哥、苏联、南极、北极等地区观赏珍稀鸟类。中国大陆普及性的观鸟活动开始于1996—1997年间,最初主要集中在北京地区,随后在其他地区逐渐发展,方兴未艾。许多地区还成立了观鸟协会(学会)等观鸟组织,开展野生鸟类的观赏、保护与资源调查工作,进而带动了大量户外运动爱好者、自然爱好者和观鸟爱好者等群体的形成与壮大。

基于环境保护、科学研究的观鸟活动已然形成了一个巨大的生态旅游产业。观鸟活动的兴起与快速发展,形成了巨大的市场需求,包括产品如望远镜、摄影器材、鸟类图鉴、鸟类期刊、音像制品、喂鸟工具、人工鸟巢、甚至专门为观鸟服务的寻呼台等,以及服务业如专门从事观鸟旅游的俱乐部、旅行社、观鸟网站等。据初步统计,每年观鸟活动的相关费用可达41亿美元。

许多著名的鸟类,构成了中国鸟文化的主体。最享盛名者如形态殊异的中华秋沙鸭、相亲相爱的鸳鸯、风姿飘逸的丹顶鹤、稀世珍禽朱鹮、巧舌艳丽的鹦鹉、报春的杜鹃、善鸣的百灵、喜鸣善斗的画眉、莺歌如梭的黄鹂、举世闻名的褐马鸡等。这些鸟类已成为国家和民族吉祥如意的象征。古往今来,历代诗词大家不乏赞美鸟类的佳作名句,这些作品引发人们从审美角度认识鸟类,并产生高尚的心灵感应,获得富有诗意的怡情遣兴和精神上的享受。

观鸟活动直接关注自然,因此也是环境教育的最好方式之一,逐渐被环保团体和学校作为环境知识与科学普及的内容,容易被青少年接受。香港观鸟会近年在中小学推广观鸟活动,会长林超英先生说,观鸟是生物多样性科学普及与教育的最好切入点。

三、观鸟与养鸟的区别

观鸟以不伤害鸟类为前提,并在自然状态下观察鸟类的活动与行为,越来越成为鸟类科研工作不可或缺的一部分。同时,由于鸟类对环境变化极其敏感,鸟类种群数量变化与栖息地环境质量密切相关,观鸟也成为环境质量监测的手段之一。大量的业余观鸟人士成为鸟类环志和鸟类种类和数量统计工作的志愿者,为鸟类科研和环境保护提供了大量的基础数据。在美国,每年的鸟类调查基本上都由业余观鸟者完成。

人类爱鸟,是因为鸟类能给人类带来视觉、听觉等方面的感官享受,同时以鸟文化为载体,由一般观赏升华到鉴赏,形成了对观赏性鸟类的鉴赏艺术。因此,与养鸟不同,观鸟有如下特点:

1) 减少了疫病的发生与流行。许多野生鸟类携带人禽互患疾病的病原体,密切接触可能传染给人类,如衣原体肺炎。长期吸入鸟的羽屑、尘埃等可引起咳嗽、哮喘等。另一方面,人类所携带的许多病原体也可能给鸟类产生一定的威胁,某些被感染的鸟类一旦返回大自然,则可能对野外种群的自然栖息地造成危害。很显然,观鸟则可有效避免这些事件的发生。

2) 设备简单,好学易用。养鸟不仅要在观赏种类、笼具、饲料、饲养空间等方面投入经费,而且鸟类的部分疫病尚难以有效防治。观鸟则相对简单,只需凭肉眼或借助于望远镜即可实现。

3) 时间安排灵活。养鸟必须定时投喂食物、清理笼具、疫病预防等,而观鸟活动则时间灵活,自由轻松。在观鸟行程中,如能安排一些自然景观、历史文化景观的参观活动,既增长知识,又可陶冶情操,这是养鸟难以企及的。

4) 观鸟有利于对鸟类资源的保护。笼养鸟大多捕自野外,从捕捉到市场、再到养鸟者手中,能存活的鸟只有十之一二;许多鸟类在笼养条件下不能正常繁殖、极易伤亡;这些无形中会严重影响鸟类资源、破坏生态平衡。而观鸟活动重在观察自然条件下的鸟类,不以捕捉鸟类为目的。同时,基于对鸟类生物学习性的观察,实施有效措施,保护鸟类资源,为更多的人提供欣赏鸟类、亲近大自然的机会。

四、观鸟的装备

(一) 着装

在野外观鸟时,应根据季节、观鸟地区、环境等选择适宜的服装、鞋帽等。一般来说,应着灰、草绿色等接近自然环境色的服装,不要穿着颜色鲜艳的服装,以迷彩服为最佳选择。为防止蛇、蚊虫叮咬,应穿长裤;上衣或裤子应有较多的口袋,以存放小物品;选择防滑性较好的高腰皮鞋或旅游鞋。若去水边或湿地观鸟,应穿雨鞋。根据实际需要,准备御寒衣物、雨具等。

(二) 望远镜

野生鸟类的警惕性高、飞行能力强、速度快,大规模的观鸟队伍不易做到近距离观察。因此,望远镜必不可少。一般观鸟者可携带 8~10 倍的双筒望远镜。专业人员可配备 15~80 倍望远镜,主要用于观察距离较远、位置相对固定的野鸟(如水域中的雁鸭类等)。但是,需要配合三脚架使用,操作相对复杂。

(三) 照相机

在观鸟过程中,多为远距离观察,而且,鸟类的很多精彩的行为、珍稀鸟种形态特征等均需要清晰的影像资料。因此,配备具有长焦镜头的照相机、拍摄影像资料极为必要。一般来说,镜头焦距 300 mm 以上的数码相机可用来拍摄鸟类。暂时无法辨认的鸟种,可通过照片进行后期辨识。普通观鸟者可使用数码单反相机,其优点在于快门速度高、对焦迅速,可用于拍摄移动不定的鸟类。但是,有些观鸟者并不使用相机,故相机是极佳的辅助品,但不是必需品。

(四) 笔记本

观鸟出行之前,需准备一个便携式笔记本(最好具防水功能),以便在观察过程中用图、文字等方式记录相关内容。一般采用带橡皮头的铅笔记录,可避免因雨淋或浸水使字迹模糊不清。

(五) 鸟类图鉴

在观鸟过程中,可携带一些常见鸟类的野外识别图册、照片等,以便对不熟悉的鸟类进行鉴定和识别。迄今已有许多版本的野外鸟类观察图鉴等工具书出版。网上也有大量由观鸟爱好者拍摄的鸟类图片资源,可供参阅。观鸟者可经常登录网络,查阅最新的鸟类物种信息和相关资源,学习鸟类识别知识和技能。

五、鸟类辨识要点

(一)体型大小与身体形态

大小:以常见鸟类作为参照标准。

体型:鸟类身体的外形,如圆胖、瘦长等。

喙的形态:喙即鸟嘴,因食性而有不同形态,如细长、弯曲、有钩、扁平等。

(二)羽色及斑纹

脸与头部的特征:头部是否有眉斑、过眼线、中央线、横斑、冠羽等。

腹面:胸、腹部是否有横斑、纵斑或斑点。

背面与翼上:体背是否有横斑或斑点,翼上是否有横带、翼镜等;飞行时翼上是否有明显斑纹,翼上颜色是否与背部有明显差异。

腰与尾:腰羽的颜色,尾羽是否有明显的斑纹。

(三)行为与习性

停息时的姿态:停息于树枝或他物上时是呈直立还是水平状态。

尾羽摆动方式:停息时尾部呈现的摆动方式,是绕圈、上下或左右摆动。

停息于树干时的姿态:停息干时,呈攀附状或上下、左右行走。

停飞方式:停落时呈波浪形还是直线形,是否在空中有盘旋、翱翔,是否会在空中定点振翅。

鸣声:鸟类鸣叫的声音大小、节奏、音调等。

时间、地点:鸟类出现时的植被、地形等环境特征。

六、观鸟注意事项

观鸟是一项充满乐趣、富有意义的科学活动。但是,鉴于鸟类行为的特殊性,为减少对野生鸟类的干扰和影响,在观鸟过程中,必须注意下列问题:

1. 在观鸟过程中,如遇鸟类筑巢、育雏,应保持适当观赏距离,远观而不要近看,以免干扰亲鸟的行为。对一些特别的鸟种,应严格保密,以防他人干扰鸟类。

2. 拍摄鸟类时,应采用自然光,不可使用闪光灯,以免惊吓鸟类。有些鸟类生性怯人,常隐藏而不易观察。此时不能采用高音、投掷等行为进行哄赶。

3. 严禁为了拍摄效果而追逐、哄赶鸟类。因为有些鸟可能因气候、体力不支而暂停活动,处于休息、恢复体力状态,追逐、驱赶可能导致鸟类的伤亡。

4. 集体进行观鸟活动时,必须服从统一指挥,保持安静,不要喧哗,以不影响鸟类的安全和正常活动为基本准则。

5. 在观鸟过程中,不能随意采集鸟卵、幼鸟、破坏鸟巢,不要向野生鸟类投喂食物。

附录 2

红外相机及其应用

随着科学和技术的不断进步和快速发展，许多新的技术手段被用于野生动物生态、保护、监测与研究。其中，红外相机技术是近年来进展极为迅速、效果明显的一种新兴技术，并已得到了广泛的应用。

一、红外触发相机

红外相机是红外线触发相机(infrared triggered cameras, ITC)的简称。顾名思义，红外线触发相机是指能感受到红外能量变化并成像的照相机。根据工作原理的不同，红外线触发相机分为主动式和被动式两种类型。

主动式红外线触发相机由分置的红外线发射器、接收器和拍照相机等部分组成。发射器发射一束人眼视力不可见的红外线光束，正对着接收器上相应的接收窗口，当移动的物体从发射器和接收器之间经过时，红外光束被隔断，从而引发相机拍摄照片。

被动式红外线触发相机包括红外传感器、控制线路板、拍照相机、供电系统和外壳等 5 部分。其中，被动式红外传感器能够探测前扇形区域内热量、红外能量的瞬间变化。其基本工作原理是：当恒温动物从装置前方经过时，动物的体温与环境温度差能够引起相机周围热量的变化，这种温度(热量)的变化由红外传感器接收后，产生一个脉冲信号，从而触发相机拍摄。基于同样的原理，经过改造之后，红外触发相机可以加装摄像机而成为红外触发摄像机。目前，数码技术在红外触发相机中已广泛应用，使同一个产品同时具备获取照片和视频片段的功能，使采集的信息量、数据量极大增加。

二、红外相机技术

红外相机技术是红外线触发自动数码相机陷阱技术(infrared triggered cameras technology, ITCT)的简称，是指通过自动相机系统(如被动式/主动式红外线触发相机或定时拍摄相机等)获取野生动物影像数据(如照片和视频)，并通过这些影像来分析野生动物的物种分布、种群数量、行为、活动特征、觅食、繁殖、生境利用等重要信息，从而为野生动物资源的保护、管理、监测和利用等提供参考。近 20 年来，红外相机技术得到了快速发展，已成为目前生物资源调查与监测中的重要方法之一。在国外，红外相机或其他自动相机用于野生动物的研究已有较长的历史，而我国的相关工作起步较晚。马世来和 Harris 首次在云南高黎贡山地区将自动感应照相系统用于野生动物调查。

红外相机技术具有物种鉴定准确、受不同的栖息地/环境类型影响小、可 24 小时持续工作、可监测活动隐秘的动物、对动物的干扰较小、对野外工作人员的要求相对较低等明显优势。具体来说，包括下述优点：1) 可建立针对多个类群(物种)的统一监测规范(定时、定点、定量)，有助于多个类群(物种)在不同时间和空间上的比较研究；2) 可建立数据管理与数据分析的统一标准；3) 可实现监测数据信息的网络化和可视化；4) 可有效促进团队协作和野生动物监测的数据资源、成果等的共享。

随着研究水平与技术能力的不断进步和发展，特别是数码相机技术、无线数据传输技术、GPS 技术、地理信息技术以及新型材料技术在红外触发式相机上的应用,红外相机在制造成本下降的同时,在性能方面获得了大幅提高,其收集野外数据的能力、数量和速度显著提升。在野生动物科学研究领域的应用越来越广。目前,除专业的科学研究者之外,许多自然保护区已采用红外相机技术,开展对不同类群野生动物的调查与监测工作。

三、主要应用领域

在野生动物的资源调查、监测和生态学研究中,红外触发相机调查技术属于无人自动拍摄技术(remote photography)中的一类,特别适用于对活动隐秘的大中型、珍稀兽类、鸟类的监控与记录,可用于物种分布的验证、种群密度预测、个体识别、标记-重捕、计算物种相对丰度、研究动物活动模式、偷盗猎行为监控等方面。根据工作原理的不同,无人自动拍摄分为固定时间间隔拍摄和目标动物触发拍摄两大类。前者多应用于研究对象频繁出现的情况下,特别是针对特定动物个体或家庭的行为学研究,如鸟类筑巢行为、育雏行为等;后者更适合于在目标动物的出现频率很低且不可预测的情况,例如对鸟巢掠食者的确定、大型兽类的记录等。由目标动物触发的无人自动拍摄装置也被称作"相机陷阱"(camera trap),运用这种装置来记录、调查野生动物的方法也被称作"相机陷阱调查法"(camera trapping method)。

目前,红外相机技术已发展成为陆生哺乳动物、地面活动鸟类、两栖爬行动物资源调查和监测研究的重要常规技术。红外相机主要通过照片和视频来记录并获取野生动物的种类及其群体大小、分布(相机位点信息)、拍摄照片数、行为(重点为活动节律)、生境(植被、海拔等)数据。这些数据有助于从种群、群落和行为等方面来分析野生动物在监测区域的基本特征。需要注意的是,获得这些数据必须建立标准的红外相机调查规范和要求,在布设红外相机时遵循相应的注意事项。

四、红外相机的调查规范

统一的调查规范、标准和要求是野生动物种群和群落动态分析和数据整合、比较的前提。红外相机调查规范的建立和执行主要包括相机布设方案、监测计划实施和数据采集方案、数据管理方法以及数据方法等环节。

相机布设方案的核心是根据调查目的确定抽样方法。抽样方法的基本原则应考虑独立性、重要性、连续性和可比性。由于我国多数区域缺乏详细的野生动物本底数据资料,近期应首先对每个拟监测区域的物种多样性进行调查,并初步掌握其分布、种群大小和活动规律等,建立现生物种名录及其分布数据库。因此,调查方案应针对整个调查区域(如整个保护区),考虑到区内的植被类型和海拔梯度,用 GIS 按平方千米制成栅格地图。

根据地形和路线分割成整个相机监测区,其中每个相机监测区最少 40 km^2,即由 20 台相机组成一个相机阵列;相机布设密度为 1 台/2 km^2 或 1 台/ km^2。每个相机位点在每年旱季(热带和亚热带地区)或秋冬季(温带地区)完成 36 d 的监测。在相机数量少的情况下,在布设 30 d 之后,相机组必须轮换到下一个监测样方。

制定野外相机布设方案和监测计划,包括成立相机布设小组、野外布设、技术培训和相关后勤保障等。培训内容包括监测任务、相机布设要领、监测样方的地理位置、工作日程、工作纪律、后勤保障(食物、水、交通工具)、必备工具(GPS、指南针、相机、砍刀、背包、记号笔、铅笔、标签、通讯工具、地图、地形图、预设相机位点地图和记录表格)使用等。红外相机所获得的照片和视频数据量大,应建立规范的数据库和统一存档管理。对图像数据和相机位点的数据信息需要及时录入、存储、备份,并统一上传到中心数据库,完成物种识别和其他信息(环境因子)的挖掘。

五、相机的选择与参数设置

随着数码影像技术和网络技术的发展,目前自动监测相机的种类和型号繁多,相关功能也越来越多样化,如照片的清晰度越来越高、能拍摄且存储更多照片、相机小型化、安装简便、照片数据实现即时网络传输等,为野生动物资源与监测提供了更多的便利。选择相机时,首先应考虑触发时间、对温度的灵敏度、照片清晰度、连拍照片数、存储卡容量、电池寿命和是否闪光等。在现阶段,被动式红外相机(所有部件可组装成一个小型相机),因便于野外携带和安装,得到广泛使用。其次,监测样地的所有相机类型应尽可能统一型号,以便于后续的数据整合与分析。

相机使用前,需要对相机的有关参数进行设置。重要的参数包括日期与时间、拍摄模式、SD卡均需要格式化、时间间隔调为"1 s"、连拍3张、照片编号、密码设置、灵敏度设置为"中"或"高"、定时为"关"等。选择拍摄模式时,对常规动物监测采用"照片"模式,便于照片数据快速处理,而采用"视频"模式则主要用于目标动物的行为和活动的监测。调试时应试拍2~3张照片,以了解相机和SD卡是否能正常工作。一般情况下,可由2人调试,1人负责设置,另1人负责核对。

六、相机布设要求

布设相机前对整个监测样方通过GIS制成1 km^{2}或1 ha的网格,预设相机位点通常为每个网格的中心点,打印在地图上。根据监测区域的行走路线确定相机布设的路径,相机位点预设位置(经纬度)置入GPS导航仪。通过GPS导航找到预设相机位点,并以此位点为圆点,在20 m为半径的圆内寻找合适相机安放位置(通常选择靠近动物痕迹或路径的位置)。对实际的相机位点进行确认后,重新记录相机位点的GPS信息。布设时尽可能选择动物利用的兽径和水源附近。相机前不应有大叶片的植物,地面灌草较少,尤其在植物生长季节需要特别考虑灌草的生长,并尽量避开阳光直射。在植被稀疏的区域,可设置一些障碍,但注意预留动物活动的通道,保证动物通过相机前的时间最长。相机一般安装在离地约0.5 m的树干上,相机机头平行于地面。

安装相机之前,应先拍摄1张照片,以确定相机能否正常工作。安装和取卡(或回收)时,必须拍摄1张写有相机位点的信息(安装人、相机位点编号、日期)的"白板照片"。记录实际相机位点的GPS信息。多样性监测时不得使用诱饵或嗅味剂。相机布设时应注意隐蔽和伪装,防止相机被盗。相机布设前后,需对相机情况和相机布设样点的有关信息进行详细观察和记录。在布设和数据采集过程中,记录相机工作状态(正常、失灵、损坏、被盗)和记忆卡状态(正常、损坏)。

为避免无关人员偷盗或人为破坏红外相机,建议选择人类活动较少的区域作为布设点,或避开人类活动频繁的时间段,从时间和空间上降低红外相机被发现的概率。若拟开展的研究必须在人类活动较多的区域取样(如研究实验区和核心区动物行为或物种组成的差异),可与当地林业、野生动物管理部门合作,与当地居民沟通,获得支持,保护相机安全,保障数据的有效性。

针对动物破坏相机的行为,可尝试将鲜嫩草叶揉碎涂抹在红外相机表面,以掩盖相机的气味,该方法还需进一步开展对照试验证明其效果。总之,研究人员应在实践中积累经验,在保护相机和拍到动物之间进行权衡,在样方内选择最有利的地点和方式布设红外相机。将相机安放于地面上容易因倒伏导致采样失败,一般应将其安装于树木、立柱等固定物体上。

七、相机的维护

在红外相机的使用过程中,需定期对相机进行维护和保养。每次取卡或取回相机后,应立即对相机进行干燥、清洁、调试、校对等常规维护。相机长期不用时,应取出电池,置于放有干燥剂(硅胶)的防潮箱内保存;取出内存卡,干燥保存。在多雨季节,更需加强对相机的维护,以延长相机的使用寿命。

附录 3

河南境内主要实习地点简介

在动物生物学野外实习的组织与实施过程中,选择一处环境适宜、交通便利的实习地点,具有极为重要的意义。基于作者多年来的工作实践和了解,对河南境内的部分实习地点做简要介绍。当然,随着基础设施建设的完善和接待能力的提升,可能还会出现更多的实习地点可供选择。

一、董寨国家级自然保护区

董寨自然保护区成立于 1982 年,2001 年经国务院批准升格为董寨国家级自然保护区,总面积 4.68 万 ha。1992 年被世界自然基金会(WWF)确定为具有国家和全球意义的区域(A 级优先保护区域)。1993 年被列入《中国生物多样性保护行动计划》中北亚热带地区优先保护的生态系统地域。董寨自然保护区为野生动物类型保护区。

(一) 地理位置

董寨国家级自然保护区位于河南省南部,地处豫鄂两省交界的大别山北麓西段,罗山县最南端。地理坐标为东经 114°18′~114°30′,北纬 31°28′~32°09′。

(二) 自然概况

董寨国家级自然保护区地处秦岭-淮河一线以南,为北亚热带的边缘。气候温暖湿润,四季分明,冬无严寒,夏无酷暑,雨热同季,降水、光照充足。年平均气温 15.1 ℃。是一个集自然保护、生态旅游、鸟类观赏、科学考察、教学实习、避暑疗养于一体的多功能综合性自然保护区。保护区内峰峦叠嶂,森林茂密,山清水秀,鸟语花香,人文和自然景观分布较多,具有很高的生态旅游价值。

(三) 生物资源

保护区地处北亚热带和暖温带的天然过渡带。气候温和湿润,森林植被丰富,野生动物物种繁多,形成了良好的森林生态系统,孕育出丰富多样的物种和生物资源库。保护区内现分布有植物 1 879 种,兽类 37 种,两栖爬行类 44 种,已鉴定的昆虫 1 000 多种。董寨保护区被誉为"鸟类乐园",已知鸟类 245 种,为同一纬度或同一经度保护区中所罕见。鸟类种类占河南省鸟类总种数的 80%,占全国的 20%,其中国家重点保护鸟类 39 种,列入中日候鸟保护协定名录的有 95 种,国家二级保护鸟类白冠长尾雉种群密度居全国之首。20 世纪 60 年代,在著名鸟类学家郑作新院士的指导下,开始悬挂人工鸟巢招引益鸟,迄今已坚持 40 多年不曾中断,效益显著。多年来,董寨自然保护区还与河南师范大学、北京师范大学等高校合作,进行鸟类生态学、珍稀鸟类的人工繁育研究,已成功实现了白冠长尾雉的人工繁殖,共培育出包括 10 个世代 200 多对的人工种群。2007 年 3 月,经国家林业局批准,引入 2 对国家一级重点保护野生动物朱鹮,进行人工繁殖、迁地保护的探索与研究。迄今已多次对部分朱鹮成功野外放飞。

董寨国家级自然保护区现有食宿条件能够满足高校生物学野外实习的要求,同时具有多年接待省内高校大学生生物学野外实习的丰富经验。近年来,董寨自然保护区成功组织了多次野外观鸟活动,取得了良好效果,在国内外具有较大的影响力。

二、太行山猕猴国家级自然保护区

太行山猕猴国家级自然保护区由1982年建立的济源省级自然保护区和1991年建立的沁阳省级自然保护区合并而成。1998年,经国务院批准升格为太行山猕猴国家级自然保护区,总面积56 600 ha。1994年,在中国政府公布的《中国多样性保护行动计划》中,将太行山南端定为中国生物多样性保护的优先地区。太行山猕猴国家级自然保护区为野生动物类型保护区,其主要保护对象是国家二级重点保护野生动物猕猴和森林生态系统。

(一)地理位置

太行山猕猴国家级自然保护区位于河南省济源市、沁阳市、修武县、辉县市4县市境内,地理坐标为东经112°02′~113°45′,北纬34°54′~35°42′,总面积56 600 ha。保护区的主体位于济源市境内。

(二)自然概况

太行山猕猴国家级自然保护区处于太行山南段,区内山势陡峻,沟深崖高,地处温暖带大陆性季风气候区。由于受地形和季风的影响,光、热、水时空差异明显,春季温暖多风,夏季炎热多雨,秋季天高气爽,冬季干冷少雪。年平均气温平原区14.4℃,浅山丘陵区13.2℃~14.℃,北、西部太行、王屋山区低于10℃。年均降水量为600 mm,多集中于每年的6~8月份。

(三)生物资源

太行山猕猴国家级自然保护区生物资源丰富,区系成分复杂,具有明显的植被垂直带谱,森林覆盖率达70%,多为天然次生林,为我国暖温带生物多样性优先保护的区域之一。初步调查统计,区内有维管束植物166科704属1 836种,其中蕨类植物23科47属93种,裸子植物36科3属6种,被子植物130科624属1 558种,列入国家重点保护的植物有连香树、山白树、太行花,领春木等14种;脊椎动物近300种,其中哺乳类40多种,鸟类167种,两栖类8种,爬行类19种,列入国家重点保护的野生动物有金钱豹、金雕、黑鹳、白鹤等30余种。本区与山西省的多个自然保护区毗邻,都是当今世界猕猴分布的最北限。保护区的主要保护对象为太行山猕猴,属猕猴华北亚种,为猕猴在中国的特有亚种。太行山猕猴现有20余群3 000多只,是目前我国野生猕猴种群数量最多、面积最大的猕猴保护区,具有重要的保护价值和科学研究意义。

国有济源市黄楝树林场(同时也是保护区黄楝树管理分局)处于太行山猕猴国家级自然保护区的核心区,是太行山区植被条件最好、森林覆盖率最高的区域。郑州大学、河南师范大学、河南科技学院、商丘师范学院等多所高校均在黄楝树林场建立了野外实习或教学基地。黄楝树林场长期接待高校的生物学(包括动物学、植物学等)实习,具有丰富的经验和有力的后勤保障能力。

三、宝天曼国家级自然保护区

宝天曼国家级自然保护区位于豫西伏牛山南麓的内乡县北部山区,南北长28.5 km,东西宽26.5 km,宝天曼国家级自然保护区是1980年河南省人民政府批准建立的第一个省级自然保护区。1988年,经国务院批准为国家级自然保护区。1993年,中国人与生物圈国家委员会把宝天曼纳入"中国生物圈保护区网络"。2001年,联合国教科文组织批准宝天曼加入世界生物圈保护区网络，成为河南省第一个"世界生物圈保护区"。宝天曼保护区总面积 9 304 ha。宝天曼自然保护区为森林生态系统类型保护区，主要保护对象为过渡带森林生态系统、珍稀动植物。

(一)地理位置

宝天曼国家级自然保护区位于河南省西南部内乡县北部，地处伏牛山脊背南坡，与西峡、南召、嵩县三界交界，靠近宁西铁路和312国道。地理坐标为东经 111°47′~112°04′，北纬 33°20′~33°36′。

(二)自然概况

宝天曼国家级自然保护区地貌为中等切割的波状低山和强烈切割的中山山地，山体相对高差大，切割断层多，多悬崖峭壁。伏牛山系秦岭山脉四支余脉之南支。从陕西南部延伸至河南，是河南西部的最高山体之一，成为南阳盆地的天然屏障。保护区为北亚热带向暖温带过渡地带，是我国南北气候、植被分界区域。区内年均温15℃左右，年降水量 800~1 100 mm，且多集中于7~9月份。气候温和，四季分明。海拔 800~1 830 m，植被葱郁，山石、缓瀑、林海更衬托出主峰宝天曼的雄奇险峻，充满了原始韵味。保护区境内的主要河流有湍河，属长江流域。

(三)生物资源

保护区的植物区系起源古老，全区有各种植物 2 911 种，其中裸子植物 17 种，被子植物 2 157 种，苔藓植物 164 种，蕨类植物 149 种及其他变种。保护区内有国家级保护植物 29 种，其中二级保护种类有银杏、连香树、水青树、山白树、香果树、独花兰、狭叶瓶尔小草等。河南特有植物 14 种，如河南海棠、河南杜鹃、河南猕猴桃。中药达 200 多种，有杜仲、厚朴等。野生果树和食用植物约有 180 多种，大型真菌近百种，野生花卉及城市绿化植物 436 种。

保护区内动物种类多，种群均达到一定规模。保护区有脊椎动物 264 种，其中鸟类有 153 种。无脊椎动物种类达 3 000 多种，其中蝶类 160 种，蜘蛛 108 种，蜻蜓有 50 种，蝗虫 38 种。国家一级保护动物有金钱豹、黑鹳、金雕，二级保护动物有河麂、斑羚、水獭、金猫、大灵猫、麝、红腹锦鸡、大鲵等。

保护区已逐渐发展成为一个融物种保护、教学科研、自然生态、旅游为一体的多功能保护区，为我国过渡带的森林生态、动植物地理分布等研究做出了积极贡献。保护区长期接待大专院校的生物学野外实习，具有较好的基础设施和接待条件。

四、鸡公山国家级自然保护区

鸡公山自然保护区于1982年成立，1988年经国务院批准为国家级自然保护区，总面积 3 000 ha。鸡公山自然保护区属于森林生态系统类型和野生动物类型保护区，主要保护对象为北亚热带边缘地区的森林生态系统及野生动物。

(一)地理位置

鸡公山国家级自然保护区位于河南省南部的信阳市南约 20 km 处，地处大别山支脉，西与桐柏山遥相对应。

(二)自然环境

鸡公山保护区为低山丘陵地带，地质切割强烈，多断层岩、断块山、断层谷等，形成了绚丽多姿的奇峰异石与瀑布流泉。整个山体为南北走向的一条大山岭,主脉为老岭,贯穿南北,山岭两侧分出若干条向东或向西延伸的小山岭或沟涧。最高峰篱笆寨海拔811 m,报晓峰784 m,因形似雄鸡引颈长鸣而得名。具有南北气候过渡特点,气候温和,年均温14.3℃,雨量充沛,年降水量1 329 mm,无霜期230 d。土壤为棕色森林土,土层深度一般为20~50 cm,pH值5~6。山脚及丘陵地带为黄褐土。鸡公山为长江、淮河两大水系的分水岭,瀑布流泉、山涧密布,为河南省南部重要的水源区。

(三)生物资源

鸡公山国家级自然保护区植物种类丰富,区内有高等植物1 000余种,植物特点是地处亚热带的常绿阔叶林与落叶阔叶林向温带的阔叶落叶林的过渡地带,南北植物区系相互渗透,以华东、华中植物区系成分为主,兼有华北、西南区系成分。亚热带成分的常绿阔叶种类多见于海拔600 m以下的沟谷,如壳斗科的色石栎、细叶青冈、小青冈等,山茶科的短柱柃、海桐花科的崖花海桐、狭叶海桐,木兰科的野八角,樟科的楠木、天竺桂,冬青科的冬青、枸骨等。属暖温带植物区系的主要有壳斗科的落叶种,以及榆科、杨柳科、桦木科、蔷薇科、豆科等种。

保护区内的天然林面积为1 817 ha,人工林面积1 100 ha。地带植被为常绿、落叶阔叶混交林,主要树种有青冈栎、白栎、黄连木等。其他常绿针叶林有马尾松林、黄山松林、杉木、柳杉人工林。落叶针叶林有池杉、落羽杉林。针阔叶混交林有马尾松、麻栎栓皮栎混交林。落叶阔叶林有麻栎、栓皮栎混交林,枫香、黄檀、小叶朴混交林。竹林、半野生桂竹林和人工毛竹林。药用植物有300多种,包括七叶一枝花、何首乌、土三七、五加等珍贵药材。野生果树、花卉较为丰富,如猕猴桃、山葡萄、山胡桃、野樱桃、野山楂、山杏、杜鹃、兰花等。保护区内二级保护植物有香果树、银杏,三级保护植物有青檀、厚朴、天目木姜子、楠木等10多种。

保护区内有鸟类210种,兽类100多种,爬行动物24种,两栖动物10多种。国家一级保护动物有金钱豹、小鸨、大鸨、黑鹳。二级保护动物有白冠长尾雉、斑羚、小灵猫、苍鹰、蓝翅八色鸫、大鲵等。

鸡公山国家级自然保护区多年来接待省内外大专院校的生物学野外实习,具有食宿方便、交通快捷的区位优势。

五、白云山国家森林公园

白云山国家森林公园成立于1992年,总面积81 330 ha。白云山国家森林公园为国家级风景名胜区。

(一)地理位置

白云山国家森林公园位于河南省嵩县南部伏牛山腹地原始林区,居于伏牛山国家级自然保护区之中。伏牛山国家级自然保护区的主要保护对象为过渡带森林生态系统。

(二)自然概况

白云山年降雨量达1 200 mm,雨水充沛,气候宜人,年平均气温18 ℃,夏季最高气候不超过26 ℃。境内海拔1 500 m以上的山峰37座,山得水而秀,水依山而幽,这里沟谷山间处处溪水淙淙,一山之中伊河、汝河、白河三河共流,分别注入黄河、淮河、长江三大流域,为三大著名水系的分水岭。落差达1 000 m的白河大峡谷内,五步一潭,十步一瀑。

九龙瀑布落差高达 123 m,似银河倒泻,丽日照射,现出彩虹万道,人走虹移,彩虹缠身。白云山跨三域之水于一峰,集三河之灵于一山,为中原独有,堪称"中原山水大观"之绝品。

(三) 生物资源

白云山地处南北地理气候分界线,属亚热带向暖温带气候过渡区,森林覆盖率达 98.5%。动植物资源十分丰富,植物种类达 1 991 种,其中有国家级保护植物 40 余种;动物种类有 204 种,其中有国家级保护动物 20 种。公园地处亚热带、暖温带过渡区,森林植被呈现明显的过渡特色。在很小的范围内既有大量的华北区系植物分布,又有华中、西南和西北区系植物生长,品种繁多的菌、藻、苔藓随处可见,是一个难得的生物种质资源库。这里植物垂直分布明显,海拔 2 150 m 以上为高山杜鹃林,2 000~2 150 m 为箭竹林和冷杉、铁杉、箭竹、杜鹃混交林;1 800~2 000 m 为红桦林,华山松林和红桦华山松混交林;1 500~1 800 m 为水曲柳青冈五角枫阔叶混交林;1 100~1 500 m 为华山松栎类混交林;700~1 100 m 为油松栎类混交林;700 m 以下为栎林。

在万亩原始森林中,枯藤老树姿态各异,涓涓细流清澈碧透,奇花异草五彩缤纷,自然生态系统保存完好。高山杜鹃林于群峰之上绵延数千米,花开时节,漫山遍野,姹紫嫣红。唐代银杏林 400 多株同生共存,古朴壮观,北国罕见。白云山丰富的动植物资源被专家学者誉为"自然博物馆"。

白云山国家森林公园自建立以来,除开展生态旅游之外,还具有满足高校生物学野外实习的接待能力和丰富经验。

附录 4

中华人民共和国野生动物保护法

(1988年11月8日第七届全国人民代表大会常务委员会第四次会议通过,根据2004年8月28日第十届全国人民代表大会常务委员会第十一次会议《关于修改〈中华人民共和国野生动物保护法〉的决定》第一次修正,根据2009年8月27日第十一届全国人民代表大会常务委员会第十次会议《关于修改部分法律的决定》第二次修正,2016年7月2日第十二届全国人民代表大会常务委员会第二十一次会议修订)

第一章 总则

第一条 为了保护野生动物,拯救珍贵、濒危野生动物,维护生物多样性和生态平衡,推进生态文明建设,制定本法。

第二条 在中华人民共和国领域及管辖的其他海域,从事野生动物保护及相关活动,适用本法。

本法规定保护的野生动物,是指珍贵、濒危的陆生、水生野生动物和有重要生态、科学、社会价值的陆生野生动物。

本法规定的野生动物及其制品,是指野生动物的整体(含卵、蛋)、部分及其衍生物。

珍贵、濒危的水生野生动物以外的其他水生野生动物的保护,适用《中华人民共和国渔业法》等有关法律的规定。

第三条 野生动物资源属于国家所有。

国家保障依法从事野生动物科学研究、人工繁育等保护及相关活动的组织和个人的合法权益。

第四条 国家对野生动物实行保护优先、规范利用、严格监管的原则,鼓励开展野生动物科学研究,培育公民保护野生动物的意识,促进人与自然和谐发展。

第五条 国家保护野生动物及其栖息地。县级以上人民政府应当制定野生动物及其栖息地相关保护规划和措施,并将野生动物保护经费纳入预算。

国家鼓励公民、法人和其他组织依法通过捐赠、资助、志愿服务等方式参与野生动物保护活动,支持野生动物保护公益事业。

本法规定的野生动物栖息地,是指野生动物野外种群生息繁衍的重要区域。

第六条 任何组织和个人都有保护野生动物及其栖息地的义务。禁止违法猎捕野生动物、破坏野生动物栖息地。

任何组织和个人都有权向有关部门和机关举报或者控告违反本法的行为。野生动物保护主管部门和其他有关部门、机关对举报或者控告,应当及时依法处理。

第七条 国务院林业、渔业主管部门分别主管全国陆生、水生野生动物保护工作。

县级以上地方人民政府林业、渔业主管部门分别主管本行政区域内陆生、水生野生动物保护工作。

第八条 各级人民政府应当加强野生动物保护的宣传教育和科学知识普及工作,鼓励和支持基层群众性自治组织、社会组织、企业事业单位、志愿者开展野生动物保护法律法规和保护知识的宣传活动。

教育行政部门、学校应当对学生进行野生动物保护知识教育。

新闻媒体应当开展野生动物保护法律法规和保护知识的宣传,对违法行为进行舆论监督。

第九条　在野生动物保护和科学研究方面成绩显著的组织和个人,由县级以上人民政府给予奖励。

第二章　野生动物及其栖息地保护

第十条　国家对野生动物实行分类分级保护。

国家对珍贵、濒危的野生动物实行重点保护。国家重点保护的野生动物分为一级保护野生动物和二级保护野生动物。国家重点保护野生动物名录,由国务院野生动物保护主管部门组织科学评估后制定,并每五年根据评估情况确定对名录进行调整。国家重点保护野生动物名录报国务院批准公布。

地方重点保护野生动物,是指国家重点保护野生动物以外,由省、自治区、直辖市重点保护的野生动物。地方重点保护野生动物名录,由省、自治区、直辖市人民政府组织科学评估后制定、调整并公布。

有重要生态、科学、社会价值的陆生野生动物名录,由国务院野生动物保护主管部门组织科学评估后制定、调整并公布。

第十一条　县级以上人民政府野生动物保护主管部门,应当定期组织或者委托有关科学研究机构对野生动物及其栖息地状况进行调查、监测和评估,建立健全野生动物及其栖息地档案。

对野生动物及其栖息地状况的调查、监测和评估应当包括下列内容:

(一)野生动物野外分布区域、种群数量及结构;

(二)野生动物栖息地的面积、生态状况;

(三)野生动物及其栖息地的主要威胁因素;

(四)野生动物人工繁育情况等其他需要调查、监测和评估的内容。

第十二条　国务院野生动物保护主管部门应当会同国务院有关部门,根据野生动物及其栖息地状况的调查、监测和评估结果,确定并发布野生动物重要栖息地名录。

省级以上人民政府依法划定相关自然保护区域,保护野生动物及其重要栖息地,保护、恢复和改善野生动物生存环境。对不具备划定相关自然保护区域条件的,县级以上人民政府可以采取划定禁猎(渔)区、规定禁猎(渔)期等其他形式予以保护。

禁止或者限制在相关自然保护区域内引入外来物种、营造单一纯林、过量施洒农药等人为干扰、威胁野生动物生息繁衍的行为。

相关自然保护区域,依照有关法律法规的规定划定和管理。

第十三条　县级以上人民政府及其有关部门在编制有关开发利用规划时,应当充分考虑野生动物及其栖息地保护的需要,分析、预测和评估规划实施可能对野生动物及其栖息地保护产生的整体影响,避免或者减少规划实施可能造成的不利后果。

禁止在相关自然保护区域建设法律法规规定不得建设的项目。机场、铁路、公路、水利水电、围堰、围填海等建设项目的选址选线,应当避让相关自然保护区域、野生动物迁徙洄游通道;无法避让的,应当采取修建野生动物通道、过鱼设施等措施,消除或者减少对野生动物的不利影响。

建设项目可能对相关自然保护区域、野生动物迁徙洄游通道产生影响的,环境影响评价文件的审批部门在审批环境影响评价文件时,涉及国家重点保护野生动物的,应当征求国务院野生动物保护主管部门意见;涉及地方重点保护野生动物的,应当征求省、自治区、直辖市人民政府野生动物保护主管部门意见。

第十四条　各级野生动物保护主管部门应当监视、监测环境对野生动物的影响。由于环境影响对野生动物造成危害时,野生动物保护主管部门应当会同有关部门进行调查处理。

第十五条　国家或者地方重点保护野生动物受到自然灾害、重大环境污染事故等突发事件威胁时,当地人民政府应当及时采取应急救助措施。

县级以上人民政府野生动物保护主管部门应当按照国家有关规定组织开展野生动物收容救护工作。

禁止以野生动物收容救护为名买卖野生动物及其制品。

第十六条　县级以上人民政府野生动物保护主管部门、兽医主管部门,应当按照职责分工对野生动物疫源疫病进行监测,组织开展预测、预报等工作,并按照规定制定野生动物疫情应急预案,报同级人民政府批准或者备案。

县级以上人民政府野生动物保护主管部门、兽医主管部门、卫生主管部门,应当按照职责分工负责与人畜共患传染病有关的动物传染病的防治管理工作。

第十七条　国家加强对野生动物遗传资源的保护,对濒危野生动物实施抢救性保护。

国务院野生动物保护主管部门应当会同国务院有关部门制定有关野生动物遗传资源保护和利用规划,建立国家野生动物遗传资源基因库,对原产我国的珍贵、濒危野生动物遗传资源实行重点保护。

第十八条　有关地方人民政府应当采取措施,预防、控制野生动物可能造成的危害,保障人畜安全和农业、林业生产。

第十九条　因保护本法规定保护的野生动物,造成人员伤亡、农作物或者其他财产损失的,由当地人民政府给予补偿。具体办法由省、自治区、直辖市人民政府制定。有关地方人民政府可以推动保险机构开展野生动物致害赔偿保险业务。

有关地方人民政府采取预防、控制国家重点保护野生动物造成危害的措施以及实行补偿所需经费,由中央财政按照国家有关规定予以补助。

第三章　野生动物管理

第二十条　在相关自然保护区域和禁猎(渔)区、禁猎(渔)期内,禁止猎捕以及其他妨碍野生动物生息繁衍的活动,但法律法规另有规定的除外。

野生动物迁徙洄游期间,在前款规定区域外的迁徙洄游通道内,禁止猎捕并严格限制其他妨碍野生动物生息繁衍的活动。迁徙洄游通道的范围以及妨碍野生动物生息繁衍活动的内容,由县级以上人民政府或者其野生动物保护主管部门规定并公布。

第二十一条　禁止猎捕、杀害国家重点保护野生动物。

因科学研究、种群调控、疫源疫病监测或者其他特殊情况,需要猎捕国家一级保护野生动物的,应当向国务院野生动物保护主管部门申请特许猎捕证;需要猎捕国家二级保护野生动物的,应当向省、自治区、直辖市人民政府野生动物保护主管部门申请特许猎捕证。

第二十二条 猎捕非国家重点保护野生动物的,应当依法取得县级以上地方人民政府野生动物保护主管部门核发的狩猎证,并且服从猎捕量限额管理。

第二十三条 猎捕者应当按照特许猎捕证、狩猎证规定的种类、数量、地点、工具、方法和期限进行猎捕。

持枪猎捕的,应当依法取得公安机关核发的持枪证。

第二十四条 禁止使用毒药、爆炸物、电击或者电子诱捕装置以及猎套、猎夹、地枪、排铳等工具进行猎捕,禁止使用夜间照明行猎、歼灭性围猎、捣毁巢穴、火攻、烟熏、网捕等方法进行猎捕,但因科学研究确需网捕、电子诱捕的除外。

前款规定以外的禁止使用的猎捕工具和方法,由县级以上地方人民政府规定并公布。

第二十五条 国家支持有关科学研究机构因物种保护目的人工繁育国家重点保护野生动物。

前款规定以外的人工繁育国家重点保护野生动物实行许可制度。人工繁育国家重点保护野生动物的,应当经省、自治区、直辖市人民政府野生动物保护主管部门批准,取得人工繁育许可证,但国务院对批准机关另有规定的除外。

人工繁育国家重点保护野生动物应当使用人工繁育子代种源,建立物种系谱、繁育档案和个体数据。因物种保护目的确需采用野外种源的,适用本法第二十一条和第二十三条的规定。

本法所称人工繁育子代,是指人工控制条件下繁殖出生的子代个体且其亲本也在人工控制条件下出生。

第二十六条 人工繁育国家重点保护野生动物应当有利于物种保护及其科学研究,不得破坏野外种群资源,并根据野生动物习性确保其具有必要的活动空间和生息繁衍、卫生健康条件,具备与其繁育目的、种类、发展规模相适应的场所、设施、技术,符合有关技术标准和防疫要求,不得虐待野生动物。

省级以上人民政府野生动物保护主管部门可以根据保护国家重点保护野生动物的需要,组织开展国家重点保护野生动物放归野外环境工作。

第二十七条 禁止出售、购买、利用国家重点保护野生动物及其制品。

因科学研究、人工繁育、公众展示展演、文物保护或者其他特殊情况,需要出售、购买、利用国家重点保护野生动物及其制品的,应当经省、自治区、直辖市人民政府野生动物保护主管部门批准,并按照规定取得和使用专用标识,保证可追溯,但国务院对批准机关另有规定的除外。

实行国家重点保护野生动物及其制品专用标识的范围和管理办法,由国务院野生动物保护主管部门规定。

出售、利用非国家重点保护野生动物的,应当提供狩猎、进出口等合法来源证明。

出售本条第二款、第四款规定的野生动物的,还应当依法附有检疫证明。

第二十八条 对人工繁育技术成熟稳定的国家重点保护野生动物,经科学论证,纳入国务院野生动物保护主管部门制定的人工繁育国家重点保护野生动物名录。对列入名录的野生动物及其制品,可以凭人工繁育许可证,按照省、自治区、直辖市人民政府野生动物保护主管部门核验的年度生产数量直接取得专用标识,凭专用标识出售和利用,保证可追溯。

对本法第十条规定的国家重点保护野生动物名录进行调整时,根据有关野外种群保护情况,可以对前款规定的有关人工繁育技术成熟稳定野生动物的人工种群,不再列入国家重点保护野生动物名录,实行与野外种群不同的管理措施,但应当依照本法第二十五条第二款和本条第一款的规定取得人工繁育许可证和专用标识。

第二十九条 利用野生动物及其制品的,应当以人工繁育种群为主,有利于野外种群养护,符合生态文明建设的要求,尊重社会公德,遵守法律法规和国家有关规定。

野生动物及其制品作为药品经营和利用的,还应当遵守有关药品管理的法律法规。

第三十条 禁止生产、经营使用国家重点保护野生动物及其制品制作的食品,或者使用没有合法来源证明的非国家重点保护野生动物及其制品制作的食品。

禁止为食用非法购买国家重点保护的野生动物及其制品。

第三十一条 禁止为出售、购买、利用野生动物或者禁止使用的猎捕工具发布广告。禁止为违法出售、购买、利用野生动物制品发布广告。

第三十二条 禁止网络交易平台、商品交易市场等交易场所,为违法出售、购买、利用野生动物及其制品或者禁止使用的猎捕工具提供交易服务。

第三十三条 运输、携带、寄递国家重点保护野生动物及其制品、本法第二十八条第二款规定的野生动物及其制品出县境的,应当持有或者附有本法第二十一条、第二十五条、第二十七条或者第二十八条规定的许可证、批准文件的副本或者专用标识,以及检疫证明。

运输非国家重点保护野生动物出县境的,应当持有狩猎、进出口等合法来源证明,以及检疫证明。

第三十四条 县级以上人民政府野生动物保护主管部门应当对科学研究、人工繁育、公众展示展演等利用野生动物及其制品的活动进行监督管理。

县级以上人民政府其他有关部门,应当按照职责分工对野生动物及其制品出售、购买、利用、运输、寄递等活动进行监督检查。

第三十五条 中华人民共和国缔结或者参加的国际公约禁止或者限制贸易的野生动物或者其制品名录,由国家濒危物种进出口管理机构制定、调整并公布。

进出口列入前款名录的野生动物或者其制品的,出口国家重点保护野生动物或者其制品的,应当经国务院野生动物保护主管部门或者国务院批准,并取得国家濒危物种进出口管理机构核发的允许进出口证明书。依法实施进出境检疫。海关凭允许进出口证明书、检疫证明按照规定办理通关手续。

涉及科学技术保密的野生动物物种的出口,按照国务院有关规定办理。

列入本条第一款名录的野生动物,经国务院野生动物保护主管部门核准,在本法适用范围内可以按照国家重点保护的野生动物管理。

第三十六条 国家组织开展野生动物保护及相关执法活动的国际合作与交流;建立

防范、打击野生动物及其制品的走私和非法贸易的部门协调机制,开展防范、打击走私和非法贸易行动。

第三十七条 从境外引进野生动物物种的,应当经国务院野生动物保护主管部门批准。从境外引进列入本法第三十五条第一款名录的野生动物,还应当依法取得允许进出口证明书。依法实施进境检疫。海关凭进口批准文件或者允许进出口证明书以及检疫证明按照规定办理通关手续。

从境外引进野生动物物种的,应当采取安全可靠的防范措施,防止其进入野外环境,避免对生态系统造成危害。确需将其放归野外的,按照国家有关规定执行。

第三十八条 任何组织和个人将野生动物放生至野外环境,应当选择适合放生地野外生存的当地物种,不得干扰当地居民的正常生活、生产,避免对生态系统造成危害。随意放生野生动物,造成他人人身、财产损害或者危害生态系统的,依法承担法律责任。

第三十九条 禁止伪造、变造、买卖、转让、租借特许猎捕证、狩猎证、人工繁育许可证及专用标识,出售、购买、利用国家重点保护野生动物及其制品的批准文件,或者允许进出口证明书、进出口等批准文件。

前款规定的有关许可证书、专用标识、批准文件的发放情况,应当依法公开。

第四十条 外国人在我国对国家重点保护野生动物进行野外考察或者在野外拍摄电影、录像,应当经省、自治区、直辖市人民政府野生动物保护主管部门或者其授权的单位批准,并遵守有关法律法规规定。

第四十一条 地方重点保护野生动物和其他非国家重点保护野生动物的管理办法,由省、自治区、直辖市人民代表大会或者其常务委员会制定。

第四章 法律责任

第四十二条 野生动物保护主管部门或者其他有关部门、机关不依法作出行政许可决定,发现违法行为或者接到对违法行为的举报不予查处或者不依法查处,或者有滥用职权等其他不依法履行职责的行为的,由本级人民政府或者上级人民政府有关部门、机关责令改正,对负有责任的主管人员和其他直接责任人员依法给予记过、记大过或者降级处分;造成严重后果的,给予撤职或者开除处分,其主要负责人应当引咎辞职;构成犯罪的,依法追究刑事责任。

第四十三条 违反本法第十二条第三款、第十二条第二款规定的,依照有关法律法规的规定处罚。

第四十四条 违反本法第十五条第三款规定,以收容救护为名买卖野生动物及其制品的,由县级以上人民政府野生动物保护主管部门没收野生动物及其制品、违法所得,并处野生动物及其制品价值二倍以上十倍以下的罚款,将有关违法信息记入社会诚信档案,向社会公布;构成犯罪的,依法追究刑事责任。

第四十五条 违反本法第二十条、第二十一条、第二十三条第一款、第二十四条第一款规定,在相关自然保护区域、禁猎(渔)区、禁猎(渔)期猎捕国家重点保护野生动物,未取得特许猎捕证、未按照特许猎捕证规定猎捕、杀害国家重点保护野生动物,或者使用禁用的工具、方法猎捕国家重点保护野生动物的,由县级以上人民政府野生动物保护主管部门、海洋执法部门或者有关保护区域管理机构按照职责分工没收猎获物、猎捕工具和违法所得,吊销特许猎捕证,并处猎获物价值二倍以上十倍以下的罚款;没有猎获物的,并处一万元以上五万元以下的罚款;构成犯罪的,依法追究刑事责任。

第四十六条 违反本法第二十条、第二十二条、第二十三条第一款、第二十四条第一款规定,在相关自然保护区域、禁猎(渔)区、禁猎(渔)期猎捕非国家重点保护野生动物,未取得狩猎证、未按照狩猎证规定猎捕非国家重点保护野生动物,或者使用禁用的工具、方法猎捕非国家重点保护野生动物的,由县级以上地方人民政府野生动物保护主管部门或者有关保护区域管理机构按照职责分工没收猎获物、猎捕工具和违法所得,吊销狩猎证,并处猎获物价值一倍以上五倍以下的罚款;没有猎获物的,并处二千元以上一万元以下的罚款;构成犯罪的,依法追究刑事责任。

违反本法第二十三条第二款规定,未取得持枪证持枪猎捕野生动物,构成违反治安管理行为的,由公安机关依法给予治安管理处罚;构成犯罪的,依法追究刑事责任。

第四十七条 违反本法第二十五条第二款规定,未取得人工繁育许可证繁育国家重点保护野生动物或者本法第二十八条第二款规定的野生动物的,由县级以上人民政府野生动物保护主管部门没收野生动物及其制品,并处野生动物及其制品价值一倍以上五倍以下的罚款。

第四十八条 违反本法第二十七条第一款和第二款、第二十八条第一款、第三十三条第一款规定,未经批准、未取得或者未按照规定使用专用标识,或者未持有、未附有人工繁育许可证、批准文件的副本或者专用标识出售、购买、利用、运输、携带、寄递国家重点保护野生动物及其制品或者本法第二十八条第二款规定的野生动物及其制品的,由县级以上人民政府野生动物保护主管部门或者工商行政管理部门按照职责分工没收野生动物及其制品和违法所得,并处野生动物及其制品价值二倍以上十倍以下的罚款;情节严重的,吊销人工繁育许可证、撤销批准文件、收回专用标识;构成犯罪的,依法追究刑事责任。

违反本法第二十七条第四款、第三十三条第二款规定,未持有合法来源证明出售、利用、运输非国家重点保护野生动物的,由县级以上地方人民政府野生动物保护主管部门或者工商行政管理部门按照职责分工没收野生动物,并处野生动物价值一倍以上五倍以下的罚款。

违反本法第二十七条第五款、第三十三条规定,出售、运输、携带、寄递有关野生动物及其制品未持有或者未附有检疫证明的,依照《中华人民共和国动物防疫法》的规定处罚。

第四十九条 违反本法第三十条规定,生产、经营使用国家重点保护野生动物及其制品或者没有合法来源证明的非国家重点保护野生动物及其制品制作食品,或者为食用非法购买国家重点保护的野生动物及其制品的,由县级以上人民政府野生动物保护主管部门或者工商行政管理部门按照职责分工责令停止违法行为,没收野生动物及其制品和违法所得,并处野生动物及其制品价值二倍以上十倍以下的罚款;构成犯罪的,依法追究刑事责任。

第五十条 违反本法第三十一条规定,为出售、购买、利用野生动物及其制品或者禁止使用的猎捕工具发布广告的,依照《中华人民共和国广告法》的规定处罚。

第五十一条 违反本法第三十二条规定,为违法出售、购买、利用野生动物及其制品或者禁止使用的猎捕工具提供交易服务的,由县级以上人民政府工商行政管理部门责令停止违法行为,限期改正,没收违法所得,并处违法所得二倍以上五倍以下的罚款;没有违法所得的,处一万元以上五万元以下的罚款;构成犯罪的,依法追究刑事责任。

第五十二条 违反本法第三十五条规定,进出口野生动物或者其制品的,由海关、检验检疫、公安机关、海洋执法部门依照法律、行政法规和国家有关规定处罚;构成犯罪的,依法追究刑事责任。

第五十三条 违反本法第三十七条第一款规定,从境外引进野生动物物种的,由县级以上人民政府野生动物保护主管部门没收所引进的野生动物,并处五万元以上二十五万元以下的罚款;未依法实施进境检疫的,依照《中华人民共和国进出境动植物检疫法》的规定处罚;构成犯罪的,依法追究刑事责任。

第五十四条 违反本法第三十七条第二款规定,将从境外引进的野生动物放归野外环境的,由县级以上人民政府野生动物保护主管部门责令限期捕回,处一万元以上五万元以下的罚款;逾期不捕回的,由有关野生动物保护主管部门代为捕回或者采取降低影响的措施,所需费用由被责令限期捕回者承担。

第五十五条 违反本法第三十九条第一款规定,伪造、变造、买卖、转让、租借有关证件、专用标识或者有关批准文件的,由县级以上人民政府野生动物保护主管部门没收违法证件、专用标识、有关批准文件和违法所得,并处五万元以上二十五万元以下的罚款;构成违反治安管理行为的,由公安机关依法给予治安管理处罚;构成犯罪的,依法追究刑事责任。

第五十六条 依照本法规定没收的实物,由县级以上人民政府野生动物保护主管部门或者其授权的单位按照规定处理。

第五十七条 本法规定的猎获物价值、野生动物及其制品价值的评估标准和方法,由国务院野生动物保护主管部门制定。

第五章 附则

第五十八条 本法自 2017 年 1 月 1 日起施行。

附录 5

国家重点保护野生动物名录

(1988 年 12 月 10 日国务院批准 1989 年 1 月 14 日林业部农业部发布施行)

中名	学名	保护级别 I 级	II 级
兽纲 MAMMALIA			
灵长目	PRIMATES		
懒猴科	Lorisidae		
蜂猴(所有种)	*Nycticebus* spp.	I	
猴科	Cercopithecidae		
熊猴	*Macaca assamensis*	I	
台湾猴	*Macaca cyclopis*		
猕猴	*Macaca mulatta*		II
豚尾猴	*Macaca nemestrina*	I	
藏酋猴	*Macaca thibetana*		II
叶猴(所有种)	*Prsbytis* spp.	I	
金丝猴(所有种)	*Rhinopithecus* spp.	I	
猩猩科	Pongidae		
长臂猿(所有种)	*Hylobates* spp.	I	
鳞甲目	PHOLIDOTA		
鲮鲤科	Manidae		
穿山甲	*Manis pentadactyla*	I	
食肉目	CARNIVORA		
犬科	Canidae		
豺	*Cuon alpinus*		
熊科	Ursidae		
黑熊	*Selenaretos thibetanus*		
棕熊	*Ursus arctos*		II
(包括马熊)	(*U. a. pruinosus*)		
马来熊	*Hclarctos malayanus*	I	

附录5 续表

中名	学名	保护级别 I级	II级
兽纲 MAMMALIA			
浣熊科	Procynidae		
小熊猫	*Ailurus fulgens*		II
大熊猫科	Ailuropodidae		
大熊猫	*Ailuropoda melanoleuca*	I	
鼬科	Mustelidae		
石貂	*Martes foina*		II
紫貂	*Martes zibellina*	I	
黄喉貂	*Martes flavigula*		II
貂熊	*Gulo gulo*	I	
*水獭(所有种)	*Lutra* spp.		II
*小爪水獭	*Aonyx cinerea*		II
灵猫科	Viverridae		
斑林狸	*Prionodon pardicolor*		II
大灵猫	*Viverra zibetha*		II
小灵猫	*Viverricula indica*		II
熊狸	*Arctictis binturong*	I	
猫科	Feidae		
草原斑猫	*Felis lybica*(=*silvestris*)		II
荒漠猫	*Felis bieti*		II
丛林猫	*Felis chaus*		II
猞猁	*Felis lynx*		II
兔狲	*Felis manul*		II
金猫	*Felis temmincki*		II
渔猫	*Felis viverrinus*		II
云豹	*Neofelis nebulosa*	I	
豹	*Panthera pardus*	I	
虎	*Panthera tigris*	I	
雪豹	*Panthera uncia*	I	
*鳍足目(所有种)	PINNIIEDIA		II

附录 5 续表

中名	学名	保护级别 I级	II级
兽纲 MAMMALIA			
海牛目	SIRENIA		
儒艮科	Dugongidae		
*儒艮	*Dugong dugong*	I	
鲸目	CETACEA		
喙豚科	Platanistidae		
*白鱀豚	*Lipotes vexillifer*	I	
海豚科	Delphinidae		
*中华白海豚	*Sousa chinensis*	I	
*其他鲸类	(Cetacea)		II
长鼻目	PROBOSCIDEA		
象科	Elephantidae		
亚洲象	*Elephas maximus*	I	
奇蹄目	PERISSODACTYLA		
马科	Equidae		
蒙古野驴	*Equus hemionus*	I	
西藏野驴	*Equus kiang*	I	
野马	*Equus przewalskii*	I	
偶蹄目	ARTIODACTYLA		
驼科	Camelidae		
野骆驼	*Camelus feruse*(=*bactrianus*)	I	
鼷鹿科	Tragulidae		
鼷鹿	*Tragulus javanicus*	I	
麝科	Moschidae		
麝(所有种)	*Moschus* spp.		II
鹿科	Cervidae		
河麂	*Hydropotes inermis*		II
黑麂	*Muntiacus crinifrons*	I	
白唇鹿	*Cervus albirostris*	I	
马鹿	*Cervus elaphus*		II

附录5 续表

中名	学名	保护级别 I级	保护级别 II级
兽纲 MAMMALIA			
（包括白臀鹿）	(*C. e. macneilli*)		
坡鹿	*Cervus eldi*	I	
梅花鹿	*Cervus nippon*	I	
豚鹿	*Cervus porcinus*	I	
水鹿	*Cervus unicolor*		II
麋鹿	*Elaphurus davidianus*	I	
驼鹿	*Alces alces*		II
牛科	Bovidae		
野牛	*Bos gaurus*	I	
野牦牛	*Bos mutus* (=*grunniens*)	I	
黄羊	*Procapra gutturosa*		II
普氏原羚	*Procapra przewalskii*	I	
藏原羚	*Procapra picticaudata*		II
鹅喉羚	*Gazella subgutturosa*		II
藏羚	*Pantholops hodysoni*	I	
高鼻羚羊	*Saiga tatarica*	I	
扭角羚	*Budorcas taxicolor*	I	
鬣羚	*Capricornis sumatraensis*		II
台湾鬣羚	*Capricornis crispus*	I	
赤斑羚	*Naemorhedus cranbrooki*	I	
斑羚	*Naemorhedus goral*		II
塔尔羊	*Hemitragus jemlahicus*	I	
北山羊	*Capra ibex*	I	
岩羊	*Pseudois nayaur*		II
盘羊	*Ovis ammon*		II
兔形目	LAGOMORPHA		
兔科	Leporidae		
海南兔	*Lepus peguensis hainanus*		II
雪兔	*Lepus timidus*		II

附录 5 续表

中名	学名	保护级别 I 级	II 级
兽纲 MAMMALIA			
塔里木兔	*Lepus yarkandensis*		II
啮齿目	RODENTLA		
松鼠科	Sciuridae		
巨松鼠	*Ratufa bicolor*		II
河狸科	Castoridae		
河狸	*Castor fiber*	I	
鸟纲 AVES			
䴙䴘目	PODICIPEDIFORMES		
䴙䴘科	Podicipedidae		
角䴙䴘	*Podiceps auritus*		II
赤颈䴙䴘	*Podiceps grisegena*		II
鹱形目	PROCELLARIIFORMES		
信天翁科	Diomedeidae		
短尾信天翁	*Diomedea albatrus*	I	
鹈形目	PELECANIFORMES		
鹈鹕科	Pelecanidae		
鹈鹕(所有种)	*Pelecanus* spp.		II
鲣鸟科	Sulidae		
鲣鸟(所有种)	*Sula* spp.		II
鸬鹚科	Phalacrocoracidae		
海鸬鹚	*Phalacrocorax pelagicus*		II
黑颈鸬鹚	*Phalacrocorax niger*		II
军舰鸟科	Fregatidae		
白腹军舰鸟	*Fregata andrewsi*	I	
鹳形目	CICONIIFORMES		
鹭科	Ardeidae		
黄嘴白鹭	*Egretta eulophotes*		II
岩鹭	*Egretta sacra*		II
海南虎斑鳽	*Gorsachius magnificus*		II

附录5 续表

中名	学名	保护级别 I级	II级
	鸟纲 AVES		
小苇鳽	*Ixbrychus minutus*		II
鹳科	Ciconiidae		
彩鹳	*Ibis leucocephalus*		II
白鹳	*Ciconia ciconia*	I	
黑鹳	*Ciconin migra*	I	
鹮科	Threskiornithidae		
白鹮	*Threskiornis aethiopicu*		II
黑鹮	*Pseudibis papillosa*		II
朱鹮	*Nipponia nippon*	I	
彩鹮	*Plegadis falcinellus*		II
白琵鹭	*Platalea leucorodia*		II
黑脸琵鹭	*Platalea minor*		II
雁形目	ANSERIFORMES		
鸭科	Anatidae		
红胸黑雁	*Branta ruficollis*		II
白额雁	*Anser albifrons*		II
天鹅(所有种)	*Cygnus* spp.		II
鸳鸯	*Aix galericulata*		II
中华秋沙鸭	*Mergus squamatus*	I	
隼形目	FALCONIFORMES		
鹰科	Accipitridae		
金雕	*Aquila chrysaetos*	I	
白肩雕	*Aquila heliaca*	I	
玉带海雕	*Haliaeetus leucoryphus*	I	
白尾海雕	*Haliaeetus albcilla*	I	
虎头海雕	*Haliaeetus pelagicus*	I	
拟兀鹫	*Pseudogyps bengalensis*	I	
胡兀鹫	*Gypaetus barbatus*	I	
其他鹰类	(Accipitridae)		II

附录 5 续表

中名	学名	保护级别	
		I 级	II 级
鸟纲 AVES			
隼科(所有种)	Falconide		II
鸡形目	GALLIFORMES		
松鸡科	Tetraonidae		
细嘴松鸡	*Tetrao parvirostris*	I	
黑琴鸡	*Lyrurus tetrix*		II
柳雷鸟	*Lagopus lagopus*		II
岩雷鸟	*Lagopus mutus*		II
镰翅鸟	*Falcipennis falcipennis*		II
花尾榛鸡	*Tetrastes bonasia*		II
斑尾榛鸡	*Tetrastes sewerzowi*	I	
雉科	Phasianidae		
雪鸡(所有种)	*Tetraogallus* spp.		II
雉鹑	*Tetraophasis obscurus*	I	
四川山鹧鸪	*Arborophila rufipectus*	I	
海南山鹧鸪	*Arborophila ardens*	I	
血雉	*Ithaginis cruentus*		II
黑头角雉	*Tragopan melanocephalus*	I	
红胸角雉	*Tragopan satyra*	I	
灰腹角雉	*Tragopan biythii*	I	
红腹角雉	*Tragopan temminckii*		II
黄腹角雉	*Tragopan caboti*	I	
虹雉(所有种)	*Lophophorus* spp.	I	
藏马鸡	*Crossoptilon crossoptilon*		II
蓝马鸡	*Crossoptilon auritum*		II
褐马鸡	*Crossoptilon mantchuricum*	I	
黑鹇	*Lophura leucomalana*		II
白鹇	*Lophura nycthemera*		II
蓝鹇	*Lophura swinhoii*	I	
原鸡	*Gallus gallus*		II

附录5 续表

中名	学名	保护级别 I级	II级
鸟纲 AVES			
勺鸡	*Pucrasia macrolopha*		II
黑颈长尾雉	*Syrmaticus humiae*	I	
白冠长尾雉	*Syrmaticus reevesii*		II
白颈长尾雉	*Syrmaticus ellioti*	I	
黑长尾雉	*Syrmaticus mikado*	I	
锦鸡(所有种)	*Chrysolophus* spp.		II
孔雀雉	*Polyplectron bicalcaratum*	I	
绿孔雀	*Pavo muticus*	I	
鹤形目	GRUIGORMES		
鹤科	Gruidae		
灰鹤	*Grus grus*		II
黑颈鹤	*Grus nigricollis*	I	
白头鹤	*Grus monacha*	I	
沙丘鹤	*Grus canadensis*		II
丹顶鹤	*Grus japonensis*	I	
白枕鹤	*Grus vipio*		II
白鹤	*Grus leucogeranus*	I	
赤颈鹤	*Grus antigone*	I	
蓑羽鹤	*Anthropoides virgo*		II
秧鸡科	Rallisae		
长脚秧鸡	*Crex crex*		II
姬田鸡	*Porzana parva*		II
棕背田鸡	*Porzana bicolor*		II
花田鸡	*Coturnicops noveboracensis*		II
鸨科	Otidae		
鸨(所有种)	*Otis* spp.	I	
鸻形目	CHARADRIIFORMES		
雉鸻科	Jacanidae		
铜翅水雉	*Metopidius indicus*		II

附录 5 续表

中名	学名	保护级别	
		Ⅰ级	Ⅱ级
鸟纲 AVES			
鹬科	Solopacidae		
小杓鹬	*Numenius borealis*		Ⅱ
小青脚鹬	*Tringa guttifer*		Ⅱ
燕鸻科	Glarcolidae		
灰燕鸻	*Glareola lactea*		Ⅱ
鸥形目	LARIFORMES		
鸥科	Laridae		
遗鸥	*Larus relictus*	Ⅰ	
小鸥	*Larus minutus*		Ⅱ
黑浮鸥	*Chlidonias niger*		Ⅱ
黄嘴河燕鸥	*Sterna aurantia*		Ⅱ
黑嘴端凤头燕鸥	*Thalasseus zimmrtmanni*		Ⅱ
鸽形目	COLUMBIFORMES		
沙鸡科	Pteroclididae		
黑腹沙鸡	*Pteroles orientalis*		Ⅱ
鸠鸽科	Columbidae		
绿鸠(所有种)	*Treron* spp.		Ⅱ
黑颏果鸠	*Ptilinopus leclancheri*		Ⅱ
皇鸠(所有种)	*Ducula* spp.		Ⅱ
斑尾林鸽	*Columba palumbus*		Ⅱ
鹃鸠(所有种)	*Macropygia* spp.		Ⅱ
鹦形目	PSITTACIFORMES		
鹦鹉科(所有种)	Psittacidae		Ⅱ
鹃形目	CUCULIFORMES		
杜鹃科	Cuculidae		
鸦鹃(所有种)	*Centropus* spp.		Ⅱ
鸮形目(所有种)	STRIGIFORMES		Ⅱ
雨燕目	APODIFORMBS		
雨燕科	Apodidae		

附录5 续表

中名	学名	保护级别 I级	保护级别 II级
鸟纲 AVES			
灰喉针尾雨燕	*Hirundapus cochinchinensis*		II
凤头雨燕科	Hemiprocnidae		
凤头雨燕	*Hemiprocne longipennis*		II
咬鹃目	TROGONIFORMES		
咬鹃科	Trogonidae		
橙胸咬鹃	*Harpactes oreskios*		II
佛法僧目	CORACIIFORMES		
翠鸟科	Alcedinidae		
蓝耳翠鸟	*Alcedo meninting*		II
鹳嘴翠鸟	*Pelargopsis capensis*		II
蜂虎科	Meropidae		
黑胸蜂虎	*Merops leschenaulti*		II
绿喉蜂虎	*Merops orientalis*		II
犀鸟科(所有种)	Bucerotidae		II
鴷形目	PICIFORMES		
啄木鸟科	Picidae		
白腹黑啄木鸟	*Dryocopus javensis*		II
雀形目	PASSERIFORMES		
阔嘴鸟科(所有种)	Eurylaimidae		II
八色鸫科(所有种)	Pittidae		II
爬行纲 REPTILIA			
龟鳖目	TESTUDOFORMES		
龟科	Emydidae		
*地龟	*Geoemyda spengleri*		II
*三线闭壳龟	*Cuora trifasciata*		II
*云南闭壳龟	*Cuora yunnanensis*		II
陆龟科	Testudinidae		
四爪陆龟	*Testudo horsfeldi*	I	
凹甲陆龟	*Manouria impressa*		II

附录 5 续表

中名	学名	保护级别 I级	II级
爬行纲 REPTILIA			
海龟科	Cheloniidae		
*蠵龟	*Caretta caretta*		II
*绿海龟	*Chelonia mydas*		II
*玳瑁	*Eretmochelys imbricata*		II
*太平洋丽龟	*Lepidochelys olivacea*		
棱皮龟科	Dermochelyidae		
*棱皮龟	*Dermochelys coriacea*		II
鳖科	Trionychidae		
*鼋	*Pelochelys bibroni*	I	
*山瑞鳖	*Trionyx steindachneri*		II
蜥蜴目	LACERTIFORMES		
壁虎科	Gekkonidae		
大壁虎	*Gekko gecko*		II
鳄蜥科	Shinisauridae		
鳄蜥	*Shinisaurus crocodilurus*	I	
巨蜥科	Varanidae		
巨蜥	*Varanus salvator*	I	
蛇目	SERPENTIFORMES		
蟒科	Boidae		
蟒	*Python molurus*	I	
鳄目	CROCODILIFORMES		
鳄科	Alligatoridae		
扬子鳄	*Alligator sinensis*	I	
两栖纲 AMPHIBIA			
有尾目	CAUDATA		
隐鳃鲵科	Cryptobranchidae		
*大鲵	*Andrias davidianus*		II
蝾螈科	Salamandridae		
*细痣疣螈	*Tylototriton asperrimus*		II
*镇海疣螈	*Tylototriton chinhaiensis*		II

附录5 续表

中名	学名	保护级别 I级	II级
两栖纲 AMPHIBIA			
*贵州疣螈	*Tylototriton kweichowensis*		II
*大凉疣螈	*Tylototriton taliangensis*		II
*红瘰疣螈	*Tylototriton verrucosus*		II
无尾目	ANURA		
蛙科	Ranidae		
虎纹蛙	*Rana tigrina*		II
鱼纲 PISCES			
鲈形目	PERCIFORMES		
石首鱼科	Sciaenidae		
*黄唇鱼	*Bahaba flavolabiata*		II
杜父鱼科	Cottidae		
*松江鲈鱼	*Trachidermus fasciatus*		II
海龙鱼目	SYNGNATHIFORMES		
海龙鱼科	Syngnathidae		
*克氏海马鱼	*Hippocampus kelloggi*		II
鲤形目	CYPRINIFORMES		
胭脂鱼科	Catostomidae		
*胭脂鱼	*Myxocyprinus asiaticus*		II
鲤科	Cyprinidae		
*唐鱼	*Tanichthys albonubes*		II
*大头鲤	*Cyprinus pellegrini*		II
*金线鲃	*Sinocyclocheilus grahami*		II
*新疆大头鱼	*Aspiorhynchus laticeps grahami*	I	
*大理裂腹鱼	*Schizothorax talensis*		II
鳗鲡目	ANGUILLIFORMES		
鳗鲡科	Anguillidae		
*花鳗鲡	*Anguilla marmorata*		II
鲑形目	SALMONIFORMES		
鲑科	Salmonidae		

附录 5 续表

中名	学名	保护级别 I级	II级
	鱼纲 PISCES		
*川陕哲罗鲑	*Hucho bleekeri*		II
*秦岭细鳞鲑	*Brac´ymystax lenok tsinlingensis*		II
鲟形目	ACIPENSERIFORMES		
鲟科	Acipenseridae		
*中华鲟	*Acipenser sinensis*	I	
*达氏鲟	*Acipenser dabryanus*	I	
匙吻鲟科	Polyodontidae		
*白鲟	*Psephurus gladius*	I	
	文昌鱼纲 APPENDICULARIA		
文昌鱼目	AMPHIOXIFORMES		
文昌鱼科	Branchiostomatidae		
*文昌鱼	*Branchiostoma belcheri*		II
	珊瑚纲 ANTHOZOA		
柳珊瑚目	GORGONACEA		
红珊瑚科	Coralliidae		
*红珊瑚	*Corallium* spp.	I	
	腹足纲 GASTROPODA		
中腹足目	MESOGASTROPODA		
宝贝科	Cypraeidae		
*虎斑宝贝	*Cypraea tigris*		II
冠螺科	Cassididae		
*冠螺	*Cassis cornuta*		II
	瓣鳃纲 LAMELLIBRANCHIA		
异柱目	ANISOMYARIA		
珍珠贝科	Pteriidae		
*大珠母贝	*Pinctada maxima*		II
真瓣鳃目	EULAMELLIBRANCHIA		
砗磲科	Tridacnidae		
*库氏砗磲	*Tridacna cookiana*	I	

附录5 续表

中名	学名	保护级别 I级	II级
	瓣鳃纲 LAMELLIBRANCHIA		
蚌科	Unionidae		
*佛耳丽蚌	*Lamprotula mansuyi*		II
	头足纲 CEPHALOPODA		
四鳃目	TETRABRANCHIA		
鹦鹉螺科	Nautilidae		
*鹦鹉螺	*Nautilus pompilius*	I	
	昆虫纲 INSECTA		
双尾目	DIPLURA		
铗𧊕科	Japygidae		
伟铗𧊕	*Atlasjapyx atlas*		II
蜻蜓目	ODONATA		
箭蜓科	Gomphidae		
尖板曦箭蜓	*Heliogomphus retroflexus*		II
宽纹北箭蜓	*Ophiogomphus spinicorne*		II
缺翅目	ZORAPTERA		
缺翅虫科	Zorotypidae		
中华缺翅虫	*Zorotypus sinensis*		II
墨脱缺翅虫	*Zorotypus medoensis*		II
蛩蠊目	GRYLLOBLATTODEA		
蛩蠊科	Grylloblattidae		
中华蛩蠊	*Galloisiana sinensis*	I	
鞘翅目	COLEOPTERA		
步甲科	Carabidae		
拉步甲	*Carabus (Coptolabrus) lafossei*		II
硕步甲	*Carabus (Apotopterus) davidi*		II
臂金龟科	Euchiridae		
彩臂金龟(所有种)	*Cheirotonus* spp.		II
犀金龟科	Dynastidae		
叉犀金龟	*Allomyrina davidis*		II

附录 5 续表

中名	学名	保护级别 I 级	II 级
昆虫纲 INSECTA			
鳞翅目	LEPIDOPTERA		
凤蝶科	Papilionidae		
金斑喙凤蝶	*Teinopalpus aureus*	I	
双尾褐凤蝶	*Bhutanitis mansfieldi*		II
三尾褐凤蝶	*Bhutanitis thaidina dongchuanensis*		II
中华虎凤蝶	*Luehdorfia chinensis huashanensis*		II
绢蝶科	Parnassidae		
阿波罗绢蝶	*Parnassius apollo*		II
肠鳃纲 ENTEROPNEUSTA			
柱头虫科	Balanoglossidae		
*多鳃孔舌形虫	*Glossobalanus polybranchioporus*	I	
玉钩虫科	Harrimaniidae		
*黄岛长吻虫	*Saccoglossus hwangtauensis*	I	

注:标"*"者由渔业行政管理部门主管,其余由林业主管部门主管。

附录6

河南省实施《中华人民共和国野生动物保护法》办法

(1995年6月24日河南省第八届人民代表大会常务委员会第十四次会议通过,根据1998年9月24日河南省第九届人民代表大会常务委员会第五次会议《关于修改〈河南省实施中华人民共和国野生动物保护法办法〉的决定》第一次修正,根据2005年1月14日河南省第十届人民代表大会常务委员会第十三次会议《关于修改〈河南省实施中华人民共和国野生动物保护法办法〉的决定》第二次修正)

第一章 总则

第一条 根据《中华人民共和国野生动物保护法》(以下简称《野生动物保护法》)和国家有关规定,结合我省实际情况,制定本办法。

第二条 在本省行政区域内从事野生动物的保护、管理、驯养繁殖、开发利用和科学研究等活动,必须遵守本办法。

第三条 本办法规定保护的野生动物,是指国家和省重点保护的珍贵、濒危陆生、水生野生动物以及国家保护的有益的或者有重要经济价值、科学研究价值的陆生野生动物。

本办法所称野生动物产品,是指野生动物的任何部分及其衍生物。

第四条 各级人民政府应当加强对本行政区域内野生动物保护管理工作的领导。

县级以上人民政府林业、渔业行政主管部门(以下简称野生动物行政主管部门)分别主管本行政区域内陆生、水生野生动物的保护管理工作。公安、工商行政管理、海关、医药、卫生、邮政、运输等有关部门应当协同野生动物行政主管部门做好野生动物的保护管理工作。

第五条 公民有保护野生动物资源的义务。对侵占或者破坏野生动物资源的行为有权检举和控告。

第六条 对在野生动物资源保护、科学研究和驯养繁殖等方面成绩显著的单位和个人,由县级以上人民政府或者其野生动物行政主管部门给予奖励。

第二章 野生动物保护

第七条 各级人民政府应当组织开展保护野生动物的宣传教育,提高公民保护野生动物的意识。

每年4月21日至27日为我省"爱鸟周"。每年10月为我省"野生动物保护宣传月"。

第八条 省野生动物行政主管部门对本省内野生动物资源每五年调查一次,每十年普查一次,并建立健全资源档案,为制定野生动物资源保护发展方案、制定和调整本省内野生动物名录提供依据。

省重点保护野生动物名录及其调整,由省野生动物行政主管部门提出,报省人民政府批准公布,并报国务院备案。

第九条 省人民政府应当在国家和省重点保护野生动物的主要生息繁衍地区和水

域,划定自然保护区。自然保护区的划定和管理,按照国务院和省人民政府的有关规定执行。

对已批准建立自然保护区的,非经原批准机关批准,不得改变自然保护区的性质和范围。

禁猎区、禁渔区和禁猎期、禁渔期由县级以上人民政府或者其野生动物行政主管部门规定。省辖市、县(市、区)人民政府或者其野生动物行政主管部门规定的禁猎区、禁渔区和禁猎期、禁渔期应报省野生动物行政主管部门备案。

第十条 建设项目对国家和省重点保护野生动物的生存环境产生不利影响的,建设单位应提交环境影响报告书,并报野生动物行政主管部门。环境保护部门在审批时,应当征求同级野生动物行政主管部门的意见。

第十一条 县级以上野生动物行政主管部门应当采取生物技术措施和工程技术措施,维护和改善野生动物生存环境,保护和发展野生动物资源。

禁止任何单位和个人破坏野生动物的生息繁衍场所和生存条件。

第十二条 任何单位和个人发现国家和省重点保护野生动物受到自然灾害或者疾病威胁,以及受伤、迷途、被困时,应当采取紧急救护措施,并及时报告当地野生动物行政主管部门,也可以要求附近有救护条件的单位采取救护措施。

误捕野生动物的,应当无条件放生;对已死亡的野生动物,交由野生动物行政主管部门处理。

第十三条 在自然保护区以及国家和省重点保护野生动物集中繁殖地、越冬地、停歇地、产卵场、洄游通道、索饵场等,禁止排放工业污水、废气;禁止堆积、倾倒工业废渣、生活垃圾;禁止使用危及国家和省重点保护野生动物生存的剧毒药物。因特殊情况确需使用剧毒药物的,应报经当地县级野生动物行政主管部门批准,并采取有效的防范措施。

第十四条 省野生动物行政主管部门可以根据需要设立野生动物保护基金。基金来源包括财政专项拨款、野生动物保护机构自行筹集和国内外单位或个人捐赠等。基金的具体筹措、管理、使用办法由省人民政府另行制定。

第十五条 对危害人畜安全和农业、林业生产的野生动物,当地人民政府及其有关单位和个人应当采取预防、控制措施。

为预防、控制野生动物造成的危害,确需采取必要措施时,须报省野生动物行政主管部门批准。

凡因自卫而击伤、击毙野生动物的,应当报当地野生动物行政主管部门调查处理。所获野生动物交当地野生动物行政主管部门处理。

第三章 野生动物猎捕、驯养繁殖和经营利用管理

第十六条 禁止非法猎捕、杀害野生动物。

因科学研究、驯养繁殖、展览或者其他特殊情况需要猎捕省重点保护野生动物和国家保护的有益的或者有重要经济价值、科学研究价值的陆生野生动物的,猎捕单位或者个人应当向野生动物行政主管部门提交猎捕申请书,经批准后发给狩猎证或者捕捉证。

经批准获得狩猎证或者捕捉证的,猎捕者应当按照规定实施猎捕活动。

第十七条 猎捕省重点保护野生动物的,经县(市、区)野生动物行政主管部门签署

意见,报省野生动物行政主管部门批准。

猎捕国家保护的有益的或者有重要经济价值、科学研究价值的陆生野生动物的,在本省辖市的,经县(市)野生动物行政主管部门签署意见,报省辖市野生动物行政主管部门或者其授权单位批准。跨省辖市以及外省单位和个人在河南省境内进行猎捕活动的,报省野生动物行政主管部门批准。

国家和省重点保护以外的水生野生动物的捕捉,依照《中华人民共和国渔业法》以及有关法规的规定办理。

第十八条 经批准持猎枪狩猎的,必须同时持有公安部门核发的持枪证。

第十九条 建立狩猎场,必须经省野生动物行政主管部门批准。建立对外国人开放的狩猎场,按照国家有关规定办理。

第二十条 鼓励驯养繁殖野生动物。

驯养繁殖省重点保护野生动物和国家保护的有益的或者有重要经济价值、科学研究价值的陆生野生动物的,应当持有县(市、区)野生动物行政主管部门核发的驯养繁殖许可证。

驯养繁殖国家重点保护以外的水生野生动物的,按照国家有关规定办理。

以生产经营为主要目的驯养繁殖野生动物的,应当凭驯养繁殖许可证,向工商行政管理部门办理注册登记。

第二十一条 禁止非法出售、收购野生动物及其产品。饭店、餐馆等饮食服务行业不得出售以保护的野生动物及其产品为原料的食品;不得用野生动物及其产品的名称或别称作菜谱招徕顾客。

因特殊情况出售、收购、利用省重点保护野生动物及其产品和国家保护的有益的或者有重要经济价值、科学研究价值的陆生野生动物及其产品的,必须经省野生动物行政主管部门或者其授权单位批准,并按照规定向指定单位出售、收购。

第二十二条 经营利用省重点保护野生动物及其产品和国家保护的有益的或者有重要经济价值、科学研究价值的陆生野生动物及其产品的,应当按照国家有关规定向县级野生动物行政主管部门申请领取野生动物经营许可证。

经批准依法经营利用野生动物及其产品的,必须按照经营许可证规定的年度经营利用限额指标从事经营利用活动,并按照国家和省有关规定缴纳野生动物资源保护管理费。

第二十三条 运输、携带省重点保护野生动物及其产品和国家保护的有益的或者有重要经济价值、科学研究价值的陆生野生动物及其产品出县境的,应当持县级野生动物行政主管部门核发的运输许可证;出省境的,应当持省野生动物行政主管部门核发的运输许可证。

铁路、交通、民航、邮政等承运单位和个人应当凭证运输和携带野生动物及其产品。商检、海关等部门和木材检查站,应当对运输、携带野生动物及其产品的行为进行检查。对违法运输、携带野生动物及其产品的,应当及时移交野生动物行政主管部门处理。

第二十四条 出口省重点保护野生动物及其产品和国家保护的有益的或者有重要经济价值、科学研究价值的陆生野生动物及其产品,须经省野生动物行政主管部门审查批准。并按照国家有关规定办理出口手续。

第二十五条 科研、教学等单位对野生动物进行野外考察、科学研究、采集标本、拍摄电影、录像,属省重点保护野生动物和国家保护的有益的或者有重要经济价值、科学研究价值的陆生野生动物的,由省野生动物行政主管部门统一安排,当地野生动物行政主管部门应当给予支持。

对采集标本或者以营利为目的拍摄电影、录像的,应当按照国家和省有关规定收取野生动物资源保护管理费。

第二十六条 野生动物行政主管部门依照本办法规定核发的有关许可证和证件,应当在接到申请之日起二个月内作出批准或者不批准的决定。国家另有规定的,从其规定。

第二十七条 经营利用野生动物或者其产品的,应当缴纳野生动物资源保护管理费。收费标准和办法,由省野生动物行政主管部门会同财政、物价部门制定,报省人民政府批准后施行。

第四章 法律责任

第二十八条 违反《野生动物保护法》及有关法规,《野生动物保护法》及有关法规有明确处罚规定的,按其规定进行处罚。

第二十九条 非法捕杀省重点保护野生动物的,由野生动物行政主管部门没收猎获物、猎捕工具和违法所得,吊销狩猎证或者捕捉证,并处以相当于实物价值十倍以下的罚款。

第三十条 非法捕杀国家保护的有益的或者有重要经济价值、科学研究价值的陆生野生动物的,由野生动物行政主管部门没收猎获物、猎捕工具和违法所得,吊销狩猎证,并处以相当于实物价值七倍以下的罚款。

第三十一条 违反本办法第十三条规定的,由野生动物行政主管部门处以二万元以下罚款。

第三十二条 对误捕野生动物不予放生的,由野生动物行政主管部门责令改正。拒不改正的,没收野生动物,并可处以实物价五倍以下的罚款。

第三十三条 违反本办法第二十条规定,未取得驯养繁殖许可证或者未按照驯养繁殖许可证规定驯养繁殖省重点保护野生动物和国家保护的有益的或者有重要经济价值、科学研究价值的陆生野生动物的,由野生动物行政主管部门没收违法所得,处以二千元以下罚款,并处没收野生动物、吊销驯养繁殖许可证。

第三十四条 未经批准,出售、收购、加工、运输、携带国家保护的有益的或者有重要经济价值、科学研究价值的陆生野生动物及其产品的,由工商行政管理部门或者野生动物行政主管部门没收实物和违法所得,并处以实物价值七倍以下的罚款。

第三十五条 违反本办法规定,不凭野生动物及其产品运输许可证承运、携带野生动物及其产品的,由野生动物行政主管部门对承运单位或者个人处以所运(带)实物价值百分之三十的罚款。

第三十六条 饭店、餐馆等饮食服务行业利用野生动物及其产品的名称或别称作菜谱招徕顾客的,由野生动物行政主管部门或者工商行政管理部门责令限期改正,逾期不予改正的,处以五千元以下的罚款。

第三十七条 伪造、倒卖、转让野生动物及其产品运输许可证、经营许可证的,由野生动物行政主管部门没收违法所得,并处以一万元以下的罚款。

第三十八条 在自然保护区、禁猎区、禁渔区破坏野生动物主要生息、繁衍场所的,由野生动物行政主管部门责令其停止破坏行为,限期恢复原状或者赔偿损失,并处以相当于恢复原状所需费用三倍以下的罚款。

第三十九条 对违法经营利用野生动物及其产品,进入集贸市场的,由工商行政管理部门或者其授权的野生动物行政主管部门查处;在集贸市场以外的,由野生动物行政主管部门或者工商行政管理部门查处。对同一违法行为不得作重复处罚。

第四十条 拒绝、阻碍野生动物管理人员依法执行职务,未使用暴力、威胁方法的,由公安机关依照《中华人民共和国治安管理处罚条例》处罚。

第四十一条 违反《野生动物保护法》和本办法,构成犯罪的,依法追究刑事责任。

第四十二条 野生动物行政主管部门及有关行政管理部门的工作人员玩忽职守、滥用职权、徇私舞弊的,由所在单位或者上级主管机关给予行政处分;构成犯罪的,依法追究刑事责任。

第四十三条 当事人对行政处罚决定不服的,可以在接到处罚通知之日起十五日内,向作出处罚决定机关的上一级机关申请复议;对上一级机关的复议决定不服的,可以在接到复议决定之日起十五日内,向法院起诉。当事人也可以在接到复议之日起十五日内直接向法院起诉。当事人逾期不申请复议或者不向法院起诉,又不履行处罚决定的,由作出处罚决定的机关申请法院强制执行。

第五章 附则

第四十四条 本办法的具体应用问题,由省野生动物行政主管部门负责解释。

第四十五条 本办法自公布之日起施行。

河南省人民代表大会常务委员会关于
修改《河南省实施〈中华人民共和国野生动物保护法〉办法》的决定

(2005年1月14日河南省第十届人民代表大会常务委员会第十三次会议通过)

河南省第十届人民代表大会常务委员会第十三次会议根据《中华人民共和国行政许可法》的规定,决定对《河南省实施〈中华人民共和国野生动物保护法〉办法》作如下修改:

一、第十九条修改为:"建立狩猎场,必须经省野生动物行政主管部门批准。建立对外国人开放的狩猎场,按照国家有关规定办理。"

二、第二十二条第一款修改为:"经营利用省重点保护野生动物及其产品和国家保护的有益的或者有重要经济价值、科学研究价值的陆生野生动物及其产品的,应当按照国家有关规定向县级野生动物行政主管部门申请领取野生动物经营许可证。"

三、删去第二十六条第二款。

四、删去第四十二条。

五、删去第四十三条。

本决定自2005年3月1日起施行。

《河南省实施〈中华人民共和国野生动物保护法〉办法》根据本决定作修改并对条款

顺序作调整后,重新公布。

参考文献

[1] 丁汉波.脊椎动物学[M].北京:高等教育出版社,1983.

[2] 尹文英.中国土壤动物检索图鉴[M].北京:科学出版社,1998.

[3] 王廷正,许文贤.陕西啮齿动物志[M].西安:陕西师范大学出版社,1992.

[4] 王德兴,方荣盛,廉振民.动物学野外实习指导[M].西安:陕西师范大学出版社,1991.

[5] 田婉淑,江耀明.中国两栖爬行动物鉴定手册[M].北京:科学出版社,1986.

[6] 刘凌云,郑光美.普通动物学[M].3版.北京:高等教育出版社,1997.

[7] 孙儒泳.动物生态学原理[M].2版.北京:北京师范大学出版社,1992.

[8] 张荣祖.中国哺乳动物分布[M].北京:中国林业出版社,1997.

[9] 杨安峰.脊椎动物学[M].2版.北京:北京大学出版社,1992.

[10] 肖方.野生动植物标本制作[M].北京:科学出版社,1999.

[11] 陈广文,李仲辉.动物学实验指导[M].兰州:兰州大学出版社,2004.

[12] 陈化鹏,高中信.野生动物生态学[M].哈尔滨:东北林业大学出版社,1993.

[13] 武永华,杨奇森.兽类骨骼标本制新方法:碱性蛋白酶消化法[J].兽类学报,2009.

[14] 和振武,许人和.无脊椎动物实验和野外实习[M].郑州:河南教育出版社,1992.

[15] 郑作新.中国鸟类系统检索[M].3版.北京:科学出版社,2002.

[16] 郑作新.脊椎动物分类学[M].北京:农业出版社,1982.

[17] 费梁,叶昌媛,黄永昭.中国两栖动物检索[M].重庆:科学技术文献出版社重庆分社,1990.

[18] 唐子英,唐子明,唐庆瑜.脊椎动物标本制作[M].上海:复旦大学出版社,1985.

[19] 彩万志,庞雄飞,花保祯,等.普通昆虫学[M].北京:中国农业大学出版社,2001.

[20] 盛和林,王岐山.脊椎动物学野外实习指导[M].北京:高等教育出版社,1982.

[21] 傅桐生,高伟,宋榆均.鸟类分类及生态学[M].北京:高等教育出版社,1987.

[22] 新乡师范学院生物系鱼类志编写组.河南鱼类志[M].郑州:河南科学技术出版社,1984.

[23] 路纪琪,吕国强,李新民.河南啮齿动物志[M].郑州:河南科学技术出版社,1997.

[24] 路纪琪,王振龙.河南啮齿动物区系与生态[M].郑州:郑州大学出版社,2012.

[25] 赛道建.动物学野外实习教程[M].北京:科学出版社,2005.

[26] 瞿文元.河南珍稀濒危动物[M].郑州:河南科学技术出版社,2000.

[27]赵海鹏,王庆合,王春平,等.河南两栖动物资源现状与区系分析[J].河南大学学报:自然科学版,2015.

后 记

> 天高云淡，
> 望断南飞雁。
> 不到长城非好汉，
> 屈指行程二万。
> 六盘山上高峰，
> 红旗漫卷西风。
> 今日长缨在手，
> 何时缚住苍龙？

毛泽东的这首《清平乐 六盘山》总能勾起我的思绪和回忆，因为我的动物学野外实习就是在六盘山区（宁夏回族自治区泾源县）完成的。我们也是到六盘山地区进行野外实习的兰州大学动物学专业第一届学生，时在1983年的6—7月份，历一月。我们的实习还有另外一项重大使命：为当地的野生动物资源本底调查服务。

进入大学之后，经过一年的《普通动物学》课程学习，已经有了对动物、动物学的初步认识。但是，那毕竟是书本上的理论。能够有机会到大自然中、以较为专业的身份去观察、了解、体会动物，心中当然充满了期待与热情。正是通过亲历野外实习，方知其对动物学之重要与必要。

我们82级动物学专业只有19名学生，却配备了有力的实习指导教师队伍，包括王香亭先生、唐迎秋老师、刘廼发老师、罗文英老师、陈强师兄（79级动物学专业，当年刚毕业，准备留校工作），还有从校医院聘请的随队医生高大夫。俟大学毕业、参加工作之后，我才知道王香亭先生有"海陆空"之誉，盖因其以研究鱼类立身，亦涉猎两栖类、爬行类、鸟类、兽类等领域且颇有建树之故。实习期间，与老师们朝夕相处，近距离感受到各位老师的个性与风采。更重要的是，通过老师的指导和自我实践，我学到了许多课堂上未曾讲过的知识，特别是动物标本采集与制作等方面的技能。忘不了，我亲手制作的第一个动物剥制标本（生态标本）是一只野兔；实习结束前，我还在一个昆虫盒里，用鞘翅目的一种昆虫（好像是一种金龟子）的许多针插标本，精心组合出"六盘山林业局"几个字。当然，这些标本都留给了当地林业局。噫吁嚱，弹指一挥间，标本尚在否？

在过去的很长时间里，猎枪是进行野生脊椎动物资源调查和专项研究的必备工具，我们自然也没少用过。猎枪有单管的、双管的，双管的又分为竖列的和横排的。我正是在野外实习期间，学会了制作子弹、上膛、持枪、瞄准、射击等。实习队还有一杆小口径步枪，由罗文英老师专用。经罗老师同意，我曾用小口径步枪打过两发子弹，因此而保留了两个弹壳。步枪与猎枪射击是完全不同的感觉，你能够真切地听到子弹出膛时的"jiu——"音。在我的印象中，猎枪一直使用到20世纪90年代初期，以后还用过气枪。再往后，枪支就被严格管制，不准持有和使用了。

野外实习是一门重在实践的课程，边实践边学习，那些枯燥的知识也变得有趣了。比如，在课堂上、在实验室，要记住动物的拉丁学名，实属不易。但是，王香亭先生改变了我们的观念。王先生是陕西三原人（乡党啊），操一口地道的关中话。很多时候，他会说："×××，你过来，我给你讲个故事……"我们的许多疑难都在娓娓道来的故事中悄然化解了。随风潜入夜，润物细无声。此言得之！所以，直到现在，*Pica pica cericia*（喜鹊）、*Elaphe bimaculata*（双斑锦蛇）、*Upupa epops*（戴胜）、*Cuculus canorus*（大杜鹃）等物种的学名，虽未刻意记，一直不曾忘！记或不记，它们都在脑海中。

野外实习作为必修课程，当然少不了总结和考核。考核的主要方式就是在老师指导下，每人撰写、提交自己的实习报告。2006年，回母校参加大学毕业20周年聚会，重逢唐迎秋老师。唐老师透露，我的实习报告曾被她作为范本，在后来的学生中用了好些年。实在不敢当啊，惭愧惭愧。弱弱地问一句：搁现在，那也算手稿吧（确实是手写的）？

老师们的知识水平、工作能力、人格魅力使我铭记在心。他们对学生的关怀、信任、理解也深刻地影响了我。直到后来自己当了老师，对此更有切身的体会。记得有一次，一位同学无意中把猎枪的枪托损坏了。王香亭先生得知后宽慰道：在野外工作中，这很正常嘛，要是不损坏，才是不正常的。大家顿觉释然。在后来攻读硕士学位时，我的研究课题是河南啮齿动物区系与地理分布。为此，背着100多只捕鼠夹到河南各地开展野外调查。行前，导师王廷正先生笑着说：野外调查时捕鼠夹肯定会丢的，注意别丢光就行，否则就无法工作了。真的很感动。

从作为学生参加实习，到以老师身份带领学生实习，跑了很多地方，有了更多的经历，深感野外实习对自己、对学生专业知识、科学素养、综合能力、团队合作精神培养之重要。早些年在河南罗山县董寨林场（现在的董寨国家级自然保护区）实习时，我带学生跑野外，也兼管过财务和伙食，不时去市场采购菜、米、油、盐；抓过蛇，也被蛇咬过，但从来没有怕过蛇！

在野外实习期间，我第一次感受了茫茫林海之壮观、阵阵松涛之奇妙。原来，松涛是用来听的！

自然界最神奇、最神秘者非缤纷之生命莫属，而多种多样的动物无疑是生命现象的重要体现者。迄今为止，地球上已知的生物种类近200万种（一说170万或180万种），动物即超过150万种！无法想象，没有动物的世界会是什么样子！从这个意义上来说，我很高兴、当然不后悔选择了动物学专业为事业，且毕生乐此不疲矣。

没有比脚更长的路，没有比人更高的山。

准备好了，出发！

于郑州，在河之南
2017年10月